Dieter Nelles · Oliver Nelles

Grundlagen der Elektrotechnik zum Selbststudium

Band 4: Wechselstromkreise

Gliederung des Stoffs in der Buchreihe

Band 1 Gleichstromkreise

Physikalische Grundbegriffe – Gleichungen und physikalische Größen – Ohm'sches Gesetz – Leistung und Energie – lineare und nichtlineare Widerstände – Gleichstromkreise, Kirchhoff'sche Regeln – Rechenmethoden – Ohm'sches Gesetz in Matrixform – Halbleiter und Halbleiterschaltungen – Gase und Flüssigkeiten – inhomogene Strömungsfelder

Band 2 Elektrische Felder

Elektrostatische Kraftwirkung – homogene Felder – Kondensatoren – Energie und Kräfte – Wechselfelder, Zeigerbilder – komplexe Rechnung – Schaltvorgänge – inhomogene elektrische Felder – elektrostatisches Feld in Vektorform – Überlagerung von elektrischen Feldern und Strömungsfeldern – periodische Funktionen – Fourierreihen

Band 3 Magnetische Felder

Grundgrößen des Magnetismus – Vektordarstellung der Magnetfelder – kurze stromdurchflossene Leiter, Lorentz-Kraft – ausgedehnte stromdurchflossene Leiter – Maxwell'sche Gleichungen, Elektrodynamik – magnetische Materialien, Eisensättigung – Kraftwirkung – Induktionswirkung, magnetische Effekte – Grundlagen der Wechselstromtheorie

Band 4 Wechselstromkreise

Periodisch schwankende Größen, komplexe Rechnung – Kreise mit Widerständen, Spulen und Kondensatoren – besondere Netzwerke, Wechselstrommessbrücken – mechanische Schwingkreise – elektrische Schwingkreise, Resonanz, Amplitudengang, Schaltvorgänge – Visualisierung – Transformatoren, Übertrager – Drehstromtechnik, Niederspannungsnetze

Dieter Nelles · Oliver Nelles

Grundlagen der Elektrotechnik zum Selbststudium

Band 4: Wechselstromkreise

2., neu bearbeitete Auflage

VDE VERLAG GMBH

ICS: 29.020

Bibliografische Information der Deutschen Nationalbibliothek
Die Deutsche Nationalbibliothek verzeichnet diese Publikation in der Deutschen Nationalbibliografie; detaillierte bibliografische Daten sind im Internet über *https://portal.dnb.de* abrufbar.

ISBN 978-3-8007-5805-0 (Print)
ISBN 978-3-8007-5806-7 (E-Book)

Titelbild: **Radioteleskop Effelsberg**
Reflektordurchmesser 100 m, Oberflächengenauigkeit 0,5 mm, Gesamtgewicht 3 200 t, Frequenzbereich 1,4 GHz bis 86 GHz.
(Quelle: Max-Planck-Institut für Radioastronomie, Bad Münstereifel-Effelsberg)

Satz: DREI-SATZ GbR, Husby
Druck: CPI Books GmbH, Leck
Printed in Germany 2023-09

Vorwort und Arbeitsanleitung

Wenn Sie das Vorwort zu einem der vorherigen Bände schon gelesen haben, können Sie sich den folgenden Text sparen!

Ich weiß, Sie wollen sofort in das erste Kapitel einsteigen und nicht lange vorbereitende Texte lesen. Deshalb bin ich Ihnen entgegengekommen und habe nur ein kurzes Vorwort geschrieben. Lesen Sie aber bitte den folgenden Text aufmerksam durch und denken Sie über die Anregungen nach, bevor Sie sich in die Arbeit stürzen.

Entstehungsgeschichte

An der Universität Kaiserslautern wird seit 1999 ein Fernstudieneinstieg in die Studienfächer Elektrotechnik und Informationstechnik angeboten. Hierzu war es unter anderem notwendig, Lehrbriefe für das Fach Grundlagen der Elektrotechnik zu erstellen. Diese Arbeit habe ich übernommen. Der rote Faden in den Lehrbriefen orientiert sich zwangsläufig sehr stark an der von Prof. Dr.-Ing. habil. Baier erarbeiteten und angebotenen Vorlesung. Auch an dieser Stelle danke ich ihm für die überlassenen Unterlagen.

Bei der Durcharbeitung des Stoffs sind mir viele Ideen gekommen, wie man Personen, die keine Vorlesungen besuchen, die Grundlagen der Elektrotechnik darbieten kann. Ich habe mich deshalb entschlossen, den Text mit einem neuen roten Faden zu versehen und als Buch herauszugeben. Aus didaktischen Gründen sind daraus vier Bände geworden.

Unter meiner Freude am Schreiben haben zwei Personen besonders gelitten. Frau Klein hat den ganzen Text geschrieben, geändert und geändert und geändert. Herr Fehrenz hat die Bilder gezeichnet und ... ... Beiden danke ich recht herzlich.

Die vier Bände umfassen den Stoff einer Vorlesungsreihe Grundlagen der Elektrotechnik mit jeweils vier Semesterwochenstunden Vorlesung und einer Semesterwochenstunde Übung, wie er im Wesentlichen an allen Universitäten angeboten wird. Mit einigen Abstrichen entspricht dies auch dem Stoff an Fachhochschulen, wobei ich mich bemüht habe, den Text so zu gestalten, dass man die mathematisch anspruchsvolleren Passagen überspringen kann, ohne den roten Faden zu verlieren.

Das Buch kann vorlesungsbegleitend an Universitäten und Fachhochschulen verwendet werden.

In vielen Studiengängen ist ein elektrotechnisches Grundwissen erforderlich.

Das Buch richtet sich an Studierende der Fachrichtungen Elektrotechnik, Informationstechnik, Informatik, Maschinenbau, Wirtschaftsingenieurwesen und Physik.

Ganz besonders am Herzen liegen mir Abiturienten. Sie haben die Möglichkeit, sich in den höheren Klassen darüber zu informieren, was im Studium der Elektrotechnik gefordert wird. Auch können sie sich in der Zeit zwischen Abitur und Studium bereits auf das Studium vorbereiten und somit die Studienzeit verkürzen.

Das Buch soll Abiturienten während der Schulzeit ein Schnuppern und in der Wehr- oder Ersatzdienstzeit die Vorbereitung auf das Studium ermöglichen.

Männer oder Frauen in der Praxis werden oft mit elektrotechnischen Sachverhalten konfrontiert, die sie zwar vor längerer Zeit im Studium gehört haben, an die sie sich jedoch nur noch schwach erinnern.

Das Buch wendet sich an Praktiker, die bei auftretenden Problemen elektrotechnische Zusammenhänge kurz nachlesen wollen.

Ich habe die Bände so aufgezogen, dass sie weitgehend unabhängig voneinander durchgearbeitet werden können. Dies erfordert einige Wiederholungen, die aber auch zum Einprägen des Stoffs notwendig sind.

Vorschläge zur Durcharbeitung

Wie oben erwähnt, liegt der Buchreihe die zweisemestrige Vorlesungsreihe Grundlagen der Elektrotechnik, bestehend aus je vier Semesterwochenstunden (SWS) Vorlesung sowie je einer SWS Übung zugrunde. Ein Semester hat etwa 13 Vorlesungswochen. Das Präsenzstudium erfordert demnach etwa 100 Stunden Vorlesungsbesuch. Mit Vor- und Nachbereitung bedeutet dies mindestens 200 Stunden Aufwand. Für die etwa 25 Stunden Übungen müssen mit der Arbeit zu Hause mindestens noch einmal 100 Stunden angesetzt werden. Wenn Sie nicht zu den Besten gehören – auch das ist denkbar –, müssen Sie sich mehr Zeit nehmen. Aber auch wenn Sie gut sind oder sich dafür halten, sollten Sie trotzdem 300 Stunden Zeit einplanen, denn Sie wollen ja am Ende gut abschließen; dies erfordert auch gelegentlich ein Zusatzstudium in anderen Büchern.

Zum Erfassen von Zusammenhängen ist eine gewisse Zeit notwendig. Diese wird in dem Präsenzstudium durch die Gestaltung der Vorlesungen sichergestellt. Das Selbststudium bietet mehr Flexibilität. Sie können die Zeit, in der Sie lernen, und das Tempo bestimmen. Aber gerade Letzteres verführt zu Flatterhaftigkeit: „Das kann ich doch schon." „Das ist ja einfach." „Ich bin halt gut." Nehmen Sie sich Zeit und dosieren Sie den Aufwand richtig! Die einzelnen Zeitabschnitte im Selbststudium sollten nicht zu kurz sein. Werbepausen im Fernsehkrimi zählen nicht als Studienzeit.

Ziehen Sie von Zeit zu Zeit Bilanz und kontrollieren Sie, ob Sie alles verstanden haben. Wenn Sie merken, dass Sie mit Ihrem Studium gegenüber dem gesetzten Plan in Verzug kommen, überlegen Sie, ob Sie mehr arbeiten oder länger studieren wollen. Fangen Sie nicht an, sich zu hetzen. Denn dies führt dazu, später alles noch einmal machen zu müssen.

Noch ein Wort zur Literatur. Der Text ist so vollständig und hoffentlich auch so verständlich, dass Sie ohne weitere Literatur das Lernziel erreichen können. Je nach Studienstil ist es angebracht, denselben Stoff noch von einer anderen Seite zu beleuchten. Wenn Sie parallel zu dem vorliegenden Text noch ein Grundlagenbuch benutzen wollen, so empfehle ich [Moe] oder [Füh]. Sehr schön aufgebaut ist auch [Hug]. Weitere Lehrbücher zu den Grundlagen sind [Bos, Cla, Lun1, Lun2, Pre]. Für Ehrgeizige empfehle ich noch die zwei Bände von [Unb]. Sie nennen sich zwar Grundlagen, gehen aber weit darüber hinaus. Für den Anfang sind sie vielleicht nicht zu empfehlen, aber zur späteren Vertiefung. Als Nachschlagewerk der Mathematik schlage ich Ihnen [Bro] vor, als Physikbuch [Pau]. Für Ingenieure oder solche, die es werden wollen, ist möglicherweise [Her] etwas einfacher zu lesen und als Ergänzung zum vorliegenden Studientext besser geeignet. Darüber hinaus ist [Tip] zu empfehlen. Das Buch von [Dem] ist für diejenigen geeignet, die sich mit der Physik eingehender befassen wollen. Kaufen Sie sich jedoch nicht zu viele Bücher, und vor allem nicht sofort. Es ist besser, sich in wenigen Büchern gut auszukennen, als viele ungelesen im Schrank stehen zu haben.

Wenn Sie nun den Text durcharbeiten, sollten Sie immer ein Blatt Papier neben sich liegen haben und dieses auch benutzen!

Arbeiten Sie bitte auch die Rechenbeispiele und insbesondere die Aufgaben durch. Diese sind teilweise etwas lang, aber Sie müssen unbedingt üben, um den Stoff zu verstehen. Es ist auch nicht schlimm, wenn Sie Aufgaben nicht immer selbstständig rechnen können. Schauen Sie ruhig manchmal bei den Lösungen nach. Aber das machen Sie ja sowieso. Wenn Sie aber bei den Übungen zu häufig nachsehen müssen, waren Sie etwas flatterhaft beim Durcharbeiten des Texts.

Haben Sie viel Spaß, dann stellt sich der Erfolg von selbst ein!

Lernziele des Bands 4 Wechselstromkreise

Sie wissen: Es geht ums Selbststudium. Deshalb müssen Wiederholungen, die in eine zweistündige Vorlesung und die damit verbundenen Übungen eingebaut sind, auch hier vorkommen.

- Die komplexe Rechnung wurde in Band 2 behandelt. Sie soll hier erneut verwendet und vertieft werden (Kapitel 1, 2 und 3).
- Die ohmsch-kapazitiven Kreise RC aus Band 2 und die ohmsch-induktiven Kreise RL aus Band 3 werden zu Schwingkreisen RLC zusammengesetzt (Kapitel 3).
- Der Transformator, den ich in Band 3 aus dem Blickwinkel des magnetischen Kreises betrachtet habe, wird nun als Bauelement eingeführt (Kapitel 1 und 5). Schließlich kommt er noch einmal in Kapitel 6 als Betriebsmittel für Drehstrom vor.
- Verfahren zur Zusammensetzung von Netzwerken behandelt Kapitel 2.
- Zur Vorbereitung der elektrischen Schwingkreise wird der Feder-Masse-Schwinger als Einführung in die Mechatronik in Form eines Zeigerinstruments behandelt (Kapitel 2).
- Wichtig für die rasche Erfassung und den Durchblick ist die geeignete Darstellung von Sachverhalten, die unter Visualisierung läuft (Kapitel 4).
- Letztlich ist die Drehstromtechnik eine wichtige Begleitung des täglichen Lebens (Kapitel 6). Deshalb wird dort auch einiges über die Hausinstallation und die Umsetzung von elektrischer Leistung in mechanische Leistung durch Motoren gesagt. Bewegung muss sein!

Sie sollten nach dem Durcharbeiten der vier Bände in der Lage sein, jeder Vorlesung im Rahmen der Elektrotechnik zu folgen!

Beginnen Sie jetzt mit dem letzten Akt!

Inhaltsverzeichnis

1 Wechselstrom und komplexe Rechnung

In diesem Kapitel kommt nicht viel Neues, aber sehr Wichtiges. Wühlen Sie sich deshalb langsam und sorgfältig durch den Stoff! Ich beginne mit einigen Betrachtungen zum Wechselstrom und der komplexen Rechnung und führe dann die Zweipole ein, erkläre den Spannungs- und Stromteiler und konzentriere mich anschließend auf die systematische Beschreibung von Wechselstromnetzwerken.

1.1 Periodischer Wechselstrom

Wenn wir von Wechselstrom reden, denken wir immer an einen periodischen Vorgang, der sich mit der Periodendauer T wiederholt. Außerdem nehmen wir an, dass der Kurvenverlauf sinusförmig ist.

Für Strom und Spannung erhalten wir

$$u = \hat{u} \sin\left(\omega t + \alpha_{\mathrm{u}}\right) \tag{1.1}$$

$$i = \hat{i} \sin\left(\omega t + \alpha_{\mathrm{i}}\right) = \hat{i} \sin\left(\omega t + \alpha_{\mathrm{u}} - \varphi\right) \tag{1.2}$$

$$\omega = 2\,\pi f \qquad f = \frac{1}{T} \qquad \varphi = \alpha_{\mathrm{u}} - \alpha_{\mathrm{i}} \tag{1.3}$$

Für einen positiven Phasenwinkel $\varphi > 0$ eilt der Strom der Spannung nach. Wir sprechen von induktivem Strom. Für einen negativen Phasenwinkel $\varphi < 0$ eilt der Strom der Spannung vor. Wir sprechen vom kapazitiven Fall. Bei $\varphi = 0$ liegen Strom und Spannung in Phase. Wir sprechen vom Ohm'schen Fall.

Anstelle der Amplituden $\hat{u}$ und $\hat{i}$ wird häufig mit den Effektivwerten gearbeitet. Diese lassen sich aus den Zeitverläufen durch Mittelung über eine Periode bestimmen.

Effektivwert

$$U = \sqrt{\frac{1}{T}\int_0^T u^2\, \mathrm{d}t} \tag{1.4}$$

$$I = \sqrt{\frac{1}{T}\int_0^T i^2 \, dt} \tag{1.5}$$

Für sinusförmige Vorgänge gilt

$$U = \frac{\hat{u}}{\sqrt{2}} \qquad I = \frac{\hat{i}}{\sqrt{2}} \tag{1.6}$$

Außerdem sind noch von Bedeutung

Mittelwert

$$\bar{u} = \sqrt{\frac{1}{T}\int_0^T u \, dt} \tag{1.7}$$

Der Mittelwert einer Sinusfunktion ist null.

Gleichrichtwert

$$|\bar{u}| = \sqrt{\frac{1}{T}\int_0^T |u| \, dt} \tag{1.8}$$

Spitzenwert

$$u_\mathrm{p} = \max\,(u)\Big|_0^T \tag{1.9}$$

Für Sinusfunktionen gilt

$$u_\mathrm{p} = \hat{u}$$

Spitze-Spitze-Wert

$$u_\mathrm{pp} = \max\,(u)\Big|_0^T - \min\,(u)\Big|_0^T \tag{1.10}$$

Für Sinusfunktionen gilt $u_\mathrm{pp} = 2\,\hat{u}$.

Außer den Effektivwerten sind alle genannten Definitionen für sinusförmige Größen von geringer Bedeutung, aber wichtig bei nicht sinusförmigen Größen.

Um einen Stromkreis, bestehend aus Widerständen, Spulen und Kondensatoren, zu berechnen, wendet man mit Vorteil die komplexe Rechnung an.

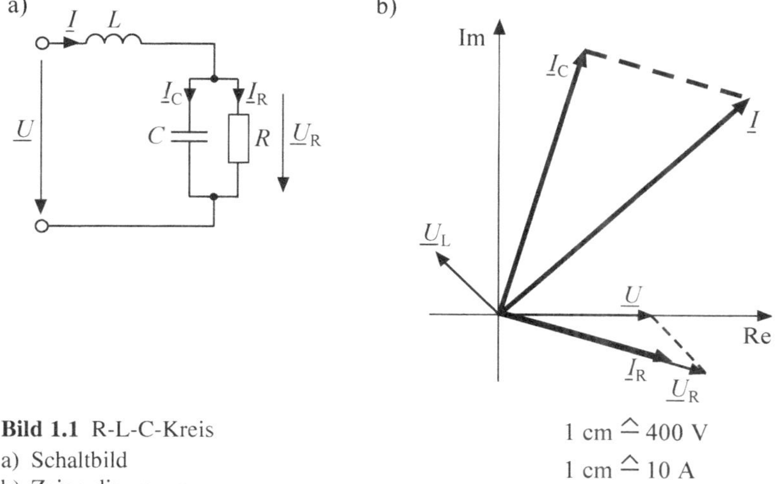

Bild 1.1 R-L-C-Kreis
a) Schaltbild
b) Zeigerdiagramm

Deren prinzipieller Ablauf will ich anhand von **Bild 1.1** erläutern. Die Bauelemente sind mit R, L und C bezeichnet. Dies sind aber gleichzeitig die Formelzeichen, sodass die Buchstaben in der Regel kursiv gedruckt werden. Da bei der Berechnung die Reaktanzen benutzt werden, ist es auch üblich, $X_L = \omega L$ und $X_C = 1/(\omega C)$ einzuzeichnen. Derjenige, der es genau nimmt, schreibt sogar jX_L und $-jX_C$.

Aus dem Bild, das die Verknüpfung der Elemente angibt, lassen sich mithilfe der Kirchhoff'schen Regeln die Beschreibungsgleichungen des Netzes ableiten.

Für **Bild 1.1a** gilt

$$\begin{aligned} \underline{U}_R &= \underline{U}_C = R\,\underline{I}_R = -\mathrm{j}\,X_C\,\underline{I}_C \\ \underline{I} &= \underline{I}_R + \underline{I}_C \\ \underline{U} &= \underline{U}_L + \underline{U}_R = \underline{U}_L + \underline{U}_C \\ \underline{U}_L &= \mathrm{j}\,X_L\,\underline{I} \end{aligned} \tag{1.11}$$

Sind die Größen X_L, X_C, R und die Spannung U vorgegeben, lassen sich mit diesen Gleichungen die restlichen Größen ausrechnen. Wie viele Gleichungen und Unbekannte sind es? Wir können aber auch mehrere Elemente zu einer Impedanz bzw. Admittanz zusammenfassen, z. B.

$$\begin{aligned} \underline{Z}_1 &= \mathrm{j}\,X_\mathrm{L} \\ \underline{Y}_2 &= 1/R + \mathrm{j}\,1/X_\mathrm{C} \\ \underline{Z}_2 &= 1/\underline{Y}_2 \\ \underline{Z} &= \underline{Z}_1 + \underline{Z}_2 \end{aligned} \tag{1.12}$$

Diese Berechnung will ich in einem Beispiel durchführen.

■ ***Beispiel 1.1***

Gegeben sind

$X_\mathrm{L} = 10\ \Omega$ $X_\mathrm{C} = 30\ \Omega$ $R = 50\ \Omega$ $U = 1000\ \mathrm{V}$

Wir rechnen alle restlichen Größen aus.

$$\underline{Z}_1 = \mathrm{j}\,X_\mathrm{L} = \mathrm{j}\,10\ \Omega$$

$$\underline{Y}_2 = \frac{1}{R} + \mathrm{j}\,\frac{1}{X_\mathrm{C}} = \left(\frac{1}{50} + \mathrm{j}\,\frac{1}{30}\right)\mathrm{S}$$
$$= (0{,}02 + \mathrm{j}\,0{,}033)\,\mathrm{S}$$

$$\underline{Z}_2 = \frac{1}{\underline{Y}_2} = \frac{1\ \Omega}{0{,}02 + \mathrm{j}\,0{,}033} = \frac{0{,}02 - \mathrm{j}\,0{,}033}{(0{,}02 + \mathrm{j}\,0{,}033)(0{,}02 - \mathrm{j}\,0{,}033)}\,\Omega$$
$$= \frac{0{,}02 - \mathrm{j}\,0{,}033}{0{,}02^2 + 0{,}033^2}\,\Omega = (13{,}2 - \mathrm{j}\,22{,}1)\,\Omega$$

$$\underline{Z} = \underline{Z}_1 + \underline{Z}_2 = (\mathrm{j}\,10\ \Omega + 13{,}2 - \mathrm{j}\,22{,}1)\,\Omega = (13{,}2 - \mathrm{j}\,12{,}1)\,\Omega$$

Die Spannung U wird in die reelle Achse gelegt.

$$\underline{I} = \frac{\underline{U}}{\underline{Z}} = \frac{1000}{13{,}2 - \mathrm{j}\,12{,}1}\,\mathrm{A} = (41 + \mathrm{j}\,37)\,\mathrm{A} = 55\ \mathrm{e}^{\mathrm{j}42°}\ \mathrm{A}$$

$$\underline{U}_\mathrm{L} = \underline{I} \cdot \underline{Z}_1 = (41 + \mathrm{j}\,37)(\mathrm{j}\,10)\,\mathrm{V} = (-370 + \mathrm{j}\,410)\,\mathrm{V}$$

$$\underline{U}_\mathrm{R} = \underline{I} \cdot \underline{Z}_2 = (41 + \mathrm{j}\,37)(13{,}2 - \mathrm{j}\,22{,}1)\,\mathrm{V} = (1360 - \mathrm{j}\,420)\,\mathrm{V}$$

$$\underline{I}_\mathrm{C} = \frac{\underline{U}_\mathrm{R}}{-\mathrm{j}\,X_\mathrm{C}} \underline{I} \cdot \underline{Z}_1 = \frac{1360 - \mathrm{j}\,420}{-\mathrm{j}\,30}\,\mathrm{A} = (14 + \mathrm{j}\,45)\,\mathrm{A}$$

Die Größen werden in der komplexen Ebene als **Bild 1.1b** dargestellt. Sehen Sie in den Darstellungen Zusammenhänge, die Ihnen noch nicht bekannt waren? Darauf komme ich zurück. Aber erst meine Frage von vorhin. In den Gleichungen (1.11) gab es sechs Unbekannte.

$\underline{U}_R \qquad \underline{U}_C \qquad \underline{I}_R \qquad \underline{I}_C \qquad \underline{U}_L \qquad \underline{I}$

Aber es sind sieben Gleichungen, zählen Sie nach! Welche Gleichung ist zu viel? In den folgenden beiden Gleichungen ist dieselbe Information enthalten.

$$\underline{U}_R = \underline{U}_C$$

$$\underline{U}_L + \underline{U}_R = \underline{U}_L + \underline{U}_C$$

Nach dieser Wiederholung fange ich vorsichtig mit neuem Stoff an.

1.2 Zweipole

Jedes elektrische Betriebsmittel hat mindestens zwei Klemmen. Das gilt für einen Widerstand und eine Spule genauso wie für ein kompliziertes Netzwerk. **Bild 1.2** gibt einige Beispiele für *passive Zweipole*. Enthält die Schaltung auch Spannungs- oder Stromquellen, so spricht man von *aktiven Zweipolen*. Sind in der Schaltung zwischen den Klemmen auch stromabhängige Elemente wie temperaturabhängige Widerstände, Spulen mit sättigbarem Eisenkern oder Stromrichter integriert, so handelt es sich um *nichtlineare Zweipole*. Mindestens zwei Klemmen sind notwendig, um zwischen ihnen eine Spannung anzulegen und damit einen Strom hinein- und herausfließen zu lassen. Neben dem Begriff *Zweipol* ist auch *Zweitor* gebräuchlich.

Sinn des Zweipols ist es, den Klemmen ein bestimmtes elektrisches Verhalten zuzuordnen, ohne Aussagen über den Aufbau der Schaltung zu treffen. Man kann das Verhalten des Zweipols durch Gleichungen oder eine *Ersatzschaltung* beschreiben, wobei es jederzeit möglich ist, aus den Gleichungen ein entsprechendes Modell zu konstruieren oder umgekehrt.

Einfache Zweipole sind in den **Bildern 1.2a**, **1.2b** und **1.2c** dargestellt. Wir betrachten den Zweipol in **Bild 1.2d**. Er besteht aus einer Reihen- und Parallelschaltung von Widerständen. Es ist ohne weiteres möglich, die Widerstände zusammenzufassen.

$$R = R_1 + R_2 // R_3$$

Die Ersatzschaltung ist dann der Zweipol in Bild 1.2a.

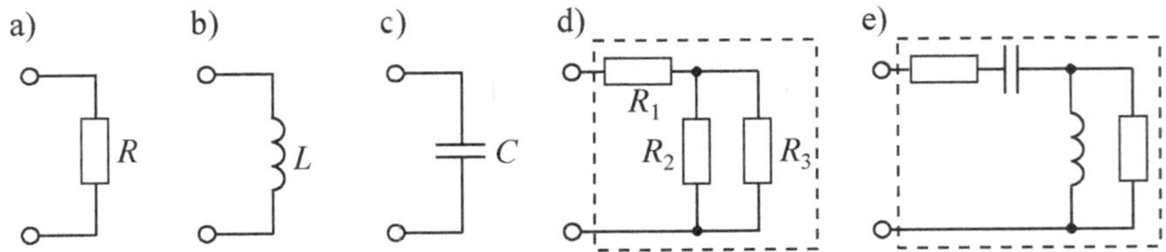

Bild 1.2 Beispiele für Zweipole
a) Widerstand
b) Spule
c) Kondensator
d) Netzwerk aus Ohm'schen Widerständen
e) Netzwerk

> **Zweipol**
> Aus Messungen an den Klemmen einer Schaltung ist es möglich, die Beschreibungsgleichungen und eine Ersatzschaltung des Zweipols zu bestimmen, wobei die Ersatzschaltung aus weniger oder genauso vielen Bauelementen besteht wie die Originalschaltung.

Unabhängig davon, welche Spannung wir an den Zweipol in Bild 1.2d anlegen, es wird stets ein Strom fließen, der der Bedingung $U = R \cdot I$ genügt, die auch aus Messungen zu verifizieren ist. Als einfachste Ersatzschaltung ergibt sich Bild 1.2a. Es besteht aber keine Möglichkeit, die wahre Schaltung, z. B. Bild 1.2d, aus Messungen an den Klemmen zu bestimmen. Komplexer ist die Kombination von L-R-C-Elementen (**Bild 1.2e**). Unter dem Thema Ersatzschaltung werde ich darauf noch in einem eigenen Abschnitt eingehen.

In Erweiterung zu dem Begriff Zweipol gibt es auch noch Drei-, Vier- und Mehrpole. Von besonderer Bedeutung sind die Vierpole, sie beschreiben beispielsweise eine *Zweidrahtleitung* (**Bild 1.3a**) oder die Klemmen eines Transformators (**Bild 1.3b**). Bei Vierpolen handelt es sich in der Regel um *Übertragungsbetriebsmittel*, die zwei Eingangs- und zwei Ausgangsklemmen haben. Sie übertragen Leistung von einem Ort zum anderen wie *Leitungen* oder von einer Spannungsebene in eine andere wie *Transformatoren*. Ein Sonderfall ist der *Spannungsteiler*, der ein Dreipol ist, aber in der Regel als Vierpol aufgefasst wird. Die beiden zugehörigen Ersatzschaltungen sind in **Bild 1.3c** dargestellt. Da bei dem Vierpol im Bild die unteren Klemmen direkt miteinander verbunden sind, handelt es sich um einen – allerdings weit verbreiteten – Sonderfall.

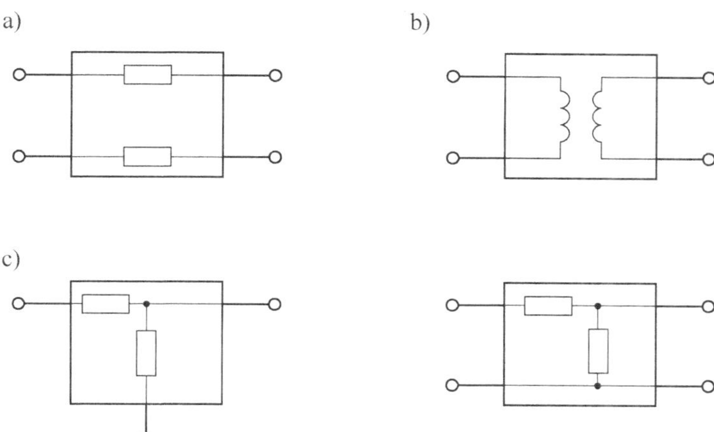

Bild 1.3 Mehrpole
a) Leitung als Vierpol
b) Transformator als Vierpol
c) Spannungsteiler als Drei- und Vierpol

Zur Abrundung sei noch erwähnt, dass die Mehrpole insbesondere bei Betriebsmitteln für *Drehstrom* auftreten. So ist im normalen Drehstrommotor ein Dreipol mit den Anschlussklemmen U, V, W für die Leiter L1, L2, L3 bzw. R, S, T. Der Küchenherd ist ein Vierpol mit den Anschlussklemmen L1, L2, L3, N. Ein solcher Vierpol hat im Gegensatz zu Bild 1.3a vier Eingangsklemmen und keine Ausgangsklemme.

1.3 Spannungsteiler

Ich hatte den Spannungsteiler als Vierpol im vorigen Abschnitt bereits angesprochen. Außerdem wurde er in Band 1 für Ohm'sche Widerstände behandelt. Wir betrachten jetzt einen Spannungsteiler, der aus zwei realen Drosselspulen, also ohmsch-induktiven Betriebsmitteln, besteht.

Von den Eingangsklemmen 1 und 0 aus gesehen liegen zwei Zweipole a und b in Reihe (**Bild 1.4**). Von den Ausgangsklemmen 2 und 0 aus gesehen ist nur der Zweipol b wirksam, wenn die Klemme 1 offen ist. Dieselbe Klemmenbezeichnung 0 am Ein- und Ausgang deutet an, dass diese Klemmen widerstandslos miteinander verbunden sind, es sich also eigentlich um einen Dreipol handelt. Wird an den Eingang des Vierpols eine Spannung $\underline{U}_Q = \underline{U}_1$

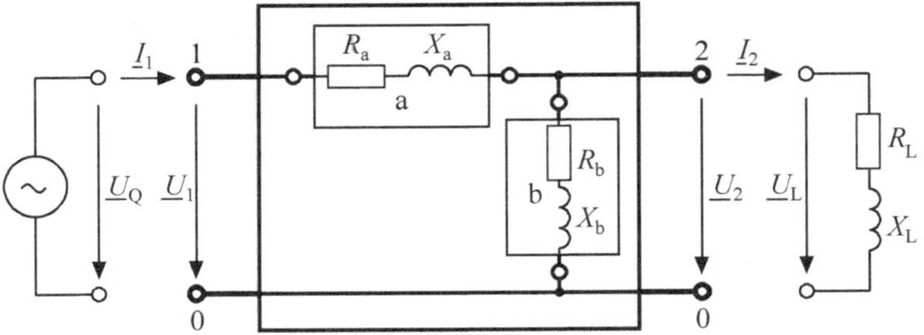

Bild 1.4 Spannungsteiler als Vierpol

angelegt, so fließt der Strom $\underline{I}_1$ in den Vierpol hinein. An den Ausgangsklemmen wird dann die Spannung $\underline{U}_2$ gemessen. Bei Belastung mit einer Impedanz $\underline{Z}_L = R_L + j\,X_L$ fließt aus der Klemme 2 ein Strom $\underline{I}_2$ heraus.

Vorzeichenfestlegung

Denken wir uns an dem Vierpol nur Ohm'sche Widerstände ($X_a = X_b = X_L = 0$), so sind bei positiver Spannung $\underline{U}_1$ die anderen Größen $\underline{U}_2$, $\underline{I}_1$, $\underline{I}_2$ ebenfalls positiv. Bei dieser Wahl der Zählpfeile spricht man von einem *Kettenvierpol*, weil es so möglich ist, ohne Vorzeichenprobleme mehrere Vierpole aneinander zu ketten.

Die für rein Ohm'sche Elemente definierte Vorzeichenregel verwenden wir auch bei Vierpolen mit Ohm'schen, induktiven und kapazitiven Elementen.

Spannungsteiler

Das Verhältnis von Ausgangsspannung $\underline{U}_2$ zu Eingangsspannung $\underline{U}_1$ wird Teilerverhältnis $\underline{K}$ genannt. Bei rein Ohm'schen Elementen ist es stets reell und kleiner als 1.

$$\underline{K} = \frac{\underline{U}_2}{\underline{U}_1} \qquad (1.13)$$

Für die Schaltung in Bild 1.4 ergibt sich im Leerlauf $\underline{I}_2 = 0$ das Verhältnis

$$\underline{K} = \underline{K}_U = \frac{\underline{Z}_b\,\underline{I}_1}{(\underline{Z}_a + \underline{Z}_b)\,\underline{I}_1} = \frac{\underline{Z}_b}{\underline{Z}_a + \underline{Z}_b} \qquad (1.14)$$

Bei Spannungsteilern sind die Impedanzen $\underline{Z}_a$ und $\underline{Z}_b$ in Reihe geschaltet. Auf die Reihenschaltung von mehreren Impedanzen erweitert, bedeutet dies: Das Verhältnis der Spannungen $\underline{U}_a$ an dem Element a zu der Spannung $\underline{U}$ an allen in Reihe liegenden Elementen ist gleich dem Verhältnis der Impedanzen $\underline{Z}_a$ des Elements a zu der Summe der Impedanzen.

$$\underline{K} = \underline{K}_U = \frac{\underline{U}_a}{\underline{U}} = \frac{\underline{Z}_a}{\underline{Z}_a + \underline{Z}_b + \underline{Z}_c + \ldots} = \frac{\underline{Z}_a}{\underline{Z}} \qquad (1.15)$$

Beispiel 1.2

Bestimmen Sie das Teilerverhältnis für die Zahlenwerte $\underline{Z}_a = (3 + j\,5)\ \Omega$ $\underline{Z}_b = (6 + j\,10)\ \Omega$!

$$\underline{K} = \frac{6 + j\,10}{3 + j\,5 + 6 + j\,10} = \frac{6 + j\,10}{9 + j\,15} = \frac{(6 + j\,10)(9 - j\,15)}{9^2 + 15^2}$$

$$= \frac{54 + 150 + j\,(-90 + 90)}{306} = \frac{2}{3}$$

Das Ergebnis ist reell, weil die Winkel der beiden Impedanzen gleich sind. Wir hätten dann auch einfacher rechnen können

$$Z_a = 5{,}83\ \Omega\ e^{j\,59^\circ}$$

$$Z_b = 11{,}66\ \Omega\ e^{j\,59^\circ}$$

$$\underline{K} = \frac{11{,}66}{11{,}66 + 5{,}83} = 0{,}667$$

oder noch einfacher

$$\underline{K} = \frac{R_b}{R_a + R_b} = \frac{X_b}{X_a + X_b}$$

Diese einfache Rechnung ist natürlich nur möglich, wenn das Verhältnis *X/R* für alle Elemente gleich ist.

Beispiel 1.3

Im Vorgriff auf den nächsten Abschnitt bauen wir einen Spannungsteiler aus Widerstand, Spule und Kondensator auf (**Bild 1.5a**). Für ihn ist das Spannungsteilerverhältnis zu bestimmen.

$$\underline{Z}_a = (1 + j\,6)\ \Omega \qquad \underline{Z}_b = -j\,4\ \Omega$$

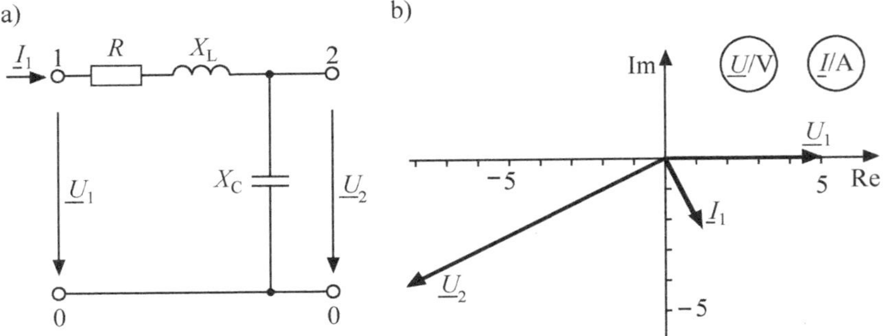

Bild 1.5 Resonanzerscheinungen in einem Schwingkreis
a) Schaltbild
b) Zeigerdiagramm

$$\underline{K} = \frac{-\mathrm{j}\,4}{1+\mathrm{j}\,6-\mathrm{j}\,4} = \frac{-\mathrm{j}\,4}{1+\mathrm{j}\,2} = \frac{-\mathrm{j}\,4\,(1-\mathrm{j}\,2)}{1+2^2}$$
$$= \frac{-\mathrm{j}\,4-8}{5} = -1{,}6-\mathrm{j}\,0{,}8 = 1{,}79\;\mathrm{e}^{+\mathrm{j}\,27°}\;\mathrm{e}^{\pm\mathrm{j}\,180°}$$

Da die Tangensfunktion mit 180° periodisch ist, liefert die Arcustangensfunktion nicht nur den Winkel 27°, sondern auch die Winkel 27° + 180° = 207° und 27° – 180° = –153°, die gleichwertig sind. Ob das Spannungsteilerverhältnis den Winkel $\varphi = 27°$ oder $\varphi = -153°$ hat, können Sie nur erkennen, wenn Sie Real- und Imaginärteil in die komplexe Ebene eintragen. Deshalb Taschenrechnerfreaks: Aufgepasst! Nicht nur tippen, sondern auch denken!

Eindeutigkeit des arctan

Die Angabe in Real- und Imaginärteil ist eindeutig. Die Berechnung des Winkels aus dem arctan ist dagegen doppeldeutig.

Zur Veranschaulichung tragen wir die Spannungen $\underline{U}_1$, $\underline{U}_2$ sowie den Strom $\underline{I}_1$ in die komplexe Ebene (**Bild 1.5b**) ein. Die Eingangsspannung wird in die reelle Achse gelegt. $\underline{U}_1 = U_1 = 5$ V.

$$\underline{I}_1 = \frac{U_1}{\underline{Z}_a+\underline{Z}_b} = \frac{5\,\mathrm{V}}{(1+\mathrm{j}\,6-\mathrm{j}\,4)\,\Omega} = \frac{5}{1+\mathrm{j}\,2}\,\mathrm{A}$$
$$= \frac{5\,(1-\mathrm{j}\,2)}{1+2^2}\,\mathrm{A} = (1-\mathrm{j}\,2)\,\mathrm{A}$$

$$\underline{U}_2 = \underline{Z}_2 \cdot \underline{I}_1 = -\mathrm{j}\,4\,(1-\mathrm{j}\,2)\,\mathrm{V} = (-8-\mathrm{j}\,4)\,\mathrm{V}$$

oder

$$\underline{U}_2 = \underline{K}\,\underline{U}_1 = (-1{,}6-\mathrm{j}\,0{,}8)\,5\,\mathrm{V} = (-8-\mathrm{j}\,4)\,\mathrm{V}$$

Durch die Verknüpfung von Induktivität und Kapazität kann der Betrag des Teilerverhältnisses auch größer als 1 werden. Derartige Netzwerke nennt man *Schwingkreise*. Das Phänomen wird Resonanz genannt und ist so wichtig, dass ich ihm einen eigenen Abschnitt widmen werde.

Der Spannungsteiler hat eine gewisse Bedeutung als Betriebsmittel, um beispielsweise im Labor eine bestimmte Spannung abzugreifen oder um Hochspannung mit normalen Instrumenten messen zu können.

Durch die Kombination von Spule und Kondensator war es möglich, auch Winkel von mehr als 90° zu erreichen. Wenn zwei ohmsch-induktive Kreise in Reihe geschaltet werden, lassen sich ebenfalls Winkel von mehr als 90° realisieren. Dies zeigt die nächste Aufgabe.

Aufgabe 1.1

In **Bild 1.6** sind zwei Spannungsteiler in Reihe geschaltet.

$\underline{Z}_a = (1+\mathrm{j}\,10)\,\Omega$ $\quad$ $R_b = 1\,\Omega$

$\underline{Z}_c = (10+\mathrm{j}\,100)\,\Omega$ $\quad$ $R_d = 10\,\Omega$

Wie ist das Spannungsteilerverhältnis $\underline{K}_{31} = \underline{U}_3/\underline{U}_1$?

In der Aufgabe wird die Kettenschaltung von zwei Spannungsteilern behandelt. Wenn die Teiler rückwirkungsfrei sind, d. h. der zweite Teiler den ers-

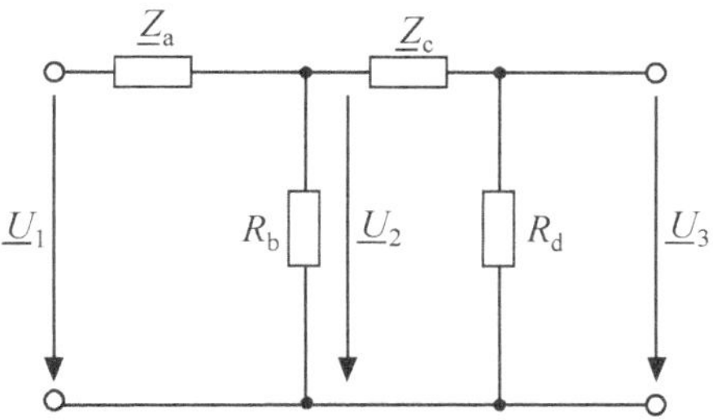

Bild 1.6 Reihenschaltung von Spannungsteilern

ten nicht belastet, können die Spannungsteilerverhältnisse $\underline{K}_U$ einfach multipliziert werden. Dies ist bei Schaltungen mit eingebauten elektronischen Verstärkern üblich. Wenn der zweite Teiler für den ersten jedoch eine nennenswerte Belastung darstellt, kann nicht mehr mit dem Spannungsteilerverhältnis $\underline{K}_{120}$ für Leerlauf gerechnet werden. Das Spannungsteilerverhältnis $\underline{K}_{12}$ ist dann von der Belastung abhängig.

Grundsätzlich entsteht in Schaltungen mit in Reihe liegenden Elementen immer eine Spannungsteilung. Dual hierzu wird bei der *Stromteilung* durch die Parallelschaltung von Elementen der Strom geteilt. Bei zwei parallel liegenden Elementen mit den Impedanzen $\underline{Z}_a$ und $\underline{Z}_b$ ergibt sich entsprechend **Bild 1.7**

$$\underline{I}_a = \underline{Y}_a \, \underline{U} \qquad\qquad \underline{I}_b = \underline{Y}_b \, \underline{U}$$

$$\underline{I} = \underline{I}_a + \underline{I}_b = \left(\underline{Y}_a + \underline{Y}_b\right) \underline{U} = \underline{Y} \, \underline{U}$$

$$\underline{K}_{Ia} = \frac{\underline{I}_a}{\underline{I}} = \frac{\underline{Y}_a}{\underline{Y}_a + \underline{Y}_b} = \frac{\dfrac{1}{\underline{Z}_a}}{\dfrac{\underline{Z}_b + \underline{Z}_a}{\underline{Z}_a \, \underline{Z}_b}} = \frac{\underline{Z}_b}{\underline{Z}_a + \underline{Z}_b} \tag{1.16}$$

Während beim Spannungsteiler der Ausgang in der Schaltung klar erkennbar war, sind in der Schaltung nach Bild 1.7 die Ströme $\underline{I}_a$ und $\underline{I}_b$ gleichwertig. Der Index a bei $\underline{K}_{Ia}$ legt den Strom $\underline{I}_a$ als Ausgang fest.

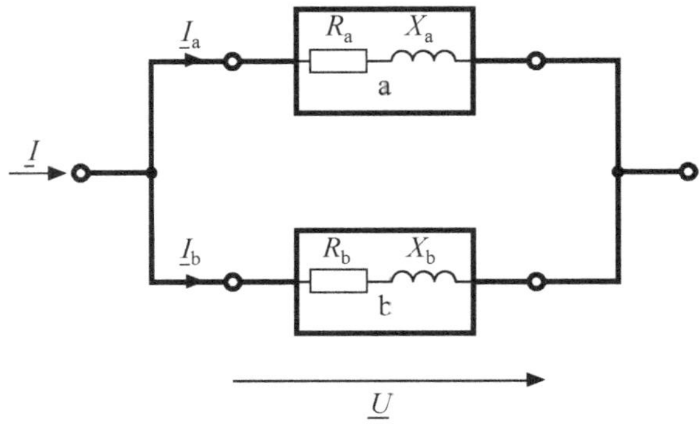

Bild 1.7 Stromteilung

Diese Gleichung lässt sich auf die Parallelschaltung von mehreren Admittanzen erweitern.

Stromteiler

Das Verhältnis des Stroms $\underline{I}_\text{a}$ durch das Element a zu dem Strom I durch alle parallelen Elemente $\underline{Y}_i$ ist gleich dem Verhältnis der Admittanz $\underline{Y}_\text{a}$ im Element a zu der Admittanz $\underline{Y}$ der parallelen Elemente.

$$\underline{K}_\text{Ia} = \frac{\underline{I}_\text{a}}{\underline{I}} = \frac{\underline{Y}_\text{a}}{\underline{Y}_\text{a} + \underline{Y}_\text{b} + \underline{Y}_\text{c} + \ldots} = \frac{\underline{Y}_\text{a}}{\underline{Y}} \tag{1.17}$$

Die Stromteilung wird beim Messen großer Ströme eingesetzt. Dabei übernimmt ein Shunt den Hauptstrom und der Strommesser einen kleinen Teilstrom. Der Shunt ist ein möglichst rein Ohm'scher Widerstand, dessen Wert genau bekannt ist.

1.4 Filterschaltungen

Wir betrachten jetzt einen Spannungsteiler, bestehend aus einem Widerstand und einer Spule (**Bild 1.8a**). Die Eingangsspannung sei $\underline{U}_1$, als Ausgangsspannung wählen wir die Spannung am Widerstand $\underline{U}_2$.

Für den Spannungsverstärkungsfaktor ergibt sich

$$\underline{K} = \frac{\underline{U}_2}{\underline{U}_1} = \frac{R}{R + \text{j}\,\omega L} = \frac{1}{1 + \dfrac{\text{j}\,\omega L}{R}} = \frac{1}{1 + \text{j}\,\omega\tau} \tag{1.18}$$

$$\tau = \frac{L}{R}$$

Bei extremen Frequenzen gilt

$f \to 0$	$\underline{K} = 1$	$K = 1$	$\varphi = 0$
$f = f_\text{k} = \dfrac{1}{2\,\pi\,\tau}$	$\underline{K} = \dfrac{1}{1 + \text{j}1}$	$K = \dfrac{1}{\sqrt{2}}$	$\varphi = \varphi_\text{k} = -45°$
$f \to \infty$	$\underline{K} = \dfrac{1}{\text{j}\,\omega\tau}$	$K = \dfrac{1}{\omega\tau}$	$\varphi = -90°$

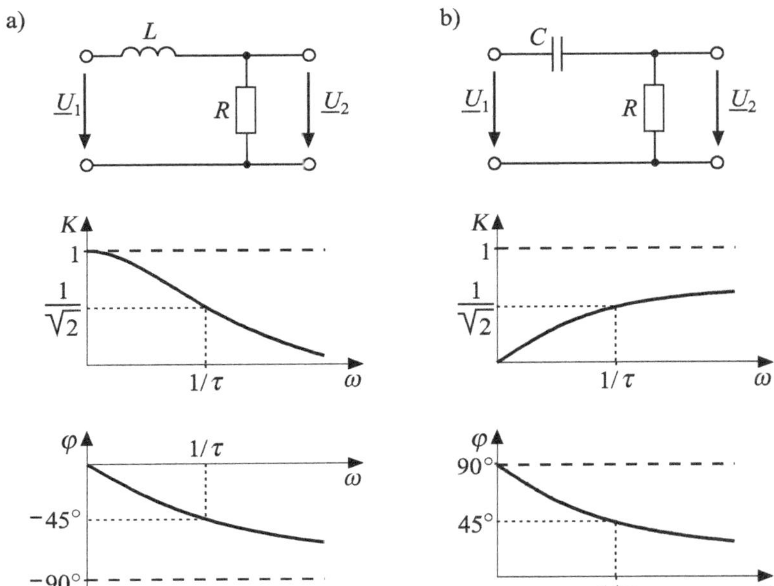

Bild 1.8 Filterschaltungen
a) Tiefpass
b) Hochpass

Für die Frequenz, bei der der Verstärkungsfaktor auf $1/\sqrt{2}$ abgesunken ist, gilt

Grenzfrequenz, Eckfrequenz f_k

$$\omega_\mathrm{k} = \frac{1}{\tau} = \frac{R}{L} \qquad f_\mathrm{k} = \frac{1}{2\,\pi\,\tau} \tag{1.19}$$

$$K = \frac{1}{\sqrt{2}} \qquad |\varphi_\mathrm{k}| = 45°$$

In **Bild 1.8b** ist ein R-C-Kreis dargestellt. Für ihn gilt

$$\underline{K} = \frac{\underline{U}_2}{\underline{U}_1} = \frac{R}{R + \frac{1}{\mathrm{j}\,\omega C}} = \frac{\mathrm{j}\,\omega CR}{1 + \mathrm{j}\,\omega CR} = \frac{\mathrm{j}\,\omega\tau}{1 + \mathrm{j}\,\omega\tau}$$

$$\tau = R\,C$$

$$f \to 0 \qquad \underline{K} = \mathrm{j}\,\omega\tau \qquad K = \omega\tau \qquad \varphi = 90°$$

$$f = f_{\mathrm{k}} = \frac{1}{2\,\pi\,\tau} \qquad \underline{K} = \frac{\mathrm{j}}{1+\mathrm{j}} = \frac{1}{1-\mathrm{j}} \qquad K = \frac{1}{\sqrt{2}} \qquad \varphi = \varphi_{\mathrm{k}} = 45°$$

$$f \to \infty \qquad \underline{K} = 1 \qquad K = 1 \qquad \varphi = 0°$$

Bei der Eckfrequenz ergibt sich hier im Gegensatz zum L-R-Kreis der positive Winkel $\varphi = 45°$.

Der Verlauf der Funktionen $K(\omega)$ ist in Bild 1.8 eingezeichnet.

Die beschriebene Anordnung wird als *Filter* bezeichnet, weil sie aus einer periodischen Funktion bestimmte Frequenzen herausfiltert. So lässt die Schaltung in Bild 1.8a vornehmlich niedrige Frequenzen durch und wird deshalb *Tiefpass* genannt. Der *Hochpass* in Bild 1.8b lässt demgegenüber höhere Frequenzen passieren.

Die R-L-Schaltung wird ein Hochpass, wenn wir als Ausgang die Spannung an der Spule nehmen, und die R-C-Schaltung wird zu einem Tiefpass, wenn wir die Spannung am Kondensator als Ausgang definieren.

Jetzt appelliere ich an Ihr Gedächtnis. Ich habe in Band 2 schon einmal die Wirkung eines Tiefpasses behandelt. Dort wurde in Abschnitt 9.3 eine Rechteckfunktion mithilfe der Fourierreihe in ihre Harmonischen zerlegt und diese Harmonischen wurden auf eine R-C-Schaltung gegeben. Die harmonischen Spannungen am Kondensator wurden dann wieder zusammengesetzt. So ergab sich die Wirkung eines Tiefpasses, der die scharfen Kanten der Rechteckfunktion abschleift.

1.5 Netzwerke

Jetzt kommt eigentlich nichts Neues. Es geht nur darum, das bisher Erarbeitete konsequent anzuwenden. Richtig, das riecht nach Aufgaben, aber ich will mit einem aufwändigen Beispiel anfangen, das ich durchrechne. Wenn Sie das verstanden haben, wird Ihnen das Lösen der Aufgaben leicht fallen.

Beispiel 1.4

Bild 1.9 zeigt eine Schaltung mit folgenden Daten:

$L_{12} = 3{,}18$ mH	$R_{12} = 1\ \Omega$	
$C_{23} = 637\ \mu$F	$X_{C34} = 4\ \Omega$	$R_{34} = 2\ \Omega$
$R_{45} = 7\ \Omega$	$X_{L45} = 4\ \Omega$	$R_{35} = 20\ \Omega$
$X_{C50} = 6\ \Omega$	$f = 50$ Hz	$U_{10} = 100$ V

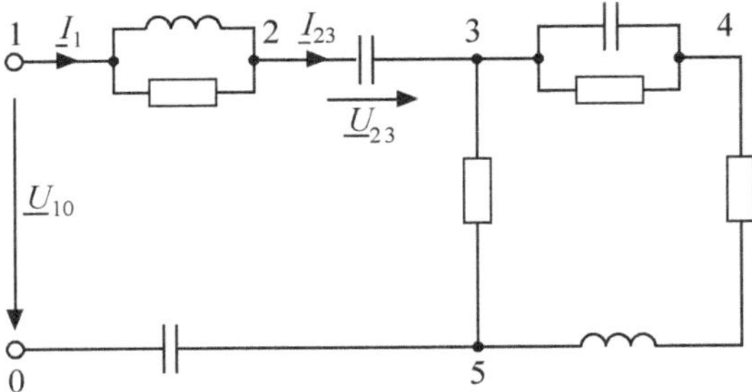

Bild 1.9 R-L-C-Kreis

Wir bestimmen nun der Reihe nach die Impedanzen bzw. Admittanzen in der Form, wie sie für den nächsten Rechenschritt notwendig sind.

Die Parallelschaltung zwischen den Knoten 1 und 2 liegt in Reihe mit dem Element 2 – 3. Wir brauchen deshalb $\underline{Z}_{12}$, ebenso wird $\underline{Z}_{34}$ benötigt. Für die Kapazitäten und Induktivitäten berechnen wir dabei die Reaktanzen.

$$X_{12} = X_{L12} = \omega L_{12} = 314 \cdot 3{,}18 \cdot 10^{-3}\ \Omega = 1\ \Omega$$

$$\underline{Y}_{12} = \frac{1}{R_{12}} + \frac{1}{\mathrm{j}\,X_{12}} = \left(\frac{1}{1} - \mathrm{j}\frac{1}{1}\right)\mathrm{S} = (1-\mathrm{j})\ \mathrm{S}$$

$$\underline{Z}_{12} = \frac{1}{\underline{Y}_{12}} = \frac{1}{(1-\mathrm{j})}\ \Omega = \frac{1+\mathrm{j}}{(1-\mathrm{j})(1+\mathrm{j})}\ \Omega = \frac{1+\mathrm{j}}{1+1}\ \Omega = (0{,}5+\mathrm{j}\,0{,}5)\ \Omega$$

$$X_{C23} = \frac{1}{\omega C_{23}} = \frac{10^6}{314 \cdot 637}\ \Omega = 5\ \Omega$$

$$\underline{Z}_{23} = \mathrm{j}\,X_{23} = -\mathrm{j}\,X_{C23} = -\mathrm{j}\,5\ \Omega$$

$$\underline{Y}_{34} = \frac{1}{R_{34}} + \mathrm{j}\frac{1}{X_{C34}} = \left(\frac{1}{2} - \mathrm{j}\frac{1}{4}\right)\mathrm{S} = (0{,}5+\mathrm{j}\,0{,}25)\ \mathrm{S}$$

$$\underline{Z}_{34} = \frac{0{,}5-\mathrm{j}\,0{,}25}{0{,}5^2+0{,}25^2}\ \Omega = (1{,}6-\mathrm{j}\,0{,}8)\ \Omega$$

$$\underline{Z}_{45} = (7+\mathrm{j}\,4)\ \Omega$$

$$\underline{Z}''_{35} = 20\ \Omega$$

Die Bedeutung der Striche wird später deutlich.

$$\underline{Z}_{50} = \frac{1}{\mathrm{j}\, Y_{C50}} = \mathrm{j}\, X_{50} = -\mathrm{j}\, X_{C50} = -\mathrm{j}\, 6\,\Omega$$

Nun können wir zusammenfassen:

$$\underline{Z}_{13} = \underline{Z}_{12} + \underline{Z}_{23} = (0{,}5 + \mathrm{j}\,0{,}5)\,\Omega - \mathrm{j}\,5\,\Omega = (0{,}5 - \mathrm{j}\,4{,}5)\,\Omega$$

$$\underline{Z}'_{35} = \underline{Z}_{34} + \underline{Z}_{45} = (1{,}6 - \mathrm{j}\,0{,}8)\,\Omega + (7 + \mathrm{j}\,4)\,\Omega = (8{,}6 + \mathrm{j}\,3{,}2)\,\Omega$$

Diese Impedanz ist mit dem Widerstand R_{35} parallel geschaltet. Um die Parallelschaltung zu berechnen, können wir zwei Wege beschreiten:

Weg 1: $\underline{Y}'_{35}$ wird bestimmt und zu $1/\underline{Z}''_{35} = G_{35} = 1/R_{35}$ addiert. Wir erhalten $\underline{Y}_{35}$. Dann wird die Impedanz $\underline{Z}_{35} = 1/\underline{Y}_{35}$ bestimmt.

Weg 2: Die Impedanz $\underline{Z}_{35}$ wird direkt bestimmt.

$$\underline{Z}_{35} = \underline{Z}'_{35} // \underline{Z}''_{35} = \frac{(8{,}6 + \mathrm{j}\,3{,}2) \cdot 20}{8{,}6 + \mathrm{j}\,3{,}2 + 20}\,\Omega = \frac{(8{,}6 + \mathrm{j}\,3{,}2)\,20\,(28{,}6 - \mathrm{j}\,3{,}2)}{28{,}6^2 + 3{,}2^2}\,\Omega$$

$$= 0{,}0241\,\left[(246 + 10) + \mathrm{j}\,(-28 + 92)\right]\,\Omega = (6{,}2 + \mathrm{j}\,1{,}5)\,\Omega$$

$$\underline{Z}_{10} = \underline{Z}_{13} + \underline{Z}_{35} + \underline{Z}_{50} = (0{,}5 - \mathrm{j}\,4{,}5)\,\Omega + (6{,}2 + \mathrm{j}\,1{,}5)\,\Omega - \mathrm{j}\,6\,\Omega$$

$$= (6{,}7 - \mathrm{j}\,9{,}0)\,\Omega$$

Aufgabe 1.2

Berechnen Sie die Impedanz der Schaltung in Bild 1.9 für vier verschiedene Frequenzen!

$f = 0$ $f = \infty$ $f = 0{,}1$ Hz $f = 10$ kHz

Bedenken Sie dabei, dass bei 50 Hz alle Reaktanzen und Widerstände in derselben Größenordnung liegen und deshalb alle zu berücksichtigen sind. Bei $f = 0{,}1$ Hz und $f = 10$ kHz gilt das nicht mehr, sodass einige Näherungen zulässig sind! Lassen Sie sich Zeit, die Aufgabe ist länglich.

Vielleicht haben Sie sich bei dieser Aufgabe etwas gequält. Aber das ist gut so. Die Rechnung mit den beiden extremen Frequenzen 0 und ∞ war sicher einfach. Bei den niederen und hohen Frequenzen 0,1 Hz und 10 kHz hatten Sie wahrscheinlich Probleme. Wenn Sie genauer gerechnet haben als ich in den Lösungen, wird Ihnen aufgefallen sein, dass Sie trotzdem fast dasselbe Ergebnis erhalten haben. Man kann sich die Arbeit erleichtern. Aber nicht immer! Es kommt auf die Problemstellung an, ob man bei stark unterschiedlichen Real- und Imaginärteilen den kleineren Wert vernachlässigen darf.

Ich will mich nun den Fällen zuwenden, in denen die Real- und Imaginärteile sehr unterschiedlich sind.

Reihenschaltung R-L

$$\underline{Z} = R + \mathrm{j}\,X$$

$$\underline{Y} = \frac{R - \mathrm{j}\,X}{R^2 + X^2}$$

$$R \gg |X| \qquad \Rightarrow \quad \underline{Y} = \frac{R - \mathrm{j}\,X}{R^2} = \frac{1}{R} - \mathrm{j}\,\frac{X}{R^2} \tag{1.20}$$

$$R \ll |X| \qquad \Rightarrow \quad \underline{Y} = \frac{R - \mathrm{j}\,X}{X^2} = \frac{R}{X^2} - \mathrm{j}\,\frac{1}{X} \tag{1.21}$$

Reihenschaltung R-C

Es ergibt sich kein Unterschied. Der Wert von X ist aber negativ ($X = -X_C$).

Parallelschaltung R-L

$$\underline{Y} = G + \mathrm{j}\,B = \frac{1}{R} - \mathrm{j}\,\frac{1}{X} \qquad (B < 0)$$

$$\underline{Z} = \frac{G - \mathrm{j}\,B}{G^2 + B^2}$$

$$G \gg |B| \qquad \Rightarrow \quad \underline{Z} = \frac{1}{G} - \mathrm{j}\,\frac{B}{G^2} = R + \mathrm{j}\,\frac{R^2}{X} \tag{1.22}$$

$$G \ll |B| \qquad \Rightarrow \quad \underline{Z} = \frac{G}{B^2} - \mathrm{j}\,\frac{1}{B} = \frac{X^2}{R} + \mathrm{j}\,X \tag{1.23}$$

Parallelschaltung R-C

Es ergibt sich – abgesehen vom Vorzeichen – kein Unterschied.

Näherungsweise Umrechnung zwischen Parallel- und Reihenschaltung

Wenn Wirk- und Blindwiderstand sehr unterschiedlich sind, erfolgt die Umrechnung von Reihen- in Parallelschaltung so, dass der größere Anteil nahezu erhalten bleibt und der kleinere am Quadrat des größeren gespiegelt wird. Entsprechendes gilt bei der Umrechnung von Parallel- in Reihenschaltung für die Leitwerte.

Beispiel 1.5

Der Widerstand (R = 1 Ω) und die Spule (X = 1 Ω bei f = 1 Hz) sind in Reihe geschaltet. Gesucht sind die Admittanzen für f = 10 Hz, 1 Hz und 0,1 Hz. Die Berechnungen sollen einmal exakt und einmal nach dem Näherungsverfahren erfolgen.

$$\underline{Z} = R + \mathrm{j}\,X$$

$$\underline{Y} = \frac{R - \mathrm{j}\,X}{R^2 + X^2}$$

f = 10 Hz:

$$\underline{Y} = \frac{1 - \mathrm{j}\,10}{1^2 + 10^2}\ \mathrm{S} = \left(0{,}0099 - \mathrm{j}\,0{,}099\right)\mathrm{S}$$

$$\underline{Y} \approx \frac{1}{100} - \mathrm{j}\frac{1}{10} = \left(0{,}01 - \mathrm{j}\,0{,}1\right)\mathrm{S}$$

f = 1 Hz:

$$\underline{Y} = \frac{1 - \mathrm{j}\,1}{1^2 + 1^2} = \left(0{,}5 - \mathrm{j}\,0{,}5\right)\mathrm{S}$$

$$\underline{Y} \approx \frac{1}{1} - \mathrm{j}\frac{1}{1} = \left(1 - \mathrm{j}\right)\mathrm{S}$$

Da bei f = 1 Hz weder die Bedingung $X \gg R$ noch die Bedingung $X \ll R$ erfüllt ist, liefert die Näherungsrechnung falsche Ergebnisse.

f = 0,1 Hz:

$$\underline{Y} = \frac{1 - \mathrm{j}\,0{,}1}{1^2 + 0{,}1^2}\ \mathrm{S} = \left(0{,}99 - \mathrm{j}\,0{,}099\right)\mathrm{S}$$

$$\underline{Y} \approx \frac{1}{1} - \mathrm{j}\frac{0{,}1}{1} = \left(1 - \mathrm{j}\,0{,}1\right)\mathrm{S}$$

Aufgabe 1.3

Für die Schaltung in **Bild 1.10a** sind einmal exakt und einmal näherungsweise die Ersatzimpedanzen zu berechnen. Welche Verluste ergeben sich?

$R_1 = 1\ \Omega$ $R_2 = 1\ \Omega$ $X_3 = 10\ \Omega$ $U = 100\ \mathrm{V}$

Aufgabe 1.4

Gegenüber Aufgabe 1.3 wird die Reaktanz zu $X_3 = 0{,}1\ \Omega$ angenommen. Diese Aufgabe sollten Sie erst rechnen, wenn Sie die Lösung der Aufgabe 1.3 angesehen haben.

Das Beispiel und die beiden Aufgaben haben Ihnen ein Gefühl für die Möglichkeiten zu Vereinfachungen des Rechengangs gegeben. Nun sollen Sie die komplexe Rechnung und die Zeigerbilder noch etwas einüben.

Aufgabe 1.5

Wir behandeln die Schaltung in **Bild 1.10b**. Sie unterscheidet sich von der vorher berechneten Schaltung nur durch den Austausch der Induktivität mit einer Kapazität und durch die Zahlenwerte

$R_1 = 1\ \Omega$ $\quad R_2 = 2\ \Omega$ $\quad X_3 = -2\ \Omega$ $\quad U = 10$ V

Berechnen Sie die Impedanzen, Ströme, Spannungen sowie Leistungen und tragen Sie die Zeiger in komplexe Ebenen ein! Legen Sie dabei den Strom $\underline{I}$ in die reelle Achse ($\underline{I} = I$)!

Ich denke, dass Sie mit dieser Aufgabe etwas Schwierigkeit hatten. Rechnen Sie deshalb eine zweite.

Aufgabe 1.6

Die Schaltung in **Bild 1.10c** ist dual zu der in Bild 1.10b. Berechnen Sie die Ersatzimpedanz sowie die Ströme, Spannungen und Leistungen!

$R_1 = 3\ \text{k}\Omega$ $\quad R_2 = 1\ \text{k}\Omega$ $\quad X_3 = 2\ \text{k}\Omega$ $\quad \underline{U} = 10$ V

Wir wollen jetzt kapazitive und induktive Elemente miteinander verknüpfen. Dazu untersuchen wir die drei Schaltungen in **Bild 1.11**. Hierbei gibt es nicht viel Neues, deshalb können Sie gleich mit dem Üben anfangen.

Aufgabe 1.7

Für die Reihenschaltung in **Bild 1.11a** ist das Zeigerdiagramm der Spannungen zu zeichnen.

$R_1 = 5\ \Omega$ $\quad X_2 = 2\ \Omega$ $\quad X_3 = -4\ \Omega$ $\quad U = 10$ V

Aufgabe 1.8

Für die Parallelschaltung in **Bild 1.11b** ist das Zeigerdiagramm der Ströme zu zeichnen.

$R_1 = 5\ \Omega$ $\quad X_2 = 2\ \Omega$ $\quad X_3 = -4\ \Omega$ $\quad U = 10$ V

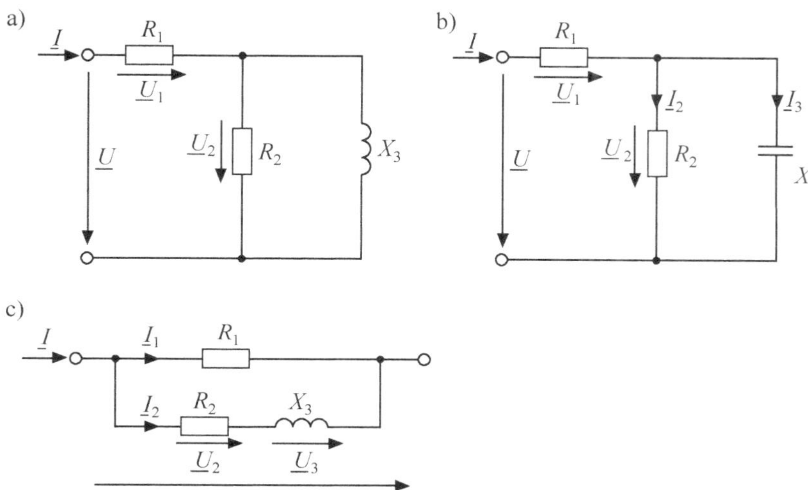

Bild 1.10 Netzwerke
a) induktive Parallel-Reihenschaltung
b) kapazitive Parallel-Reihenschaltung
c) induktive Reihen-Parallelschaltung

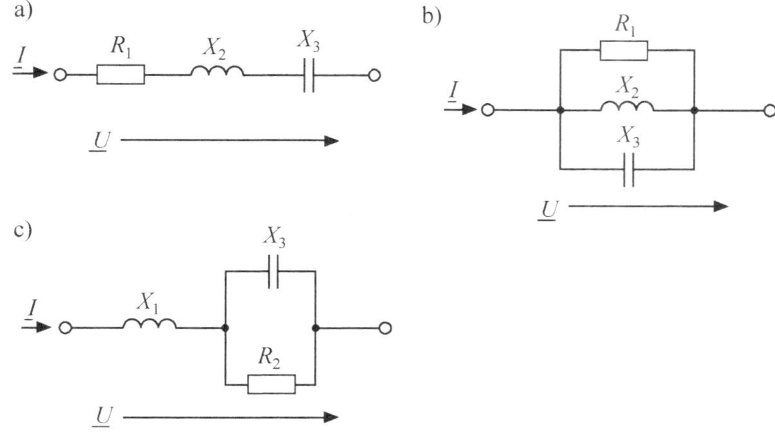

Bild 1.11 R-L-C-Kreise
a) Reihenschwingkreis
b) Parallelschwingkreis
c) Parallel-Reihenschwingkreis

Aufgabe 1.9

Für die Schaltung in **Bild 1.11c** sind die Zeigerdiagramme für Strom und Spannung zu zeichnen.

$X_1 = 40\ \Omega$ $R_2 = 50\ \Omega$ $X_3 = -60\ \Omega$ $U = 200$ V

Aufgabe 1.10

An einem ohmsch-induktiven Kreis wird die Spannung $U = 100$ V, 50 Hz angelegt und der Strom $I = 10$ A gemessen. Die Wirkleistungsaufnahme ergab sich zu 500 W. Wie groß ist die Induktivität, wenn eine R-L-Reihenschaltung als Ersatzschaltung gewählt wird?

Aufgabe 1.11

Eine Spannungsquelle mit induktivem Innenwiderstand $X = 1\ \Omega$ hat die innere Spannung $U = 1$ V und wird mit einem Widerstand R belastet. Wie groß muss dieser sein, um maximale Leistung aus der Spannungsquelle zu ziehen? Wie groß ist für diesen Fall der Anpassung die Leistung?

■ *Beispiel 1.5*

Eine Leitung lässt sich durch einen Vierpol modellieren. Als eine gute Näherung ist die π-Ersatzschaltung in **Bild 1.12** anzusehen. Dabei ist die Kapazität der Leitung in zwei Teilkapazitäten an den Ein- und Ausgangsklemmen aufgespalten. Als Leitungsdaten seien gegeben

$X' = 0{,}3\ \Omega$/km $R/X = 0{,}1$ $C' = 15$ nF/km

$l = 300$ km $U_1 = 220$ kV $f = 50$ Hz

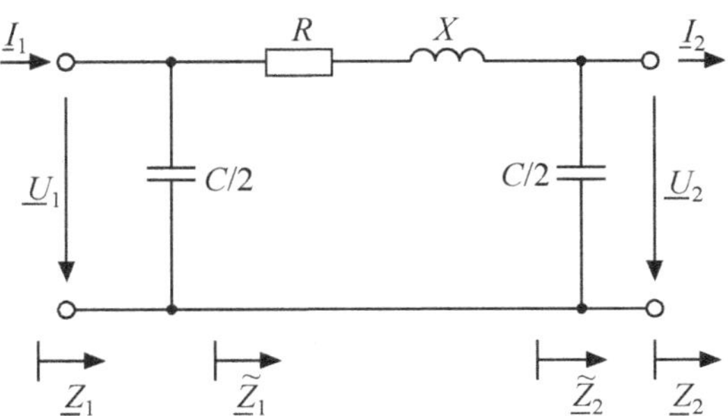

Bild 1.12 Modell einer Freileitung

Solche Leitungen sind Drehstromleitungen, wir behandeln sie als Wechselstromleitungen, um Probleme mit dem Faktor $\sqrt{3}$ zu vermeiden, der später kommt.

Wie groß ist die Eingangsimpedanz und welche Spannung entsteht am Ende, wenn die Leitung nicht belastet ist ($I_2 = 0$)?

$$\frac{B}{2} = \frac{\omega\, C'l}{2} = 314 \cdot 15 \cdot 10^{-9} \cdot \frac{300}{2}\,\mathrm{S} = 0{,}707\ \mathrm{mS}$$

$$\underline{Z} = R + \mathrm{j}\,X = 0{,}1 \cdot 0{,}3 \cdot 300\ \Omega + \mathrm{j}\,0{,}3 \cdot 300\ \Omega = (9 + \mathrm{j}\,90)\ \Omega$$

$$\begin{aligned}\tilde{\underline{Z}}_1 &= R + \mathrm{j}\,X + \frac{1}{\mathrm{j}\,\frac{B}{2}}\\ &= 9\ \Omega + \mathrm{j}\,90\ \Omega - \mathrm{j}\,1414\ \Omega = (9 - \mathrm{j}\,1324)\ \Omega = R_1 + \mathrm{j}\,X_1\end{aligned}$$

Um den Leitwert zu berechnen, nutzen wir die bekannte Näherungsformel für $R \ll |X|$.

$$\tilde{\underline{Y}}_1 = \frac{R_1}{X_1^2} + \mathrm{j}\,\frac{1}{X_1} = \left[\frac{9}{1324^2} + \mathrm{j}\,\frac{1}{1324}\right]\mathrm{S} = (5 + \mathrm{j}\,755) \cdot 10^{-6}\ \mathrm{S}$$

Nun fügen wir die Kapazitäten am Eingang hinzu.

$$\underline{Y}_1 = \tilde{\underline{Y}}_1 + \mathrm{j}\,\frac{B}{2} = (5 + \mathrm{j}\,755) \cdot 10^{-6}\ \mathrm{S} + \mathrm{j}\,707 \cdot 10^{-6}\ \mathrm{S} = (5 + \mathrm{j}\,1462) \cdot 10^{-6}\ \mathrm{S}$$

$$\frac{\underline{U}_2}{\underline{U}_1} = \frac{\frac{2}{\mathrm{j}\,B}}{\tilde{\underline{Z}}_1} = \frac{\frac{-\mathrm{j}}{0{,}707 \cdot 10^{-3}}}{9 - \mathrm{j}\,1324} \approx \frac{1414}{1324} = 1{,}07$$

$$-\underline{U}_2 = 1{,}07 \cdot 220\ \mathrm{kV} = 235\ \mathrm{kV}$$

Die Spannung am Ende der leer laufenden Leitung ist höher als am Anfang. Dieses Phänomen nennt man *Ferranti-Effekt*. Die Phasenverschiebung zwischen Ein- und Ausgangsspannung ist sehr gering. Für die Leistungen ergibt sich

$$\underline{S}_1 = \underline{I}_1^*\,\underline{U}_1 = \underline{Y}_1^*\,\underline{U}_1^*\,\underline{U}_1 = \underline{Y}_1^*\,U_1^2 = (5 - \mathrm{j}\,1462) \cdot 10^{-6} \cdot 220^2\ \mathrm{MVA}$$

$P_1 = 0{,}24\ \mathrm{MW}$ $\qquad$ $Q_1 = -71\ \mathrm{MVAr}$

Die Blindleistungsaufnahme der leer laufenden Leitung ist beachtlich. Sie ist wesentlich durch die Blindleistungsaufnahme der Kapazitäten bedingt. Deshalb spricht man von *Ladeleistung*.

Nun sei die Leitung belastet. Am Ende liegt die Nennspannung $U_2 = 220$ kV an, und es fließt der thermische Grenzstrom $I_2 = 2$ kA bei einem Leistungsfaktor $\lambda = \cos\varphi = 0{,}8$ (ind). Welche Spannung ist am Anfang der Leitung anzulegen?

Die Leitung wird mit der Admittanz $\underline{Y}_2$ abgeschlossen.

$$S_2 = U_2 \cdot I_2 = 220 \cdot 2\ \text{MVA} = 440\ \text{MVA}$$

$$P_2 = S \cdot \cos\varphi = 440 \cdot 0{,}8 = 352\ \text{MW}$$

$$Q_2 = S \cdot \sin\varphi = 440 \cdot 0{,}6 = 264\ \text{MVAr}$$

$$G_2 = \frac{P_2}{U_2^2} = \frac{352\ \text{MW}}{(220\ \text{kV})^2} = 7{,}3 \cdot 10^{-3}\ \text{S}$$

$$B_2 = \frac{-Q_2}{U_2^2} = \frac{-264\ \text{MVAr}}{(220\ \text{kV})^2} = -5{,}5 \cdot 10^{-3}\ \text{S}$$

$$\underline{Y}_2 = G_2 + \text{j}\,B_2$$

Der Blindleitwert B_2 wird mit dem Leitwert der Kapazität zusammengefasst.

$$\tilde{B}_2 = B_2 + \frac{B}{2} = \left(-5{,}5 \cdot 10^{-3} + 0{,}7 \cdot 10^{-3}\right)\text{S} = -6{,}2 \cdot 10^{-3}\ \text{S}$$

Es ist zu sehen, dass die Kapazität hier keine Rolle spielt. Wir schalten nun die Längsimpedanz der Leitung $\underline{Z}$ mit der Lastimpedanz $\underline{Z}_2$ in Reihe.

$$\underline{I}_2 = I_2\,\text{e}^{-\text{j}\varphi} = 2\ \text{kA}\left(\cos\varphi - \text{j}\sin\varphi\right) = \left(1{,}6 - \text{j}\,1{,}2\right)\text{kA}$$

$$\underline{Z}_2 = \frac{U_2}{\underline{I}_2} = \frac{220}{1{,}6 - \text{j}\,1{,}2}\,\Omega = \left(88 + \text{j}\,66\right)\Omega$$

Diesen Wert können Sie auch aus G_2 und B_2 bestimmen.

$$\underline{Z}_1 = \underline{Z}_2 + \underline{Z} = \left(88 + \text{j}\,66\right)\Omega + \left(9 + \text{j}\,90\right)\Omega = \left(97 + \text{j}\,156\right)\Omega$$

Die Eingangskapazität wird vernachlässigt.

$$\underline{U}_1 = \underline{Z}_1 \underline{I}_1 = \underline{Z}_1 \, \underline{I}_2 = (97 + \mathrm{j}\,156)(1{,}6 - \mathrm{j}\,1{,}2)\ \mathrm{kV}$$
$$= (342 + \mathrm{j}\,133)\ \mathrm{kV} = 366\ \mathrm{kV}\ \mathrm{e}^{\mathrm{j}\,21^\circ}$$

$$\frac{U_1}{U_2} = 1{,}67$$

Die Eingangsspannung ist unrealistisch hoch. Dies bedeutet, dass man die Leitung wegen des Spannungsfalls nicht voll auslasten darf. Wir berechnen nun noch die Leistungsbilanz.

$$P_\mathrm{L} = R \cdot I^2 = 9 \cdot 2^2\ \mathrm{MW} \qquad = 36\ \mathrm{MW}$$

$$Q_\mathrm{L} = X \cdot I^2 = 90 \cdot 2^2\ \mathrm{MVAr} = 360\ \mathrm{MVAr}$$

$$P_1 = P_2 + P_\mathrm{L} = (352 + 36)\ \mathrm{MW} \qquad = 388\ \mathrm{MW}$$

$$Q_1 = Q_2 + Q_\mathrm{L} = (264 + 360)\ \mathrm{MVAr} = 624\ \mathrm{MVAr}$$

oder

$$\underline{S}_1 = \underline{U}_1 \, \underline{I}_1^* = 366 \cdot \mathrm{e}^{\mathrm{j}\,21^\circ} \cdot \left(2\ \mathrm{e}^{-\mathrm{j}\,\varphi}\right)^*\ \mathrm{MVA}$$

$$\cos\varphi = 0{,}8 \rightarrow \varphi = 36{,}9^\circ$$

$$\underline{S}_1 = 732\ \mathrm{MVA}\ \mathrm{e}^{\mathrm{j}\,57{,}9^\circ} = (389 + \mathrm{j}\,620)\ \mathrm{MVA}$$

Das Beispiel hat gezeigt, dass die Leitung im Leerlauf kapazitive und im Lastbetrieb induktive Leistung aufnimmt.

$$Q_\mathrm{C} = B\,U^2 \qquad\qquad Q_\mathrm{L} = X\,I^2$$

Es gibt nur einen Betriebszustand, bei dem sich beide Blindleistungen aufheben.

$$Q_\mathrm{C} = Q_\mathrm{L}$$

$$B\,U^2 = X\,I^2$$

$$\frac{U}{I} = Z_\mathrm{w} = \sqrt{\frac{X}{B}} = \sqrt{\frac{\omega L}{\omega C}} = \sqrt{\frac{L}{C}} \tag{1.24}$$

Diese Impedanz ist rein ohmsch und wird *Wellenwiderstand* Z_w genannt. Schließt man die Leitung mit einem Widerstand R_2 ab, der gleich dem

Wellenwiderstand ist ($R_2 = Z_w$), so gibt die Leitung eine Leistung ab, die als *natürliche Leistung* P_{nat} bezeichnet wird.

$$P_{nat} = \frac{U^2}{Z_w} \tag{1.25}$$

Werden die Leitungsverluste vernachlässigt ($R = 0$), heben sich in dem beschriebenen Betriebszustand die induktiven und kapazitiven Leistungen in der Leitung auf. Dadurch ist die Einspeiseleistung gleich der Abgabeleistung

$$P_1 = P_2 = P_{nat}$$

■ ***Beispiel 1.6***

Berechnen Sie die natürliche Leistung für die Leitungsdaten aus dem vorherigen Beispiel!

$X' = 0{,}3\ \Omega/\text{km}$ $\qquad C' = 15 \cdot 10^{-9}\ \text{F/km}$

$$B' = \omega\, C' = 314 \cdot 15 \cdot 10^{-9}\ \text{S/km} = 4{,}7 \cdot 10^{-6}\ \text{S/km}$$

$$Z_w = \sqrt{\frac{X}{B}} = \sqrt{\frac{X'l}{B'l}} = \sqrt{\frac{X'}{B'}} = \sqrt{\frac{0{,}3\ \Omega/\text{km}}{4{,}7 \cdot 10^{-6}\ \text{S/km}}} = 253\ \Omega$$

$$P_{nat} = \frac{U^2}{Z_w} = \frac{220^2}{253\ \text{MW}} = 191\ \text{MW}$$ □

Mit der π-Schaltung will ich mich noch etwas auseinander setzen. Nicht ich – Sie!

Aufgabe 1.12

Vernachlässigen Sie bei der Leitungsnachbildung in Bild 1.12 den Widerstand R, und berechnen Sie mit den Zahlen aus dem Beispiel 1.5 die Eingangsimpedanz der 300 km langen Leitung! Unterteilen Sie dann die 300 km lange Leitung in zwei Teilstücke von je 150 km, die in Reihe geschaltet sind, und berechnen Sie die Eingangsimpedanz dieser Schaltung! Vergleichen Sie beide Ergebnisse!

Das Ergebnis der Aufgabe zeigt, dass selbst sehr lange Leitungen durch ein π-Element sehr genau nachzubilden sind. Das gilt nicht mehr, wenn das Verhalten bei höheren Frequenzen zu untersuchen ist.

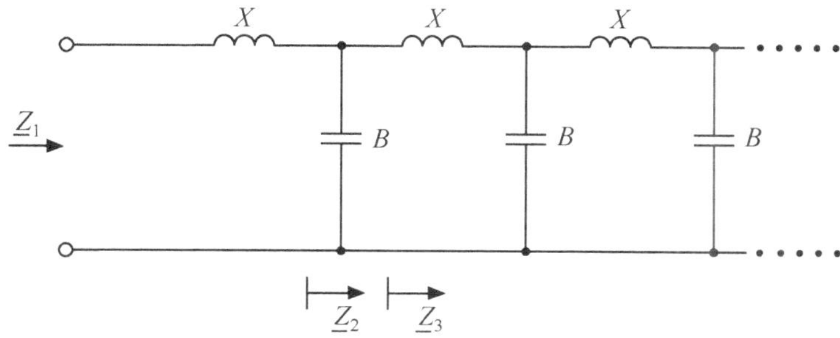

Bild 1.13 Freileitung als Kettenleiter

Ich will noch einmal auf den Wellenwiderstand zurückkommen. Betrachten wir eine lange Leitung, die aus vielen π-Gliedern besteht. Die Längsreaktanz X und die Querleitwerte B sind sehr klein (**Bild 1.13**). Es ist dann gleichgültig, ob wir die Eingangsimpedanz vor oder nach der Kapazität bestimmen.

$$\underline{Z}_1 \approx \underline{Z}_2$$

Besteht die Leitung aus $n \gg 1$ Teilstücken der Länge Δl, so ergibt sich

$$X = X' \Delta l \qquad\qquad B = B' \Delta l$$

$$\underline{Y}_2 = \mathrm{j}\,B + \underline{Y}_3$$

$$\underline{Z}_2 = \frac{1}{\mathrm{j}\,B + \underline{Y}_3}$$

$$\underline{Z}_1 = \mathrm{j}\,X + \underline{Z}_2 = \mathrm{j}\,X + \frac{1}{\mathrm{j}\,B + \underline{Y}_3}$$

Da die Anzahl n der Ketten groß ist, müssen die Impedanzen $\underline{Z}_1$ und $\underline{Z}_3$ gleich sein.

$$\underline{Z}_1 = \mathrm{j}\,X + \frac{1}{\mathrm{j}\,B + \dfrac{1}{\underline{Z}_1}}$$

$$\left(\underline{Z}_1 - \mathrm{j}\,X\right)\left(\mathrm{j}\,B + \frac{1}{\underline{Z}_1}\right) = 1$$

$$\left(\underline{Z}_1 - \mathrm{j}X\right)\left(\mathrm{j}B\,\underline{Z}_1 + 1\right) = \underline{Z}_1$$

$$\mathrm{j}B\,\underline{Z}_1^2 + \underline{Z}_1 + B\,X\,\underline{Z}_1 - \mathrm{j}X = Z_1$$

$$\underline{Z}_1^2 - \mathrm{j}X\,\underline{Z}_1 - \frac{X}{B} = 0$$

$$\underline{Z}_1 = \mathrm{j}\frac{X}{2} \pm \sqrt{\left(\mathrm{j}\frac{X}{2}\right)^2 + \frac{X}{B}}$$

Wenn wir nun die Länge Δl sehr klein machen, streben X und B nach null.

$$\underline{Z} = \sqrt{\frac{X}{B}} = \sqrt{\frac{L}{C}} = Z_\mathrm{W}$$

Wir haben den oben bereits gefundenen Wellenwiderstand auf einem anderen Weg hergeleitet. Erinnern Sie sich noch an Band 1? Dort behandelte ich einen Kettenleiter, bestehend aus einem Längs- und Querwiderstand. Er war die Ersatzschaltung für das Blitzschutzseil einer Freileitung. Ein Kettenleiter aus L und C, wie er hier behandelt wurde, ist unüblich. Der Übergang zu kleinen Kettenelementen ($\Delta l \rightarrow 0$) liefert das Modell einer Leitung.

1.6 Netzwerke mit Übertragern

Bisher haben wir Netzwerke behandelt, in denen Widerstände, Kapazität und Induktivität in beliebiger Form zusammengeschaltet sind. Es ist leicht möglich, die Kopplung dieser Elemente über die Knotengleichungen nach Kirchhoff mathematisch zu beschreiben. Wir sprechen hier von *Ohm'scher Kopplung*, wenn dies bei Spulen und Kondensatoren auch nicht sauber formuliert ist. Ist die Influenzwirkung zwischen Leitern oder Bauelementen zu berücksichtigen, so erfolgt dies im Modell mit Kapazitäten und damit konzentrierten Elementen. Dies ist in **Bild 1.14** dargestellt. Wird an den

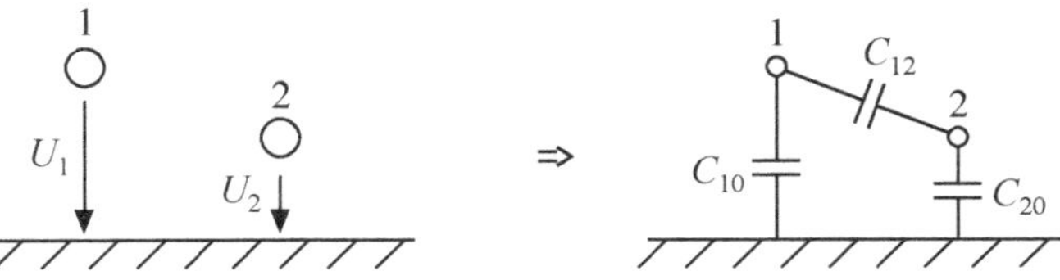

Bild 1.14 Kapazitive Kopplung

Leiter 1 eine Spannung angelegt, so überträgt sich durch Influenz ein Teil davon auf Leiter 2. Im Modell ist dies durch Kapazitäten zwischen den beiden Leitern und Erde sowie zwischen Leiter 1 und Leiter 2 zu erreichen. Die Spannung des Leiters 2 gegen Erde ist dann über die Spannungsteilerregel zu bestimmen.

Bei *induktiven Kopplungen* bleibt die Gestalt des Vierpols in den Beschreibungsgleichungen erhalten. Dies wird in **Bild 1.15** deutlich. Dort ist ein Zweipol mit den Klemmen 1 und 0 dargestellt; er enthält die inneren Knoten 2, 3, 4, 5 und 6. Die Spulen zwischen 3 und 4 sowie 5 und 6 sind induktiv miteinander gekoppelt. Dies ist durch den grau unterlegten magnetischen Kreis verdeutlicht. Die Klemmen 3, 4 stellen den Eingang und 5, 6 den Ausgang eines Vierpols dar. Dieser Vierpol ist ein idealer Übertrager mit dem Übersetzungsverhältnis

$$\ddot{u} = \frac{N_2}{N_1} = \frac{\underline{U}_2}{\underline{U}_1} = \frac{\underline{I}_1}{\underline{I}_2} \tag{1.26}$$

Idealer Übertrager

Das Übersetzungsverhältnis des idealen Übertragers ist reell, d. h., die Spannungen von Ein- und Ausgang haben dieselbe Phasenlage. Dasselbe gilt für die Ströme.

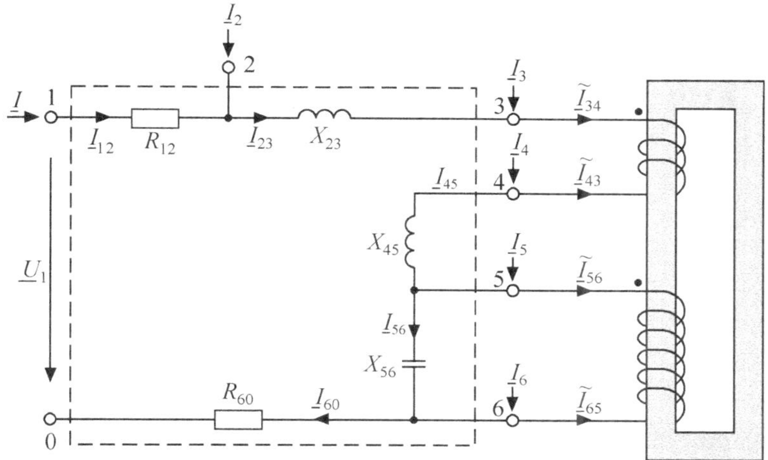

Bild 1.15 Netzwerk mit Übertrager

Der Wickelsinn der beiden Spulen, die einen gemeinsamen Kern haben, sei gleich. Um dies zu kennzeichnen, haben die Wicklungen am Anfang einen Punkt. Wenn die Spannung U_{34} positiv ist, ist auch die Spannung U_{56} positiv.

$$\underline{U}_{56} = ü\, \underline{U}_{34} \tag{1.27}$$

Mit diesen Festlegungen ist es möglich, die Beschreibungsgleichungen des Netzwerks nach **Bild 1.15** aufzustellen. Dies soll in einem Beispiel geschehen.

■ ***Beispiel 1.7***

Gegeben ist die Schaltung in Bild 1.15 mit folgenden Daten:

$R_{12} = 0{,}4\,\Omega$ $X_{23} = 1\,\Omega$ $X_{45} = 2\,\Omega$

$X_{56} = -3\,\Omega$ $R_{60} = 0{,}5\,\Omega$ $ü = 2$

$U_1 = 100\text{ V}$

Zur Aufstellung der Gleichungen gebe ich zunächst das Ohm'sche Gesetz für die Zweige an.

$$\begin{aligned}
\underline{U}_{12} &= R_{12}\, \underline{I}_{12} \\
\underline{U}_{23} &= \mathrm{j}\, X_{23}\, \underline{I}_{23} \\
\underline{U}_{45} &= \mathrm{j}\, X_{45}\, \underline{I}_{45} \\
\underline{U}_{56} &= \mathrm{j}\, X_{56}\, \underline{I}_{56} \\
\underline{U}_{60} &= R_{60}\, \underline{I}_{60}
\end{aligned} \tag{1.28}$$

Es folgen die Vierpolbedingungen für den Transformator. Dabei werden die Ströme in den Transformator mit einer Tilde gekennzeichnet.

$$\begin{aligned}
\underline{U}_{56} &= ü\, \underline{U}_{34} \\
\tilde{\underline{I}}_{56} &= -\frac{1}{ü}\, \tilde{\underline{I}}_{34}
\end{aligned} \tag{1.29}$$

Die Verknüpfung der Elemente zu einem Netzwerk geschieht durch die Strombilanz in den Knoten. Dabei nehme ich an, dass Ströme von außen in die Knoten hineinfließen. Die meisten davon sind allerdings null.

$$\underline{I}_2 = \underline{I}_3 = \underline{I}_4 = \underline{I}_5 = \underline{I}_6 = 0$$

$$\begin{aligned} \underline{I}_{12} &= \underline{I}_1 & \underline{I}_{23} &= \underline{I}_1 \\ \underline{\tilde{I}}_{34} &= \underline{I}_1 & \underline{I}_{45} &= \underline{I}_1 \\ \underline{I}_{56} &= \underline{I}_1 - \underline{\tilde{I}}_{56} & \underline{I}_{60} &= \underline{I}_1 \end{aligned} \tag{1.30}$$

Schließlich gibt es noch eine Maschengleichung.

$$\underline{U}_1 = \underline{U}_{12} + \underline{U}_{23} + \underline{U}_{34} + \underline{U}_{45} + \underline{U}_{56} + \underline{U}_{60} \tag{1.31}$$

Sind das alle Gleichungen? Wir zählen nach. Es gibt sechs Zweigspannungen sowie die Knotenspannung $\underline{U}_1$, die vorgegeben ist. Rechnen wir die Knotenströme, die null sind, nicht mit, so gibt es acht Zweigströme einschließlich der beiden Transformatorströme. Wir haben also insgesamt $6 + 8 = 14$ Unbekannte. Um sie zu berechnen, stehen die Gln. (1.28) bis (1.31) zur Verfügung. Es sind

$$n = 5 + 2 + 6 + 1 = 14 \tag{1.32}$$

Glück gehabt! Jetzt geht es an das Lösen. Als Zwischenziel wollen wir den Strom I_1 bestimmen. Wenn er bekannt ist, wird der Rest einfach. Sehen Sie das aus der Schaltung?

Die Gln. (1.28) sowie die erste der Gln. (1.29) werden in Gl. (1.31) eingesetzt.

$$\begin{aligned} \underline{U}_1 &= R_{12}\,\underline{I}_{12} + \mathrm{j}\,X_{23}\,\underline{I}_{23} + \frac{1}{ü}\,\underline{U}_{56} + \mathrm{j}\,X_{45}\,\underline{U}_{45} + \underline{U}_{56} + R_{60}\,\underline{I}_{60} \\ &= R_{12}\,\underline{I}_{12} + \mathrm{j}\,X_{23}\,\underline{I}_{23} + \left(\frac{1}{ü} + 1\right)\mathrm{j}\,X_{56}\,\underline{I}_{56} + \mathrm{j}\,X_{45}\,\underline{I}_{45} + R_{60}\,\underline{I}_{60} \end{aligned}$$

Nun setze ich die Knotengleichung (1.30) sowie die zweite der Gln. (1.29) ein.

$$\begin{aligned} \underline{U}_1 &= R_{12}\,\underline{I}_1 + \mathrm{j}\,X_{23}\,\underline{I}_1 + \left(\frac{1}{ü} + 1\right)\mathrm{j}\,X_{56}\left(\underline{I}_1 - \underline{\tilde{I}}_{56}\right) + \mathrm{j}\,X_{45}\,\underline{I}_1 + R_{60}\,\underline{I}_1 \\ &= \left(R_{12} + R_{60} + \mathrm{j}\,X_{23} + \mathrm{j}\,X_{45}\right)\underline{I}_1 + \mathrm{j}\,X_{56}\left(\frac{1}{ü} + 1\right)\left(1 + \frac{1}{ü}\right)\underline{I}_1 \\ &= \left[R_{12} + R_{60} + \mathrm{j}\,X_{23} + \mathrm{j}\,X_{45} + \mathrm{j}\,X_{56}\left(1 + \frac{1}{ü}\right)^2\right]\underline{I}_1 \end{aligned}$$

$$= \left[0{,}4 + 0{,}5 + \mathrm{j}\,1 + \mathrm{j}\,2 + \mathrm{j}\,(-3)\left(1 + \frac{1}{2}\right)^2 \right] \Omega\, \underline{I}_1$$

$$= (0{,}9 - \mathrm{j}\,3{,}75)\,\Omega\, \underline{I}_1 = 3{,}86\,\Omega\, \mathrm{e}^{-\mathrm{j}\,77^\circ} \cdot \underline{I}_1$$

$$\underline{I}_1 = \frac{100\ \mathrm{V}}{3{,}86\,\Omega\, \mathrm{e}^{-\mathrm{j}\,77^\circ}} = 26\ \mathrm{A}\, \mathrm{e}^{\mathrm{j}\,77^\circ}$$

Damit es einfacher wird, lege ich den Strom in die reelle Achse.

$\underline{I}_1 = 26\ \mathrm{A}$ $\qquad$ $\underline{U}_1 = 100\ \mathrm{V}\, \mathrm{e}^{\mathrm{j}\,77^\circ}$

Ich habe Ihnen versprochen: Der Rest wird einfach.

$$\underline{U}_{12} = 0{,}4 \cdot 26\ \mathrm{V} = 10\ \mathrm{V}$$

$$\underline{U}_{23} = \mathrm{j}\,1 \cdot 26\ \mathrm{V} = \mathrm{j}\,26\ \mathrm{V}$$

$$\underline{\tilde{I}}_{34} = \underline{I}_1 = 26\ \mathrm{A}$$

$$\underline{\tilde{I}}_{56} = -\frac{1}{\ddot{u}}\, \underline{I}_1 = -\frac{1}{2} \cdot 26\ \mathrm{A} = -13\ \mathrm{A}$$

$$\underline{I}_{56} = \underline{I}_1 - \underline{\tilde{I}}_{56} = (26 + 13)\ \mathrm{A} = 39\ \mathrm{A}$$

$$\underline{U}_{56} = -\mathrm{j}\,3 \cdot 39\ \mathrm{V} = -\mathrm{j}\,117\ \mathrm{V}$$

$$\underline{U}_{34} = \frac{1}{\ddot{u}}\, \underline{U}_{56} = \frac{1}{2} \cdot (-\mathrm{j}\,117)\ \mathrm{V} = -\mathrm{j}\,59\ \mathrm{V}$$

$$\underline{U}_{45} = \mathrm{j}\,2 \cdot 26\ \mathrm{V} = \mathrm{j}\,52\ \mathrm{V}$$

$$\underline{U}_{60} = 0{,}5 \cdot 26\ \mathrm{V} = 13\ \mathrm{V}$$

Jetzt fehlt nur noch die Kontrolle.

$$\underline{U} = 10\ \mathrm{V} + \mathrm{j}\,26\ \mathrm{V} - \mathrm{j}\,59\ \mathrm{V} + \mathrm{j}\,52\ \mathrm{V} - \mathrm{j}\,117\ \mathrm{V} + 13\ \mathrm{V}$$

□ $$= 23\ \mathrm{V} - \mathrm{j}\,98\ \mathrm{V} = 101\ \mathrm{V}\, \mathrm{e}^{-\mathrm{j}\,77^\circ}$$

Ich habe oben den Eindruck erweckt, dass sich der ideale Übertrager nicht durch die Verknüpfung von Zweipolen nachbilden lässt. Das stimmt nicht, eine solche Nachbildung ist aber aufwändig und deshalb unüblich. Nicht ideale Übertrager, also solche mit Streureaktanzen und endlichen Hauptreaktanzen, lassen sich durch die Kombination von Zweipolen mit idealen Übertragern modellieren. Auch das kommt später. Das Aufstellen und Lösen der Gleichungen für das Netzwerk hat etwas Geschicklichkeit erfordert.

Nun will ich das Aufstellen der Gleichungen zur Beschreibung eines Netzes mit Übertragern etwas systematisieren.

1.7 Netzwerke in Matrixschreibweise

In Band 1 wurde bereits ausführlich die systematische Aufstellung von Gleichungssystemen zur Beschreibung von Gleichstromnetzen behandelt. Wenn wir zur komplexen Rechnung übergehen, ergibt sich prinzipiell nichts Neues. Wir betrachten das Netzwerk in Bild 1.15 zunächst ohne Übertrager. Dabei werden die Ströme, die von außen in das Netz fließen, nicht null gesetzt, wie ich es im vorherigen Beispiel getan habe. In Matrixschreibweise ergeben sich dann die folgenden Gleichungen

$$\begin{pmatrix} \underline{U}_1 \\ \underline{U}_2 \\ \vdots \\ \underline{U}_6 \end{pmatrix} = \begin{pmatrix} \underline{a}_{11} & \underline{a}_{12} & \cdots & \underline{a}_{16} \\ \underline{a}_{21} & & & \vdots \\ \vdots & & & \\ \underline{a}_{61} & \cdots & & \underline{a}_{66} \end{pmatrix} \begin{pmatrix} \underline{I}_1 \\ \underline{I}_2 \\ \vdots \\ \underline{I}_6 \end{pmatrix} \tag{1.33}$$

$$\underline{\boldsymbol{U}} = \underline{\boldsymbol{A}}\,\underline{\boldsymbol{I}}$$

Das Bildungsgesetz für die Elemente der Admittanzmattrix $\underline{\boldsymbol{A}}$ lässt sich aus Band 1 übernehmen.

Konstruktion der Admittanzmatrix

$$\underline{a}_{ii} = \sum_{k=0}^{n} \underline{Y}_{ik}$$

$$\underline{a}_{ik} = -\underline{Y}_{ik} \qquad i \neq k \tag{1.34}$$

$$\underline{a}_{ik} = \underline{a}_{ki}$$

Zu den Knotenströmen $\underline{I}_1 \ldots \underline{I}_6$ kommen noch die Ströme, die von dem Netzwerk in den Transformator fließen.

$$
\begin{pmatrix} \underline{I}_1 \\ \underline{I}_2 \\ \underline{I}_3 \\ \underline{I}_4 \\ \underline{I}_5 \\ \underline{I}_6 \end{pmatrix} = \begin{pmatrix} \underline{a}_{11} & \underline{a}_{12} & \cdots & \underline{a}_{16} \\ \underline{a}_{21} & & & \vdots \\ \vdots & & & \vdots \\ & & & \\ & & & \\ \underline{a}_{61} & \cdots & & \underline{a}_{66} \end{pmatrix} \begin{pmatrix} \underline{U}_1 \\ \underline{U}_2 \\ \underline{U}_3 \\ \underline{U}_4 \\ \underline{U}_5 \\ \underline{U}_6 \end{pmatrix} + \begin{pmatrix} 0 \\ 0 \\ \underline{\tilde{I}}_{34} \\ \underline{\tilde{I}}_{43} \\ \underline{\tilde{I}}_{56} \\ \underline{\tilde{I}}_{65} \end{pmatrix} \tag{1.35}
$$

$$
\underline{\boldsymbol{I}} = \underline{\boldsymbol{A}}\,\underline{\boldsymbol{U}} + \underline{\tilde{\boldsymbol{I}}}
$$

In den Vektor $\underline{\tilde{\boldsymbol{I}}}$ lassen sich nun noch die Transformatorbedingungen einarbeiten.

$$
\underline{\tilde{\boldsymbol{I}}} = \begin{pmatrix} 0 \\ 0 \\ -\underline{\tilde{I}}_{56}/\ddot{u} \\ \underline{\tilde{I}}_{56}/\ddot{u} \\ \underline{\tilde{I}}_{56} \\ -\underline{\tilde{I}}_{56} \end{pmatrix} \tag{1.36}
$$

Nach dieser Beschreibung des Netzes ist es möglich, in jeden der Knoten von 1 bis 6 einen Strom $\underline{I}_1$ bis $\underline{I}_6$ einzuprägen und dann die zugehörige Spannung $\underline{U}_1$ bis $\underline{U}_6$ zu berechnen. Dann sind aber die Spannungen der beiden Wicklungen des Transformators festgelegt, die in Wirklichkeit durch das Übersetzungsverhältnis aneinander gekoppelt sind.

Die zugehörige Gleichung lautet

$$
\underline{U}_5 - \underline{U}_6 = \ddot{u}\left(\underline{U}_3 - \underline{U}_4\right) \tag{1.37}
$$

Wird diese Gleichung in die Gl. (1.35) eingesetzt, liefert sie unter Berücksichtigung von Gl. (1.36)

$$
\begin{pmatrix} \underline{I}_1 \\ \underline{I}_2 \\ \underline{I}_3 \\ \underline{I}_4 \\ \underline{I}_5 \\ \underline{I}_6 \end{pmatrix} = \begin{pmatrix} b_{11} & \cdots & b_{15} \\ \vdots & & \vdots \\ & & \\ & & \\ & & \\ b_{61} & \cdots & b_{65} \end{pmatrix} \begin{pmatrix} \underline{U}_1 \\ \underline{U}_2 \\ \underline{U}_3 \\ \underline{U}_4 \\ \underline{U}_5 \\ \end{pmatrix} + \begin{pmatrix} 0 \\ 0 \\ -\underline{\tilde{I}}_{56}/\ddot{u} \\ \underline{\tilde{I}}_{56}/\ddot{u} \\ \tilde{I}_{56} \\ -\tilde{I}_{56} \end{pmatrix} \tag{1.38}
$$

Den fünf Spannungen und dem Strom durch den Transformator $\underline{I}_{56}$ stehen sechs Gleichungen gegenüber. Die Sache geht auf.

Den Lösungsweg will ich im folgenden Beispiel skizzieren.

Beispiel 1.8

Das Netz von Beispiel 1.7 wird übernommen. Dabei sind die meisten Ströme, die von außen in das Netz eingespeist werden, null.

$\underline{I}_2 = \underline{I}_3 = \underline{I}_4 = \underline{I}_5 = \underline{I}_6 = 0$

Für Gl. (1.38) ergibt sich

$$\begin{pmatrix} \underline{I}_1 \\ 0 \\ \underline{\tilde{I}}_{56}/ü \\ -\underline{\tilde{I}}_{56}/ü \\ -\underline{\tilde{I}}_{56} \\ \underline{\tilde{I}}_{56} \end{pmatrix} = \begin{pmatrix} \underline{b}_{11} & \cdots & \underline{b}_{15} \\ \vdots & & \vdots \\ & & \\ & & \\ & & \\ \underline{b}_{61} & \cdots & \underline{b}_{65} \end{pmatrix} \begin{pmatrix} \underline{U}_1 \\ \underline{U}_2 \\ \underline{U}_3 \\ \underline{U}_4 \\ \underline{U}_5 \end{pmatrix}$$

Jetzt wird die dritte Gleichung zur vierten addiert. Dann wird die dritte Gleichung mit *ü* multipliziert, zu der fünften addiert und von der sechsten abgezogen. Die entstandene Gleichung hat dann die Struktur

$$\begin{pmatrix} \underline{I}_1 \\ 0 \\ \underline{I}_{56}/ü \\ 0 \\ 0 \\ 0 \end{pmatrix} = \begin{pmatrix} \underline{c}_{11} & \cdots & \underline{c}_{15} \\ \vdots & & \\ & & \\ & & \\ & & \\ \underline{c}_{16} & \cdots & \underline{c}_{65} \end{pmatrix} \begin{pmatrix} \underline{U}_1 \\ \underline{U}_2 \\ \underline{U}_3 \\ \underline{U}_4 \\ \underline{U}_5 \end{pmatrix} = \begin{pmatrix} \underline{I}_1 \\ \underline{I}_{20} \\ \underline{I}_{56}/ü \\ \underline{I}_{40} \\ \underline{I}_{50} \\ \underline{I}_{60} \end{pmatrix}$$

Den Vektor mit den Strömen $\underline{I}_{20}$ usw. habe ich hinzugefügt, um die nächste Operation verständlich zu machen. Es gilt selbstverständlich

$\underline{I}_{20} = \underline{I}_{40} = \underline{I}_{50} = \underline{I}_{60} = 0$

Nun erfolgt eine Teilinversion. Sie führt zu

$$\begin{pmatrix} \underline{I}_1 \\ \underline{U}_2 \\ \underline{I}_{56}/ü \\ \underline{U}_3 \\ \underline{U}_4 \\ \underline{U}_5 \end{pmatrix} = \begin{pmatrix} \underline{h}_{11} & \cdots & \underline{h}_{15} \\ \vdots & & \vdots \\ & & \\ & & \\ & & \\ \underline{h}_{16} & \cdots & \underline{h}_{65} \end{pmatrix} \begin{pmatrix} \underline{U}_1 \\ \underline{I}_{20} \\ \underline{I}_{40} \\ \underline{I}_{50} \\ \underline{I}_{60} \\ \end{pmatrix}$$

Da die Ströme auf der rechten Seite null sind, erhalten wir die einfachen Ergebnisse.

$$\underline{I}_1 = \underline{h}_{11}\,\underline{U}_1 \qquad \underline{U}_2 = \underline{h}_{12}\,\underline{U}_1 \qquad \underline{I}_{56} = ü\,\underline{h}_{12}\,\underline{U}_1$$

$$\underline{U}_3 = \underline{h}_{14}\,\underline{U}_1 \qquad \underline{U}_4 = \underline{h}_{14}\,\underline{U}_1 \qquad \underline{U}_5 = \underline{h}_{15}\,\underline{U}_1$$

Wenn Sie nichts zu tun haben, können Sie diese Operationen mit den Zahlenwerten des Beispiels nachvollziehen. Ich rate Ihnen nicht dazu. Das Einzige, was Sie dabei lernen, ist, dass Sie Fehler machen können. Eine andere Methode ist es, die Teilinversion mit einem Rechnerprogramm durchzuführen. □

In diesem Abschnitt wurde ein beliebiges lineares Netzwerk mit Übertragern in komplexer Schreibweise nach dem Knotenpunktverfahren behandelt. Die Matrixschreibweise bringt dabei Vorteile, ist aber nicht zwingend erforderlich. In Band 1 habe ich neben dem eben beschriebenen Knotenpunktverfahren auch das Maschenverfahren erklärt. Es war mit der Baumsuche verbunden. Sie erinnern sich? Nehmen Sie alle vom Gleichstromnetz bekannten Gleichungen des Maschenverfahrens, unterstreichen Sie die Ströme und Spannungen! Setzen Sie anstelle der Widerstände R_{ik} die Impedanzen $\underline{Z}_{ik}$ und anstelle der Leitwerte G_{ik} die Admittanzen $\underline{Y}_{ik}$! Dann haben Sie das Maschenverfahren für beliebige lineare Netzwerke in komplexer Form. Die Übertrager sind dann genauso einzuarbeiten wie beim Knotenpunktverfahren.

Das wär's zunächst einmal, was den systematischen Aufbau von Gleichungssystemen zur Berechnung von L-R-C-Netzwerken für eine Frequenz betrifft. Nun noch ein Wort zu den Schaltvorgängen.

Wir hatten die komplexe Gleichung aus den Differentialgleichungen abgeleitet. Für einen R-L-Serienkreis gilt

$$u = R\,i + L \cdot \frac{\mathrm{d}i}{\mathrm{d}t} \tag{1.39}$$

Den Differentialquotienten d/dt können wir durch einen Operator s ersetzen und erhalten so die Laplace-Transformation. Für den Sonderfall einer Frequenz schreiben wir anstelle von s den Ausdruck jω und erhalten so die komplexe Darstellung.

$$u = R\,i + L\,s\,i = \left(R + s\,L\right) i$$

$$\underline{U} = R\,\underline{I} + \mathrm{j}\omega L\,\underline{I} = \left(R + \mathrm{j}\omega L\right)\underline{I} = \underline{Z}\,\underline{I} \tag{1.40}$$

Die kleinen Buchstaben u und i bedeuten Zeitfunktionen. Die großen unterstrichenen Buchstaben $\underline{U}$ und $\underline{I}$ sind komplexe Effektivwerte.

Wir können nun ohne weiteres aus der komplexen Gleichung wieder Differentialgleichungen machen. Wenn wir aber die komplexe Gleichung bearbeiten, z. B. Matrizenoperationen durchführen, bekommen wir Probleme mit der Bildung von Differentialgleichungen. Dies will ich an Gl. (1.40) zeigen, die ich nach dem Strom auflöse.

$$\underline{I} = \underline{Y}\,\underline{U} = \frac{1}{R + \mathrm{j}\omega L}\,\underline{U}$$

$$i = \frac{1}{R + s\,L}\,u \tag{1.41}$$

Diese Differentialgleichungen können wir nicht einfach integrieren, es sei denn, wir bringen den Nenner als Zähler auf die linke Seite und erhalten so wieder Gl. (1.39). Dieses Problem will ich hier nur ansprechen und im ersten Abschnitt des nächsten Kapitels noch etwas vertiefen. Ansonsten verweise ich auf die Laplace-Transformation, die zum Fach Theoretische Elektrotechnik gehört.

2 Spezielle Netzwerke

Das Kapitel 1 war lang genug. Ich will deshalb einige spezielle Wechselstromkreise in einem eigenen Kapitel abhandeln.

2.1 Ersatznetze

Wir hatten bereits mehrfach Elemente, die als Zweipole bezeichnet wurden, in einer Schaltung miteinander verbunden und dann die Impedanz dieser Schaltung von zwei Klemmen aus bestimmt. Somit gelang es, mehrere Zweipole zu einem Zweipol zusammenzufassen. Die Impedanz wurde als Reihenschaltung von einem Widerstand mit einer Reaktanz interpretiert. Wenn die Reaktanz positiv war, haben wir uns eine Spule gedacht; wenn sie negativ war, so entsprach dies einem Kondensator. Ich will jetzt etwas präziser werden. Dabei werden die Begriffe *Ersatznetz* und *Ersatzschaltung* synonym verwendet.

Ersatzschaltung

Unter der Ersatzschaltung eines Zweipols versteht man die einfachste Anordnung von Schaltungselementen, die dasselbe Klemmenverhalten hervorruft wie die wahre Schaltung. Die Ersatzschaltung ist durch Umformen des Gleichungssystems, das die wahre Schaltung beschreibt, zu bestimmen oder durch geeignete Messungen an den Klemmen zu ermitteln.

Um dies zu erläutern, betrachten wir als Beispiel das **Bild 2.1a**. Zunächst wird Gleichstrom angenommen. Dann stellt die Drosselspule L den Widerstandswert null dar und schließt somit den Widerstand R_2 kurz. Die Ersatzschaltung besteht nur aus R_1 und ist durch **Bild 2.1b** mit $R = R_1$ beschrieben. Gleichgültig, welche Messungen ich mit Gleichstrom an den Klemmen des Zweipols in Bild 2.1a vornehme, ich kann aus den Messergebnissen nur den Widerstand R_1 ermitteln. Bei hoher Frequenz wirkt die Induktivität nicht. Die Ersatzschaltung in Bild 2.1b erhält den Widerstand $R = R_1 + R_2$. Beschränken wir uns auf einen Wechselstrom mit fester Frequenz, z. B. 50 Hz, so lässt sich eine etwas komplexere Ersatzschaltung finden, z. B.

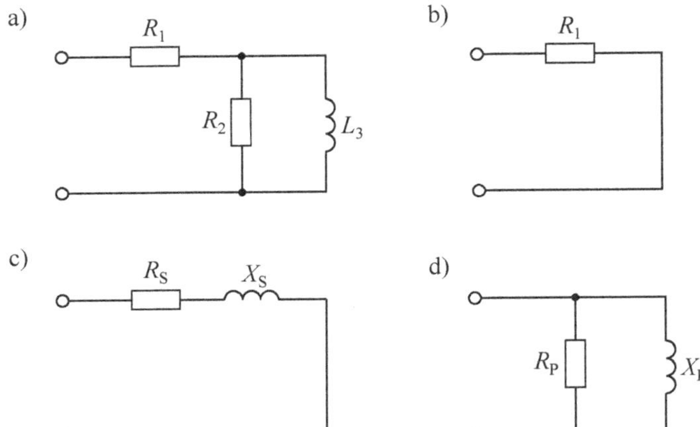

Bild 2.1 Bildung von Ersatznetzen für eine Frequenz
a) Originalschaltung
b) Nachbildung für Gleichstrom
c) Nachbildung als Reihenersatzschaltung
d) Nachbildung durch Parallelersatzschaltung

Bild 2.1c oder **Bild 2.1d**. Beide sind in Bezug auf die eine festgelegte Frequenz gleichwertig.

■ *Beispiel 2.1*

Bestimmen Sie die Impedanz $\underline{Z}$ und die Admittanz $\underline{Y}$ der Schaltung nach Bild 2.1a für folgende Zahlenwerte ($f = 50$ Hz)

$R_1 = 2\ \Omega$ $\quad$ $R_2 = 3\ \Omega$ $\quad$ $X_3 = 1\ \Omega$

Wie sieht die einfachste Ersatzschaltung aus?

$$\frac{1}{\underline{Y}_2} = \frac{1}{R_2} + \frac{1}{\mathrm{j}X_3} = (0{,}33 - \mathrm{j}\,1)\ \mathrm{S}$$

$$\underline{Z}_2 = \frac{1}{\underline{Y}_2} = \frac{0{,}33 + \mathrm{j}}{0{,}33^2 + 1^2}\ \Omega = (0{,}3 + \mathrm{j}\,0{,}9)\ \Omega$$

$$\underline{Z} = R_1 + \underline{Z}_2 = (2{,}3 + \mathrm{j}\,0{,}9)\ \Omega$$

$$\underline{Y} = \frac{2{,}3 - \mathrm{j}\,0{,}9}{2{,}3^2 + 0{,}9^2}\ \mathrm{S} = (0{,}38 - \mathrm{j}\,0{,}15)\ \mathrm{S} = \left(\frac{1}{2{,}7} + \mathrm{j}\frac{1}{6{,}8}\right)\mathrm{S}$$

Als Ersatzschaltung können wir demnach eine Reihenschaltung ($R_S = 2{,}3\ \Omega$; $X_S = 0{,}9\ \Omega$) oder eine Parallelschaltung ($R_P = 2{,}7\ \Omega$; $X_P = 6{,}8\ \Omega$) bilden (Bilder 2.1c und 2.1d).

Die in dem Beispiel durchgeführten Berechnungen lassen sich auf beliebige Schaltungen mit R- und X-Elementen erweitern, wobei die Reaktanzen auch für Kondensatoren gelten können.

Ersatzschaltung für eine Frequenz

Ohmsch-induktiv-kapazitive Schaltungen von beliebiger Komplexität lassen sich durch eine Reihen- oder eine Parallelschaltung von einem Ohm'schen Widerstand mit einer Reaktanz nachbilden, wobei positive Reaktanzen als Spulen und negative Reaktanzen als Kondensatoren interpretiert werden.

Aufgabe 2.1

Bestimmen Sie in Analogie zum letzten Beispiel die Reihen- und Parallel-Ersatzschaltung zu Bild 2.1a für mehrere Frequenzen, und berechnen Sie die Ersatzinduktivitäten!

$f_1 = 0$ $f_2 = 50$ Hz (bereits geschehen) $f_3 = 100$ Hz
$f_4 = 500$ Hz $f_5 = \infty$

Als Erkenntnis aus der Aufgabe halte ich fest:

Die Reihen- und Parallel-Ersatzschaltung für ein komplexes Netz gilt immer nur für eine Frequenz.

Daraus folgt der Umkehrschluss:

Die wahre Schaltung in Bild 2.1a gilt für alle Frequenzen, die Ersatzschaltungen in Bild 2.1c und 2.1d gelten nur für eine Frequenz.

Wird an den Klemmen eines Zweipols die Impedanz für eine Frequenz gemessen, so ist daraus die Struktur des Zweipols nicht zu bestimmen.

Selbstverständlich kann man aus der Impedanz für eine Frequenz nicht nur die Ersatzschaltung in Bild 2.1c und 2.1d ableiten, sondern beliebig viele, die allerdings mehr als zwei Bauelemente enthalten.

Wenn nun mehrere Messungen vorliegen, z. B. die Impedanzen bei fünf Frequenzen, wie sie in der Aufgabe berechnet wurden, so kann man ein R-L-Netzwerk konstruieren, das bei den fünf Frequenzen die gemessenen Impedanzen liefert. Man ist aber weder sicher, dass dieses Ersatznetz die wahre Struktur wiedergibt, noch dass sie für eine sechste Frequenz das richtige Ergebnis liefert. Ist jedoch die Struktur des Netzes bekannt, so ist es in vielen Fällen möglich, die Zahlenwerte der Elemente zu bestimmen. Bei der Schaltung in Bild 2.1a genügen die Messungen bei zwei Frequenzen, um die Widerstände R_1 und R_2 sowie die Reaktanz X_3 zu bestimmen. Dies ist ein nichtlineares Problem, das für spezielle Schaltungen nicht zu lösen ist. Denken Sie nur an die Reihenschaltung von zwei Widerständen. Da kann ich an den Klemmen messen, so viel ich will: Die beiden Werte sind nicht zu ermitteln.

■ ***Beispiel 2.2***

Aus der vorherigen Aufgabe übernehmen wir die Ergebnisse. Die Impedanzen am Eingang des Zweipols seien für 50 Hz und 100 Hz gemessen worden. Der Zweipol hat die Struktur nach Bild 2.1a. Wie groß sind die Widerstände R_1 und R_2 sowie die Reaktanz X_3 bei 50 Hz?

50 Hz: $\underline{Z}_a = (2{,}3 + \mathrm{j}\,0{,}9)\ \Omega$

100 Hz: $\underline{Z}_b = (2{,}92 + \mathrm{j}\,1{,}38)\ \Omega$

$$\underline{Z}_a = R_1 + \frac{R_2 \cdot \mathrm{j} X_3}{R_2 + \mathrm{j} X_3} = R_1 + \frac{R_2\, X_3^2}{R_2^2 + X_3^2} + \mathrm{j}\,\frac{R_2^2\, X_3}{R_2^2 + X_3^2}$$

$$\underline{Z}_b = R_1 + \frac{R_2 \cdot \mathrm{j} 2\, X_3}{R_2 + \mathrm{j} 2\, X_3} = R_1 + \frac{4\, R_2\, X_3^2}{R_2^2 + 4\, X_3^2} + \mathrm{j}\,\frac{2\, R_2^2\, X_3}{R_2^2 + 4\, X_3^2}$$

Wenn wir Real- und Imaginärteil trennen, erhalten wir vier Gleichungen.

$$R_a = R_1 + \frac{R_2\, X_3^2}{R_2^2 + X_3^2} \qquad R_b = R_1 + \frac{4\, R_2\, X_3^2}{R_2^2 + 4\, X_3^2}$$

$$X_a = \frac{R_2^2\, X_3}{R_2^2 + X_3^2} \qquad X_b = \frac{2\, R_2^2\, X_3}{R_2^2 + 4\, X_3^2}$$

Dies sind vier quadratische Gleichungen. Eine geschlossene Lösung zu suchen, erscheint aussichtslos. Wir versuchen es trotzdem.

$$R_a = R_1 + \frac{X_3}{R_2} X_a$$

$$R_b = R_1 + 2\frac{X_3}{R_2} X_b = R_1 + 2\left(R_a - R_1\right)\frac{X_b}{X_a}$$

$$= 2\, R_a \frac{X_b}{X_a} + R_1\left(1 - 2\frac{X_b}{X_a}\right)$$

$$2{,}92\,\Omega = 2\cdot 2{,}3\cdot\frac{1{,}38}{0{,}9}\,\Omega + R_1\left(1 - 2\cdot\frac{1{,}38}{0{,}9}\right)$$

$$-4{,}13\,\Omega = R_1\cdot\left(-2{,}07\right)$$

$$R_1 = 2\,\Omega$$

$$\frac{X_3}{R_2} = \left(R_a - R_1\right)\frac{1}{X_a} = \left(2{,}3 - 2\right)\frac{1}{0{,}9} = 0{,}33$$

$$R_a = R_1 + \frac{R_2\cdot\left(0{,}33\,R_2\right)^2}{R_2^2 + \left(0{,}33\,R_2\right)^2} = R_1 + \frac{0{,}33^2}{1 + 0{,}33^2} R_2 = R_1 + 0{,}1\,R_2$$

$$R_2 = 10\left(R_a - R_1\right) = 10\left(2{,}3 - 2\right) = 3\,\Omega$$

$$X_3 = 0{,}33\cdot R_2 = 0{,}33\cdot 3 = 1\,\Omega$$

Glück gehabt! Wir haben einen Sonderfall erwischt, der gut ging. Die zwei komplexen Gleichungen wurden in vier reelle aufgespalten. Da nur drei Werte zu berechnen waren, konnte ich die geeigneten aussuchen.

Beobachtbarkeit

Pro komplexe Gleichung, d. h. pro Impedanz, die bei unterschiedlichen Frequenzen gemessen wurde, lassen sich höchstens die Werte von zwei Bauelementen in einem Zweipol berechnen. Dabei muss allerdings der Zweipol so aufgebaut sein, dass die Elemente unabhängig voneinander sind.

Als unabhängige Elemente bezeichnen wir solche, die unterschiedliches Zeitverhalten in einer Schaltung hervorrufen. Abhängig sind beispielsweise zwei Kapazitäten, die parallel oder in Reihe geschaltet sind. Aber auch komplexere Schaltungen können abhängige Elemente enthalten. So zeigt **Bild 2.2a** zwei parallel geschaltete R-L-Serienkreise. Die Gesamtimpedanz ist gegeben durch

$$\underline{Z} = \frac{\underline{Z}_1\,\underline{Z}_2}{\underline{Z}_1 + \underline{Z}_2} = \frac{(R_1 + \mathrm{j}\,X_1)(R_2 + \mathrm{j}\,X_2)}{(R_1 + \mathrm{j}\,X_1) + (R_2 + \mathrm{j}\,X_2)}$$

$$= \frac{(R_1\,R_2 - X_1\,X_2) + \mathrm{j}\,(R_1\,X_2 + R_2\,X_1)}{R_1 + R_2 + \mathrm{j}\,(X_1 + X_2)}$$

$$R = \frac{(R_1\,R_2 - X_1\,X_2)(R_1 + R_2) + (R_1\,X_2 + R_2\,X_1)(X_1 + X_2)}{(R_1 + R_2)^2 + (X_1 + X_2)^2} \tag{2.1}$$

$$X = \frac{-(R_1\,R_2 - X_1\,X_2)(X_1 + X_2) + (R_1\,X_2 + R_2\,X_1)(R_1 + R_2)}{(R_1 + R_2)^2 + (X_1 + X_2)^2} \tag{2.2}$$

Ist die Impedanz $\underline{Z} = R + \mathrm{j}X$ für zwei Frequenzen bekannt, lassen sich die Impedanzen $\underline{Z}_1$ und $\underline{Z}_2$ bestimmen. Für Sonderfälle ist dies jedoch nicht möglich, z. B. wenn die Frequenzen $f = 0$ und $f = \infty$ gewählt werden oder die Elemente des Netzwerks in einem speziellen Verhältnis zueinander stehen. Dies wird für die folgende Bedingung gezeigt.

$$\frac{X_1}{R_1} = \frac{X_2}{R_2}$$

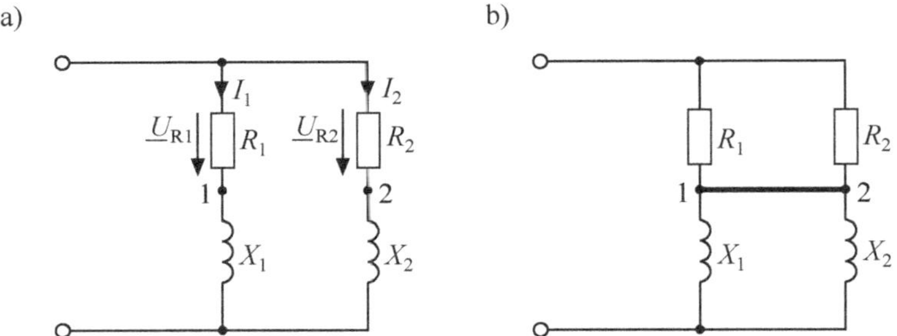

Bild 2.2 Parallele Serienkreise

a) Originalschaltung

b) Ersatzschaltung, die sich wie die Originalschaltung verhält

Damit folgt aus den Gln. (2.1) und (2.2)

$$R = \frac{\left(R_1\, R_2 - X_1^2\, \dfrac{R_2}{R_1}\right)(R_1 + R_2) + (R_2\, X_1 + R_2\, X_1)\left(X_1 + X_1\, \dfrac{R_2}{R_1}\right)}{(R_1 + R_2)^2 + \left(X_1 + X_1\, \dfrac{R_2}{R_1}\right)^2}$$

$$= R_1\, \frac{R_2\left(R_1^2 - X_1^2\right)(R_1 + R_2) + 2\, R_2\, X_1^2\, (R_1 + R_2)}{R_1^2\, (R_1 + R_2)^2 + X_1^2\, (R_1 + R_2)^2}$$

$$= \frac{R_1\, R_2}{R_1 + R_2}\, \frac{\left(R_1^2 - X_1^2\right) + 2\, X_1^2}{R_1^2 + X_1^2} = \frac{R_1\, R_2}{R_1 + R_2}$$

$$X = \frac{X_1\, X_2}{X_1 + X_2} \tag{2.3}$$

$$\omega L = \omega\, \frac{L_1\, L_2}{L_1 + L_2} \tag{2.4}$$

Als Ersatzimpedanz erhalten wir die Parallelschaltung des Widerstands R und der Reaktanz X. Dies ist auch verständlich, denn die Spannungen an den beiden Widerständen und den beiden Reaktanzen sind jeweils gleich.

$$\underline{I}_1 = \frac{U}{\underline{Z}_1} \qquad\qquad \underline{I}_2 = \frac{U}{\underline{Z}_2}$$

$$\underline{U}_{\mathrm{R1}} = R_1\, \underline{I}_1 = \frac{R_1}{\underline{Z}_1}\, U$$

$$\underline{U}_{\mathrm{R2}} = \frac{R_2}{\underline{Z}_2}\, U$$

$$\frac{\underline{U}_{\mathrm{R1}}}{\underline{U}_{\mathrm{R2}}} = \frac{R_1}{R_2}\, \frac{\underline{Z}_2}{\underline{Z}_1} = \frac{R_1}{R_2}\, \frac{R_2 + \mathrm{j}\, X_2}{R_1 + \mathrm{j}\, X_1} = \frac{1 + \mathrm{j}\, \dfrac{X_2}{R_2}}{1 + \mathrm{j}\, \dfrac{X_1}{R_2}} = \frac{1 + \mathrm{j}\, \dfrac{X_1}{R_1}}{1 + \mathrm{j}\, \dfrac{X_1}{R_1}} = 1$$

Wir hätten also die beiden Punkte 1 und 2 verbinden können, ohne an dem Verhalten der Schaltung etwas zu ändern (**Bild 2.2b**).

Bisher hatten wir das Verhalten der Netzwerke für verschiedene diskrete Frequenzen betrachtet. Die Betrachtung lässt sich erweitern:

Verallgemeinerte Ersatzschaltungen
Damit die Zeitfunktionen der Zustandsgrößen von realer Schaltung und Ersatzschaltung übereinstimmen, muss sich die Ersatzschaltung bei allen Frequenzen so verhalten wie die Originalschaltung. Bei der Reduktion können also nur abhängige Elemente, z. B. parallele Widerstände, zusammengefasst werden.

2.2 Messschaltungen

Im letzten Abschnitt war mehrmals vom Messen die Rede. Messtechnik ist ein eigenes Fach. Im Rahmen der Grundlagen will ich nur auf einige Grundprinzipien eingehen, die teilweise durch die Einführung der Digitaltechnik überholt sind, Ihnen aber trotzdem bekannt sein sollten. Außerdem behandele ich hier zwei mechanische Schwingungssysteme, die später dem elektrischen Schwingkreis gegenübergestellt werden. Das Zusammenspiel zwischen mechanischen und elektrischen Systemen wird *Elektromechanik* genannt. Da bei solchen Systemen meistens auch elektronische Bauelemente eingesetzt werden, spricht man von *Mechatronik.*

2.2.1 Feder-Masse-Schwinger

In **Bild 2.3a** ist eine Masse m dargestellt, die von einer Feder mit der Federkonstanten C gehalten wird. Auf die Masse wirkt eine äußere Kraft F, die durch das Gewicht der Masse und andere äußere Kräfte entsteht. Stationär sind die äußere Kraft F und die *Federkraft* F_C bei der *Auslenkung* x im Gleichgewicht. Bewegt sich die Masse, tritt zusätzlich eine *Beschleunigungskraft* F_B auf. Auf die Masse wirkt außerdem noch eine geschwindigkeitsproportionale *Dämpfungskraft* F_D, die durch die *Dämpfungskonstante* D bestimmt ist. Im dynamischen Zustand, d. h. dem Zustand der Bewegung, besteht dann ein Gleichgewicht zwischen vier Kräften.

$$F = F_C + F_D + F_B = C\,x + D\,\dot{x} + m\,\ddot{x} \tag{2.5}$$

Wenn die äußere Kraft konstant ist, sprechen wir von einem nicht angeregten System, bei dem sich ein stationärer Zustand einstellt.

$$\dot{x} = \ddot{x} = 0$$

$$x_\infty = \frac{F}{C} \tag{2.6}$$

Dies ist gleichzeitig die partikuläre Lösung der Differentialgleichung für einen Sprung in der anregenden Kraft F. Der Ausgleichsvorgang wird durch die homogene Lösung der Differentialgleichung beschrieben. Sie wollen wir jetzt lösen.

Dabei wählen wir für die Koeffizienten die in der Norm (DIN 1311) verwendeten Parameter.

$$a\,\ddot{x} + b\,\dot{x} + c\,x = 0 \tag{2.7}$$

Als Lösungsansatz wählen wir

$$x = A\,\mathrm{e}^{\lambda t} \tag{2.8}$$

$$a\,A\,\lambda^2\,\mathrm{e}^{\lambda t} + b\,A\,\lambda\,\mathrm{e}^{\lambda t} + c\,A\,\mathrm{e}^{\lambda t} = 0$$

$$a\,\lambda^2 + b\,\lambda + c = 0$$

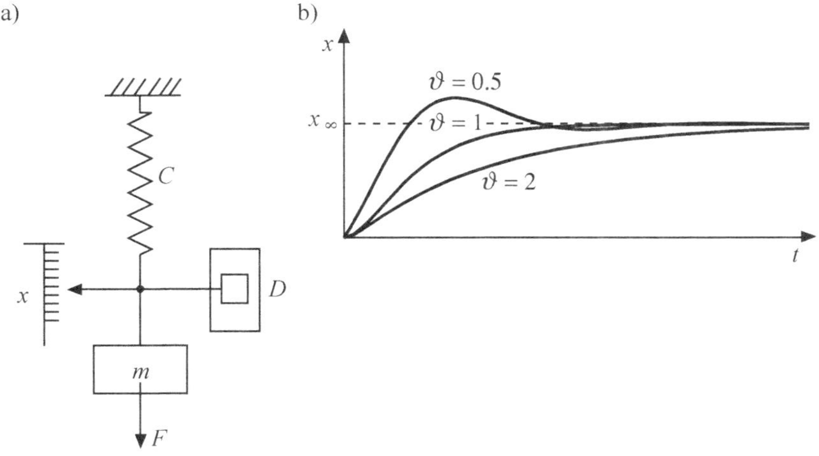

Bild 2.3 Feder-Masse-Schwinger

a) Anordnung

b) Ausgleichsvorgang
(ϑ = 0,5: schwach gedämpft; ϑ = 1: aperiodischer Grenzfall; ϑ = 2: stark gedämpft)

$$\lambda_{1,2} = -\frac{b}{2\,a} \pm \sqrt{\left(\frac{b}{2\,a}\right)^2 - \frac{c}{a}} \tag{2.9}$$

Die Lösungen der quadratischen Gleichungen werden *Eigenwerte* λ genannt. Die quadratische Gleichung führt zu zwei Eigenwerten λ_1 und λ_2. Dabei wird zwischen drei Fällen unterschieden.

Zwei reelle Lösungen:	$c < b^2/(4\,a)$
Doppellösungen:	$c = b^2/(4\,a)$
Zwei komplexe Lösungen:	$c > b^2/(4\,a)$

Die reelle Lösung liefert

$$x = A\,\mathrm{e}^{\lambda_1 t} + B\,\mathrm{e}^{\lambda_2 t} \tag{2.10}$$

Für die konjugiert komplexen Eigenwerte werden neue Parameter eingeführt.

$$\underline{\lambda} = \delta \pm \mathrm{j}\sqrt{\omega_0^2 - \delta^2} = \delta \pm \mathrm{j}\,\omega_\mathrm{d} \tag{2.11}$$

Da die Zeitfunktion x reell ist, müssen bei reellen Eigenwerten λ_1 und λ_2 in Gl. (2.10) auch die Koeffizienten A und B reell sein. Dies gilt nicht bei komplexen Eigenwerten λ_1 und λ_2. An die Stelle des Ausdrucks (2.10) tritt dann

$$\underline{\lambda}_1 = -\delta + \mathrm{j}\omega_\mathrm{d}; \qquad \underline{\lambda}_2 = \underline{\lambda}_1^* = -\delta - \mathrm{j}\omega_\mathrm{d}$$

$$\begin{aligned} x &= \left(A_1 + \mathrm{j}\,A_2\right)\mathrm{e}^{\underline{\lambda}_1 t} + \left(B_1 + \mathrm{j}\,B_2\right)\mathrm{e}^{\underline{\lambda}_2 t} \\ &= \mathrm{e}^{-\delta t}\left[A_1 \cos\omega_\mathrm{d} t + \mathrm{j}\,A_1 \sin\omega_\mathrm{d} t + \mathrm{j}\,A_2 \cos\omega_\mathrm{d} t - A_2 \sin\omega_\mathrm{d} t\right] \\ &\quad + \mathrm{e}^{-\delta t}\left[B_1 \cos\omega_\mathrm{d} t - \mathrm{j}\,B_1 \sin\omega_\mathrm{d} t + \mathrm{j}\,B_2 \cos\omega_\mathrm{d} t + B_2 \sin\omega_\mathrm{d} t\right] \end{aligned}$$

Da x für alle Zeiten t reell ist, müssen die imaginären Anteile der Cosinus- und Sinus-Komponenten null sein.

$$A_1 - B_1 = 0 \qquad \rightarrow \qquad A_1 = B_1 = \frac{A}{2}$$

$$A_2 + B_2 = 0 \qquad \rightarrow \qquad A_2 = -B_2 = -\frac{B}{2}$$

Für den reellen Anteil folgt daraus

$$x = \mathrm{e}^{-\delta t}\left(A\cos\omega_\mathrm{d} t + B\sin\omega_\mathrm{d} t\right) = \mathrm{e}^{-\delta t}\,C\sin\left(\omega_\mathrm{d} t + \varphi\right) \tag{2.12}$$

Dies ist eine sinusförmige Funktion, deren Amplitude bei $\delta > 0$ mit der Zeit auf null abklingt.

Außer der reellen Lösung, die zwei e-Funktionen liefert, und der komplexen Lösung, die zu einer abklingenden Schwingung führt, gibt es noch den aperiodischen Grenzfall der Doppelwurzel.

$$\lambda = \lambda_1 = \lambda_2 \qquad \delta = \omega_0 \tag{2.13}$$

Wir haben nun nur einen Eigenwert mit der Lösung

$$x = A\,\mathrm{e}^{\lambda t}$$

Nach längerem Suchen finden wir aber noch eine zweite Lösung für den Spezialfall der Differentialgleichung (2.7).

$$x = B\,t\,\mathrm{e}^{\lambda t} \tag{2.14}$$

Durch Einsetzen überzeugen wir uns von der Richtigkeit.

$$\dot{x} = B\,\mathrm{e}^{\lambda t} + B\,t\,\lambda\,\mathrm{e}^{\lambda t}$$

$$\ddot{x} = B\,\lambda\,\mathrm{e}^{\lambda t} + B\,\lambda\,\mathrm{e}^{\lambda t} + B\,t\,\lambda^2\,\mathrm{e}^{\lambda t}$$

$$\left(a\,\lambda + a\,\lambda + a t\,\lambda^2 + b + b\,t\,\lambda + c\,t\right) B\,\mathrm{e}^{\lambda t} = 0$$

Der Klammerausdruck muss für jede Zeit t null sein.

Daraus folgen zwei Gleichungen.

$$2\,a\,\lambda + b = 0$$

$$a\,\lambda^2 + b\,\lambda + c = 0$$

Dies führt zu

$$\lambda = -\frac{b}{2\,a}$$

$$a\,\frac{b^2}{4\,a^2} - \frac{b^2}{2\,a} + c = 0$$

$$b = 2\sqrt{c\,a} \qquad \text{oder} \qquad c = \frac{b^2}{4\,a}$$

Setzen wir diese Bedingung in Gl. (2.9) ein, so wird die Wurzel null. Wir bezeichnen den Grenzfall zwischen e-Funktion und gedämpfter Schwingung als aperiodischen Grenzfall.

Ich will nun die abgeleiteten Gleichungen noch einmal zusammenstellen und dabei gleichzeitig den *Drehschwinger* mit einführen. Bei ihm tritt an die Stelle der Auslenkung x der Drehwinkel α. Für die Masse m wird die Trägheitskonstante J eingeführt. Die Dämpfungs- und Federkonstanten D und C werden durch entsprechende Größen D_α und C_α ersetzt.

Feder-Masse-Schwinger

Homogene Differentialgleichungen:

$$a\ddot{x} + b\,\dot{x} + c\,x = 0 \tag{2.15}$$

Feder-Masse-System (Schwinger):

$$m\,\ddot{x} + D\,\dot{x} + C\,x = F$$

Drehschwinger:

$$J\,\ddot{\alpha} + D_\alpha\,\dot{\alpha} + C_\alpha\,\alpha = M$$

Stark gedämpfter Schwinger ($\vartheta > 1$):

b Dämpfungskoeffizienten

$$b > 2\sqrt{a\,c}$$

λ_1, λ_2 Eigenwerte

$$\lambda_1 = -\frac{b}{2\,a} + \sqrt{\left(\frac{b}{2\,a}\right)^2 - \frac{c}{a}}$$

$$\lambda_2 = -\frac{b}{2\,a} - \sqrt{\left(\frac{b}{2\,a}\right)^2 - \frac{c}{a}} \tag{2.16}$$

$$x = A\,\mathrm{e}^{\lambda_1 t} + B\,\mathrm{e}^{\lambda_2 t}$$

τ_1, τ_2 Abklingzeiten

$$\tau_1 = -1/\lambda_1; \qquad \tau_2 = -1/\lambda_2$$

Schwach gedämpfter Schwinger (ϑ < 1):

$$b < 2\sqrt{a\,c}$$

$$\underline{\lambda}_1 = -\delta + \mathrm{j}\,\omega_\mathrm{d}$$

$$\underline{\lambda}_2 = -\delta - \mathrm{j}\,\omega_\mathrm{d} = \underline{\lambda}_1^* \tag{2.17}$$

δ Abklingkoeffizienten
ω_0 Kennkreisfrequenz; $2\,\pi\,f_0$
ω_d Eigenkreisfrequenz; $2\,\pi\,f_\mathrm{d}$
f_0 Kennfrequenz
f_d Eigenfrequenz; $f_\mathrm{d} = 1/T$
ϑ Dämpfungsgrad; $\vartheta = \delta/\omega_0$
Λ logarithmisches Dekrement
T Periodendauer

$$\delta = \frac{b}{2\,a} = \frac{1}{\tau} \qquad \omega_0 = \sqrt{\frac{c}{a}} \qquad \vartheta = \frac{\delta}{\omega_0} \tag{2.18}$$

$$\omega_\mathrm{d} = \sqrt{\frac{c}{a} - \left(\frac{b}{2\,a}\right)^2} = \sqrt{\omega_0^2 - \delta^2} = \omega_0\,\sqrt{1-\vartheta^2} \tag{2.19}$$

$$\Lambda = \ln\frac{\hat{x}_n}{\hat{x}_{n+1}} = 2\,\pi\,\frac{\delta}{\omega_\mathrm{d}} = \frac{\delta}{f_\mathrm{d}} = \delta\,T \qquad \text{(Bild 2.4)} \tag{2.20}$$

$$x = \mathrm{e}^{-\delta t}\left[A\cos\omega_\mathrm{d}t + B\sin\omega_\mathrm{d}t\right] \tag{2.21}$$

Sehr schwach gedämpfter Schwinger ($\vartheta \ll 1$):

$$b \ll 2\sqrt{a\,c}$$

$$\omega_\mathrm{d} = \omega_0 \qquad \Lambda = 2\,\pi\,\vartheta \tag{2.22}$$

Aperiodischer Grenzfall ($\vartheta = 1$):

$$b = 2\sqrt{a\,c} \qquad \omega_0 = \delta$$

$$\lambda = -\frac{b}{2\,a} = -\delta$$

$$\tau = -\frac{1}{\lambda} = \frac{1}{\delta}$$

$$x = A\,\mathrm{e}^{\lambda t} + B\,t\,\mathrm{e}^{\lambda t} \tag{2.23}$$

$$\vartheta = \frac{\delta}{\omega_0} = \frac{b}{2\,a}\sqrt{\frac{a}{c}} = \frac{b}{2\sqrt{a\,c}} = 1$$

Alle Zusammenhänge, die im Kastentext aufgeführt sind, wurden in den vorherigen Betrachtungen erklärt. **Bild 2.3b** zeigt einige Beispiele für Ausgleichsvorgänge. Noch nicht erklärt habe ich das logarithmische Dekrement Λ (Gl. (2.20)) . Das muss ich nachholen. **Bild 2.4** zeigt einen schwingenden, schwach gedämpften Ausgleichsvorgang, der von einem Anfangswert x_0 auf den Endwert Null verläuft.

$$x = x_0\,\mathrm{e}^{-\delta t}\cos\omega_\mathrm{d}\,t \tag{2.24}$$

Verbinden wir die Extremwerte der Cosinusfunktionen miteinander, so ergeben sich zwei e-Funktionen, die wir als *Hüllkurven* bezeichnen.

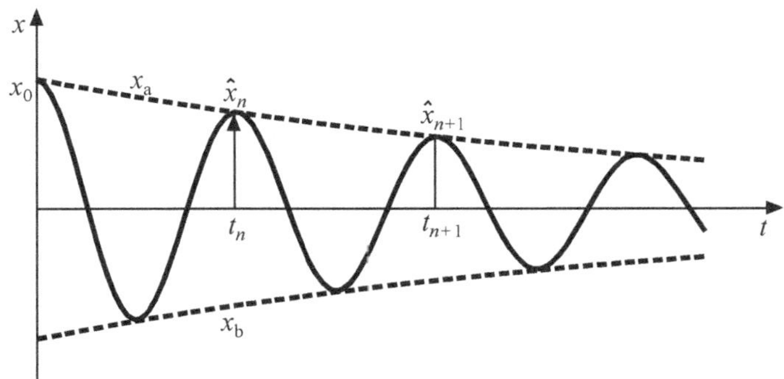

Bild 2.4 Zur Ableitung des logarithmischen Dekrements

$$x_a = x_0 \, e^{-\delta t}$$

$$x_b = -x_0 \, e^{-\delta t}$$

Betrachen wir nun zwei aufeinander folgende Maxima der Schwingungen $\hat{x}_n$ und $\hat{x}_{n+1}$ und bilden den Quotienten, so ergibt sich mit der Periodendauer T für die Cosinusfunktion

$$\frac{\hat{x}_n}{\hat{x}_{n+1}} = \frac{x_0 \, e^{-\delta \, t_n}}{x_0 \, e^{-\delta \, t_{n+1}}} = \frac{e^{-\delta \, t_n}}{e^{-\delta \, (t_n + T)}} = e^{\delta \, T}$$

Durch Logarithmieren erhalten wir ein *logarithmisches Dekrement* Λ.

$$\Lambda = \ln \frac{\hat{x}_n}{\hat{x}_{n+1}} = \delta \, T = \delta \, \frac{1}{f_d} = 2 \, \pi \, \frac{\delta}{\omega_d}$$

Diesen Ausdruck habe ich im Kasten als Gl. (2.20) vorweggenommen.

Der beschriebene Feder-Masse-Schwinger schwingt in Längsrichtung entlang der x-Achse. Wir wenden uns nun dem Zeigerinstrument zu, das einen Drehschwinger darstellt, der entlang einem Winkel α schwingt. Dies ist das Grundprinzip fast aller heute im Einsatz befindlichen Analoginstrumente.

2.2.2 Zeigerinstrument

Die Strommessung erfolgt durch ein Drehspulinstrument, das als analoges Zeigerinstrument auch heute noch üblich ist. **Bild 2.5** zeigt einen Hufeisenmagneten, in dem eine Spule drehbar gelagert ist. Fließt durch die Spule ein Strom, so bildet sich mit dem Magnetfeld eine Kraft, die in dem drehbar gelagerten Zeigersystem zu einem Drehmoment führt, das bei entsprechender Polarität den Zeiger nach rechts drehen will. Ihr wirkt eine Federkraft entgegen, die zu einem Rückstellmoment führt, das ein Gleichgewicht bei einem bestimmten Winkel α herstellt.

$$M_{mech} = C_\alpha \, \alpha = M_{el} = K_1 \, B \cdot i = K_2 \, i$$

Eine Stromänderung führt zu einer Drehbeschleunigung der Masse des Zeigersystems.

$$M_b = J \cdot \ddot{\alpha}$$

Die Bewegung der Metallteile, meist Aluminium, im Magnetfeld führt in diesem zu Wirbelströmen, die mit dem Magnetfeld ein geschwindigkeitsproportionales Dämpfungsmoment erzeugen. Bei einigen Instrumenten wird

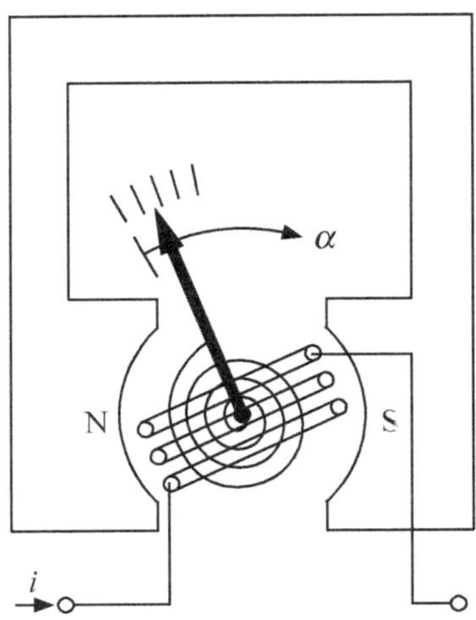

Bild 2.5 Drehspulinstrument

das Dämpfungsmoment auch durch Fahnen in einem luftgefüllten Hohlkörper erreicht.

$$M_{\mathrm{D}} = D_{\alpha} \cdot \dot{\alpha}$$

Damit wird das dynamische Verhalten des Zeigersystems durch eine Differentialgleichung zweiter Ordnung beschrieben.

$$M_{\mathrm{el}} = M_{\mathrm{mech}} + M_{\mathrm{D}} + M_{\mathrm{b}}$$

$$K_2\, i = C_{\alpha}\, \alpha + D_{\alpha}\, \dot{\alpha} + J\, \ddot{\alpha} \qquad (2.25)$$

Diese Beziehung ist mit Gl. (2.5) zu vergleichen.

Stationär stellt sich ein stromproportionaler Zeigerausschlag ein $\left(\ddot{\alpha} = \dot{\alpha} = 0\right)$.

$$\alpha = \frac{K_2}{C_{\alpha}}\, i = K\, i \qquad (2.26)$$

Übrigens ist das Bild eines Zeigerinstruments in Band 1 zu finden.

■ ***Beispiel 2.3***

Dieses Beispiel ist etwas länger und stellt einen Ausflug in die Mechanik dar. Es bereitet die elektrischen Schwingkreise vor und muss nicht unbedingt durchgearbeitet werden.

Das Magnetfeld eines Drehspulinstruments (Bild 2.5) sei $B = 0{,}3$ T. Die rechteckige Spule habe $N = 100$ Windungen mit der Länge $l = 3$ cm und dem Radius $r = 1$ cm. Das Instrument soll bei einem Strom von $i = 10$ mA einen Ausschlag von $\alpha = 90°$ erreichen. Die Masse $m = 10$ g des Zeigersystems wird am Radius $r = 1$ cm der Spule konzentriert. Die Spiralfeder hat ebenfalls den Radius $r = 1$ cm. Bestimmen Sie die Federkonstante C_α und die Dämpfungskonstante D_α, um eine aperiodische Dämpfung zu erhalten, sowie den Ausgleichsvorgang beim Einschalten des Stroms!

Zunächst wird die Kraftwirkung bestimmt. Die Spule hat die Länge $l = 3$ cm. Auf einen Draht wirkt die Kraft

$$F_1 = B \cdot l \cdot I = 0{,}3\ \mathrm{T} \cdot 0{,}03\ \mathrm{m} \cdot 0{,}01\ \mathrm{A} = 0{,}09 \cdot 10^{-3}\ \mathrm{N}$$

Auf den Rückleiter wirkt dieselbe Kraft. So ergeben sich für die gesamte Spule die Kraft und das Drehmoment.

$$F = 2\,N \cdot F_1 = 2 \cdot 100 \cdot 0{,}09 \cdot 10^{-3}\,\mathrm{N} = 18 \cdot 10^{-3}\ \mathrm{N}$$

$$M = F \cdot r = 18 \cdot 10^{-3}\,\mathrm{N} \cdot 0{,}01\ \mathrm{m} = 0{,}18 \cdot 10^{-3}\ \mathrm{Nm}$$

Wir bestimmen nun die Federkonstante C_α und das Trägheitsmoment J.

$$C_\alpha = \frac{M}{\alpha} = \frac{0{,}18 \cdot 10^{-3}}{\frac{\pi}{2}} = 0{,}115 \cdot 10^{-3}\ \mathrm{Nm/rad}$$

rad ist dabei keine Einheit, sondern nur ein Hinweis.

$$J = m \cdot r^2 = 10 \cdot 10^{-3}\ \mathrm{kg} \cdot (0{,}01\ \mathrm{m})^2 = 10^{-6}\,\mathrm{kgm}^2$$

Nun ist die Eigenfrequenz für das ungedämpfte System $f_\mathrm{d} = f_0$ zu bestimmen. Die Gln. (2.18) liefern für $\delta \approx 0$ ($a = J$; $c = C_\alpha$)

$$\lambda = \pm\,\mathrm{j}\,\omega_\mathrm{d} = \pm\,\mathrm{j}\,\omega_0$$

$$\omega_0 = \sqrt{\frac{C_\alpha}{J}} = \sqrt{\frac{0{,}115 \cdot 10^{-3}\ \mathrm{Nm}}{10^{-6}\ \mathrm{kgm}^2}} = 10{,}7\ \mathrm{s}^{-1}$$

$$f_0 = \frac{\omega_0}{2\,\pi} = 1{,}7\ \mathrm{Hz}$$

Jetzt wenden wir uns den Ausgleichsvorgängen zu und beginnen mit dem aperiodischen Grenzfall.

$\delta = \omega_0 \qquad\qquad \vartheta = 1$

Damit lässt sich die Dämpfungskonstante berechnen.

$$J\,\ddot{\alpha} + D_\alpha\,\dot{\alpha} + C_\alpha\,\dot{\alpha} = 0$$

$$\omega_0^2 = C_\alpha / J$$

$$\delta = \frac{D_\alpha}{2\,J} = \omega_0 = 10{,}7\ \mathrm{s}^{-1}$$

$$D_\alpha = 2\,J\,\omega_0 = 2 \cdot 10^{-6}\ \mathrm{kgm}^2 \cdot 10{,}7\ \mathrm{s}^{-1} = 21{,}4 \cdot 10^{-6}\ \mathrm{Nm}$$

Die Lösung der Differentialgleichung lautet

$$\alpha = \alpha_\infty \left(1 + A\,\mathrm{e}^{-\delta t} + B\,t\,\mathrm{e}^{-\delta t}\right)$$

Die 1 in der Klammer ist die partikuläre Lösung, d. h. der stationäre Zustand für $t = \infty$ ($\alpha = \alpha_\infty$).

Wir bestimmen die Koeffizienten aus den Anfangsbedingungen

$t = 0, \qquad \alpha = 0 \qquad \dot{\alpha} = 0$

$0 = \alpha_\infty\,(1 + A + B \cdot 0) \qquad A = -1$

$$\dot{\alpha} = \alpha_\infty \left(0 - A\,\delta\,\mathrm{e}^{-\delta t} + B\,\mathrm{e}^{-\delta t} - B\,\delta\,t\,\mathrm{e}^{-\delta t}\right)$$

$0 = \alpha_\infty\,(-A\,\delta + B - B\,\delta \cdot 0) \qquad B = A\,\delta = -\delta = -10{,}7\ \mathrm{s}^{-1}$

$$\alpha = \alpha_\infty \left[1 - (1 + \delta t)\,\mathrm{e}^{-\delta t}\right]$$

Die Bewegung des Zeigers ist in **Bild 2.6** für $\vartheta = 1$ dargestellt. Eine größere Dämpfung führt zu einem langsameren Vorgang und ist deshalb nicht sinnvoll. Ich will trotzdem den Fall untersuchen, um die Wirkung der Dämpfung zu erläutern. Eine Erhöhung um 20 % führt zu

$\vartheta = 1{,}2\!: \qquad \delta = 1{,}2\,\omega_0 = 1{,}2 \cdot 10{,}7 = 12{,}8\ \mathrm{s}^{-1}$

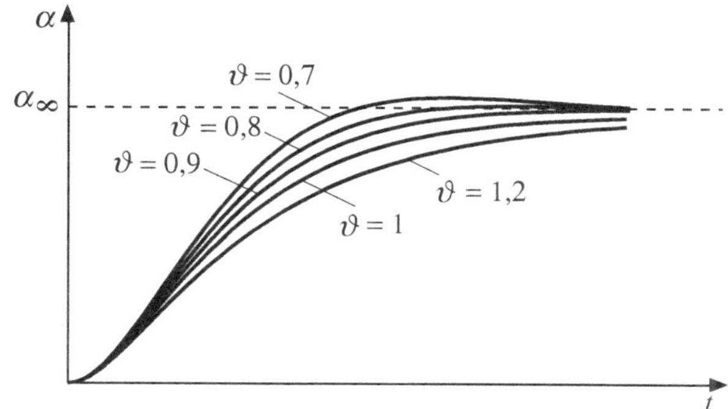

Bild 2.6 Verlauf des Zigeranschlusses bei einem Messinstrument mit verschiedenen Abklingkoeffizienten

Damit ergeben sich die Eigenwerte nach den Gln. (2.16) in Verbindung mit den Gln. (2.18).

$$\lambda_1 = -\delta + \sqrt{\delta^2 - \omega_0^2} = \left(-12,8 + \sqrt{12,8^2 - 10,7^2}\right) \text{s}^{-1} = -5,8\ \text{s}^{-1}$$

$$\lambda_2 = (-12,8 - 7,0)\ \text{s}^{-1} = -19,8\ \text{s}^{-1}$$

Der Ausgleichsvorgang genügt dann der Bedingung

$$\alpha = \alpha_\infty \left[1 + A\,\text{e}^{\lambda_1 t} + B\,\text{e}^{\lambda_2 t}\right]$$

$t = 0$:

$$0 = \alpha_\infty\,[1 + A + B] \qquad\qquad A + B = -1$$

$$\dot{\alpha} = \alpha_\infty \left[0 + \lambda_1\,A\,\text{e}^{\lambda_1 t} + \lambda_2\,B\,\text{e}^{\lambda_2 t}\right]$$

$$0 = \alpha_\infty\,[\lambda_1\,A + \lambda_2\,B] \qquad\qquad B = -\frac{\lambda_1}{\lambda_2}\,A$$

$$A - \frac{\lambda_1}{\lambda_2}\,A = -1 = \left(1 - \frac{-5,8}{-19,8}\right) A$$

$$A = -1,41 \qquad\qquad B = -1 - A = 0,41$$

Auch dieser Ausgleichsvorgang ist in Bild 2.6 eingezeichnet. Nun wählen wir die Dämpfung 20 % kleiner.

$\vartheta = 0{,}8$: $\qquad \delta = \vartheta\,\omega_0 = 0{,}8 \cdot 10{,}7\,\mathrm{s}^{-1} = 8{,}6\,\mathrm{s}^{-1}$

Daraus folgt die Eigenfrequenz

$$\omega_\mathrm{d} = \sqrt{\omega_0^2 - \delta^2} = \omega_0\,\sqrt{1-\vartheta^2}$$
$$= \omega_0\,\sqrt{1-0{,}8^2} = 0{,}6\,\omega_0 = 0{,}6 \cdot 10{,}7\,\mathrm{s}^{-1} = 6{,}4\,\mathrm{s}^{-1}$$

Die Lösung der Differentialgleichung lautet nun

$$\alpha = \alpha_\infty \left(1 + A\,\mathrm{e}^{-\delta t}\cos\omega_\mathrm{d}t + B\,\mathrm{e}^{-\delta t}\sin\omega_\mathrm{d}t\right)$$

$t = 0$:

$$0 = \alpha_\infty\,(1 + A + 0) \qquad A = -1$$

$$\dot{\alpha} = \alpha_\infty \left(0 - A\,\delta\,\mathrm{e}^{-\delta t}\cos\omega_\mathrm{d}t - A\,\mathrm{e}^{-\delta t}\,\omega_\mathrm{d}\,\sin\omega_\mathrm{d}t\right)$$
$$+\,\alpha_\infty \left(-B\,\delta\,\mathrm{e}^{-\delta t}\sin\omega_\mathrm{d}t + B\,\mathrm{e}^{-\delta t}\,\omega_\mathrm{d}\,\cos\omega_\mathrm{d}t\right)$$

$$0 = \alpha_\infty\,(-A\,\delta - 0 - 0 + B\,\omega_\mathrm{d})$$
$$B = \frac{\delta}{\omega_\mathrm{d}}\,A = -\frac{\delta}{\omega_\mathrm{d}} = -\frac{8{,}6}{6{,}4} = -1{,}3$$

Der Ausgleichsvorgang für $\vartheta = 0{,}8$ in Bild 2.6 weist ein geringes Überschwingen auf. Die Untersuchung von weiteren Abklingkoeffizienten zeigt, dass bei $\vartheta = \delta/\omega_0 < 0{,}6$ kein wünschenswertes Verhalten mehr entsteht. Bei sehr schwach gedämpften Schwingungen wird der Koeffizient B nahezu null. Es bildet sich also eine kaum gedämpfte Cosinusschwingung aus. □

Abschließend möchte ich für einen normalen Feder-Masse-Schwinger noch den Übergang von der gedämpften Schwingung zum aperiodischen Grenzfall aus der Lösung heraus durchführen. Die Lösungen für den Schwingungsfall lauten

$$x = x_\infty + \mathrm{e}^{-\delta t}\left(A\cos\omega_\mathrm{d}t + B\sin\omega_\mathrm{d}t\right)$$

Nun erfolgt der Grenzübergang

$$\delta \to \omega_0, \qquad \omega_d \to 0$$

$$\begin{aligned} x &= x_\infty + e^{-\delta t}\left(A \cdot 1 + B \cdot \omega_d t\right) \\ &= x_\infty + A\, e^{-\delta t} + B' t\, e^{-\delta t} \end{aligned}$$

Dabei wird B' zu einem neuen Koeffizienten, der aus den Anfangsbedingungen zu bestimmen ist. Er ist identisch mit dem Koeffizienten B in Gl. (2.23).

2.2.3 Strom- und Spannungsmessung

Die Drehspulinstrumente sind von Haus aus Strommesser. Ist der Widerstand der Wicklung R_i konstant, insbesondere temperaturunabhängig, so kann man sie auch als Spannungsmesser ansprechen. Zur Messung großer Spannungen verwendet man einen *Vorwiderstand* R_v (**Bild 2.7a**), der im Wesentlichen den Strom durch das Instrument bestimmt ($R_v \gg R_i$).

$$i_i = \frac{u}{R_v + R_i} \approx \frac{u}{R_v} \qquad (2.27)$$

Eine Temperaturabhängigkeit der Wicklungen wirkt sich wegen des konstanten Vorwiderstands offensichtlich nur noch wenig aus.

Zur Messung großer Ströme wird ein Parallelwiderstand R_s (**Bild 2.7b**) eingesetzt, der als *Shunt* bezeichnet wird ($R_s \ll R_i$).

$$R_i\, i_i = R_s\left(i - i_i\right)$$

$$i_i = \frac{R_s\, i}{R_i + R_s} \approx \frac{R_s}{R_i}\, i \qquad (2.28)$$

Hier wirkt sich eine geringe Änderung des Instrumentenwiderstands auf den Fehler aus.

Das Zeigerinstrument wird zusammen mit dem Vorwiderstand oder Shunt *Voltmeter* bzw. *Amperemeter* genannt.

Sollen gleichzeitig Strom und Spannung gemessen werden, so gibt es zwei Schaltungen, bei denen entweder das Amperemeter den Voltmeterstrom mit misst oder das Voltmeter den Spannungsfall im Amperemeter (**Bild 2.7c** und **Bild 2.7d**).

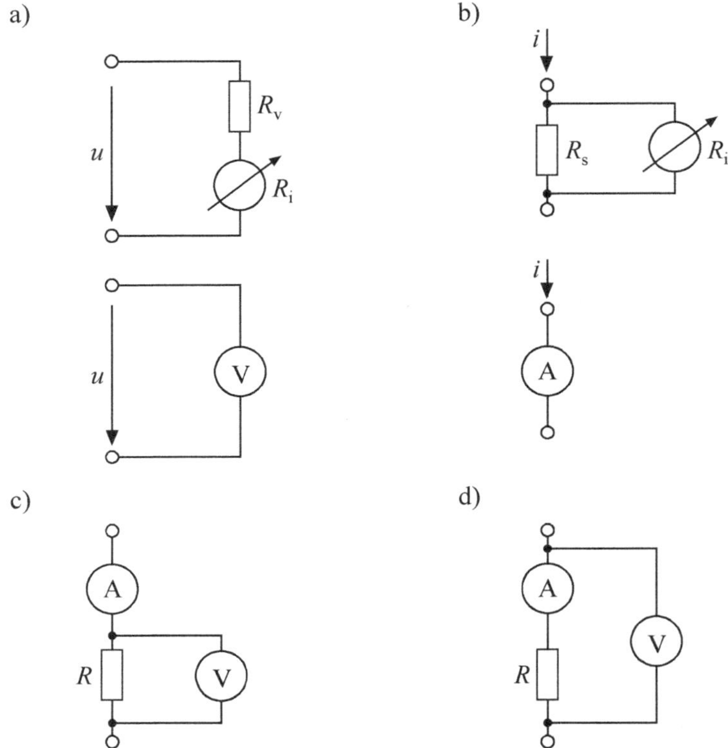

Bild 2.7 Schaltung zur Strom-Spannung-Messung
a) Vorwiderstand
b) Shunt
c) Strom-Spannung-Messung mit falscher Strommessung
d) Strom-Spannung-Messung mit falscher Spannungsmessung

Die Problematik der beschriebenen Schaltungen ist Ihnen aus Band 1 bekannt. Dort ging es um Gleichstrommessung. Hierfür ist das Drehspulmessinstrument sehr gut geeignet. Je nach Polung schlägt es nach rechts oder links aus. Der Nullpunkt liegt demnach in der Mitte der Skala. Solche Instrumente nennt man *Galvanometer*. Sie werden z. B. bei den noch zu behandelnden Brücken eingesetzt. Für die normale Gleichstrommessung legt man den Nullpunkt an den linken Rand, muss dann aber das Instrument richtig gepolt in den Messkreis schalten. Kann in dem zu messenden Gleichstromkreis die Polarität wechseln, ist natürlich ein Instrument mit mittlerer Nulllage zu verwenden.

Wird das Drehspulinstrument mit einem Wechselstrom beaufschlagt, so schwankt der Zeiger periodisch um null. Aufgrund der mechanischen Trägheit kann er das nicht bei technischen Frequenzen, z. B. 50 Hz. Deshalb zeigt es den Mittelwert null an. Wenn Sie auf Spannungsfreiheit prüfen, tun Sie das nie mit einem Gleichstrominstrument.

> Ein Instrument zur Gleichstrommessung zeigt bei Wechselstrom null an, es kann aber durch den Strom überlastet werden.

Die Messung von Wechselströmen mit einem Drehspulinstrument erfordert eine Gleichrichtung des Messstroms. Dies hat zur Folge, dass der *Gleichrichtwert* angezeigt wird. Zwischen Gleichrichtwert und *Effektivwert*, den man im Allgemeinen messen will, liegt der *Formfaktor*, der in die Skala eingeeicht wird. Leider ist der Formfaktor von der *Kurvenform* abhängig. Man eicht die Instrumente für Sinusform und muss deshalb bei Strömen und Spannungen, die nicht sinusförmig sind, mit Messfehlern rechnen. Instrumente, die den Effektivwert originär messen, beruhen auf der Quadrierung des Stroms, z. B. indem beim Heißdrahtinstrument die Wärmedehnung eines Materials gemessen wird. Beim Weicheiseninstrument wird die Kraft einer Spule auf einen Eisenzylinder gemessen. Auch sie steigt mit dem Quadrat des Stroms an. Hierdurch ergibt sich eine nichtlineare Skala. Bei digitalen Geräten werden die Eingangssignale Strom oder Spannung über Verstärker, Abtastglieder und Analog-Digitalwandler einem Prozessor zugeführt, der dann eine Effektivwertbildung durchführt. Zur Visualisierung dient eine numerische Anzeige. Oder es wird über einen Digital-/Analogwandler ein Strom erzeugt und einem Drehspulmesswerk eingeprägt.

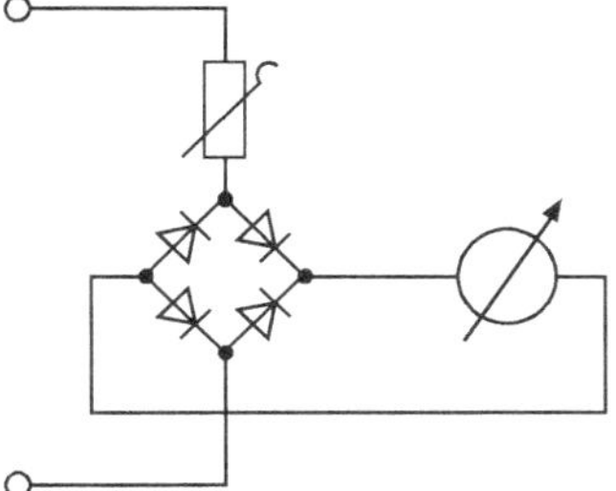

Bild 2.8 Drehspulinstrument mit Gleichrichter zur Wechselstrommessung

Eine klassische Spannungsmessung für Wechselspannung besteht aus einem Drehspulmesswerk als Anzeigeinstrument, einer Stromrichterbrücke und einem Vorwiderstand. Durch Umschalten des Vorwiderstands können die Messbereiche gewählt werden (**Bild 2.8**).

2.2.4 Leistungsmessung

Die Leistung ergibt sich aus den Produkten von Strom und Spannung. Um dieses Produkt bei der Messung zu bilden, wird in dem Drehspulmesswerk der Dauermagnet durch einen vom Strom erregten Magneten ersetzt. Der spannungsproportionale Strom fließt durch die Drehspule. Er ist im Allgemeinen kleiner als der Strom durch die fest stehende Wicklung. Dies hat den Vorteil, dass der kleinere Strom auf die bewegten Teile übertragen werden muss.

Ein Messgerät zur Wirkleistungsmessung, das auf die beschriebene Weise Strom und Spannung multipliziert, wird *elektrodynamisches Messsystem* genannt. Bei Gleichstrom erfolgt die Leistungsbestimmung einfach durch das Produkt aus magnetischer Flussdichte $B = K_1\, I$ und spannungsabhängigem Strom $I_u = K_2\, U$.

$$P = K_1\, B\, I_u = K\, U\, I \tag{2.29}$$

Bei Wechselgrößen gilt prinzipiell das Gleiche.

$$\begin{aligned} p &= K\, u\, i = K\, \hat{u} \sin \omega t \cdot \hat{i} \sin(\omega t + \varphi) \\ &= K\, \hat{u}\, \hat{i}\, \frac{1}{2}\left[\cos \varphi - \cos(2\, \omega t + \varphi)\right] \end{aligned} \tag{2.30}$$

Der Anteil mit doppelter Netzfrequenz wird durch die Trägheitskonstante des Drehschwingers herausgemittelt; es bleibt die Wirkleistung.

$$P = K \cdot U\, I \cos \varphi \tag{2.31}$$

Gl. (2.30) gilt für sinusförmige Größen, bei denen der Effektivwert und der Spitzenwert in einem festen Verhältnis ($\sqrt{2}$) stehen. Bei anderen Kurvenformen lassen sich Strom und Spannung in eine Summe von Sinusfunktionen unterschiedlicher Frequenz zerlegen. Für jede dieser Funktionen gilt Gl. (2.30) entsprechend, sodass auch bei nicht sinusförmigen periodischen Funktionen die Leistung als Produkt der Effektivwerte gemessen wird.

Gibt man auf beide Wicklungen das Stromsignal, so wird dieses wie beim Weicheiseninstrument quadriert. Wir erhalten eine Effektivwertanzeige mit nichtlinearer Skala.

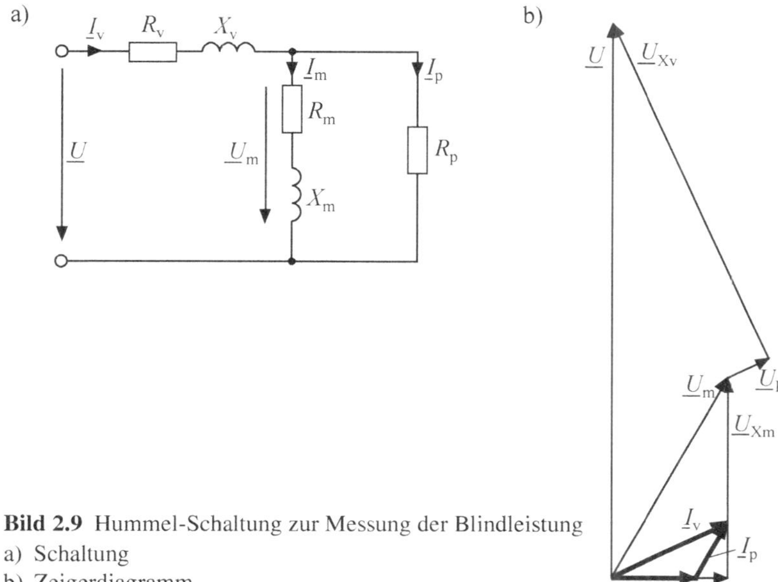

Bild 2.9 Hummel-Schaltung zur Messung der Blindleistung
a) Schaltung
b) Zeigerdiagramm

Zur Messung der *Blindleistung* mit einem elektrodynamischen Messwerk ist es notwendig, den Strom in dem Spannungskreis gegenüber der Spannung um 90° zu verschieben. Hierzu verwendet man eine Induktivität als „Vorwiderstand". Diese kann aber wegen des Ohm'schen Anteils nie eine Verschiebung von exakt 90° erzeugen. Durch eine geschickte Schaltung mit zwei Induktivitäten ist jedoch eine Phasenverschiebung von 90° möglich. Eine solche Schaltung, die als eine der Induktivitäten die Induktivität der Messspule nutzt, wurde von *Hummel* entwickelt. Sie ist in **Bild 2.9** dargestellt und hat heute keine große Bedeutung. Da wir aber immer wieder die komplexe Rechnung üben wollen, behandeln wir sie als Übungsaufgabe.

Aufgabe 2.2

In **Bild 2.9a** ist die Hummel-Schaltung dargestellt. Das Messwerk hat die Impedanz $\underline{Z}_m = (100 + j\,500)\ \Omega$. In Reihe hierzu liegt der Vorwiderstand, der sehr stark induktiv ist $\underline{Z}_v = (100 + j\,3000)\ \Omega$. Wie groß muss der Parallelwiderstand R_p sein, damit der Strom durch das Messwerk $\underline{I}_m$ gegenüber der Spannung $\underline{U}$ um 90° nacheilt (**Bild 2.9b**)? Welches Verhältnis besteht zwischen Messstrom I_m und Spannung U?

Die *Scheinleistungsmessung* kann ebenfalls mit einem elektrodynamischen Messwerk erfolgen, wenn in beiden Strompfaden Gleichrichter vorgeschaltet werden. Dabei ist aber wichtig, dass die gleichgerichtete Größe durch eine Drosselspule geglättet wird, sodass in den beiden Spulen des Messwerks Gleichströme fließen. Geht das auch, wenn nur eine der Größen geglättet ist?

Schließlich ist es auch möglich, die Phasenverschiebung zwischen Strom und Spannung zu bestimmen. Bevor ich darauf zu sprechen komme, will ich das *Kreuzspulmesswerk* beschreiben. Zwei senkrecht zueinander stehende Spulen sind drehbar gelagert und befinden sich in einem konstanten Magnetfeld (**Bild 2.10a**). Die Spulen werden von Gleichströmen i und i_u durchflossen. Sie erzeugen eine magnetische Flussdichte B, die sich im äußeren Magnetfeld B_0 ausrichtet. Zwischen den Magnetfeldern der beiden Spulen und dem Lagewinkel α der Spule gilt die Beziehung

$$\tan\alpha = \frac{B_u}{B_i} = \frac{i_u}{i} = K\,R \tag{2.32}$$

Liegt keine Rückstellkraft durch die Feder vor, stimmen die Zeiger $\vec{B}$ und $\vec{B}_0$ in ihrer Lage überein. Ist i der Strom durch einen Widerstand und i_u proportional zur Spannung an dem Widerstand, so ist der Ausschlag α ein nichtlineares Abbild des Widerstands. Das Kreuzspulmesswerk ist demnach ein Quotientenbilder, der zur Messung von Widerständen verwendet werden kann.

Nun seien die Ströme durch die beiden räumlich um 90° versetzten Spulen spannungsproportionale Wechselgrößen i_{u1} und i_{u2}, die zeitlich um 90°

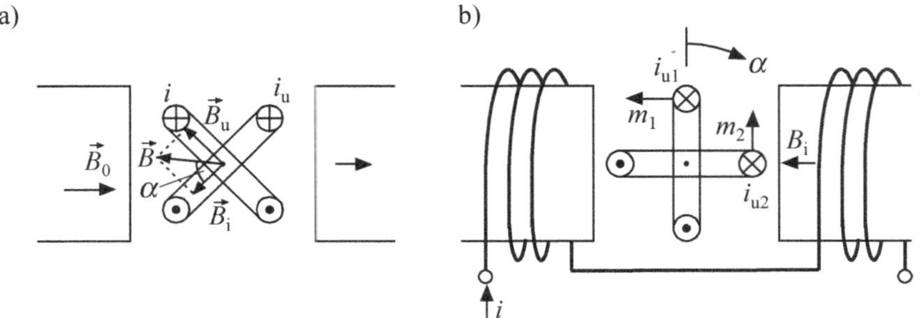

Bild 2.10 Elektrodynamisches Kreuzspulmesswerk

a) Felderzeugung

b) Drehmomententwicklung

gegeneinander verschoben sind. Das äußere Magnetfeld wird durch eine äußere Spule mit dem Strom i gesteuert. Man spricht dann von einem *elektrodynamischen Kreuzspulmesswerk.* Es ergeben sich für die beiden Spulen die winkelabhängigen Drehmomente (**Bild 2.10b**).

$$m_1 = K_1' \, i_{u1} \, i \sin\alpha$$

$$m_2 = K_2' \, i_{u2} \, i \cos\alpha$$

Für den Strom i und die beiden spannungsproportionalen Ströme i_{u1} und i_{u2} gilt

$$i = K \, \hat{i} \, \sin \omega t$$

$$i_{u1} = K_{u1} \, \hat{u} \sin(\omega t + \varphi)$$

$$i_{u2} = -K_{u2} \, \hat{u} \sin(\omega t + \varphi - 90°) = K_{u2} \, \hat{u} \cos(\omega t + \varphi)$$

Der Strom i_{u1} ist mit der Spannung in Phase. Der Strom i_{u2} wird z. B. durch eine Hummel-Schaltung erzeugt, sodass er der Spannung um 90° nacheilt. Darüber hinaus wird er negativ aufgeschaltet. Als Summe der Drehmomente ergibt sich

$$\begin{aligned} m = m_1 + m_2 &= K_1 \, \hat{u} \, \hat{i} \, \sin(\omega t + \varphi) \sin \omega t \sin \alpha \\ &\quad + K_2 \, \hat{u} \, \hat{i} \, \cos(\omega t + \varphi) \sin \omega t \cos \alpha \\ &= K_1 \frac{\hat{u} \, \hat{i}}{2} \left[\cos\varphi - \cos(2\,\omega t + \varphi)\right] \sin\alpha \\ &\quad + K_2 \frac{\hat{u} \, i}{2} \left[\sin(-\varphi) + \sin(2\,\omega t + \varphi)\right] \cos\alpha \end{aligned}$$

Sind beide Spulen gleich aufgebaut $(K_1' = K_2')$, sind weiterhin die Amplituden der spannungsabhängigen Ströme gleich $(K_{u1} = K_{u2})$ und mittelt die mechanische Trägheit die Drehmomente mit doppelter Netzfrequenz weg, so erhalten wir ein konstantes Moment.

$$m = M = K \, U \, I (\cos\varphi \sin\alpha - \sin\varphi \cos\alpha)$$

Da das Instrument keine Feder besitzt, stellt sich der Winkel des Zeigers so ein, dass das Drehmoment null wird ($M = 0$).

$$\tan\alpha = \tan\varphi$$

$$\alpha = \varphi$$

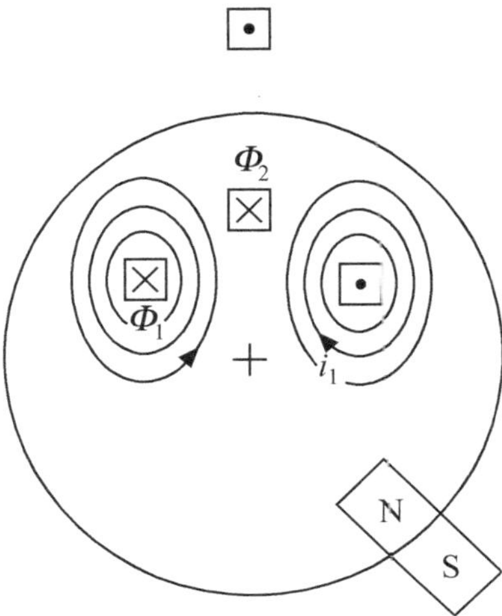

Bild 2.11 Elektrizitätszähler als Ferraris-Messwerk

Es wird also der Phasenwinkel angezeigt. Da im Allgemeinen der Leistungsfaktor interessiert, eicht man die Skala in cos φ und erhält demnach eine nichtlineare Teilung.

Jetzt wende ich mich dem letzten Anzeigegerät zu, dem *Energiemesser* oder *Elektrizitätszähler*. Sie kennen ihn alle. Sein Kern besteht aus einer drehbar gelagerten Aluminiumscheibe. Der Wechselstrom in einer Spule (**Bild 2.11**) erzeugt einen Wechselfluss Φ_1, der die Scheibe durchdringt und so einen Wirbelstrom i_1 induziert. Dieser Strom bildet mit dem Magnetfeld Φ_2 einer zweiten Spule eine Kraft, die auf die Aluminiumscheibe wirkt und sie zum Drehen bringt. Ist der eine Spulenstrom proportional zum Strom und der andere proportional zur Spannung, so ist wie beim elektrodynamischen Messwerk die Kraft bzw. das Drehmoment proportional zur Leistung $P = U\,I \cos \varphi$. Beide Spulen sind senkrecht zueinander angeordnet, sodass sich ihre Flüsse nicht gegenseitig beeinflussen. Es gibt lediglich eine Wechselwirkung zwischen den von der einen Spule erzeugten Wirbelströmen mit dem Fluss der zweiten Spule. Ein Dauermagnet, der so angeordnet ist, dass er die beschriebenen Felder und den Wirbelstrom nicht beeinflusst, erzeugt ebenfalls einen Wirbelstrom, der proportional zur Drehzahl der Scheibe ist. So entsteht ein drehzahlproportionales Bremsmoment, das dem leistungsproportionalen Drehmoment der beiden Spulen entgegenwirkt. Dadurch stellt sich eine Drehzahl ein, die proportional zur Leistung ist. Die Anzahl der Umdrehungen ist folglich proportional zur Energie. Mit entsprechenden Zahnradübersetzungen kann in einem mechanischen Zählwerk die elektrische Energie angezeigt werden. Das beschriebene System wird als *Ferraris-Messwerk* bezeichnet.

Abschließend noch ein Wort zur elektronischen Leistungsmessung. Die Multiplikation von Strom und Spannung wird hierbei häufig durch einen *Hall-Generator* bewirkt. Bei der digitalen Leistungsmessung werden Strom und Spannung über AD-Wandler einem Prozessor zugeführt. Dessen Ausgang geht auf eine Digitalanzeige oder über einen DA-Wandler und einen Verstärker auf ein Zeigerinstrument.

2.3 Messbrücken

Wir hatten bereits in Band 1 die Brückenschaltung behandelt. Sie zeichnet sich gegenüber der normalen Reihen- und Parallelschaltung dadurch aus, dass ihr Eingangswiderstand nicht ohne größere mathematische Umformungen zu ermitteln ist. Eine solche Brücke ist in **Bild 2.12a** in allgemeiner Form dargestellt. Jeweils zwei Impedanzen sind in Reihe und dann parallel geschaltet. Durch Anlegen einer Spannung an den Klemmen 1 und 4 wird zwischen den Klemmen 2 und 3 eine Spannung hervorgerufen, die als *Diagonalspannung* U_{d} oder *Brückenspannung* bezeichnet wird. Einfache Verhältnisse ergeben sich, wenn die Diagonalspannung null ist. Wir sprechen dann von einer abgeglichenen Brücke. Für sie gilt die Bedingung

$$\frac{\underline{Z}_1}{\underline{Z}_2} = \frac{\underline{Z}_3}{\underline{Z}_4} \qquad (2.33)$$

Wenn drei Impedanzen bekannt sind, ist daraus die vierte zu berechnen. Damit kann man diese Schaltung zur *Widerstandsmessung* einsetzen. Man nennt sie *Messbrücke*. Haben die Impedanzen nur einen Realteil, so ist der Ohm'sche Widerstand zu bestimmen. Eine solche Widerstandsmessbrücke wird in der Regel mit Gleichstrom betrieben. Für Wechselstrom ergeben sich keine anderen Verhältnisse, wenn nicht die induktiven oder kapazitiven Anteile der Bauelemente die Messung beeinflussen.

Wesentlich für das Abgleichverhältnis in Gl. (2.33) ist, dass es weder von der Quellenspannung $\underline{U}_{\mathrm{Q}}$ noch von der Quellenimpedanz $\underline{Z}_{\mathrm{Q}}$ abhängig ist. Die Messgenauigkeit des Brückeninstruments hat auch keinen Einfluss,

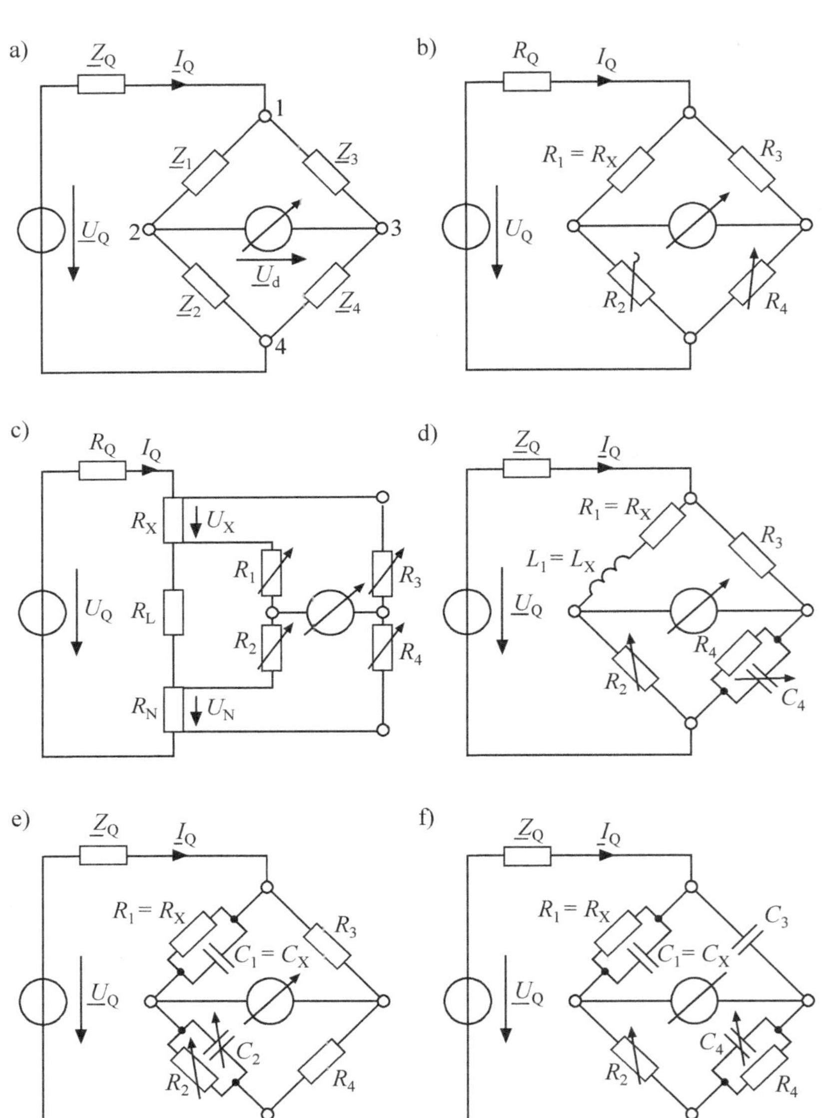

Bild 2.12 Brückenschaltungen

a) allgemeine Brücke
b) Wheatstone-Brücke
c) Thomson-Brücke
d) Impedanzmessbrücke
e) Kapazitätsmessbrücke
f) Schering-Brücke

lediglich seine *Empfindlichkeit*, d. h. die Reaktion auf kleine Ströme. Damit wissen Sie, was der Unterschied zwischen genau und empfindlich ist.

Eine *Gleichstrommessbrücke* nach *Wheatstone* ist in **Bild 2.12b** dargestellt. Wird der unbekannte Widerstand, d. h. der *Prüfwiderstand* R_X als R_1 in die Brücke eingeschaltet, so gibt es die Möglichkeit, durch Variation eines der drei Widerstände R_2, R_3 oder R_4 die Brücke abzugleichen. Im Bild wird der Widerstand R_2 in groben Stufen geschaltet. Dadurch ist der Strom durch den Prüfling R_X einstellbar. Um genau zu messen, soll der Strom möglichst groß sein, denn dies hat eine große Spannung im Brückenzweig und damit gute Abgleichbedingungen zur Folge. Andererseits soll der Strom nicht zu groß werden, um den Prüfling und die Spannungsquelle nicht zu überlasten. Die Wahl des Widerstands R_2 ist eine Voreinstellung. Zum Abgleich ist dann der Widerstand R_4 als variabler oder in kleinen Stufen verstellbarer Widerstand zu verwenden.

Um optimale Abgleichbedingungen zu erhalten, ist es sinnvoll, den nicht als Abgleichwiderstand verwendeten Widerstand R_3 mit dem Widerstand R_4 auch stufenweise zu verstellen.

Bei sehr niederohmigen Widerständen spielen die Übergangswiderstände der Klemmen und die Zuleitungswiderstände eine entscheidende Rolle. Um sie zu eliminieren, verwendet man die *Thomson-Brücke* bzw. *Kelvin-Brücke* (**Bild 2.12c**). Der Prüfling R_X und ein Normalwiderstand R_N werden von dem möglichst großen Prüfstrom I_Q durchflossen. An ihnen fallen die Spannungen U_X und U_N ab. Störend ist der Widerstand R_L der Leitung, die zwischen den Klemmen der Widerstände R_X und R_N liegt und unvermeidlich ist. Wenn die Spannungen U_X und U_N bekannt sind, lässt sich der Widerstand R_X errechnen. Um die Spannungen zu bestimmen, werden sie in einer Brückenschaltung in Reihe zu den Widerständen R_1 und R_2 eingeschleift. Es ergeben sich dann in abgeglichenem Zustand die folgenden Verhältnisse

$$U_X + I_1\, R_1 = I_3\, R_3$$

$$U_N + I_1\, R_2 = I_3\, R_4$$

Die vier Abgleichwiderstände werden so eingestellt, dass sie stets in einem festen Verhältnis stehen.

$$\frac{R_1}{R_2} = \frac{R_3}{R_4}$$

Es gilt dann

$$\frac{U_X + I_1\ R_1}{U_N + I_1\ R_2} = \frac{R_3}{R_4} = \frac{R_1}{R_2}$$

$$U_X + I_1\ R_1 = \frac{R_1}{R_2}\ U_N + I_1\ R_1$$

$$\frac{U_X}{U_N} = \frac{R_1}{R_2} = \frac{R_X}{R_N}$$

$$R_X = R_N\ \frac{R_1}{R_2} \tag{2.34}$$

Zur Messung von Induktivitäten wäre es möglich, zu dem ohmsch-induktiven Prüfling $\underline{Z}_1$ in Bild 2.12a eine ohmsch-induktive Abgleichimpedanz Z_2 zu wählen. Dies ist aber nicht sinnvoll, denn einstellbare Induktivitäten sind nur aufwändig und mit geringer Genauigkeit herzustellen. Stattdessen setzt man eine ohmsch-kapazitive Impedanz als $\underline{Z}_4$ ein und macht die Impedanzen $\underline{Z}_2$ und $\underline{Z}_3$ ohmsch.
Die Schaltung in **Bild 2.12d** gibt eine solche *Impedanzmessbrücke* bzw. *Induktivitätsmessbrücke* wieder. Für sie gelten die Abgleichbedingungen. (Die Ableitungen können Sie gleich selbst durchführen.)

$$R_X = R_1 = R_2\ \frac{R_3}{R_4}$$

$$L_X = L_1 = C_4\ R_2\ R_3 \tag{2.35}$$

Bei der *Kapazitätsmessbrücke* in **Bild 2.12e** liegen die zu messende verlustbehaftete Kapazität und die Abgleichkapazität im selben Reihenkreis. Es ergeben sich die folgenden Abgleichbedingungen

$$R_X = R_1 = R_2\ \frac{R_3}{R_4}$$

$$C_X = C_1 = C_2\ \frac{R_4}{R_3} \tag{2.36}$$

$$\tan \delta_X = \frac{1}{\omega\ C_X\ R_X} = \frac{1}{\omega\ C_2\ R_2}$$

So ist es möglich, den Verlustwinkel von Kondensatoren zu bestimmen.

In der Hochspannungsmesstechnik führt die beschriebene Kapazitätsmessbrücke zu Problemen. An der Prüfkapazität C_X liegt eine hohe Spannung, die dann auch an dem Widerstand R_3 anliegen müsste. Hochspannungswiderstände sind aber sehr teuer, insbesondere wenn sie genau sein sollen. Es wurde deshalb die *Schering-Brücke* in **Bild 2.12f** entwickelt. Bei ihr liegt die hohe Spannung an dem Prüfling, der aus der Kapazität C_X und dem Verlustwiderstand R_X besteht, sowie an der Vergleichskapazität C_3. Der Abgleichwiderstand R_2 und die Abgleichkapazität C_4 mit ihrem Verlustwiderstand R_4 liegen auf niedrigem Spannungsniveau. Voraussetzung für die Schaltung ist, dass der Hochspannungskondensator C_3 nahezu verlustfrei ist.

Als Abgleichbedingung erhalten wir

$$\tan \delta_X = \frac{1}{\omega\, C_4\, R_4}$$

$$C_X = C_1 = C_3\, \frac{R_4}{R_2} \cdot \frac{1}{1 + \tan^2 \delta_X} \tag{2.37}$$

$$R_X = \frac{1}{\tan \delta_X}\, \frac{1}{\omega\, C_X}$$

Selbstverständlich sind die Wechselstrommessbrücken in den Bildern 2.12c bis 2.12f mit Wechselspannung zu betreiben. Das Instrument im Diagonalzweig enthält dann eine Gleichrichterbrücke, sodass der Ausschlag nur noch in eine Richtung geht.

Nicht ganz so einfach ist der Brückenabgleich. Da zwei Bedingungen eingehalten werden müssen, ist erst durch Verstellen der Abgleichkapazitäten ein Minimum im Ausschlag des Diagonalinstruments zu suchen, dann durch Variation des Abgleichwiderstands. Anschließend wird wieder die Kapazität verändert usw.

Sie ahnen schon, was nun kommt!?

Aufgabe 2.3

Die Abgleichbedingungen (2.35), (2.36) und (2.37) sind abzuleiten. Das trainiert die komplexe Rechnung.

Das Galvanometer im Zweig einer Gleichstrombrücke misst eine Differenzspannung und reagiert deshalb sehr empfindlich auf kleine Widerstandsänderungen, die z. B. in einem *Sensor* als R_X in Bild 2.12b aufgrund von Temperaturänderungen entstehen. So lassen sich genaue *Temperatur-*

messgeräte aufbauen. *Dehnungsmessstreifen* verändern ihren Widerstand bei Längenänderung. Damit lassen sich Sensoren für Kräfte mit Brückenschaltungen gestalten. Schaltet man anstelle des Galvanometers einen Verstärker, der über einen Antrieb zur Veränderung des Abgleichwiderstands führt, bleibt die Temperaturmessbrücke bei schwankender Temperatur am Sensor abgeglichen. Das Stellsignal ist ein Maß für die Temperatur. Man spricht hier von *Kompensationsmessbrücken*. Anstelle des Antriebs verwendet man heute natürlich eine elektronische Schaltung.

3 Schwingkreise

In **Bild 3.1** sind die Reihen- und die Parallelschaltung von Widerstand R, Spule L und Kondensator C dargestellt. Derartige Schaltungen werden *Reihenschwingkreis* und *Parallelschwingkreis* genannt. Man nennt sie auch *Resonanzkreise*. Mit dem Begriff der *Resonanz* sind Sie vertraut. Eine Definition kommt später. Ich will diese Schaltungen zunächst im stationären Zustand bei Wechselgrößen betrachten und mich dann den Ausgleichsvorgängen, d. h. der Lösung der Differentialgleichungen, zuwenden.

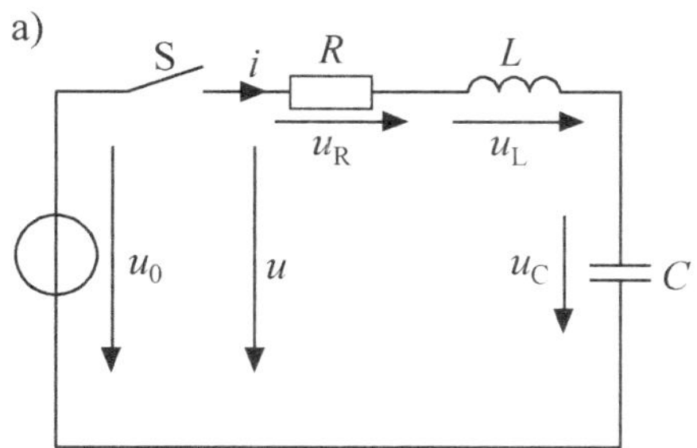

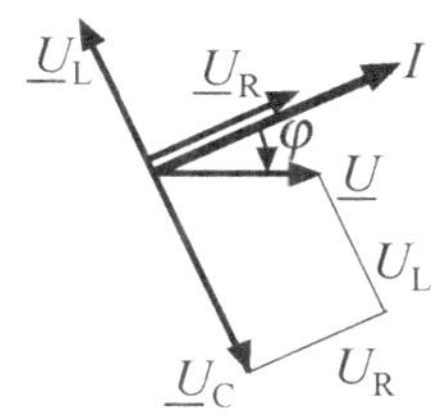

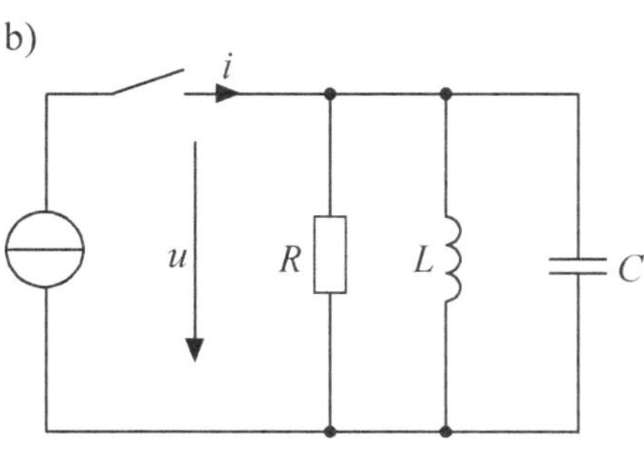

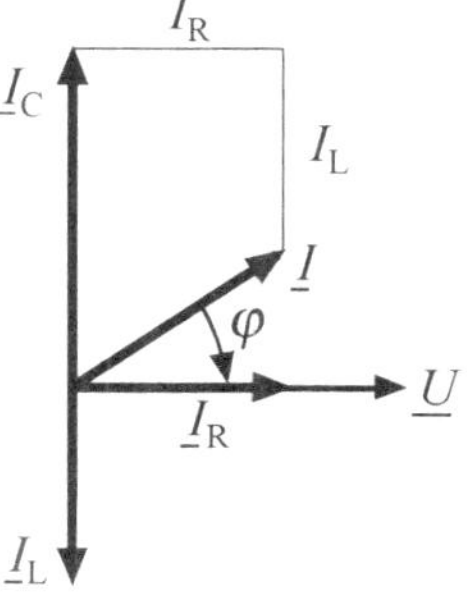

Bild 3.1 Schwingkreis
a) Reihenschwingkreis
b) Parallelschwingkreis

3.1 Reihenschwingkreis im stationären Zustand

Der Stromkreis in **Bild 3.1a** ist durch folgende Gleichung beschrieben.

$$\begin{aligned} \underline{U} &= \underline{U}_\mathrm{R} + \underline{U}_\mathrm{L} + \underline{U}_\mathrm{C} = R\,\underline{I} + \mathrm{j}\omega\,L\,\underline{I} + \frac{1}{\mathrm{j}\omega\,C}\,\underline{I} \\ &= R\,\underline{I} + \mathrm{j}X_\mathrm{L}\,\underline{I} - \mathrm{j}\,X_\mathrm{C}\,\underline{I} = \left[R + \mathrm{j}\left(X_\mathrm{L} - X_\mathrm{C}\right)\right]\underline{I} \\ &= R + \mathrm{j}X = \underline{Z}\,\underline{I} = Z\,\mathrm{e}^{\mathrm{j}\varphi}\,\underline{I} \end{aligned} \tag{3.1}$$

Hierbei sind X_L und X_C positiv. Die Reaktanz X ist positiv, wenn der induktive Anteil des Kreises überwiegt ($X_\mathrm{L} > X_\mathrm{C}$).

Das zugehörige Zeigerbild ist in Bild 3.1a dargestellt. Der Spannungsfall an dem Widerstand R ist relativ klein, und die Spannungsfälle an der Spule L und dem Kondensator C sind annähernd gleich groß, aber entgegengesetzt, sodass die treibende Spannung U kleiner ist als die Spannung an den Elementen L, C. Die kapazitive Reaktanz X_C war etwas größer als die induktive X_L. In der Bilanz bleibt deshalb ein kapazitiver Rest. Der Winkel φ, der angibt, um wieviel die Spannung U dem Strom I voreilt, ist demnach negativ. Sind induktive und kapazitive Reaktanz gleich, so bleibt nur der Ohm'sche Widerstand übrig.

Resonanzfall

$$X_\mathrm{L} = X_\mathrm{C} \qquad X = 0 \qquad \underline{Z} = R$$

$$\omega = \omega_0 = \frac{1}{\sqrt{L\,C}} \tag{3.2}$$

$$f_0 = \frac{\omega_0}{2\,\pi}$$

$f_0 = \omega_0/(2\,\pi)$ ist die *Kennfrequenz*, bei ihr liegt im Reihenresonanzkreis Resonanz vor. Sie wird deshalb auch *Resonanzfrequenz* f_r genannt. Das Verhältnis von Stromamplitude zu Spannungsamplitude wird in diesem Fall ein Maximum.

$$Y = \frac{1}{Z} = \frac{I}{U} = \max$$

Für kleine Frequenzen unterhalb der Resonanzfrequenz überwiegt der kapazitive Anteil. Der Schwingkreis geht in einen R-C-Kreis über. Aus Gl. (3.1) folgt:

Niedrige Frequenzen $f \to 0$

$$\underline{U} = \left(R - \mathrm{j} \frac{1}{\omega C} \right) \underline{I} = Z\, \mathrm{e}^{\mathrm{j}\varphi}\, \underline{I}$$

$$\varphi \to -90°$$

Bei großen Frequenzen überwiegt der induktive Anteil. Der Schwingkreis geht in einen R-L-Kreis über.

Hohe Frequenzen $f \to \infty$

$$U = (R + \mathrm{j}\omega L)\, \underline{I} = Z\, \mathrm{e}^{\mathrm{j}\varphi}\, \underline{I}$$

$$\varphi \to +90°$$

Aufgabe 3.1

Bestimmen Sie für einen Reihenschwingkreis, der auf $f_0 = 100$ Hz abgestimmt ist, die Impedanz Z nach Betrag und Winkel und zeichnen Sie die Funktionen $Z(f)$, $Y(f)$ und $\varphi\ (f)$ für den Bereich $f = 0$ Hz…300 Hz!

$R = 1\ \Omega$ $X_L\ (50\ \text{Hz}) = 2\ \Omega$

Der Verlauf der Funktion, die in der Aufgabe für den Reihenschwingkreis nach Bild 3.1a ermittelt wurde, ist in **Bild 3.2** dargestellt.

Die Impedanz ist bei niedriger Frequenz groß, weil der Kondensator blockt. Auch bei hoher Frequenz ist sie groß, weil die Drosselspule blockt. Bei der Resonanzfrequenz erreicht die Impedanz ihr Minimum. Der Verlauf des Impedanzwinkels beginnt bei $\varphi_Z = -90°$ (kapazitiv) für die Frequenz $f = 0$, wird zu $\varphi_Z = 0°$ bei Resonanz ($f = 100$ Hz) und endet bei $\varphi_Z = +90°$ (induktiv) für hohe Frequenzen ($f = \infty$). Dieses Ergebnis war nach der Diskussion der Gl. (3.1) auch zu erwarten. Der Betrag des Leitwerts hat das entgegengesetzte Verhalten $Y = 1/Z$. Demgemäß gilt für den Winkel des Leitwerts

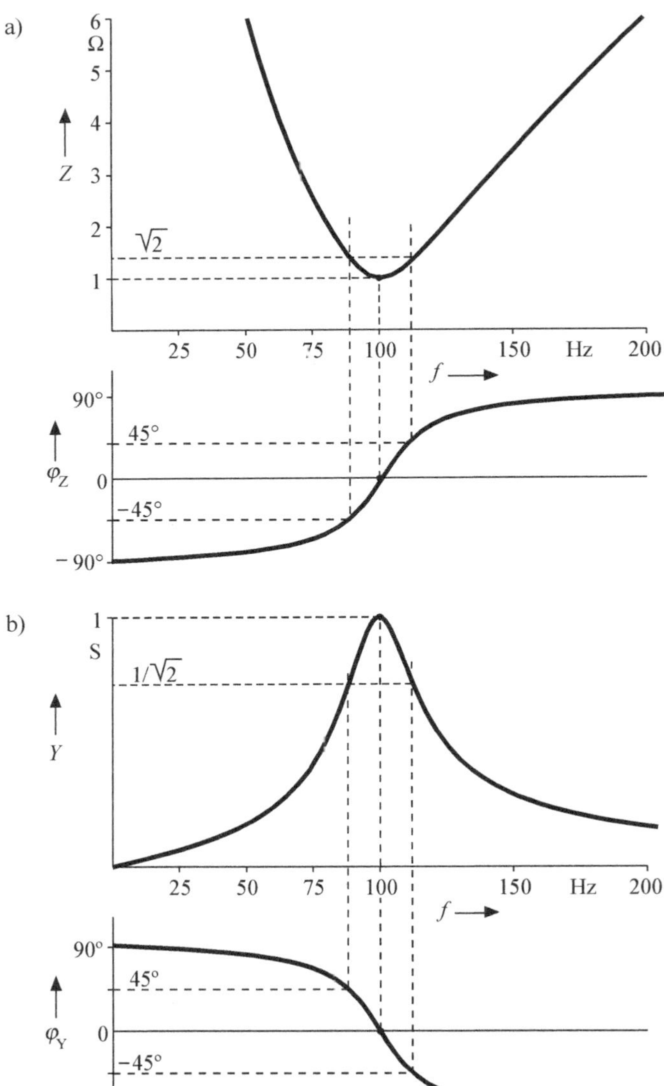

Bild 3.2 Verhalten eines Reihenschwingkreises

a) Impedanz

b) Admittanz

$\varphi_Y = -\varphi_Z$. Es ergibt sich **Bild 3.1b**. Das ist klar, sollte aber trotzdem einmal gesagt sein.

Wenn wir bei dem Reihenschwingkreis den Strom $\underline{I}$ als Eingang vorgeben und die Spannung $\underline{U}$ als Ausgang definieren, so ist die Impedanz $\underline{Z} = \underline{U}/\underline{I}$ die Übertragungsfunktion. Demnach handelt es sich um einen *Bandpass* im Bereich von 100 Hz. Geben wir die Spannung als Eingang vor und nehmen den Strom als Ausgang, so ist die Admittanz $\underline{Y}$ maßgebend. Es handelt sich dann um eine *Bandsperre*. Anstelle des Stroms kann man auch die Spannung am Widerstand des Ausgangssignals wählen.

Schließlich sei noch auf einen Zusammenhang hingewiesen, der auch aus Gl. (3.1) hervorgeht. Wenn in der Impedanz Real- und Imaginärteil gleich groß sind $\left(R = |X|\right)$, wird die Phasenverschiebung zwischen den beiden Signalen $\varphi = 45°$. Die Impedanz und die Admittanz haben den $\sqrt{2}$fachen Wert ihres Minimums bzw. den $1/\sqrt{2}$fachen Wert ihres Maximums. Die Frequenz, bei der dies auftritt, wird *Eckfrequenz* oder *Grenzfrequenz* f_k genannt. (Der Index k kommt von Knick.) Beim Bandpass bzw. der Bandsperre ist der Bereich zwischen den Eckfrequenzen die Bandbreite b_ω bzw. $b_f = b_\omega/(2\,\pi)$.

3.2 Parallelschwingkreise

Die Schaltung in Bild 3.1b wird durch eine Gleichung beschrieben, die dual zu Gl. (3.1) aufgebaut ist.

$$
\begin{aligned}
\underline{I} &= G\,\underline{U} + \mathrm{j}\omega\,C\,\underline{U} + \frac{1}{\mathrm{j}\omega L}\,\underline{U} \\
&= G\,\underline{U} + \mathrm{j}\,B_C\,\underline{U} - \mathrm{j}\,B_L\,\underline{U} = G + \mathrm{j}\left(B_C - B_L\right)\underline{U} = \left(G + \mathrm{j}B\right)\underline{U} = \underline{Y}\,\underline{U}
\end{aligned}
\tag{3.3}
$$

Hierbei sind B_C und B_L positiv. Der Blindleitwert B wird positiv, wenn der kapazitive Anteil überwiegt ($B_C > B_L$). Dies ist bei hohen Frequenzen der Fall.

Das zugehörige Zeigerbild ist ebenfalls in Bild 3.1b dargestellt. Der Strom durch den Widerstand wird relativ klein. Die Ströme durch den Kondensator C und die Spule L sind nahezu gleich groß, aber entgegengerichtet. Der Leitwert des Kondensators ist etwas größer als der der Spule, sodass der kapazitive Anteil überwiegt ($B > 0$) und der Strom der Spannung voreilt.

Bei entsprechenden Zahlenwerten erhalten wir für die Admittanz $\underline{Y}_P$ der Parallelschaltung denselben Verlauf wie für die Impedanz $\underline{Z}_S$ einer

Reihenschaltung. Bestimmen Sie die Elemente R, L, C der Parallelschaltung so, dass sich die duale Funktion zu Bild 3.2 ergibt! Wenn Sie jetzt sagen: „Alles olle Kamellen“, sind Sie gut oder ein … Wenn Ihnen alles neu ist, haben Sie vorher nicht gründlich genug gearbeitet.

3.3 Kenngrößen von Schwingkreisen im stationären Zustand

Ich beschränke mich in diesem Abschnitt auf die Kenngrößen im stationären Betrieb. Sie gelten für die Impedanz Z_S des Serienschwingkreises nach Gl. (3.1) und die Admittanz Y_P des Parallelschwingkreises nach Gl. (3.3).

$$Z_S = \sqrt{R_S^2 + \left(\omega L_S - \frac{1}{\omega C_S}\right)^2}$$

$$Y_P = \sqrt{G_P^2 + \left(\omega C_P - \frac{1}{\omega L_P}\right)^2} \qquad (3.4)$$

Es werden einige Abkürzungen eingeführt.

Kenngrößen von Serien- und Parallelschwingkreisen

$L = L_S = L_P$	$C = C_S = C_P$
Kennkreisfrequenz	$\omega_0 = \frac{1}{\sqrt{L\,C}}$
Kennfrequenz	$f_0 = \frac{\omega_0}{2\,\pi}$ (3.5)
Resonanzfrequenz	$f_r = f_0$
Relative Frequenz	$\Omega = \frac{\omega}{\omega_0} = \frac{f}{f_0}$
Verstimmung	$\varepsilon = \frac{1}{2}\left(\frac{\omega}{\omega_0} - \frac{\omega_0}{\omega}\right) = \frac{1}{2}\left(\Omega - \frac{1}{\Omega}\right)$
Kennimpedanz; Kennwiderstand	$Z_0 = R_0 = \sqrt{\frac{L}{C}}$

Gütefaktor	$Q = \dfrac{Z_0}{R}$
Grenzfrequenz; Eckfrequenz; Knickfrequenz	$f_k = \dfrac{f_0}{2\,Q} = \left[\sqrt{4\,Q^2 + 1} \pm 1\right]$
Bandbreite	$b_\omega = \dfrac{\omega_0}{Q}$
	$b_f = \dfrac{b_\omega}{2\,\pi} = \dfrac{f_0}{Q}$

Daraus folgt:

$$X_L - X_C = \omega\,L - \frac{1}{\omega\,C} = \omega\,\frac{Z_0}{\omega_0} - \frac{Z_0\,\omega_0}{\omega} = Z_0\left(\Omega - \frac{1}{\Omega}\right) = 2\,Z_0\,\varepsilon$$

$$Z = \sqrt{R^2 + Z_0^2\left(\Omega - \frac{1}{\Omega}\right)^2} = \sqrt{R^2 + (2\,Z_0\,\varepsilon)^2} \tag{3.6}$$

$$\underline{Z} = R + \mathrm{j}\,Z_0\left(\Omega - \frac{1}{\Omega}\right) = R + \mathrm{j}\,Z_0 \cdot 2\,\varepsilon$$

Das Minimum der Impedanz in Gl. (3.6) erhalten wir auch, wenn das Argument der Wurzel ein Minimum ist, also bei $\varepsilon = 0$. Es geht aber auch mathematisch.

$$\frac{\mathrm{d}Z^2}{\mathrm{d}\Omega} = 0 + Z_0^2\,2\left(\Omega - \frac{1}{\Omega}\right)\left(1 + \frac{1}{\Omega^2}\right) \overset{!}{=} 0$$

$$\left(\Omega - \frac{1}{\Omega}\right)\left(1 + \frac{1}{\Omega^2}\right) = \Omega + \frac{1}{\Omega} - \frac{1}{\Omega} - \frac{1}{\Omega^3} = 0$$

$$1 = \frac{1}{\Omega^2} \qquad \Omega = 1 \qquad \varepsilon = 0 \qquad \omega = \omega_0$$

Haben Sie das gedacht? Ja, denn Sie haben dies vorher ausgerechnet. Die Aussage $\Omega = 1$ bedeutet, dass bei Anregung mit der Resonanzfrequenz die Impedanz am kleinsten ist, also Resonanz herrscht. Wenn die Verstimmung ε gering ist, lässt sich Gl. (3.6) vereinfachen. Dabei wird folgende Näherungsformel verwendet

$$\sqrt{1+x^2} \approx 1+\frac{x^2}{2} \qquad x \ll 1$$

$$Z = R\sqrt{1+\left(\frac{2\,Z_0\,\varepsilon}{R}\right)^2} = R\left(1+2\,Q^2\,\varepsilon^2\right) \tag{3.7}$$

Die Impedanz ist demnach symmetrisch zum Resonanzpunkt und wächst – ausgehend vom Minimalwert – quadratisch an.

Eine analoge Definition der Eckfrequenz in Abschnitt 1.4 wenden wir auf den Bandpass an.

Als Grenzbedingungen für den Winkel und den Betrag gilt nach Gl. (3.6)

$$\tan\varphi_\mathrm{k} = \frac{Z_0 \cdot 2\,\varepsilon}{R} = Q\left(\Omega - \frac{1}{\Omega}\right) \stackrel{!}{=} 1$$

$$Z_\mathrm{k}^2 = R^2 + \left(2\,Z_0\,\varepsilon\right)^2 = R^2 + Z_0^2\left(\Omega - \frac{1}{\Omega}\right)^2 \stackrel{!}{=} 2\,R^2$$

Beide Ausdrücke führen zu derselben Bestimmungsgleichung.

$$\Omega_\mathrm{k}^2 - \frac{1}{Q}\,\Omega_\mathrm{k} - 1 = 0$$

$$\Omega_\mathrm{k} = \frac{1}{2\,Q} \pm \sqrt{\frac{1}{4\,Q^2}+1}$$

Das negative Vorzeichen der Wurzel führt zu einer negativen relativen Frequenz $\boldsymbol{\Omega}_\mathrm{k}$, sodass nur die positive Lösung $\boldsymbol{\Omega}_\mathrm{k} < 1$ von Interesse ist.

$$\Omega_1 = \frac{1}{2\,Q} + \sqrt{\frac{1}{4\,Q^2}+1} = \frac{1}{2\,Q}\left(\sqrt{4\,Q^2+1}+1\right)$$

Dies ist der Bereich, in dem die Induktivität überwiegt. Für den kapazitiven Bereich gilt $\tan\varphi_\mathrm{k} = -1$. Dieser Ansatz führt zu der Lösung

$$\Omega_2 = -\frac{1}{2\,Q} + \sqrt{\frac{1}{4\,Q^2}+1} = \frac{1}{2\,Q}\left(\sqrt{4\,Q^2+1}-1\right) \tag{3.8}$$

Damit ergeben sich $\omega_1 = \boldsymbol{\Omega}_1\,\omega_0$ und $\omega_2 = \boldsymbol{\Omega}_2\,\omega_0$ als Grenzkreisfrequenzen des Bandpasses.

Die Differenz zwischen beiden Grenzfrequenzen liefert die *Bandbreite b*.

$$\Delta\Omega = \Omega_1 - \Omega_2 = \frac{1}{Q}$$

$$b_\omega = \Delta\Omega\,\omega_0 = \frac{\omega_0}{Q} \qquad b_\mathrm{f} = \frac{f_0}{Q} \tag{3.9}$$

Beispiel 3.1

Für die Zahlenwerte der letzten Aufgabe werden die Kenngrößen der Gln. (3.5) berechnet.

$R = 1\,\Omega \qquad L = 6{,}37\ \mathrm{mH} \qquad C = 400\ \mu\mathrm{F}$

$$\omega_0 = \frac{1}{\sqrt{L\,C}} = \frac{\mathrm{s}^{-1}}{\sqrt{0{,}00637 \cdot 400 \cdot 10^{-6}}} = 628\ \mathrm{s}^{-1}$$

$$f_0 = \frac{\omega_0}{2\,\pi} = 100\ \mathrm{Hz}$$

$$R_0 = Z_0 = \sqrt{\frac{L}{C}} = \sqrt{\frac{0{,}00637}{400 \cdot 10^{-6}}}\ \Omega = 4\ \Omega$$

Die Kennimpedanz ist gleich den Reaktanzen von Kondensator und Spule bei Kennfrequenz.

$$Q = \frac{Z_0}{R} = \frac{4}{1} = 4$$

$$f_\mathrm{k} = \frac{f_0}{2\,Q}\left[\sqrt{4\,Q^2 + 1} \pm 1\right] = \frac{100}{2 \cdot 4}\left[\sqrt{4 \cdot 4^2 + 1} \pm 1\right]$$

$$f_{\mathrm{k}1} = 113\ \mathrm{Hz}$$

$$f_{\mathrm{k}2} = 88\ \mathrm{Hz}$$

$$b_\mathrm{f} = f_{\mathrm{k}1} - f_{\mathrm{k}2} = 113\ \mathrm{Hz} - 88\ \mathrm{Hz} = 25\ \mathrm{Hz}$$

oder

$$b_\omega = \frac{\omega_0}{Q} = \frac{628}{4}\,\mathrm{s}^{-1} = 157\ \mathrm{s}^{-1}$$

$$b_\mathrm{f} = \frac{b_\omega}{2\,\pi} = \frac{157}{6{,}28}\,\mathrm{Hz} = 25\ \mathrm{Hz}$$

Bei Parallel- und Serienschwingkreisen hat das Verhältnis von Spannung zu Strom ein Extremum, wenn die anregende Frequenz gleich der Kennfrequenz ist ($f = f_0$). Wir wollen nun die Maxima der Spannungen an der Kapazität und der Induktivität des Serienkreises bestimmen. Die technische Bedeutung dieses Zusammenhangs ist nicht sehr groß, aber als Übung ist die Lösung des Problems doch interessant.

■ ***Beispiel 3.2***

In **Bild 3.3a** ist ein Serienresonanzkreis gegeben. Für ihn bestimmen wir das Verhältnis der Spannungen.

$$V_R = \frac{U_R}{U} \qquad V_C = \frac{U_C}{U} \qquad V_L = \frac{U_L}{U}$$

a)

$\underline{I}$ $\underline{U}_R$ $\underline{U}_L$ $\underline{U}_C$ R L C $\underline{U}$

b)

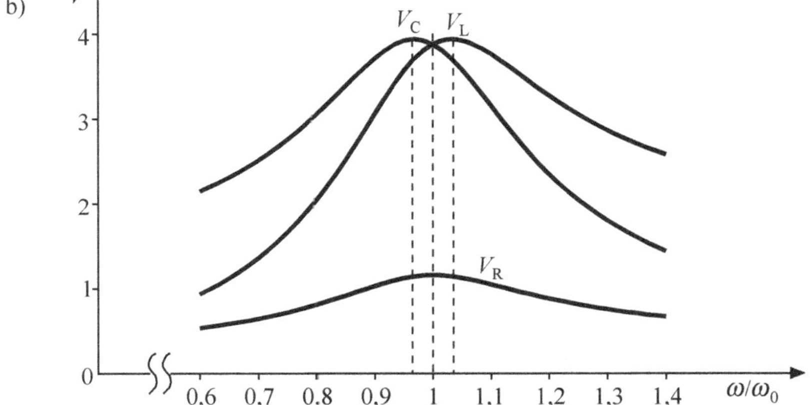

Bild 3.3 Signalverhalten eines Bandpasses

a) Schaltbild

b) Verstärkungsfaktoren

Dabei legen wir die Zahlenwerte aus der letzten Aufgabe zugrunde, die wir auch im vorherigen Beispiel verwendet haben.

$R = 1\,\Omega \qquad L = 6{,}3662\text{ mH} \qquad C = 397{,}89\,\mu\text{F}$

Weshalb ich hier bei den Zahlenwerten so genau bin, wird sich noch zeigen.

Für die Spannungsverhältnisse ergibt sich

$$V_\text{R} = \frac{R\,I}{U} = \frac{R}{\sqrt{R^2 + \left(\omega\,L - \frac{1}{\omega\,C}\right)^2}} \tag{3.10}$$

$$V_\text{C} = \frac{I}{U \cdot \omega\,C} = \frac{\frac{1}{\omega\,C}}{\sqrt{R^2 + \left(\omega\,L - \frac{1}{\omega\,C}\right)^2}} \tag{3.11}$$

$$V_\text{L} = \frac{\omega\,L\,I}{U} = \frac{\omega\,L}{\sqrt{R^2 + \left(\omega\,L - \frac{1}{\omega\,C}\right)^2}} \tag{3.12}$$

Bei Kennfrequenz gilt für $f = f_0$

$$V_\text{R} = 1$$

$$\begin{aligned} V_\text{C} &= \frac{\frac{1}{\omega_0\,C}}{R} = \frac{\sqrt{L\,C}}{R\,C} = \frac{R_0}{R} \\ V_\text{L} &= \frac{\omega_0\,L}{R} = \frac{L}{R\sqrt{L\,C}} = \frac{R_0}{R} \end{aligned} \tag{3.13}$$

> Um eine große Überhöhung der Spannungen an Kondensator und Spule zu erhalten, muss der Ohm'sche Widerstand R klein und der Kennwiderstand R_0 groß sein.

Wir bestimmen als Erstes die Kennfrequenz f_0 und den Kennwiderstand R_0, die wir aus dem letzten Beispiel schon kennen.

$$\omega_0 = \frac{1}{\sqrt{L\,C}} = 628{,}32\ \text{s}^{-1}$$

$$f_0 = 100\ \text{Hz}$$

$$R_0 = \sqrt{\frac{L}{C}} = 4\ \Omega$$

Den Maximalwert der Spannung am Widerstand erhalten wir genau bei der Frequenz, bei der der Strom ein Minimum aufweist. Diesen haben wir aber schon einmal berechnet, und zwar ganz am Anfang des Abschnitts. Sie erinnern sich an die triviale Rechnung?

$$\omega_{\text{rR}} = \omega_0 = 628{,}32\ \text{s}^{-1} \tag{3.14}$$

Nun nehmen wir uns die Kapazität vor und differenzieren Gl. (3.11).

$$\frac{\mathrm{d}\,V_{\mathrm{C}}}{\mathrm{d}\,\omega} = -\frac{1}{\omega^2 C}\cdot\frac{1}{\sqrt{\bullet}} + \frac{1}{\omega\,C}\,\frac{-\frac{1}{2}}{\left(\sqrt{\bullet}\right)^3}\cdot 2\left(\omega L - \frac{1}{\omega\,C}\right)\left(L + \frac{1}{\omega^2 C}\right) \stackrel{!}{=} 0$$

Der Punkt unter der Wurzel steht für den länglichen Wurzelausdruck in Gl. (3.11).

$$\frac{1}{\omega}\left(\sqrt{\bullet}\right)^2 = -\left(\omega\,L - \frac{1}{\omega\,C}\right)\left(L + \frac{1}{\omega^2 C}\right)$$

$$R^2 + \left(\omega\,L - \frac{1}{\omega\,C}\right)^2 = \left(-\omega\,L + \frac{1}{\omega\,C}\right)\left(\omega\,L + \frac{1}{\omega\,C}\right)$$

$$R^2 + (\omega\,L)^2 - 2\,\frac{L}{C} = -(\omega\,L)^2$$

$$\omega^2 = -\frac{R^2}{2\,L^2} + \frac{1}{L\,C}$$

Es werden zwei neue Größen eingeführt.

$$\delta = \frac{R}{2\,L} \qquad \vartheta = \frac{\delta}{\omega_0}$$

Damit folgt für das Maximum der Spannungen am Kondensator die Resonanzkreisfrequenz

$$\omega^2 = \omega_{rC} = \omega_0^2 - 2\,\delta^2$$

$$\omega_{rC} = \omega_0\,\sqrt{1-2\,\vartheta^2} \approx \omega_0\left(1-\vartheta^2\right) \approx \omega_0 \qquad (3.15)$$

Die Näherungen in Gl. (3.15) gelten für die häufig auftretenden Fälle $\vartheta \ll 1$.

$$\vartheta = \frac{R}{2\,L}\cdot\sqrt{L\,C} = \frac{1}{2}\,\frac{R}{R_0} \ll 1$$

Mit den vorgegebenen Zahlen ergibt sich

$$\vartheta = \frac{1}{2}\cdot\frac{1}{4} = \frac{1}{8} = 0{,}125$$

$$\omega_{rC} = \omega_0\,\sqrt{1-2\,\vartheta^2} = \omega_0\cdot 0{,}98425 = 618{,}42\ \mathrm{s}^{-1}$$

$$\omega_{rC} \approx \omega_0\left(1-\vartheta^2\right) = \omega_0\cdot 0{,}98438 = 618{,}50\ \mathrm{s}^{-1}$$

In Gl. (3.11) eingesetzt, erhalten wir die maximale Verstärkung bzw. Resonanzverstärkung.

$$V_{rC} = \frac{4{,}0640}{1{,}0080} = 4{,}0316$$

$$V_{rC} \approx \frac{R_0}{R} = 4$$

Ob das wirklich das Maximum ist? Wir haben zwar Vertrauen in die Mathematik, sind uns aber der eigenen Unzulänglichkeit bewusst. Deshalb rechnen wir das Verhältnis V_C für eine etwas größere Frequenz f_1 und eine etwas kleinere Frequenz f_2 aus. Die Abweichungen $(f_1 - f_{rC})$ und $(f_{rC} - f_2)$ müssen klein sein, insbesondere kleiner als der Abstand zur Kennfrequenz f_0. Sie müssen aber auch größer sein als die letzte führende Stelle. Wir wählen $\Delta\omega = \pm 1\ \mathrm{s}^{-1}$.

$$\omega_1 = 619{,}42\ \mathrm{s}^{-1}$$

$$V_{C1} = \frac{4{,}0574}{1{,}00649} = 4{,}0313$$

$$\Delta V_{C1} = V_{C1} - V_{rC} = -0{,}0003$$

$$\omega_2 = 617{,}42\ \mathrm{s}^{-1}$$

$$V_{C2} = \frac{4{,}0706}{1{,}0098} = 4{,}0313$$

$$\Delta V_{C2} = V_{C2} - V_{rC} = -0{,}0003$$

Zu beiden Seiten des Maximums sind die Spannungen wie erhofft kleiner. Da wir die Frequenz symmetrisch zur Mitte nach beiden Seiten gleich viel verändert haben, sind die beiden Abweichungen ΔV_{C1} und ΔV_{C2} auch gleich groß. Dies ist eine zusätzliche Kontrolle.

Wir wenden uns jetzt Gl. (3.12) zu.

$$\frac{\mathrm{d}\, V_L}{\mathrm{d}\,\omega} = L \cdot \frac{1}{\sqrt{\bullet}} + \omega\, L \frac{-\frac{1}{2}}{\left(\sqrt{\bullet}\right)^3} \cdot 2\left(\omega\, L - \frac{1}{\omega\, C}\right)\left(L + \frac{1}{\omega^2\, C}\right) \overset{!}{=} 0$$

$$\left(\sqrt{\bullet}\right)^2 = \left(\omega\, L - \frac{1}{\omega\, C}\right)\left(\omega\, L + \frac{1}{\omega\, C}\right)$$

$$R^2 + \left(\omega\, L - \frac{1}{\omega\, C}\right)^2 = (\omega\, L)^2 - \left(\frac{1}{\omega\, C}\right)^2$$

$$\frac{1}{\omega^2} = -\frac{R^2\, C^2}{2} + L\, C = -\frac{R^2}{2\, L^2\, \omega_0^4} + \frac{1}{\omega_0^2} = -\frac{2\,\delta^2}{\omega_0^4} + \frac{1}{\omega_0^2} = \frac{1}{\omega_0^2} - \frac{2\,\vartheta^2}{\omega_0^2}$$

$$\omega_{rL} = \frac{\omega_0}{\sqrt{1 - 2\,\vartheta^2}} \approx \omega_0\,\sqrt{1 + 2\,\vartheta^2} \approx \omega_0\left(1 + \vartheta^2\right) \tag{3.16}$$

$$\omega_{rL} = \omega_0 \cdot 1{,}0160 = 638{,}37\ \mathrm{s}^{-1}$$

$$\omega_{rL} \approx \omega_0\left(1 + \vartheta^2\right) = \omega_0 \cdot 1{,}0156 = 638{,}14\ \mathrm{s}^{-1}$$

$$V_{rL} = \frac{4{,}064}{1{,}0080} = 4{,}0316$$

$$V_{rL} \approx \frac{R_0}{R} = 4$$

Die Abweichung der beiden Frequenzen f_L und f_C von der Kennfrequenz f_0 müsste im Betrag etwa gleich sein.

$$\omega_{rC} - \omega_0 = -9{,}9\,s^{-1}$$

$$\omega_{rL} - \omega_0 = 10{,}1\,s^{-1}$$

Dies war ein langes Beispiel. Das Ergebnis wollen wir in **Bild 3.3b** zusammenfassen.

Verstärkungsfaktoren bei der Kennfrequenz

Betrachten wir die Spannung U an einem Serienkreis als Eingang und die Spannung an einem der Elemente U_R, U_C, U_L als Ausgang, so wird das Verhältnis von Ausgangs- zu Eingangsspannung *Verstärkung* V oder Verstärkungsfaktor genannt. Die Frequenz, bei der die Verstärkung am größten bzw. kleinsten ist, wird *Resonanzfrequenz* f_r genannt. Ist der Schwingkreis so ausgelegt, dass sich große bzw. kleine Verstärkungsfaktoren V_{rC}, V_{rL} ergeben ($R_0 \gg R$), so liegt die Resonanzfrequenz in der Nähe der *Kennfrequenz* f_0. Für den Widerstand, die Induktivität und die Kapazität ergeben sich bei der Kennfrequenz f_0 die Verstärkungsfaktoren

$$\omega_{rR} = \omega_0$$

$$V_{rR} = 1$$

$$\omega_{rC}^2 = \omega_0^2 - 2\,\delta^2$$

$$\omega_{rL}^2 = \omega_0^2 + 2\,\delta^2 \quad \text{mit} \quad \delta = \frac{R}{2\,L}$$

$$V_{rC} \approx V_{rL} = \frac{R_0}{R}$$

Ich habe das Kapitel mit den mechanischen Schwingkreisen begonnen und dabei die Eigenfrequenz f_d und die Kennfrequenz f_0 eingeführt. Diese beiden werden im nächsten Abschnitt auch für die elektrischen Schwingkreise abgeleitet. In diesem Abschnitt ging es um das Verhalten von elektrischen Schwingkreisen bei einer Frequenz. Hierbei gab es einige typische Frequenzen, die ich am Reihen- und Parallelschwingkreis erläutert habe. Dies sind Sonderfälle. Ich will nun einige Aussagen treffen, die allgemein für schwingungsfähige L-R-C-Kreise gelten. Verschiedene Definitionen werde ich erst im nächsten Abschnitt erläutern.

Bild 3.4 Leistungsschalter 420 kV, 40 kA in einer Freiluftschaltanlage [Quelle: Siemens]

Ein schwingungsfähiges System hat eine oder mehrere Kennfrequenzen f_0, das sind die Frequenzen, mit denen das System schwingt, wenn keine Widerstände vorhanden sind. Wird ein solches ideales System mit diesen Frequenzen angeregt, so werden die Schwingungsamplituden an den einzelnen Elementen null oder unendlich. Für einen L-C-Kreis gilt

$$\omega_0 = \frac{1}{\sqrt{L\,C}}$$

Sind Widerstände im Kreis vorhanden, handelt es sich um einen verlustbehafteten Schwingkreis. Dieser schwingt nach einer Anregung mit den Eigenfrequenzen f_d, die in der Nähe der Kennfrequenz liegen. Für sie gilt beim R-L-C-Serienkreis:

Abklingkoeffizienten $\delta = \dfrac{R}{2\,L}$

Dämpfungsgrad $\vartheta = \dfrac{\delta}{\omega_0}$

Eigenkreisfrequenz $\omega_d = \omega_0 \sqrt{1-\vartheta^2}$

Eigenfrequenz $f_d = f_0 \sqrt{1-\vartheta^2}$

Wird der verlustbehaftete Schwingkreis mit einer Systemgröße angeregt, so spricht man von erzwungenen Schwingungen. Anregende Größe kann eine Spannung U_e oder ein eingespeister Strom I_e an zwei Klemmen der Schaltung sein (e von Eingang).

Eine gemessene Größe wird als Ausgang bezeichnet. Diese kann ebenfalls ein Strom I_a oder eine Spannung U_a sein. Das Verhältnis von Ausgangsgröße zu Eingangsgröße kann demnach eine Impedanz $\underline{Z} = \underline{U}_a/\underline{I}_e$, eine Admittanz $\underline{Y} = \underline{I}_a/\underline{U}_e$ oder ein Verstärkungsfaktor $\underline{V}_U = \underline{U}_a/\underline{U}_e$ bzw. $\underline{V}_I = \underline{I}_a/\underline{I}_e$ sein.

Die Frequenz, bei der die Beträge der Verhältnisse $\underline{Z}$; $\underline{Y}$; $\underline{V}_I$; $\underline{V}_U$ am größten bzw. kleinsten sind, heißen Resonanzfrequenz f_r.

Resonanzfrequenz

Die Kennfrequenz f_0 ist eine Kenngröße der elektrischen Schaltungen; die Resonanzfrequenz f_r ist bestimmten Systemgrößen des Kreises zugeordnet. Beim R-L-C-Kreis ist die Resonanzfrequenz der Reihen- oder Serien-Eingangsadmittanz $Y_e = I_e/U_e$ gleich der Kennfrequenz $f_r = f_0$. Beim Reihenschwingkreis wird die Eingangsadmittanz zum Maximum. Man spricht deshalb von der Gipfelfrequenz ($f_r \rightarrow f_g$). Dagegen wird die Eingangsimpedanz ein Minimum. Man spricht von der Talfrequenz ($f_r \rightarrow f_t$). Der Maximalwert der Spannung am Widerstand wird bei vorgegebener Spannung erreicht, wenn der Strom am größten ist. Dies ist bei minimaler Eingangsimpedanz der Fall.

$f_{rR} = f_0$

Die Frequenz, bei der die Spannung ihren Maximalwert erreicht, ergibt sich zu

$$f_{\mathrm{rC}} = f_0 \sqrt{1 - 2\,\vartheta^2}$$

Für die Spule ergibt sich

$$f_{\mathrm{rL}} = f_0 \sqrt{1 + 2\,\vartheta^2}$$

Bei der Resonanzfrequenz ist das Verhältnis von Ausgangs- zu Eingangsgrößen stets reell. Für die Resonanzfrequenz der Eingangsimpedanz bedeutet dies, dass in dem Schwingkreis die Summe der Blindleistung null ist.

Neben den reinen Reihen- und Parallelkreisen gibt es noch gemischte Kreise, z. B. eine Spule mit Serienwiderständen, die parallel zu einem Kondensator liegen. Dann ist die Eingangsimpedanz im Resonanzfall zwar maximal, aber nicht mehr reell.

Jetzt haben Sie schon so viel Text und Gleichungen durchgearbeitet. Dafür will ich Sie mit einem Bild belohnen. Das **Bild 3.4** zeigt einen Schalter. Einen? Nein drei, nein sechs. Die Anordnung ist für das 400-kV-Höchstspannungsnetz geeignet. Für jeden Leiter des dreiphasigen Drehstromsystems gibt es einen Schalterpol. Beachten Sie bitte die hohen Isolatoren. Auf jedem Schalterpol befinden sich zwei Schaltstrecken, die in Reihe geschaltet sind, weil eine Schaltstrecke die hohe Spannung, die beim Abschalten auftritt, nicht beherrscht. Im Bild rechts sind fünf dieser Dreier-Anordnungen zu sehen. Mit ihnen schaltet man fünf abgehende Leitungen.

3.4 Freie Einschwingvorgänge bei Schwingkreisen

Ich konzentriere mich auf den Reihenschwingkreis und betrachte in diesem Abschnitt den Kreis, wenn er kurzgeschlossen wird. Dabei steht der zeitliche Verlauf von Strom und Spannung am Anfang, gefolgt von Betrachtungen zur Energiebilanz. Abschließen möchte ich den Abschnitt mit einigen Bemerkungen zum Parallelschwingkreis.

3.4.1 Homogene Lösungen

Der Reihenschwingkreis nach Bild 3.3a wird im Zeitbereich durch eine Differentialgleichung beschrieben.

$$u = u_R + u_L + u_C = R\,i + L\frac{di}{dt} + \frac{1}{C}\int i\,dt$$

Um das Integral zu vermeiden, wird die Kondensatorspannung als Zustandsgröße eingeführt.

$$i = C\frac{du_C}{dt}$$

$$u = R\,C\frac{du_C}{dt} + L\,C\frac{d^2\,u_C}{dt^2} + u_C \qquad (3.17)$$

Dies ist eine Differentialgleichung zweiter Ordnung, sie enthält zwei Zustandsgrößen, nämlich die Kondensatorspannung u_C und ihre Ableitung du_C/dt. Sie ist linear, weil es keine nichtlinearen Zusammenhänge zwischen den Zustandsgrößen gibt. Eine nichtlineare Differentialgleichung würde z. B. u_C^2 oder $\sin u_C$ enthalten.

Die Differentialgleichung (3.17) ist mit dem Feder-Masse-System nach Gl. (2.5) zu vergleichen.

$$F = D\,\dot{x} + m\,\ddot{x} + C_F\,x \qquad (3.18)$$

Hier bieten sich Analogien an, z. B. $\left(L \mathrel{\hat{=}} m,\ R \mathrel{\hat{=}} D \text{ und } 1/C \mathrel{\hat{=}} C_F\right)$. Sie sind aber speziell auf den Reihenresonanzkreis beschränkt.

Um die Differentialgleichung (3.17) zu lösen, wird zunächst der homogene Teil behandelt.

$$0 = L\,C\frac{d^2\,u_C}{dt^2} + R\,C\frac{du_C}{dt} + u_C \qquad (3.19)$$

Diese Gleichung beschreibt den Schwingkreis in Bild 3.3a für den Fall, dass er kurzgeschlossen ist. Die Lösung der homogenen Differentialgleichung ist demnach bereits die vollständige Lösung für einen speziellen Fall.

Ich setze eine e-Funktion als Lösung an.

$$u_C = A\,e^{\lambda t}$$

$$0 = L\,C\,A\,\lambda^2\,e^{\lambda t} + R\,C\,A\,\lambda\,e^{\lambda t} + A\,e^{\lambda t}$$

$$L\,C\,\lambda^2 + R\,C\,\lambda + 1 = 0$$

$$\lambda_{1,2} = -\frac{R}{2\,L} \pm \sqrt{\left(\frac{R}{2\,L}\right)^2 - \frac{1}{L\,C}} \tag{3.20}$$

Wir können bei der Lösung einer quadratischen Gleichung drei Fälle unterscheiden.

a) Reelle Wurzeln

$$\left(\frac{R}{2\,L}\right)^2 > \frac{1}{L\,C}$$

Da die Werte von *R*, *L* und *C* positiv sind, werden beide Lösungen negativ. Wir erhalten demnach als Lösung zwei abklingende e-Funktionen, die sich überlagern.

$$u_C = A_1\,e^{\lambda_1 t} + A_2\,e^{\lambda_2 t} \qquad \lambda_1; \lambda_2 < 0 \tag{3.21}$$

Die Konstanten A_1 und A_2 sind durch die Integration entstanden und werden deshalb *Integrationskonstanten* genannt. Sie sind zunächst unbekannt.

Aus der Spannung am Kondensator ist der Strom zu berechnen.

$$i = C\frac{\mathrm{d}u_C}{\mathrm{d}t} = C\,\lambda_1\,A_1\,e^{\lambda_1 t} + C\,\lambda_2\,A_2\,e^{\lambda_2 t} \tag{3.22}$$

Die Werte λ_1 und λ_2 sind typisch für den Kreis und werden *Eigenwerte* genannt. Das wissen Sie. Sie wissen auch, dass die Spannung an dem Kondensator und der Strom durch die Spule nicht springen können, denn beide Größen sind aus der jeweils komplementären Größe durch Integration zu gewinnen.

$$u_C = \frac{1}{C}\int i\,\mathrm{d}t \qquad i = \frac{1}{L}\int u_L\,\mathrm{d}t$$

Solange der Integrand endlich bleibt, kann das Integral nicht springen. Wir nehmen nun an, dass zum Zeitpunkt $t = 0$ der Strom I_a fließt und am Kondensator die Spannung U_{Ca} anliegt. Für die Gln. (3.21) und (3.22) ergibt sich dann

$$\begin{aligned} U_{Ca} &= A_1 + A_2 \\ I_a &= \lambda_1\,A_1 + \lambda_2\,A_2 \end{aligned} \tag{3.23}$$

Daraus sind die beiden Konstanten A_1 und A_2 zu bestimmen, wenn die *Anfangsbedingungen* U_{Ca} und I_a bekannt sind. Die Zeitfunktionen (3.21) und (3.22) liegen jetzt fest.

Um uns das Leben zu erleichtern, gehen wir davon aus, dass vor der Schalthandlung (t ð 0) ein ausgeglichener Zustand herrscht. Wenn die Spannung $u = U_0$ lange Zeit anliegt, ergibt sich

$$u_C = U_{Ca} = U_0 \qquad\qquad i = 0$$

Zum Zeitpunkt $t = 0$ wird der Eingang kurzgeschlossen, die Spannung springt auf $u = 0$. Kurz danach ($t \to 0$) bleiben Kondensatorspannung $u_C = U_{Ca} = U_0$ und Spulenstrom $i = 0$ erhalten. Damit werden die Integrationskonstanten bestimmt.

$$U_{Ca} = A_1 + A_2 = I_a \qquad\qquad 0 = \lambda_1\, A_1 + \lambda_2\, A_2$$

$$U_{Ca} = A_1 - \frac{\lambda_1}{\lambda_2} A_1$$

$$A_1 = U_{Ca} \frac{\lambda_2}{\lambda_2 - \lambda_1} \qquad\qquad A_2 = U_{Ca} \frac{\lambda_1}{\lambda_1 - \lambda_2} \tag{3.24}$$

b) Komplexe Wurzeln

$$\left(\frac{R}{2\,L}\right)^2 < \frac{1}{L\,C}$$

Die Eigenwerte der Gl. (3.20) sind konjugiert komplex.

$$\underline{\lambda}_2 = \underline{\lambda}_1^*$$

$$\underline{\lambda}_{1,2} = -\frac{R}{2\,L} \pm \mathrm{j}\sqrt{\frac{1}{L\,C} - \left(\frac{R}{2\,L}\right)^2} \tag{3.25}$$

Nun führen wir einige Formelzeichen ein, die uns bereits beim mechanischen System in Abschnitt 2.2.1 begegnet sind.

Elektrischer Schwingkreis

Kennkreisfrequenz	$\omega_0 = \dfrac{1}{\sqrt{L\,C}}$	
Kennimpedanz; Kennwiderstand	$Z_0 = R_0 = \sqrt{\dfrac{L}{C}}$	
Abklingkoeffizient	$\delta = \dfrac{R}{2\,L}$	
Abklingzeit; Zeitkonstante	$\tau = \dfrac{1}{\delta}$	
Dämpfungsgrad	$\vartheta = \dfrac{\delta}{\omega_0}$	
Verlustfaktor	$d = 2\,\vartheta$	(3.26)
Eigenkreisfrequenz	$\omega_\mathrm{d} = \sqrt{\dfrac{1}{L\,C} - \left(\dfrac{R}{2\,L}\right)^2}$	
	$= \sqrt{\omega_0^2 - \delta^2} = \omega_0\,\sqrt{1-\vartheta^2}$	
Logarithmisches Dekrement	$\Lambda = 2\,\pi\,\vartheta$	

Die Bedeutung der Begriffe ergibt sich aus der folgenden Erläuterung.

In den Gln. (3.21) und (3.22) sind die Eigenwerte λ_1 und λ_2 sowie die Integrationskonstanten A_1 und A_2 reell. Wenn nun – wie im vorliegenden Fall – die Eigenwerte komplex sind, müssen auch komplexe Integrationskonstanten angesetzt werden. Letztere nennen wir nun $\underline{A}$ und $\underline{B}$.

$$\underline{A} = A_1 + \mathrm{j}\,A_2 \qquad \underline{B} = B_1 + \mathrm{j}\,B_2$$

$$u_\mathrm{C} = \underline{A}\,\mathrm{e}^{\underline{\lambda}_1 t} + \underline{B}\,\mathrm{e}^{\underline{\lambda}_2 t}$$

Beachten Sie, dass u_C nicht komplex ist, sondern reell.

Mit den neu eingeführten Größen in den Gln. (3.26) ergibt sich aus Gl. (3.25)

$$\underline{\lambda}_1 = -\delta + \mathrm{j}\,\omega_\mathrm{d}$$

$$\underline{\lambda}_2 = \underline{\lambda}_1^* = -\delta - \mathrm{j}\,\omega_\mathrm{d} \qquad (3.27)$$

$$u_C = \underline{A}\, e^{-\delta t}\, e^{j\omega_d t} + \underline{B}\, e^{-\delta t}\, e^{-j\omega_d t}$$

$$= e^{-\delta t}\left[\underline{A}\cos\omega_d t + j\,\underline{A}\sin\omega_d t + \underline{B}\cos\omega_d t - j\,\underline{B}\sin\omega_d t\right]$$

Nun werden die Real- und Imaginärteile sowie die Sinus- und Cosinusterme getrennt. Da die Kondensatorspannung u_C reell ist, müssen die Imaginärteile null sein.

$$u_C = e^{-\delta t}\left[(A_1 + B_1)\cos\omega_d t - (A_2 - B_2)\sin\omega_d t\right]$$

$$0 = e^{-\delta t}\left[(A_2 + B_2)\cos\omega_d t + (A_1 - B_1)\sin\omega_d t\right]$$

Diese Gleichungen müssen für jede Zeit t gelten. Damit folgen aus der zweiten Gleichung die Bedingungen

$$A_2 + B_2 = 0 \qquad A_1 - B_1 = 0 \tag{3.28}$$

$$u_C = e^{-\delta t}\left[2\,A_1\cos\omega_d t + 2\,B_2\sin\omega_d t\right]$$

$$= e^{-\delta t}\left[A\cos\omega_d t + B\sin\omega_d t\right] = D\,e^{-t/\tau}\sin(\omega_d t + \varphi) \tag{3.29}$$

mit

$$D = \sqrt{A^2 + B^2} \qquad \tan\varphi = \frac{A}{B}$$

Dabei sind die neu eingeführten Konstanten A und B nicht die Beträge der oben verwendeten komplexen Konstanten $\underline{A}$ und $\underline{B}$. Die Kondensatorspannung besteht nach Gl. (3.29) aus einem sinusförmigen Anteil, bei dem die Amplitude durch D und die Phasenlage durch φ festgelegt wird. Es ist selbstverständlich auch möglich, die Sinus- und Cosinus-Komponenten A und B zu verwenden. Die Amplitude der Sinusschwingung nimmt mit dem Abklingkoeffizienten δ bzw. der Abklingzeit τ exponentiell ab.

Nun wenden wir uns der Bestimmung der Integrationskonstanten A und B zu. Zunächst wird der Zeitverlauf des Stroms bestimmt.

$$i = C\frac{du_C}{dt} = -\delta\, C\, e^{-\delta t}\left[A\cos\omega_d t + B\sin\omega_d t\right]$$

$$+\omega_d\, C\, e^{-\delta t}\left[-A\sin\omega_d t + B\cos\omega_d t\right] \tag{3.30}$$

Für den Zeitpunkt $t = 0$ gilt

$$U_{Ca} = U_0 = U_a = A$$

$$I_a = 0 = -\delta\, C A + \omega_d\, C B = -\delta\, C U_0 + \omega_d\, C B$$

$$B = \frac{\delta}{\omega_d} U_0 \qquad (3.31)$$

Damit sind die Zeitfunktionen (3.29) und (3.30) bestimmt.

$$u_C = U_0\, e^{-\delta t} \left[\cos \omega_d t + \frac{\delta}{\omega_d} \sin \omega_d t\right] \qquad (3.32)$$

$$i = C\, e^{-\delta t} \left[(-\delta\, A + \omega_d\, B) \cos \omega_d t + (-\delta B - \omega_d\, A) \sin \omega_d t\right]$$

Gl. (3.31) liefert

$$-\delta A + \omega_d\, B = -\delta\, U_0 + \omega_d\, B = 0$$

$$-\delta B - \omega_d A = -\delta \frac{\delta}{\omega_d} U_0 - \omega_d\, U_0 = -\omega_d\, U_0 \left(1 + \frac{\delta^2}{\omega_d^2}\right)$$

$$i = -\omega_d\, C \left(1 + \frac{\delta^2}{\omega_d^2}\right) U_0\, e^{-\delta t} \sin \omega_d t \qquad (3.33)$$

Sie haben garantiert gemerkt, dass Sie das alles in ähnlicher Weise schon einmal gemacht haben. Ich hätte vorher darauf hinweisen können. Aber dann hätten Sie möglicherweise nicht so intensiv mitgearbeitet. Ich will, dass Sie die Zusammenhänge mit den Schwingkreisen verstehen. Deshalb zweimal!

Der Strom in Gl. (3.33) verläuft nach einem gedämpften Sinus. Das hätten Sie sich denken können, denn er kann bei $t = 0$ nicht springen. Die Spannung besteht aus Sinus- und Cosinus-Komponenten. Die Amplitude der gedämpften Schwingung ist außerdem größer als die ursprünglich angelegte Spannung U_0. Dies verwundert. Aber für die Zeit $t > 0$ nimmt die Spannung u_C niemals einen Wert an, der größer als U_0 ist. Der Wechselanteil ist fast ein Cosinus, weil δ/ω_d sehr klein ist. Er hat sein Maximum kurz vor $t = 0$. Schließlich sind Ströme und Spannungen am Kondensator U_C nicht um 90° verschoben. Dies entsteht durch das Abklingen.

Bei sehr schwach gedämpften Vorgängen vereinfachen sich die Gln. (3.32) und (3.33).

$$\delta \ll \omega_d$$

$$u_C = U_0 \, e^{-\delta t} \cos \omega_0 t$$

$$i = -\omega_0 \, C \, U_0 \, e^{-\delta t} \sin \omega_0 t = -I_1 \, e^{-\delta t} \sin \omega t \tag{3.34}$$

Die Anfangsamplitude des Stroms habe ich mit I_1 bezeichnet, um Verwechslungen mit dem Startwert $i\ (t = 0) = I_a$, der in unserem Fall ja null ist, zu vermeiden.

Aufgabe 3.2

Zeichnen Sie für die nun mehrfach verwendeten Zahlenwerte die Zeitfunktion nach Gl. (3.34)! Dabei wird aber der Widerstand um den Faktor 10 kleiner angesetzt.

$R = 0{,}1\ \Omega$ $\quad C = 400\ \mu\text{F}$ $\quad L = 6{,}37\ \text{mH}$ $\quad U_{Ca} = 5\ \text{V}$

Überlegen Sie sich bitte einen sinnvollen Maßstab!

Berechnen Sie schließlich das logarithmische Dekrement!

c) Doppelwurzel

$$\frac{R}{2\,L} = \frac{1}{\sqrt{L\,C}}; \qquad \delta = \omega_0$$

Dieser Fall stellt die Grenze zwischen gedämpfter Schwingung und monotonem Übergang dar und wird *aperiodischer Grenzfall* genannt. Aus dem bisher Gesagten folgt nur ein Wert für beide Eigenwerte.

$$\lambda = -\delta$$

$$u_C = A \, e^{\lambda t}$$

Als speziellen Fall der Doppelwurzel hatten wir in Abschnitt 2.2.1 noch eine zweite Lösung gefunden.

$$u_C = B \, t \, e^{\lambda t}$$

Die Überlagerung beider Lösungen liefert

$$u_C = \left(A + B\,t\right) e^{-\delta t} \tag{3.35}$$

3.4.2 Parallelschwingkreise

Die Differentialgleichung für einen Parallelschwingkreis lautet (**Bild 3.5a**)

$$i = i_\mathrm{R} + i_\mathrm{L} + i_\mathrm{C} = G\,u + \frac{1}{L}\int u\,\mathrm{d}t + C\,\frac{\mathrm{d}u}{\mathrm{d}t} \tag{3.36}$$

Die Analogie zum Serienschwingkreis ist unverkennbar. Dort habe ich die Spannung am Kondensator als Zustandsgröße eingeführt. Jetzt verwende ich den Strom durch die Spule.

$$u = L \cdot \frac{\mathrm{d}i_\mathrm{L}}{\mathrm{d}t}$$

$$i = G\,L\,\frac{\mathrm{d}i_\mathrm{L}}{\mathrm{d}t} + i_\mathrm{L} + L\,C\,\frac{\mathrm{d}^2\,i_\mathrm{L}}{\mathrm{d}t^2} \tag{3.37}$$

Die homogene Gleichung liefert die Eigenwerte

$$\lambda^2 + \frac{G}{C}\,\lambda + \frac{1}{L\,C} = 0$$

$$\frac{G}{2\,C} = \frac{1}{2\,R\,C} = \delta \qquad \frac{1}{L\,C} = \omega_0^2$$

$$\lambda^2 + 2\,\delta\,\lambda + \omega_0^2 = 0$$

$$\lambda = -\delta \pm \sqrt{\delta^2 - \omega_0^2} \tag{3.38}$$

Dies war auch der Ausdruck, der sich beim Serienschwingkreis ergab. Anfangswerte beim Parallelschwingkreis sind wie beim Serienkreis die Spannung am Kondensator und der Strom durch die Spule. Im stationären Zustand muss die Spannung null sein ($U = U_\mathrm{a} = 0$). Warum? Es gibt nur einen Strom, der vollständig durch die Spule fließt ($I = I_\mathrm{a}$). Wird jedoch während eines Ausgleichsvorgangs, bei dem $\mathrm{d}i/\mathrm{d}t$ nicht null ist, der Schwingkreis beispielsweise durch Öffnen des Schalters zum Zeitpunkt $t = 0$ (**Bild 3.5b**) sich selbst überlassen, so können U_a und I_a von null verschieden sein. Mehr will ich zum Parallelschwingkreis nicht sagen. Da aber dadurch der Abschnitt sehr kurz ist, habe ich mir eine Aufgabe ausgedacht.

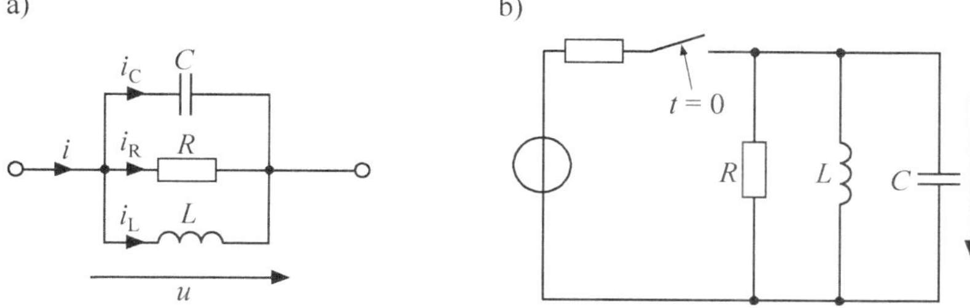

Bild 3.5 Parallelschwingkreis
a) Zweipol
b) Schaltung mit Spannungsquelle

Aufgabe 3.3

Es sind folgende Daten für einen Parallelschwingkreis gegeben:

$R = 1\ \text{k}\Omega$ $L = 1\ \text{mH}$ $C = 1\ \mu\text{F}$ $I_{La} = 1\ \text{A}$

Berechnen Sie die Kenngrößen des Kreises und näherungsweise die Zeitfunktion der Spannung und der Ströme ($\delta \ll \omega_0$)! Bestimmen Sie, wenn Sie sich stark fühlen, den zeitlichen Verlauf der Leistung in Widerstand, Spule und Kondensator!

Dabei ist wichtig, dass Sie wirklich von der Bedingung $R \gg R_0$ Gebrauch machen, sonst rechnen Sie sich tot. Nach der Lösung dieser Aufgabe berechne ich im Lösungsteil noch die Energie für die einzelnen Betriebsmittel. Den Rechenweg sollten Sie nachvollziehen.

Ich komme auf das „Warum“ von oben zurück. Wäre die Spannung am Parallelschwingkreis stationär nicht null, würde der Strom durch die Spule linear gegen unendlich ansteigen.

3.4.3 Energie im Schwingkreis

In der letzten Aufgabe haben Sie für einen Parallelschwingkreis die Zeitverläufe der Ströme und der Spannung berechnet (**Bild 3.6a**). Die Ströme in Spule und Kondensator haben annähernd dieselbe Amplitude, sind aber um 180° zueinander verschoben, sodass sie sich fast aufheben. Der Strom durch den Widerstand ist viel kleiner als die beiden anderen. Dies macht sich auch im Verlauf der Leistung bemerkbar.

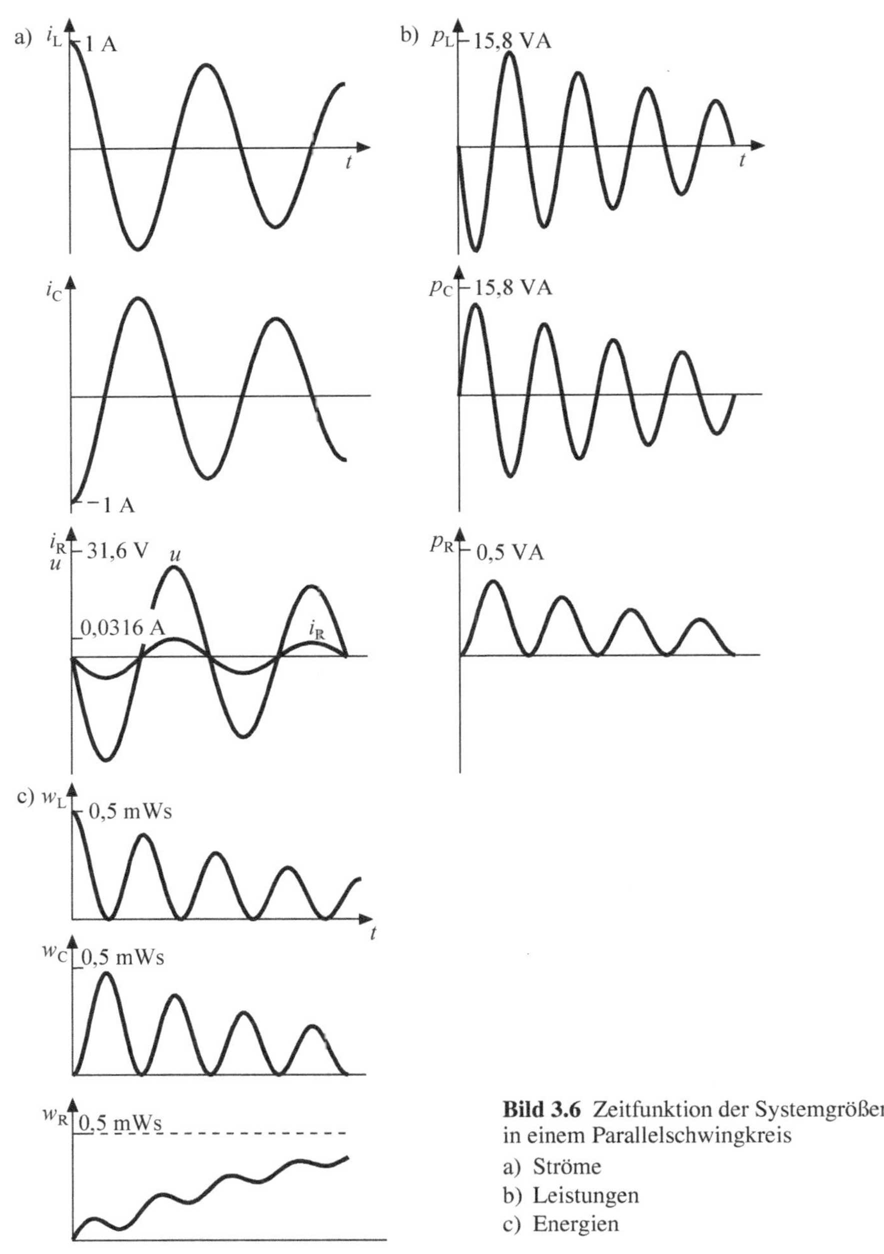

Bild 3.6 Zeitfunktion der Systemgrößen in einem Parallelschwingkreis

a) Ströme

b) Leistungen

c) Energien

Zwischen Spule und Kondensator schwingt die Leistung hin und her. Dabei ist die gesamte Energie einmal vollständig in der Spule und einmal vollständig in dem Kondensator (**Bild 3.6b**). Da ständig ein Strom durch den Widerstand fließt, wird dem Schwingkreis Energie entzogen, bis sich als stationärer Zustand für alle Ströme und Spannung der Wert null einstellt.

Aufgabe 3.4

Es sind die Leistungen und der Energieaustausch für den Ausgleichsvorgang zu berechnen, der in der letzten Aufgabe behandelt wurde. Diese Aufgabe geht über den Rahmen der Grundlagen hinaus. Ich will in ihr die vorherige Aufgabe exakt behandeln. Ich, nicht Sie! Wenn Sie Interesse haben, vollziehen Sie die Lösung nach! Sie üben dabei das Integrieren. Wenn Sie kein Interesse haben, überspringen Sie die Aufgabe!

Ich will nun das Ergebnis der Aufgaben zusammenstellen. Auch wenn Sie die Aufgabe nicht gerechnet haben, ist der folgende Text wichtig. Er beschreibt die Entladung eines Schwingkreises.

Im stationären Zustand fließt in den Parallelschwingkreis nach Bild 3.5b der Strom I_0 durch die Spule L. Da der Strom konstant ist, liegt keine Spannung an ($U_0 = 0$). Darum sind Widerstand und Kondensator stromlos. Beim Abschalten des Schwingkreises gelten die Anfangswerte

$t = 0$:

$i_L = I_{La} = I_0$

$u = 0 \qquad i_C = i_R = 0$

Wenn der Ohm'sche Widerstand groß ist, fließt nach dem Öffnen des Schalters der Strom i_L zunächst über die Kapazität $i_C \approx -i_L$. Die anfänglich im Magnetfeld der Spule gespeicherte Energie nimmt mit dem Strom ab und geht in die elektrische Energie des Felds im Kondensator über. Für den ungedämpften Fall gilt

$$\frac{1}{2} L I_a^2 = \frac{1}{2} C \hat{u}^2 \qquad (3.39)$$

Nachdem die Spannung am Kondensator ihr Maximum erreicht hat, steigt der Strom in der Spule wieder an, bis er erneut seinen Ausgangswert annimmt $\hat{\imath}_L = I_{La}$. Diesen Vorgang des Umladens zeigt Bild 3.6a.

Der Strom durch den L-C-Kreis schwingt mit der Eigenfrequenz f_d bzw. Eigenkreisfrequenz ω_d, die annähernd gleich der Kennfrequenz f_0 bzw. Kennkreisfrequenz ω_0 ist.

$$\omega_0 = \frac{1}{\sqrt{L\,C}} \qquad \delta = \frac{1}{2\,R\,C}$$
$$\omega_d = \sqrt{\omega_0^2 - \delta^2} \approx \omega_0 \tag{3.40}$$

Zwischen den Schwingungsamplituden von Strom und Spannung besteht nach Gl. (3.39) der Zusammenhang

$$\hat{u} = R_0\,\hat{i}_L = R_0\,\hat{i}_C = R_0\,I_{La}$$
$$R_0 = \sqrt{\frac{L}{C}} = \omega_0\,L = \frac{1}{\omega_0\,C} \tag{3.41}$$

Der Strom durch den Widerstand R ist proportional zur Spannung. Da im schwach gedämpften Parallelschwingkreis der Wert des Widerstands groß ist, muss der Strom i_R klein sein.

$$\hat{i}_R = \frac{1}{R}\,\hat{u} = \frac{R_0}{R}\,\hat{i}_L \ll \hat{i}_L \tag{3.42}$$

Die Leistung der drei Elemente ist in Bild 3.5b dargestellt. Durch die Multiplikation der Sinusterme schwingt sie mit doppelter Eigenfrequenz.

Am Anfang gibt die Spule Leistung ab, die der Kondensator fast vollständig aufnimmt. Ein kleiner Leistungsanteil fließt durch den Widerstand R. (Beachten Sie bitte die unterschiedlichen Maßstäbe im Bild!) Die Leistung P_R des Widerstands R besteht aus einem konstanten Anteil und einem Schwingungsanteil. Der konstante Anteil ist die Verlustleistung im Widerstand, die dem L-C-Kreis Energie entzieht. Deshalb bleiben die Schwingungsamplituden nicht konstant, sondern klingen exponentiell ab, die Ströme und Spannungen mit der Abklingzeit $\tau = 1/\delta$ und die Leistungen mit $\tau = 1/(2\,\delta)$.

Die Integration der Leistung liefert die Energie. Am Anfang des Vorgangs enthält die Spule die Energie $W_{La} = L\,I_{La}^2/2$. Der Kondensator hat die Energie $W_{Ca} = 0$. Im Verlauf der Zeit schwingt die Energie von der Spule in den Kondensator und zurück. Immer wenn der Strom sein Maximum hat, ist die Energie in der Spule gespeichert, wenn die Spannung ihr Maximum hat, ist die Energie im Kondensator gespeichert.

$$w_L = \frac{1}{2} L \hat{i}^2 = w_C = \frac{1}{2} C \hat{u}^2 \tag{3.43}$$

In Summe ist die Energie in den beiden Energiespeichern nahezu konstant. Sie nimmt mit der Abklingzeit $\tau = 1/(2\,\delta)$ ab (**Bild 3.6 c**). Im gleichen Maß steigt die Verlustenergie im Widerstand. Nach unendlich langer Zeit ist das System stromlos, und die anfänglich in der Spule gespeicherte Energie W_{La} erscheint im Widerstand. Dort ist sie natürlich nicht gespeichert, sondern wurde als Wärme in die Umgebung abgegeben.

3.5 Erzwungene Schwingungen

Im vorherigen Abschnitt sind wir davon ausgegangen, dass in einem Schwingkreis einer der Energiespeicher geladen war und haben dann das System sich selbst überlassen. Es hat sich ein Ausgleichsvorgang eingestellt, dessen Frequenz und Dämpfung nur durch die Kenngrößen des Kreises, insbesondere die Kennfrequenz, bestimmt waren. Bei geringer Dämpfung, d. h. großen Widerständen im Parallelkreis oder kleinen Widerständen im Reihenkreis, konnte sich eine Schwingung entfalten, die wir als *freie Schwingung* bezeichnen.

Legen wir an den Schwingkreis eine Spannung an, die einen bestimmten Zeitverlauf hat, so wird sich nach Abklingen eines Ausgleichsvorgangs ein Zustand einstellen, der nur durch die Gestalt der anregenden Spannung bestimmt ist. Damit der Ausgleichsvorgang abklingen kann, muss die angelegte Spannung bestimmten Bedingungen genügen. Entweder ist sie ab einem gewissen Zeitpunkt konstant oder periodisch.

Entsteht im Zeitpunkt des Schaltens ein Spannungssprung und bleibt die Spannung anschließend konstant, so werden die Ströme und Spannungen des Schwingkreises nach langer Zeit ebenfalls konstant sein.

Ist die eingeschaltete Spannung sinusförmig, so werden nach dem Abklingen des Ausgleichsvorgangs die Ströme und Spannungen ebenfalls einen sinusförmigen Verlauf haben. Diesem Zusammenhang folgend, haben wir bereits früher zur Lösung der inhomogenen Differentialgleichung den Ansatz nach Form der rechten Seite gewählt. Anstelle der speziellen Lösungen der Differentialgleichungen für sinusförmige Größen können wir auch die komplexe Rechnung bemühen und – wie in Abschnitt 3.1 beschrieben – den stationären Zustand ermitteln.

Ich habe die vorherigen Betrachtungen für eine Spannung als anregende Größe durchgeführt. Entsprechendes gilt selbstverständlich auch für einen anregenden Strom.

Da der Schwingkreis im Takt der anregenden Größe schwingt, spricht man von *erzwungenen Schwingungen.*

Wenn sich der Schwingkreis zum Zeitpunkt $t = 0$ in einem bestimmten Zustand befindet, d. h. die Spannung am Kondensator und der Strom in der Spule einen bestimmten Wert haben, tritt nach der Schalthandlung ein Einschwingvorgang auf, der in den Zustand der erzwungenen Schwingung übergeht. Der Einschwingvorgang wird von der Eigenfrequenz f_{d} und der Dämpfung δ bestimmt, der Dauerzustand nur von der Frequenz f der anregenden Schwingung. Dies will ich am Beispiel eines Reihenschwingkreises zeigen (**Bild 3.7a**).

Im ausgeglichenen Zustand lässt sich der Zusammenhang zwischen Strömen und Spannungen mit der komplexen Rechnung behandeln. In **Bild 3.7b** habe ich das Zeigerdiagramm eingezeichnet. Die komplexe Beschreibung des Schwingkreises lautet:

$$\underline{U} = R\,\underline{I} + \mathrm{j}\omega\,L\,\underline{I} - \mathrm{j}\frac{1}{\omega\,C}\underline{I} \tag{3.44}$$

Daraus sind die Zeitfunktionen zu bestimmen.

$$u = \hat{u}\sin\left(\omega t + \alpha_{\mathrm{u}}\right)$$

$$i = \hat{i}\sin\left(\omega t + \alpha_{\mathrm{i}}\right)$$

$$u_{\mathrm{C}} = \hat{u}_{\mathrm{C}}\sin\left(\omega t + \alpha_{\mathrm{C}}\right) = \hat{u}_{\mathrm{C}}\sin\left(\omega t + \alpha_{\mathrm{i}} - 90°\right) = -\hat{u}_{\mathrm{C}}\cos\left(\omega t + \alpha_{\mathrm{i}}\right) \tag{3.45}$$

Bei gegebener Spannung $u(t)$ ist der Strom in Gl. (3.45) auch die *partikuläre Lösung* der Differentialgleichung (3.17).

$$u = L\,C\frac{\mathrm{d}^2 u_{\mathrm{C}}}{\mathrm{d}t} + R\,C\frac{\mathrm{d}\,u_{\mathrm{C}}}{\mathrm{d}t} + u_{\mathrm{C}} = \frac{1}{\omega_0^2}\frac{\mathrm{d}^2 u_{\mathrm{C}}}{\mathrm{d}t} + \frac{2\,\delta}{\omega_0^2}\frac{\mathrm{d}\,u_{\mathrm{C}}}{\mathrm{d}t} + u_{\mathrm{C}} \tag{3.46}$$

$$\delta = \frac{R}{2\,L}$$

Die homogene Lösung lautet (Gl. (3.29))

$$u_{\mathrm{C}} = D\,\mathrm{e}^{-\delta t}\cdot\sin\left(\omega_{\mathrm{d}}t + \varphi\right) \tag{3.47}$$

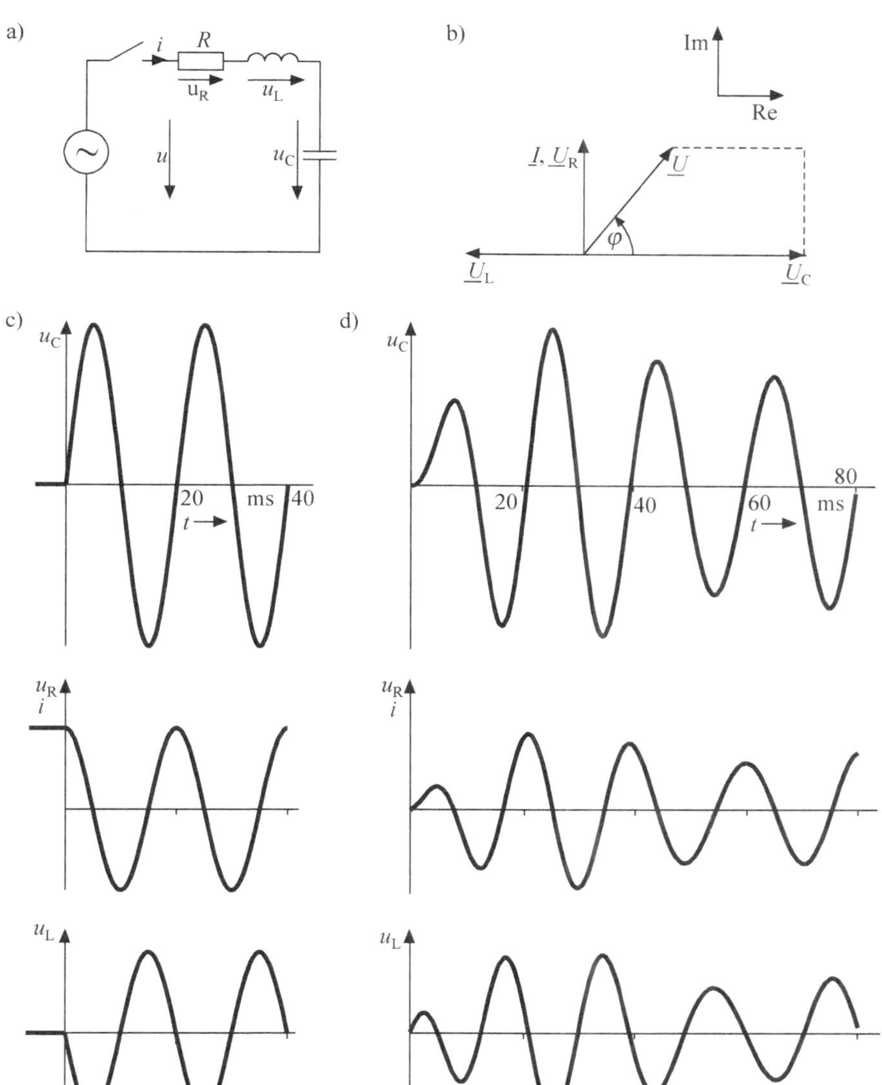

Bild 3.7 Einschwingverhalten eines Serienschwingkreises
a) Schaltbild c) Schalthandlung ohne Ausgleichsvorgang
b) Zeigerdiagramm d) Schalthandlung mit Ausgleichsvorgang

Die Überlagerung der partikulären Lösung (3.45) und der homogenen Lösung (3.47) führt zur vollständigen Lösung.

$$u_\mathrm{C} = \hat{u}_\mathrm{C} \sin\left(\omega t + \alpha_\mathrm{C}\right) + D\,\mathrm{e}^{-\delta t} \sin\left(\omega_\mathrm{d} t + \varphi\right) \tag{3.48}$$

Die Parameter des Kreises R, L, C bestimmen die Eigenwerte und damit δ, ω_d. Die angelegte sinusförmige Spannung $u(t)$ nach Gl. (3.46) liefert mit den Parametern des Kreises die Werte des ausgeglichenen Zustands $\hat{u}_\mathrm{C}$, α_C. Sie legt auch die Kreisfrequenz ω fest. Unbekannt sind die Größen D, φ. Diese werden durch die Anfangsbedingungen bestimmt.

Anfangsbedingungen sind der Strom $i\ (t = 0) = I_\mathrm{a}$ durch die Spule und die Spannung $u_\mathrm{C}\ (t = 0) = U_\mathrm{Ca}$ am Kondensator.

> Grundsätzlich gibt es so viele Anfangsbedingungen, wie es unabhängige Speicher in einem Kreis gibt.

Sie erinnern sich: Abhängige Speicher sind solche, die sich zusammenfassen lassen, ohne dass das dynamische Verhalten des Systems geändert wird, z. B. zwei Spulen, die in Reihe liegen.

Um die Anfangsbedingungen bestimmen zu können, ist es notwendig, den Strom zu bestimmen. Aus Gl. (3.48) erhalten wir

$$\begin{aligned} i = C \cdot \frac{\mathrm{d}\,u_\mathrm{C}}{\mathrm{d}t} &= \omega\, C\, \hat{u}_C \cos\left(\omega t + \alpha_\mathrm{C}\right) \\ &+ C\, D\, \mathrm{e}^{-\delta t}\left[-\delta \sin\left(\omega_\mathrm{d} t + \varphi\right) + \omega_\mathrm{d} \cos\left(\omega_\mathrm{d} t + \varphi\right)\right] \end{aligned} \tag{3.49}$$

Für den Zeitpunkt $t = 0$ gilt

$$\begin{aligned} U_\mathrm{C\,a} &= \hat{u}_\mathrm{C} \sin \alpha_\mathrm{C} + D \sin \varphi \\ I_\mathrm{a} &= \omega C\, \hat{u}_\mathrm{C} \cos \alpha_\mathrm{C} + C\, D\left(-\delta \sin \varphi + \omega_\mathrm{d} \cos \varphi\right) \end{aligned} \tag{3.50}$$

Daraus sind die Unbekannten φ und D zu bestimmen. Dies ist etwas aufwändig, insbesondere wenn man die Formelzeichen beibehält und nicht mit Zahlenwerten arbeitet. Man kann aus der ersten Gleichung die Spannung D in die zweite einsetzen und daraus φ bestimmen.

Ich will mir nun einen einfachen Sonderfall aussuchen, um den Aufwand in Grenzen zu halten.

Sind im Augenblick des Schaltens der Strom i und die Spannung u_C am Kondensator so groß wie im ausgeglichenen Zustand, gilt:

$$U_{\mathrm{Ca}} = \hat{u}_\mathrm{C} \sin \alpha_\mathrm{C}$$

$$I_\mathrm{a} = \omega C \, \hat{u}_\mathrm{C} \cos \alpha_\mathrm{C}$$

Daraus folgt mit Gl. (3.50)

$$D = 0$$

Es gibt somit keinen Ausgleichsvorgang. Dieser Fall für $\alpha_\mathrm{C} = 0$ ist in **Bild 3.7c** dargestellt.

Als zweiten Sonderfall nehmen wir einen Kreis an, bei dem vor der Schalthandlung keine Energie in den Speichern ist.

$$U_{\mathrm{Ca}} = 0 \qquad\qquad I_\mathrm{a} = 0$$

Wenn der Schaltaugenblick so gewählt wird, dass in der anregenden Spannung $\alpha_\mathrm{C} = 0$ gilt, vereinfachen sich die Gln. (3.50).

$$U_{\mathrm{aC}} = D \sin \varphi = 0$$

$$I_\mathrm{a} = \omega \, C \, \hat{u}_\mathrm{C} + C \, D \left(-\delta \sin \varphi + \omega_\mathrm{d} \cos \varphi\right) = 0$$

Aus der ersten der beiden Gleichungen folgt $\varphi = 0$, wenn wir die Lösung $D = 0$ ausschließen, denn diese führt in der zweiten Gleichung zum Widerspruch. Es ergibt sich

$$\omega \, C \, \hat{u}_\mathrm{C} + C \, D \, \omega_\mathrm{d} = 0$$

$$D = -\frac{\omega}{\omega_\mathrm{d}} \, \hat{u}_\mathrm{C}$$

In die Gln. (3.48) und (3.49) eingesetzt, erhalten wir

$$u_\mathrm{C} = \hat{u}_\mathrm{C} \left[\sin \omega t - \frac{\omega}{\omega_\mathrm{d}} \, \mathrm{e}^{-\delta t} \sin \omega_\mathrm{d} t \right] \tag{3.51}$$

$$i = \omega \, C \, \hat{u}_\mathrm{C} \left[\cos \omega t - \mathrm{e}^{-\delta t} \left(\cos \omega_\mathrm{d} t - \frac{\delta}{\omega_\mathrm{d}} \sin \omega_\mathrm{d} t \right) \right]$$

$$\approx \omega \, C \, \hat{u}_\mathrm{C} \left[\cos \omega t - \mathrm{e}^{-\delta t} \cos \omega_\mathrm{d} t \right] \tag{3.52}$$

Bei $t = 0$ beginnen Strom und Spannung ohne Sprung mit $u_\mathrm{C} = 0$ und $i = 0$. Dieser Ausgleichsvorgang ist in **Bild 3.7d** gezeichnet.

■ *Beispiel 3.3*

Ich möchte den beschriebenen Schaltvorgang mit Zahlen belegen. Für den ausgeglichenen Zustand soll gelten

$f = 50\ \text{Hz} \qquad \omega L = 100\ \Omega \qquad \dfrac{1}{\omega C} = 200\ \Omega \qquad R = 100\ \Omega$

$u_C = \hat{u}_C \sin \omega t \qquad \hat{u}_C = 5\ \text{V} \qquad \omega = 314\ \text{s}^{-1}$

Wir beginnen mit dem Zeigerdiagramm, das für Amplituden gelten soll und nicht – wie sonst üblich – für Effektivwerte.

$$\underline{\hat{u}}_C = \hat{u}_C = 5\ \text{V}$$

$$\underline{\hat{i}} = \text{j}\,\omega\, C\, \hat{u}_C = \text{j}\,\frac{5}{200}\ \text{A} = \text{j}\,25\ \text{mA}$$

$$\underline{\hat{u}}_L = \text{j}\,\omega\, L\, \underline{\hat{i}} = \text{j}\,100 \cdot \text{j}\,0{,}025\ \text{V} = -2{,}5\ \text{V}$$

$$\underline{\hat{u}}_R = R \cdot \underline{\hat{i}} = 100 \cdot \text{j}\,0{,}025 = \text{j}\,2{,}5\ \text{V}$$

$$\underline{\hat{u}} = \underline{\hat{u}}_R + \underline{\hat{u}}_L + \underline{\hat{u}}_C = \text{j}\,2{,}5\,\text{V} - 2{,}5\,\text{V} + 5\,\text{V} = (2{,}5 + \text{j}\,2{,}5)\,\text{V} = 3{,}5\,\text{V}\,\text{e}^{\text{j}45°} = \hat{u}\,\text{e}^{\text{j}\varphi}$$

Diese Zahlenwerte liegen Bild 3.7b zugrunde. Daraus sind die Zeitfunktionen des ausgeglichenen Zustands zu bestimmen.

$$u_C = \hat{u}_C \sin \omega t$$

$$u_L = -\hat{u}_L \sin \omega t$$

$$i = \hat{i} \sin(\omega t + 90°) = \hat{i} \cos \omega t$$

$$u = \hat{u} \sin[\omega t + \varphi]$$

Verhält sich der Kreis induktiv oder kapazitiv?

Nun werden die Kenndaten des Schwingkreises ermittelt.

$$\omega_0 = \frac{1}{\sqrt{L\,C}} = \frac{\omega}{\sqrt{Z_L \cdot Y_C}} = \frac{\omega}{\sqrt{\dfrac{100}{200}}} = \sqrt{2}\,\omega = 444\ \text{s}^{-1}$$

$$\delta = \frac{R}{2\,L} = \frac{\omega\, R}{2\, X_L} = \frac{100}{2 \cdot 100}\,\omega = 0{,}5\,\omega = 157\ \text{s}^{-1}$$

$$\tau = \frac{1}{\delta} = 6{,}37 \text{ ms}$$

$$\vartheta = \frac{\delta}{\omega_0} = \frac{157 \text{ s}^{-1}}{444 \text{ s}^{-1}} = 0{,}35$$

$$\omega_\text{d} = \omega_0 \sqrt{1-\vartheta^2} = \sqrt{2}\,\omega \cdot 0{,}94 = 1{,}33\,\omega = \frac{1}{0{,}75}\,\omega = 418 \text{ s}^{-1}$$

$$f_\text{d} = 66 \text{ Hz}$$

Diese Zahlenwerte sind in die Gln. (3.51) und (3.52) einzusetzen.

$$u_\text{C} = 5 \text{ V}\left[\sin(314 \cdot t/\text{s}) - 0{,}75\,\text{e}^{-157\,t/\text{s}} \sin(418\,t/\text{s})\right]$$

$$i = 25 \text{ mA}\left[\cos(314\,t/\text{s}) - \text{e}^{-157\,t/\text{s}} \cos(418\,t/\text{s})\right]$$

Ich hatte oben eine Frage gestellt. Sie haben sie natürlich beantwortet! Richtig?

> Wenn im Serienkreis die Reaktanz des Kondensators größer als die der Spule ist, handelt es sich bei der Netzfrequenz um einen kapazitiven Kreis. Er schwingt mit einer Frequenz, die höher als die Netzfrequenz ist.

Die Zeitfunktionen in Bild 3.7d zeigen den Ausgleichsvorgang, der mit der Eigenfrequenz 66 Hz und der Abklingzeit τ = 6,37 ms gedämpft in den ausgeglichenen Zustand einläuft.

Nach 20 ms ist der Ausgleichsvorgang weitgehend abgeklungen, sodass im Wesentlichen die 50-Hz-Schwingung mit der Periodendauer 20 ms zu erkennen ist. Bei genauerem Hinsehen fällt aber die Amplitude der 50-Hz-Schwingung bei t = 60 ms etwas ab, um dann wieder anzusteigen. Eine solche Erscheinung nennen wir *Schwebung*. Sie erfolgt mit der Differenzfrequenz der beiden Schwingungen.

$$\Delta f_\text{s} = 66 \text{ Hz} - 50 \text{ Hz} = 16 \text{ Hz}$$

$$T_\text{s} = \frac{1}{\Delta f_\text{s}} = 63 \text{ ms}$$

Dabei muss ich eine Mogelei gestehen. Bei $t = 60$ ms ist die e-Funktion mit der Abklingzeit $\tau = 6{,}37$ ms schon längst abgeklungen. Die Schwebung ist nicht zu erkennen. Zum Zeichnen der Bilder habe ich einen größeren Wert eingesetzt.

3.6 L-R-C-Kreise

Das Zusammenwirken von Widerständen, Kondensatoren und Spulen beherrscht die gesamte Elektrotechnik. Die Behandlung der Schaltungen mit der komplexen Rechnung ist die wichtigste Rechenmethode. Zeigerbilder sind eine gebräuchliche Darstellungsform.

Für die wichtigste Kombination von L-R-C-Elementen sind in **Bild 3.8** die Schaltungen und Zeigerbilder angegeben. Zugehörige Zahlenwerte können Sie dem folgenden Beispiel entnehmen.

■ ***Beispiel 3.4***

Für die Schaltungen nach Bild 3.8 werden die Funktionen für den Betrag $Z = Z(f)$ und für den Winkel $\varphi\ (f)$ berechnet und in Bild 3.9 eingezeichnet.

$R = 1\ \Omega$ $\quad X_L = 3\ \Omega$ (50 Hz) $\quad X_C = 2\ \Omega$ (50 Hz)

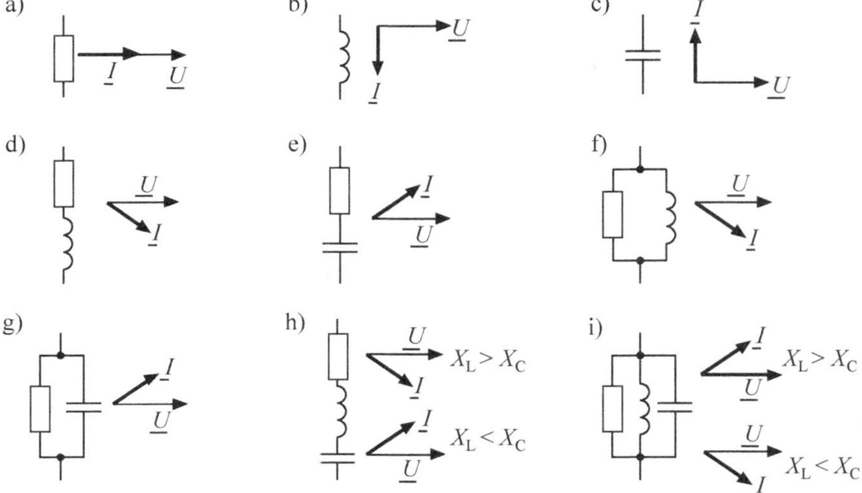

Bild 3.8 Zeigerdiagramm für verschiedene R-L-C-Kombinationen

Ohm'scher Widerstand (Bild 3.8a)

$Z = R = 1\ \Omega$

Induktivität (Bild 3.8b)

$Z = \omega_{\mathrm{L}} = 2\,\pi f L = 3\ \Omega\ (50\ \mathrm{Hz});$

0 Ω (0 Hz); 1,5 Ω (25 Hz); 6 Ω (100 Hz); ∞ Ω (∞ Hz)

$\varphi = 90°$

Kapazität (Bild 3.8c)

$$Z = \frac{1}{\omega C} = \frac{1}{2\,\pi\,f\,C} = 2\ \Omega\ (50\,\mathrm{Hz})$$

∞ Ω (0 Hz); 4 Ω (25 Hz); 1 Ω (100 Hz); 0 Ω (∞ Hz)

$\varphi = -90°$

Ohmsch-induktive Reihenschaltung (Bild 3.8d)

$$Z = \sqrt{R^2 + (\omega L)^2} = \sqrt{R^2 + (2\,\pi\,f\,L)^2} = \sqrt{1^2 + 3^2}\ \Omega = 3{,}2\ \Omega\ (50\ \mathrm{Hz})$$

1 Ω (0 Hz); 1,8 Ω (25 Hz); 6,1 Ω (100 Hz); ∞ Ω (∞ Hz)

$$\varphi = \arctan \frac{2\,\pi\,f\,L}{R} = 72°\ (50\ \mathrm{Hz});$$

0° (0 Hz); 56° (25 Hz); 80° (100 Hz); 90° (∞ Hz)

Ohmsch-kapazitive Reihenschaltung (Bild 3.8e)

$$Z = \sqrt{R^2 + \frac{1}{(2\,\pi\,f\,C)^2}} = \sqrt{1^2 + 2^2}\ \Omega = 2{,}2\ \Omega\ (50\ \mathrm{Hz})$$

∞ Ω (0 Hz); 4,1 Ω (25 Hz); 1,4 Ω (100 Hz); 1 Ω (∞ Hz)

$$\varphi = -\arctan \frac{\frac{1}{R}}{2\,\pi\,f\,C} = -63°\ (50\ \mathrm{Hz})$$

–90° (0 Hz); –76° (25 Hz); –45° (100 Hz); 0° (∞ Hz)

Ohmsch-induktive Parallelschaltung (Bild 3.8f)

$$Y = \sqrt{\left(\frac{1}{R}\right)^2 + \left(\frac{1}{2\,\pi\,f\,L}\right)^2} = \sqrt{1^2 + \left(\frac{1}{3}\right)^2}\ \text{S} = 1{,}05\ \text{S}\ (50\ \text{Hz})$$

$$Z = \frac{1}{Y} = 0{,}95\ \Omega\ (50\ \text{Hz})$$

$$\varphi = \arctan \frac{R}{2\,\pi\,f\,L} = 18°\ (50\ \text{Hz})$$

0 Ω (0 Hz);	0,83 Ω (25 Hz);	0,99 Ω (100 Hz);	1 Ω (∞ Hz)
90° (0 Hz);	34° (25 Hz);	9° (100 Hz);	0° (∞ Hz)

Ohmsch-kapazitive Parallelschaltung (Bild 3.8g)

$$Y = \sqrt{\left(\frac{1}{R}\right)^2 + (2\,\pi\,f\,C)^2} = \sqrt{1^2 + \left(\frac{1}{2}\right)^2}\ \text{S} = 1{,}12\ \text{S}\ (50\ \text{Hz})$$

$Z = 1/Y = 0{,}89\ \Omega\ (50\ \text{Hz})$

$$\varphi = -\arctan \frac{2\,\pi\,f\,C}{R} = -27°\ (50\ \text{Hz})$$

1 Ω (0 Hz);	0,97 Ω (25 Hz);	0,71 Ω (100 Hz);	0 Ω (∞ Hz)
0° (0 Hz);	–14° (25 Hz);	–45° (100 Hz);	–90° (∞ Hz)

Ohmsch-induktiv-kapazitive Reihenschaltung (Bild 3.8h)

$$Z = \sqrt{R^2 + \left(2\,\pi\,f\,L - \frac{1}{2\,\pi\,f\,C}\right)^2} = \sqrt{1^2 + (3-2)^2}\ \Omega = 1{,}4\ \Omega\ (50\ \text{Hz})$$

$$\varphi = \arctan \frac{1}{R}\left(2\,\pi\,f\,L - \frac{1}{2\,\pi\,f\,C}\right) = 45°\ (50\ \text{Hz})$$

∞ Ω (0 Hz);	2,7 Ω (25 Hz);	5,1 Ω (100 Hz);	∞ Ω (∞ Hz)
–90° (0 Hz);	–68° (25 Hz);	79° (100 Hz);	90° (∞ Hz)

Für den Resonanzpunkt ergibt sich:

$Z = R = 1\ \Omega$

$$\omega_0 = \frac{1}{\sqrt{L\,C}} = \frac{1}{\sqrt{\frac{X_L}{\omega_0} \cdot \frac{1}{\omega_0\, X_C}}} = \omega_N \sqrt{\frac{X_C}{X_L}}$$

$$f_0 = f_N \cdot \sqrt{\frac{X_C}{X_L}} = 50\ \text{Hz} \sqrt{\frac{2}{3}} = 41\ \text{Hz}$$

Dabei ist f_N die Netzfrequenz 50 Hz, für die die Blindwiderstände berechnet wurden.

$\varphi = 0° \ (f = f_0)$

Ohmsch-induktiv-kapazitive Parallelschaltung (Bild 3.8i)

$$Y = \sqrt{\left(\frac{1}{R}\right)^2 + \left(\frac{1}{2\,\pi\, f\, L} - 2\,\pi\, f\, C\right)^2} = \sqrt{1 + \left(\frac{1}{3} - \frac{1}{2}\right)^2}\ \text{S} = 1{,}01\ \text{S}\ (50\ \text{Hz})$$

$$Z = \frac{1}{Y} = 0{,}99\ \Omega\ (50\ \text{Hz})$$

$$\varphi = \arctan R\left(\frac{1}{2\,\pi\, f\, L} - 2\,\pi\, f\, C\right) = -9°\ (50\ \text{Hz})$$

0 Ω (0 Hz);	0,92 Ω (25 Hz);	0,77 Ω (100 Hz);	0 Ω (∞ Hz)
90° (0 Hz);	23° (25 Hz);	–40° (100 Hz);	–90° (∞ Hz)

Für den Resonanzpunkt gilt:

$Z = 1\ \Omega$; $\qquad \varphi = 0°$

Die Resonanzfrequenz für den Parallelschwingkreis stimmt mit der vorher für den Reihenschwingkreis berechneten überein: $f_0 = 41$ Hz.

Ich hoffe, Sie haben alles mitgerechnet. Die Funktionen $Z\,(f)$ und $\varphi\ (f)$ sind in **Bild 3.9** dargestellt.

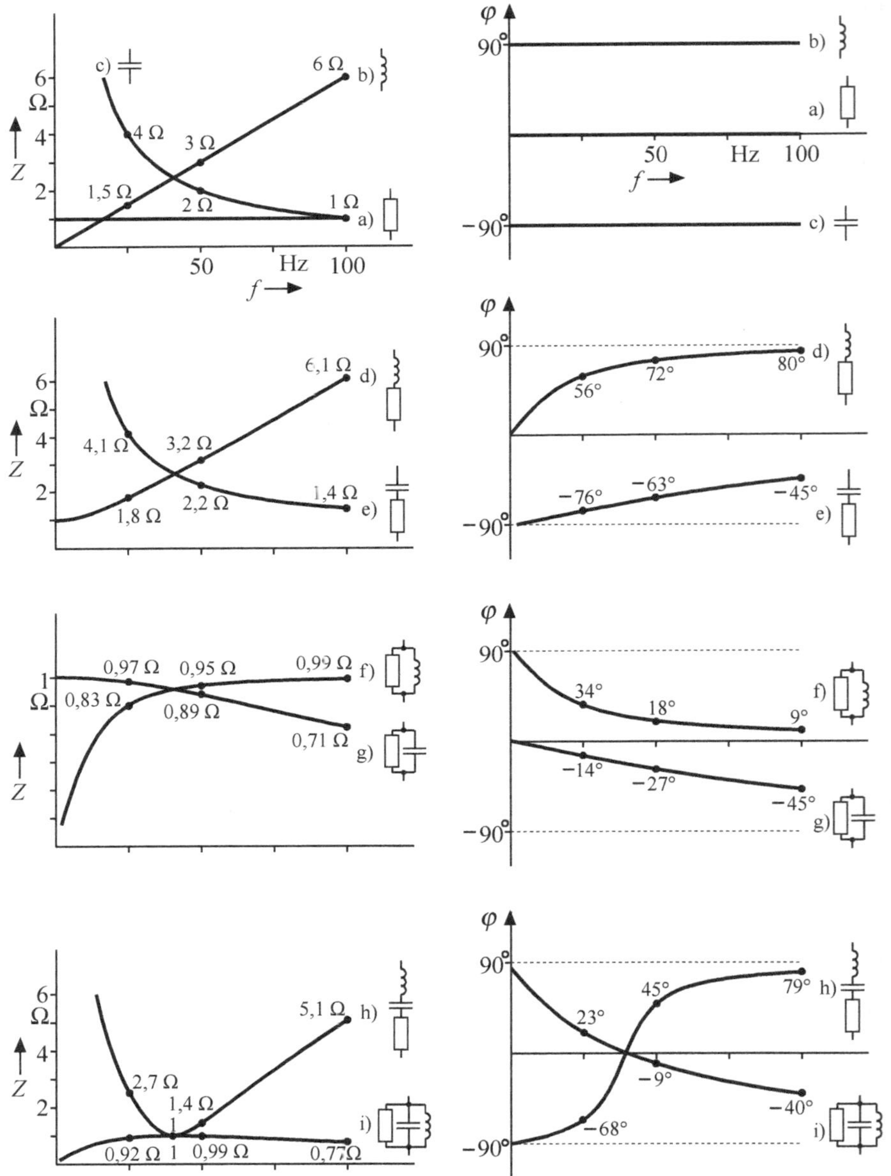

Bild 3.9 Frequenzabhängigkeit von R-L-C-Kreisen

In Bild 3.9 ist die Frequenzabhängigkeit der Schaltungen dargestellt. Dabei ist nach dem Betrag der Impedanzen und dem Impedanzwinkel unterschieden. Ich erinnere hier an den Abschnitt 1.4, in dem die Filter behandelt wurden.

Schwingkreise sind beispielsweise Antennen. So zeigt **Bild 3.10a** eine UKW-Rundfunkantenne. Sie besteht aus zwei parallel geschalteten Dipolen.

Bild 3.10 Richtantenne

a) UKW-Antenne für 87,5 MHz...108 MHz; 2,5 m × 1,7 m; Sendeleistung: 2 kW...4 kW

b) Fernsehantenne für 470 MHz...860 MHz; 1 m × 0,6 m × 0,3 m; Sendeleistung: 1 kW...3 kW

[Quelle: Kathrein-Werke KG Rosenheim]

Jeder Dipol hat zwei Stäbe. Zwischen ihnen wird in der Mitte die Sendespannung angelegt. Der Strom fließt dann in einen Stab hinein und über die Kapazität zwischen den beiden Stäben zu dem anderen Stab und von dort zur Spannungsquelle zurück. Zwischen den Stäben entsteht demnach ein elektrisches Feld und durch den fließenden Strom ein magnetisches Feld. Beide Felder stehen senkrecht aufeinander. Die Resonanzfrequenz wird durch die Induktivität und Kapazität der beiden Stäbe bestimmt. Sie ist gleichzeitig die optimale Sendefrequenz. Das Gitter im Hintergrund ist ein Reflektor, der dafür sorgt, dass nur nach vorn angestrahlt wird.

Bild 3.10b zeigt eine Fernsehantenne für höhere Frequenzen. Ähnlich sind auch die Feststationen des Mobilfunknetzes aufgebaut.

4 Visualisierung

Die Möglichkeiten eines Menschen, einen Sachverhalt zu erfassen, sind sehr stark von dem Medium abhängig, über das ihm der Zusammenhang nahe gebracht wird. Beim Medium Papier gibt es drei Darstellungsformen: Text, Formeln und Bilder. Welche Form die geeignete ist, hängt stark von der Art des Sachverhalts ab. Bei Gesetzen wird Text verwendet. Wenn man an die Erbfolge denkt, wäre dagegen ein Diagramm sicher besser geeignet. Für die Politik ist die Karikatur eine eindrucksvolle Darstellung. Mathematische Zusammenhänge stellt man einfach in Formeln dar, technische Sachverhalte erklärt man am besten anhand von Bildern. Es gibt verschiedene Möglichkeiten, solche Bilder zu gestalten. Fotografien und Konstruktionszeichnungen will ich hier nicht behandeln, sondern Schaltpläne und Diagramme, die der Elektrotechnik angepasst sind. Ich beschränke mich dabei auf die Beschreibung von elektrischen Schaltungen. Anordnungen von elektrotechnischen Geräten betrachte ich nicht.

4.1 Schaltpläne

Eine elektrische Schaltung besteht aus Bauelementen, das sind: Spannungsquellen, Stromquellen, Widerstände, Spulen, Kondensatoren, Transformatoren, Dioden, Transistoren usw. Wir verwenden nur die ersten fünf, sie werden elektrisch verknüpft.

Das Gebilde, das dann entsteht, ist eine *elektrische Schaltung*. Sie lässt sich gut in einem *Schaltplan* darstellen (**Bild 4.1**). Die einzelnen Bauelemente

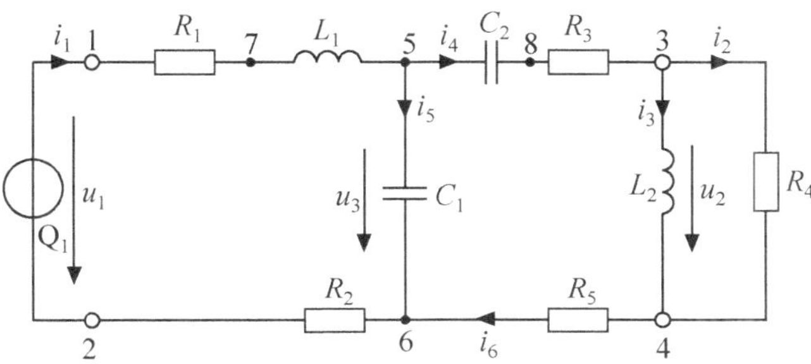

Bild 4.1 Schaltplan eines Netzes mit sieben Knoten

werden benannt Q_1, R_1, C_1 usw. Weiterhin werden ihnen bestimmte Werte zugeordnet, z. B.

$$u_1 = u_{Q1} = 5\,\text{V} \cdot \sin\left(314\,\text{s}^{-1}\,t\right)$$

$$R_1 = 6\,\Omega \qquad\qquad C_1 = 1\,\mu\text{F}$$

Stehen die Werte im Vordergrund, sind die Bezeichnungen Formelzeichen und werden kursiv geschrieben. Steht das Element im Vordergrund, schreibt man sie gerade.

Die Verknüpfung der Bauelemente erfolgt in Knoten, die ebenfalls gekennzeichnet werden, z. B. durch einen Punkt. Außerdem werden sie bezeichnet, z. B. durch eine Zahl. Knoten, die eine hervorgehobene Bedeutung haben, sind besonders zu kennzeichnen, z. B. durch Kreise.

Aufgabe 4.1

Geben Sie die gewöhnlichen Gleichungen und Differentialgleichungen der in Bild 4.1 dargestellten Schaltung an! Unterscheiden Sie dabei zwischen den Gleichungen, die ein Element beschreiben, und denen, die die Verknüpfung zwischen den Elementen herstellen!

4.2 Gleichungen

In der vorherigen Aufgabe haben Sie die Beschreibungsgleichungen der Schaltung in Bild 4.1 aufgestellt. Es handelt sich dabei um gewöhnliche Gleichungen und Differentialgleichungen erster Ordnung, z. B.

$$u_{17} = R_1 \cdot i_1$$

$$u_{75} = L_1 \frac{\mathrm{d}i_1}{\mathrm{d}t} \tag{4.1}$$

Die Lösung der Gleichungen liefert Zeitfunktionen für die einzelnen Größen i und u. Neben der Darstellung eines Netzes durch Differentialgleichungen gibt es noch die Operatorendarstellung; bei ihr wird $\mathrm{d}/\mathrm{d}t$ durch das Formelzeichen s ersetzt. Zur Lösung kann man dann die *Laplace-Transformation* anwenden, die nicht zu den Grundlagen gehört. Interessiert man sich für den ausgeglichenen Zustand, so bietet sich die komplexe Rechnung an. Bei ihr wird anstelle des Differentialquotienten $\mathrm{d}/\mathrm{d}t$ bzw. des Operators s der Operator $\mathrm{j}\omega$ gesetzt; es entstehen dann Gleichungen der Form

$$\underline{U}_{12} = R_1 \, \underline{I}_1$$

$$\underline{U}_{75} = L_1 \cdot \mathrm{j}\,\omega\,\underline{I}_1 = \mathrm{j}\,\omega\,L_1 \underline{I}_1 = \mathrm{j}\,X_1\,\underline{I}_1 = \underline{Z}_1\,\underline{I}_1 \qquad (4.2)$$

Wird nur mit einer festen Frequenz, z. B. der Netzfrequenz, gearbeitet, rechnet man mit Reaktanzen X. Steht das Verhalten der Schaltung bei veränderlichen Frequenzen im Vordergrund, behält man den Ausdruck $\mathrm{j}\omega L$ bei.

Transformation

Die Beschreibung in Form von Differentialgleichungen (Gl. (4.1)) erfolgt im Zeitbereich, die Beschreibung in Form von komplexen Größen (Gl. (4.2)) im Frequenzbereich. Beim Übergang von einer Darstellungsform in die andere spricht man von einer *Transformation*. Der Zeitbereich wird oft als *Originalbereich* und der transformierte Bereich als *Bildbereich* bezeichnet.

Aufgabe 4.2

Geben Sie die komplexen Beschreibungsgleichungen der Schaltung in Bild 4.1 an!

Die mathematischen Beschreibungen der Schaltung im Zeit- oder Frequenzbereich sind vollständig. Man kann also aus ihnen auch den Schaltplan in Bild 4.1 ableiten. Versuchen Sie es!

4.3 Blockschaltbilder

Die grafische Darstellung des Schaltplans in Bild 4.1 und die Gleichungssysteme, die Sie in den beiden Aufgaben aufgestellt haben, sind vom Informationsgehalt her gleichwertig und deshalb auch ineinander überführbar. Um jemanden, gegebenenfalls mithilfe seines Rechners, in die Lage zu versetzen, die Gleichung zu lösen, sind Rechenanweisungen notwendig. Diese geben beispielsweise die Reihenfolge an, nach der ein Rechenprogramm die einzelnen Gleichungen behandeln soll. Eine Darstellung, die dies liefert, ist das aus der Regelungstechnik stammende *Blockschaltbild*. **In Bild 4.2** ist ein solches für die Schaltung aus Bild 4.1 angegeben; es enthält folgende Elemente:

Eingänge: Die Eingänge eines Blocks sind durch Pfeile gekennzeichnet, die auf den Block hinweisen. Summierer haben mehrere Eingänge.

Ausgänge:	Jeder Block hat nur einen Ausgang.
Summierer:	Alle Eingänge des Kreises werden addiert. Ist ein negatives Vorzeichen angegeben, werden sie subtrahiert.
Proportionalglied:	Das Eingangssignal wird mit dem im rechteckigen Kasten angegebenen Wert multipliziert.
Integrierer:	Das Eingangssignal wird in dem rechteckigen Kasten mit dem Diagonalstrich integriert.

Es gibt noch weitere Blöcke für andere Funktionen. Doch ich will nicht übertreiben.

Aus dem Blockschaltbild ist beispielsweise abzuleiten

$$i_1 = \int \frac{1}{L_1} \left(u_1 - R_1\, i_1 - R_2\, i_1 - u_3 \right) \mathrm{d}t \tag{4.3}$$

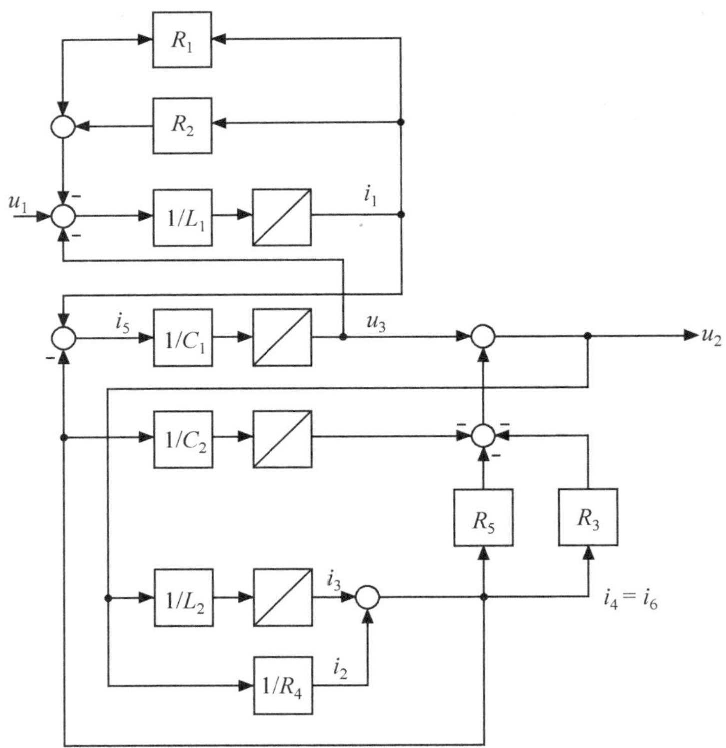

Bild 4.2 Blockschaltbild

Wie ein Blick in das Schaltbild zeigt, wird in der Klammer von Gl. (4.3) die Spannung an der Spule L_1 gebildet.

Blockschaltbilder und Gleichungen sind ineinander überführbar, wobei das Blockschaltbild noch zusätzlich die Information enthält, in welcher Reihenfolge die Gleichungen zu bearbeiten sind. Nach dem Blockschaltbild ist leicht ein Programm zu schreiben, das die Differentialgleichung der Schaltung integriert.

Die Zeitfunktion der Spannung u_1 wird vorgegeben, und die *Anfangswerte* oder *Startwerte* am Ausgang des Integrators müssen bekannt sein. Sie erinnern sich: Pro Energiespeicher der Schaltung enthält das Blockschaltbild einen Integrator, dessen Ausgang am Anfang der Rechnung bei $t = 0$ festgelegt ist. Damit sind die Eingänge aller Blöcke zu berechnen.

Nun wird um einen Zeitschritt integriert. Somit werden neue Ausgangswerte an dem Integrator bestimmt, die neue Eingänge für alle Blöcke liefern.

Jetzt komme ich zu einem zweiten Typ von Blockschaltplan.

Die *numerische Integration* mit dem einfachsten Verfahren, das auf Euler zurückgeht, läuft folgendermaßen ab.

$$i_1 = \int X_1 \, \mathrm{d}t$$

$$i_{1k+1} = i_{1k} + \int_{t_k}^{t_{k+1}} X_k \, \mathrm{d}t \approx i_{1k} + X_k \left(t_{k+1} - t_k\right) = i_{1k} + X_k \, \Delta t \tag{4.4}$$

Die Zeit wird in diskrete Schritte unterteilt, die mit dem Zähler $k = 1, 2, \ldots$ hochgezählt werden.

Der Strom zum Zeitschritt $k + 1$ ist aus dem Strom im Zeitschritt k und dem Integral über die Zeit zwischen den Schritten k und $k + 1$ zu bestimmen. Für diesen kleinen Zeitbereich Δt wird die zu integrierende Funktion $X(t)$ konstant gehalten.

Das beschriebene Integrationsverfahren lässt sich in einem Blockschaltbild darstellen. Für den Sonderfall $u_3 = 0$ ist der Ablauf der Integration der Gl. (4.3) in **Bild 4.3** dargestellt.

Gegenüber dem Blockschaltbild in Bild 4.3 ist noch ein neuer Block hinzugekommen. Er wird in der Regelungstechnik *Totzeitglied* genannt und verzögert seinen Eingang um einen Zeitschritt Δt. Für den Zeitschritt k berechnet die Schaltung die Klammer der Gl. (4.3) (u_3 habe ich null gesetzt). Durch Multiplikation mit $1/L$ ergibt sich der Integrand, der entsprechend Gl. (4.4)

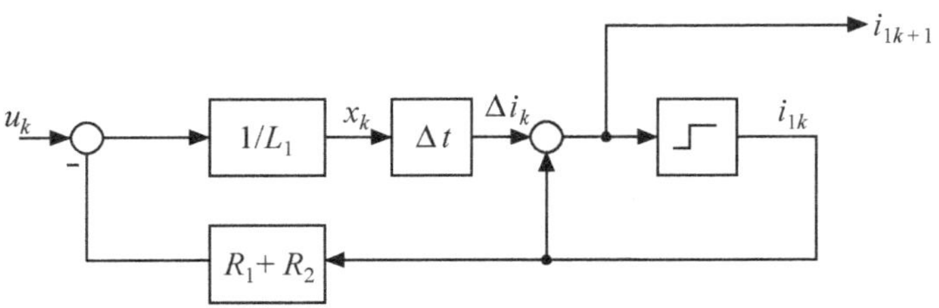

Bild 4.3 Signalflussplan, der den Ablauf einer Integration zeigt

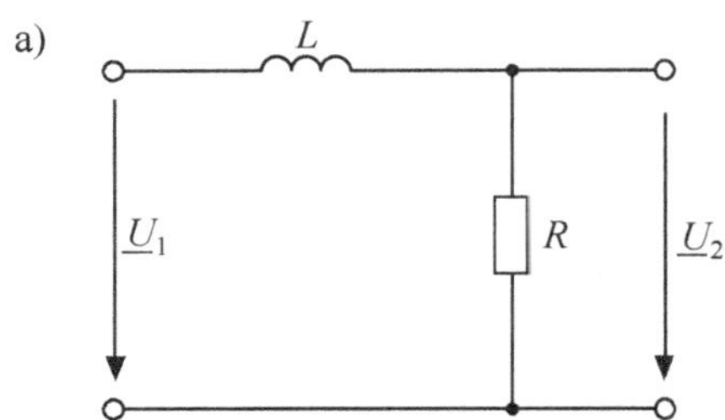

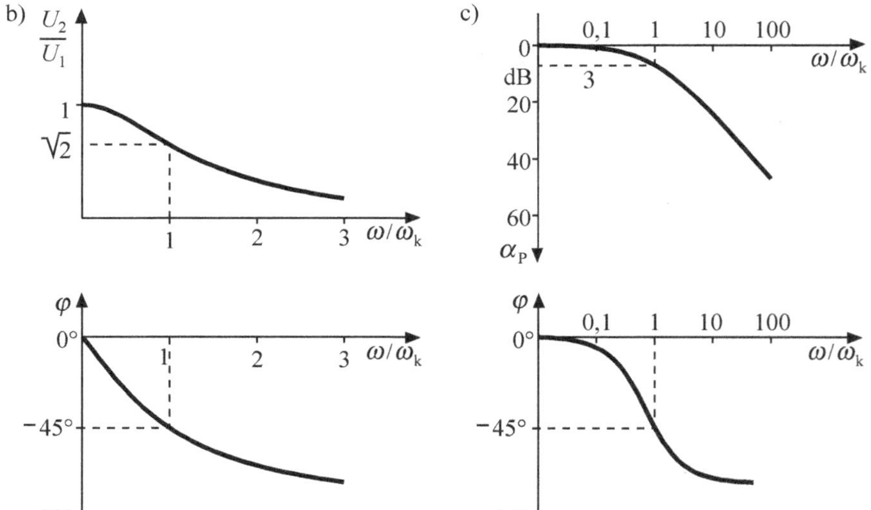

Bild 4.4 Übertragungsfunktion

a) Vierpol

b) Amplituden- und Phasengang

c) logarithmische Darstellung des Amplituden- und Phasengangs

noch mit dem Zeitschritt Δt multipliziert wird. So entstehen die Stromänderung Δi_{k} und in Verbindung mit dem Strom i_k der Strom i_{k+1}.

Ich habe hier ein Integrationsverfahren erklärt. Das passt nicht an diese Stelle. Aber ich will Sie ermuntern, damit einige der vorherigen Aufgaben an Ihrem Computer zu simulieren. Außerdem habe ich so eine neue Darstellungsweise eingeführt.

Von dem prinzipiellen Aufbau unterscheiden sich die Bilder 4.2 und 4.3 nicht. Während Bild 4.3 den Zusammenhang zwischen den Gleichungen darstellt, zeigt **Bild 4.4** die Verknüpfung von Signalen, die in dem Integrationsalgorithmus verarbeitet werden. Man spricht deshalb vom *Signalflussplan*. Die Unterschiede zwischen Signalflussplan und Blockschaltbild sind Interpretationssache. Ich habe Letzteres hier nur zur Abrundung gebracht.

4.4 Zeigerdiagamm

Eine Möglichkeit, den Zustand eines Netzwerks zu beschreiben, ist das Zeigerdiagramm. Da es auf der komplexen Rechnung basiert, gibt es nur die Verhältnisse für eine Frequenz wieder. Außerdem wird nur ein Zustand betrachtet. Beim Übergang von den komplexen Gleichungen zum Zeigerdiagramm geht die Struktur der Schaltung teilweise verloren. Allgemein werden nur noch die Zeiger der Ströme und Spannungen angegeben, aber nicht mehr die Verknüpfungen der Knoten. Deshalb ist es nicht möglich, aus einem Zeigerdiagramm den Schaltplan zu gewinnen. Das Zeigerdiagramm ist als Ergänzung zum Schaltplan zu betrachten.

4.5 Übertragungsfunktion

In vielen Schaltungen ist nicht die Struktur von Interesse, sondern nur der Zusammenhang zwischen bestimmten Größen. So kann man sich vorstellen, dass in Bild 4.1 die Eingangsimpedanz $\underline{Z}_1$ zwischen den Klemmen 1 und 2, die Ausgangsimpedanz $\underline{Z}_2$ zwischen den Klemmen 3 und 4 oder die *Übertragungsfunktion* $\underline{F}$ zwischen den beiden Toren von Interesse sind.

$$\underline{Z}_1 = \frac{\underline{U}_1}{\underline{I}_1} \qquad \underline{Z}_2 = \frac{\underline{U}_2}{\underline{I}_2} \qquad \underline{F} = \frac{\underline{U}_2}{\underline{U}_1} \tag{4.5}$$

Die Ausgangsimpedanz $\underline{Z}_2$ und die Übertragungsfunktion $\underline{F}$ machen nur einen Sinn, wenn an dem Widerstand R_4 in der Schaltung offene Klemmen vorhanden sind. Die Übertragungsfunktion ist für eine sinusförmige Eingangsgröße variabler Frequenz definiert. Wenn die Spannung u_1 sich mit einer Frequenz f sinusförmig ändert, so ändert sich im ausgeglichenen Zustand die Ausgangsgröße u_2 ebenfalls sinusförmig mit derselben Frequenz, weil ein lineares Netzwerk vorausgesetzt ist. Außerdem wird das Verhältnis der beiden Spannungsamplituden unabhängig von der Größe der angelegten Spannung sein. Zwischen Ausgangs- und Eingangsspannung stellt sich auch eine Phasenverschiebung φ ein. Damit besteht die Übertragungsfunktion aus einem *Amplitudenverhältnis F* und einem *Phasenwinkel* φ.

$$\underline{F} = F\,\mathrm{e}^{\mathrm{j}\varphi} = \frac{U_2\,\mathrm{e}^{\mathrm{j}\alpha_2}}{U_1\,\mathrm{e}^{\mathrm{j}\alpha_1}} = \frac{U_2}{U_1}\,\mathrm{e}^{\mathrm{j}(\alpha_2-\alpha_1)} = \frac{U_2}{U_1}\,\mathrm{e}^{\mathrm{j}\varphi} \tag{4.6}$$

Haben Ein- und Ausgangsgröße dieselbe Dimension, ist die Übertragungsfunktion dimensionslos. Man kann die Impedanz, z. B. $\underline{Z}_1$, auch als Verhältnis zwischen Spannungs- und Stromsignal auffassen und erhält so eine Übertragungsfunktion mit der Dimension des Widerstands, d. h., die Übertragungsfunktion hat die Einheit Ω. (Sie erinnern sich noch an die Unterschiede zwischen den Begriffen Dimension und Einheit?)

Im allgemeinen Fall werden die Amplitude F und die Phasenverschiebung φ von der Frequenz der anregenden Größe abhängig sein.

$$F = f_1(\omega) \qquad \varphi = f_2(\omega) \qquad \underline{F} = \underline{f}_3(\omega)$$

Betrachtet man das Verhältnis zwischen den zwei Größen für eine Frequenz f_1, so ergibt sich der *Übertragungsfaktor*

$$\underline{F}_1 = F(\omega_1)\,\mathrm{e}^{-\mathrm{j}\,\varphi(\omega_1)} \tag{4.7}$$

Da die Übertragungsfunktion von der Frequenz abhängig ist, wurde sie früher als *Frequenzgang* bezeichnet. Daher stammt das Formelzeichen F. In Anlehnung an die alte Bezeichnung werden das Amplitudenverhältnis als *Amplitudengang* und die Phasenverschiebung als *Phasengang* bezeichnet. Wir hatten dies schon einmal behandelt und wollen als Beispiel das Erlernte wiederholen.

■ ***Beispiel 4.1***

Bild 4.4a zeigt einen Vierpol mit den Daten

$R = 100\ \Omega$ $\qquad$ $L = 1\ \mathrm{mH}$

Beziehen Sie die Frequenz auf die Eckfrequenz bzw. Grenzfrequenz f_k, bei der die Reaktanz genauso groß ist wie der Widerstand.

$$\frac{\underline{U}_2}{\underline{U}_1} = \frac{R}{R + \mathrm{j}\,\omega L} = \frac{1}{1 + \mathrm{j}\,\omega \tau} = \frac{1}{1 + \mathrm{j}\,\dfrac{\omega}{\omega_k}} \tag{4.8}$$

$$\frac{U_2}{U_1} = \frac{1}{\sqrt{1 + \left(\dfrac{\omega}{\omega_k}\right)^2}}$$

$$\varphi = -\arctan \frac{\omega}{\omega_k} \qquad \frac{1}{\omega_k} = \tau = \frac{L}{R}$$

Diese beiden Funktionen sind in **Bild 4.4b** dargestellt.

Zur Abrundung will ich einen weiteren Zusammenhang erwähnen. Es ist üblich, die Übertragungsfunktion im logarithmischen Maßstab darzustellen und mit einem Faktor zu multiplizieren. Dieser Faktor geht auf die Übertragungseigenschaften von Nachrichtenleitungen zurück. Dabei ist man bestrebt, die Leitung am Ende mit dem Wellenwiderstand $Z_w = \sqrt{L/C}$ der Leitungen abzuschließen. Dies hat die Konsequenz, dass auch der Eingangswiderstand der Leitung gleich dem Wellenwiderstand ist. Der Beweis dafür wurde in Abschnitt 1.5 gegeben (Gl. (1.24)). Wenn man nun das Verhältnis der Leistungen durch die Spannungen am Anfang und Ende der Leitung ausdrückt und logarithmiert, ergibt sich das *Leistungsdämpfungsmaß* oder kurz *Dämpfungsmaß* α_P. Die Silbe „maß“ deutet an, dass die Größe durch Logarithmieren entstanden ist.

$$\alpha_P = \lg \frac{P_1}{P_2} = \lg \frac{\dfrac{U_1^2}{Z_w}}{\dfrac{U_2^2}{Z_w}} = \lg \left(\frac{U_1}{U_2}\right)^2 = 2 \lg \frac{U_1}{U_2}$$

Der Logarithmus ist dimensionslos. Um darauf hinzuweisen, dass es sich um eine logarithmische Größe handelt, hängt man den Ausdruck Bel (B) an. Üblich ist die Einheit Dezibel dB. Es ergibt sich dann

$$\alpha_P = 2\,\mathrm{B} \lg \left(\frac{U_1}{U_2}\right) = 20\,\mathrm{dB} \lg \left(\frac{U_1}{U_2}\right) \tag{4.9}$$

■ *Beispiel 4.2*

Berechnen Sie für die Schaltung aus dem vorherigen Beispiel das Dämpfungsmaß für

$\omega/\omega_k = 0$ $\omega/\omega_k = 1$ $\omega/\omega_k = 10$ $\omega/\omega_k = 100$

$$\alpha_P\,(0) = 20\text{ dB lg}\frac{1}{1} = 0$$

$$\alpha_P\,(1) = 20\text{ dB lg}\frac{1}{\sqrt{1+1}} = -3\text{ dB}$$

$$\alpha_P\,(10) = 20\text{ dB lg}\frac{1}{\sqrt{1+10^2}} \approx 20\text{ dB lg}\frac{1}{10} = -20\text{ dB}$$

□ $$\alpha_P\,(100) = 20\text{ dB lg}\frac{1}{100} = -40\text{ dB}$$

Es ist üblich, für den Amplitudengang das Dämpfungsmaß mit der Einheit dB als Funktion des logarithmierten Frequenzverhältnisses aufzutragen.

$$\alpha_P = f\left(\lg\frac{\omega}{\omega_k}\right) = f\left(\lg\frac{f}{f_k}\right) \tag{4.10}$$

Dabei ist f_k eine Frequenz, bei der der Schaltung eine besondere Bedeutung zukommt, z. B. die Eckfrequenz des Tiefpasses. Den Phasenwinkel trägt man in Grad oder rad ebenfalls als Funktion des logarithmierten Frequenzverhältnisses auf. Die beschriebene Darstellung zeigt **Bild 4.4c**. Dabei ist zu beachten, dass bei der Frequenz das Frequenzverhältnis im logarithmierten Maßstab dargestellt wird. Aber Vorsicht! Die auf der Abszisse angegebenen Zahlenwerte, z. B. $f/f_k = 10$, sind nicht logarithmiert. Das Dämpfungsmaß $\alpha_P = 2\lg(U_1/U_2)$ ist hingegen eine logarithmische Größe, z. B. $\alpha_P = 10$ dB, die in Bild 4.4c nach unten aufgetragen wird, um den Vergleich mit Bild 4.4b zu erlauben. Dort wurde U_2/U_1 angegeben. Die Achse des Winkels φ wiederum ist nicht logarithmiert.

Noch eine letzte Bemerkung. Wird eine Leitung auf einen festen Wert bezogen, z. B. 1 mW, so spricht man vom *Leistungspegel* oder kurz *Pegel* L_P.

$$L_P\,(\text{re 1 mW}) = 10\left(\lg\frac{P}{1\text{ mW}}\right) \tag{4.11}$$

Da die Bezugsgröße 1 mW weit verbreitet ist, lässt man im Allgemeinen die Klammer (re 1 mW) weg.

4.6 Ortskurve

In den vorangegangenen Abschnitten dieses Kapitels habe ich im Wesentlichen Darstellungsformen zusammengestellt, die Ihnen bekannt sind. Nun will ich eine neue Darstellungsform bringen. Sie beruht auf dem Zeigerdiagramm und dient zur Visualisierung einer komplexen Größe, z. B. einer Impedanz, die von einer Systemgröße, z. B. der Frequenz, abhängt.

Beginnen wir mit den in **Bild 4.5** dargestellten Zweipolen. Für sie sind die Impedanzen und der Leitwert bei einer Frequenz in der komplexen Ebene als Punkt dargestellt. Für andere Frequenzen ergeben sich andere Punkte. Dabei sind folgende Zahlenwerte zugrunde gelegt:

$$R = 1\,\Omega \qquad \omega L\,(50\text{ Hz}) = 1\,\Omega \qquad \frac{1}{\omega C}(50\text{ Hz}) = 1\,\Omega$$

Verbindet man die Impedanzpunkte für alle Frequenzen miteinander, so ergibt sich eine Linie, die in einem Punkt der komplexen Ebene bei $f = 0$ beginnt und bei $f = \infty$ in einem anderen endet. Diese Linie wird als geometrischer Ort aller Punkte oder *Ortskurve* bezeichnet.

Besteht der Zweipol lediglich aus einem Widerstand (Fall a), so entartet die Ortskurve zu einem Punkt, der für alle Frequenzen gilt.

Für die Reihenschaltung aus Widerstand und Spule (Fall b) besteht die Impedanz aus dem Widerstand, der den Realteil bildet, und dem induktiven Anteil, der den Imaginärteil erzeugt.

$$\underline{Z} = R + \mathrm{j}\,\omega L \tag{4.12}$$

Bei der Frequenz null ergibt sich der Imaginärteil null. Mit wachsender Frequenz steigt der Imaginärteil und damit die Impedanz an und endet bei $f \to \infty$ im Unendlichen. Die Gestalt der Ortskurve ist eine Gerade, genauer ein Strahl. Der Frequenzmaßstab, der an die Ortskurve anzutragen ist, ist linear.

Dual zur R-L-Reihenschaltung verhält sich die R-C-Parallelschaltung (Fall e). Bei ihr beginnt in der Admittanzebene der Strahl für $f = 0$ auf der reellen Achse und steigt mit linearem Maßstab in das Unendliche.

Die R-C-Reihenschaltung (Fall c) wird ebenfalls durch einen geraden Strahl beschrieben, der bei $f = 0$ im Unendlichen beginnt und bei $f = \infty$ auf der reellen Achse endet; der Maßstab ist nichtlinear.

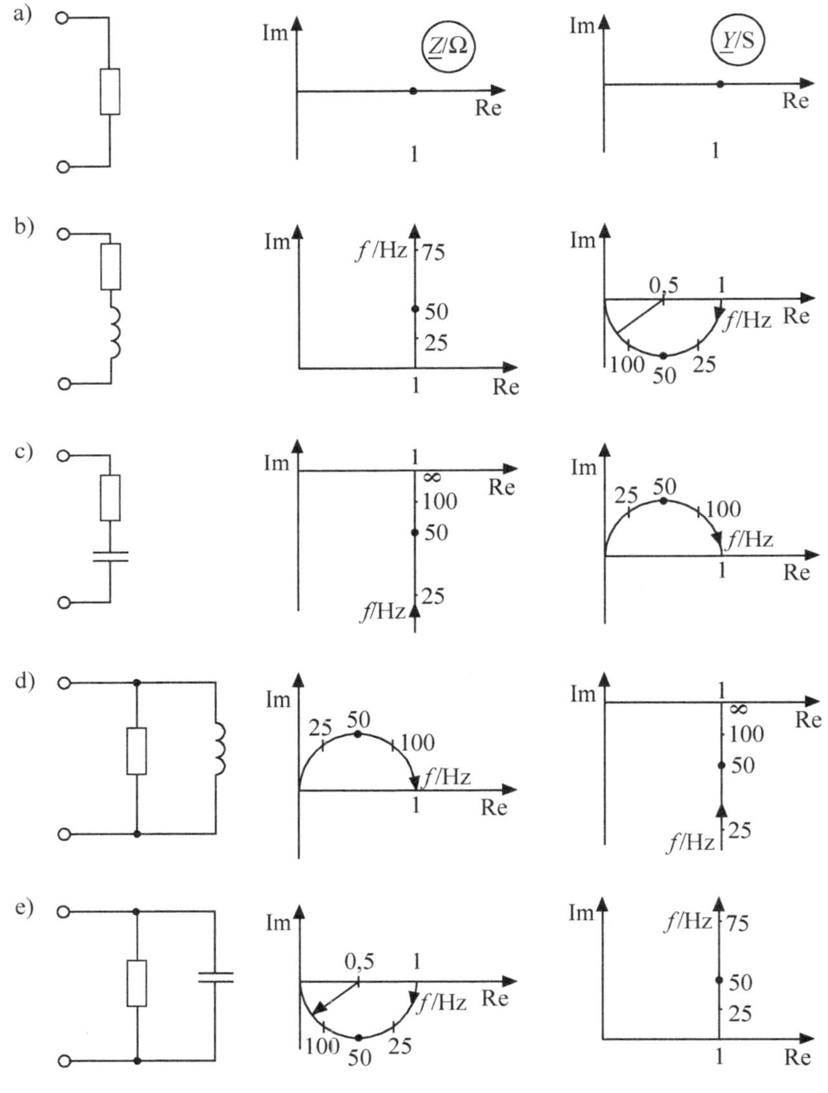

Bild 4.5 Ortskurve

a) Widerstand
b) R-L-Reihenkreis
c) R-C-Reihenkreis
d) R-L-Parallelkreis
e) R-C-Parallelkreis

Dual zur R-C-Reihenschaltung verhält sich die R-L-Parallelschaltung (Fall d). Dies muss ich nicht kommentieren, sondern kann mich gleich den so genannten inversen Ortskurven zuwenden.

Die Admittanz der R-L-Reihenschaltung erhalten wir aus Gl. (4.12).

$$\underline{Y} = \frac{1}{\underline{Z}} = \frac{1}{R + \mathrm{j}\omega L} = \frac{R - \mathrm{j}\omega L}{R^2 + (\omega L)^2} = Y_\mathrm{r} + \mathrm{j}\, Y_\mathrm{j}$$

$$Y_\mathrm{r} = \frac{R}{R^2 + (\omega L)^2} \tag{4.13}$$

$$Y_\mathrm{j} = \frac{-\omega L}{R^2 + (\omega L)^2} \tag{4.14}$$

Um eine Kurve in der Y_j-Y_r-Ebene zu erhalten, muss die Frequenz eliminiert werden.

$$Y_\mathrm{j}^2 = \frac{(\omega L)^2}{\left[R^2 + (\omega L)^2\right]^2} = Y_\mathrm{r}^2 \, \frac{(\omega L)^2}{R^2} = \left[\frac{Y_\mathrm{r}}{R}\right]^2 \left[\frac{R}{Y_\mathrm{r}} - R^2\right] = \frac{Y_\mathrm{r}}{R} - Y_\mathrm{r}^2$$

$$Y_\mathrm{j}^2 + \left[Y_\mathrm{r} - \frac{1}{(2\,R)}\right]^2 = \frac{1}{(2\,R)^2}$$

$$Y_\mathrm{j} + (Y_\mathrm{r} - m_\mathrm{r})^2 = r^2 \tag{4.15}$$

$$m_\mathrm{r} = r = \frac{1}{(2\,R)}$$

Es handelt sich demnach um einen Kreis, der symmetrisch zur reellen Achse liegt. Da die Verschiebung des Mittelpunkts gegenüber dem Ursprung m_r genauso groß ist wie der Radius, geht der Kreis durch den Ursprung. Um die Frequenzskala zu erhalten, setzen wir in die Gln. (4.13) und (4.14) verschiedene Frequenzen ein.

Für $f_\mathrm{k} = R/L = 50$ Hz erhalten wir

$f = 0$	$Y_\mathrm{r} = \frac{1}{R} = 1\,\mathrm{S}$	$Y_\mathrm{j} = 0$
$f = 50\,\mathrm{Hz}$	$Y_\mathrm{r} = \frac{1}{2\,R} = 0{,}5\,\mathrm{S}$	$Y_\mathrm{j} = -0{,}5\,\mathrm{S}$

$f = 25\,\text{Hz} \qquad Y_r = \frac{1}{1+0{,}5^2}\,\text{S} = 0{,}8\,\text{S} \qquad Y_j = \frac{-0{,}5}{1+0{,}5^2}\,\text{S} = -0{,}4\,\text{S}$

$f = 100\,\text{Hz} \qquad Y_r = \frac{1}{1+2^2}\,\text{S} = 0{,}2\,\text{S} \qquad Y_j = \frac{-2}{1+2^2}\,\text{S} = -0{,}4\,\text{S}$

$f = \infty \qquad Y_r = 0 \qquad Y_j = 0$

Der Kreis nach Gl. (4.15) wird demnach nur in der rechten unteren Hälfte des Koordinatensystems liegen. Die obere Hälfte ergibt sich für negative Frequenzen, die nicht betrachtet werden. In die linke Hälfte kommen Sie nur mit einem negativen Widerstand.

Den Leitwert für den R-C-Reihenkreis (Fall c) erhalten wir wie folgt.

$$\underline{Z} = R + \frac{1}{\mathrm{j}\,\omega\,C} = \frac{\mathrm{j}\,\omega\,C\,R - 1}{\mathrm{j}\,\omega\,C}$$

$$\underline{Y} = \frac{\mathrm{j}\,\omega\,C\,(1 - \mathrm{j}\,\omega\,C\,R)}{1 + (\omega\,C\,R)^2}$$

$$Y_r = \frac{(\omega\,C)^2\,R}{1 + (\omega\,C\,R)^2} \qquad Y_j = \frac{\omega\,C}{1 + (\omega\,C\,R)^2} \tag{4.16}$$

$$\frac{Y_r}{Y_j} = \omega\,C\,R$$

$$Y_r = \frac{\left(\frac{Y_r}{Y_j}\right)^2 \cdot \frac{1}{R}}{1 + \left(\frac{Y_r}{Y_j}\right)^2} = \frac{Y_r^2}{\left(Y_j^2 + Y_r^2\right) R}$$

$$Y_j^2 + Y_r^2 - \frac{1}{R}\,Y_r = 0$$

$$Y_j^2 + \left(Y_r - \frac{1}{2\,R}\right)^2 = \left(\frac{1}{2\,R}\right)^2 \tag{4.17}$$

Dieser Ausdruck stimmt mit Gl. (4.15) überein. Es handelt sich demnach um denselben Kreis. Allerdings ist der Imaginärteil für positive Frequenzen positiv. Außerdem ist die Skalierung anders.

Nach diesen Erklärungen ist es ohne Problem möglich, auch die anderen beiden Kreise in Bild 4.5 nachzuvollziehen. Tun Sie es bitte!

Es ist eigentlich alles gesagt, was zum Verständnis der Ortskurven gehört. Der Rest ist Übung.

Aufgabe 4.3

Ein Widerstand R_1 und eine Spule L_1 sind parallel geschaltet. In Reihe hierzu liegt ein weiterer Widerstand R_2. Zeichnen Sie die Ortskurve der Impedanz für diesen Zweipol!

$R_1 = 2\ \Omega$ $\quad$ $L_1 = 1$ H $\quad$ $R_2 = 1\ \Omega$

Beispiel 4.3

Ein Asynchronmotor wird durch die Schaltung in **Bild 4.6a** nachgebildet. Die Ableitung dieses Modells erfolgt in Abschn. 6.42. Als Variable tritt der *Schlupf* s auf, die Frequenz bleibt fest. Dreht sich der Motor mit der Drehzahl der Netzfrequenz $f = 50$ Hz, so ist der Schlupf $s = 0$. Steht er still, so wird der Schlupf $s = 1$. Während des Hochlaufvorgangs fällt demnach der Schlupf von $s = 1$ auf $s = 0$ ab. Die übrigen Elemente des Schaltbilds sind in Anlehnung an den Transformator, der im nächsten Kapitel behandelt wird, definiert.

Hauptreaktanz	$X_h = 10\ \Omega$
Eisenverlustwiderstand	$R_{Fe} = 25\ \Omega$
Streureaktanz	$X_\sigma = 2\ \Omega$
Läuferwiderstand	$R = 0{,}5\ \Omega$
Klemmenspannung	$U = 100$ V

Die Zahlenwerte sind etwas unrealistisch gewählt, um eine übersichtliche Ortskurve zu erhalten. Der Eingangsstrom $\underline{I}$ des Motors setzt sich aus dem Strom $\underline{I}_h$ durch die Hauptimpedanz $\underline{Z}_h$ und dem Läuferstrom $\underline{I}_L$ zusammen.

$$\underline{I}_h = \frac{1}{R_{Fe}} U + \frac{1}{j X_h} U = (4 - j\,10)\ \text{A}$$

$$\underline{I}_L = \frac{U}{R_L + j X_\sigma} = \frac{U}{\frac{R}{s} + j X_\sigma} = \frac{U\left(\frac{R}{s} - j X_\sigma\right)}{\left(\frac{R}{s}\right)^2 + X_\sigma^2}$$

Variable ist hier der Widerstand $R_L = R/s$.

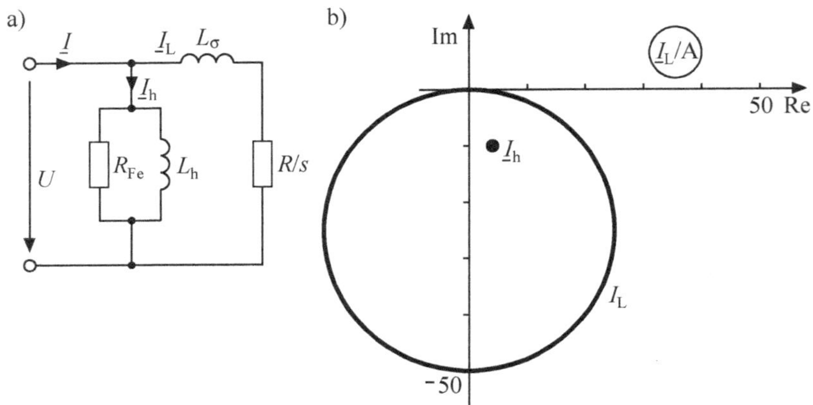

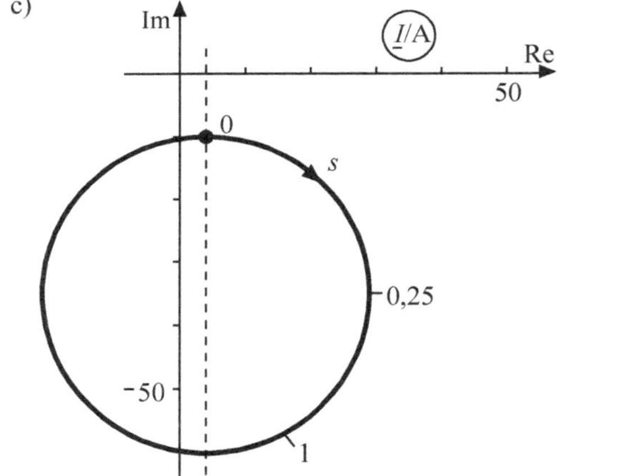

Bild 4.6 Ortskurve einer Asynchronmaschine
a) Schaltbild
b) Läuferstrom
c) Eingangsstrom

$$\frac{I_{Lr}}{U} = \frac{R_L}{R_L^2 + X_\sigma^2} \qquad \frac{I_{Lj}}{U} = \frac{-X_\sigma}{R_L^2 + X_\sigma^2}$$

$$R_L^2 = -\frac{X_\sigma^2 \dfrac{I_{Lj}}{U} + X_\sigma}{\dfrac{I_{Lj}}{U}}$$

$$\frac{I_{Lr}}{I_{Lj}} = -\frac{R_L}{X_\sigma}$$

$$\left(\frac{I_{Lr}}{I_{Lj}}\right)^2 = \frac{R_L^2}{X_\sigma^2} = -\frac{X_\sigma \dfrac{I_{Lj}}{U} + 1}{X_\sigma \dfrac{I_{Lj}}{U}}$$

$$I_{Lr}^2 \, X_\sigma \frac{I_{Lj}}{U} = -X_\sigma \frac{I_{Lj}^3}{U} - I_{Lj}^2$$

$$I_{Lr}^2 + I_{Lj}^2 + \frac{I_{Lj}\, U}{X_\sigma} = 0$$

$$I_{Lr}^2 + \left(I_{Lj} + \frac{U}{2\, X_\sigma}\right)^2 = \left(\frac{U}{2\, X_\sigma}\right)^2$$

Dieser Kreis ist in **Bild 4.6b** dargestellt. Er liegt symmetrisch zur imaginären Achse und geht durch den Ursprung sowie auf der imaginären Achse durch den Punkt

$$I_{Lj} = -\frac{U}{X_\sigma} = -\frac{100}{2}\,\text{A} = -50\text{ A}$$

Der Strom I_h ist zwar frequenzabhängig, aber nicht schlupfabhängig, deshalb bildet er in der komplexen Ebene des Schlupfs (Bild 4.6b) einen Punkt. Die Addition der Ströme $\underline{I}_h$ und $\underline{I}_L$ liefert **Bild 4.6c**. Die Variablen R_L und s führen zu demselben Kreis, aber die Skalierung ist unterschiedlich.
Wir wählen drei Werte aus.

$s = 0 \qquad R_L = \infty \qquad I_{Lr} = 0; \qquad I_{Lj} = 0$

$\qquad I_r = 4\text{ A}; \qquad I_j = -10\text{ A}$

$s = 1 \qquad R_L = R \qquad I_{Lr} = \dfrac{0{,}5 \cdot 100}{0{,}5^2 + 2^2}\,\text{A} = 12\text{ A}$

$$I_{Lj} = -\frac{2 \cdot 100}{0{,}5^2 + 2^2}\,\text{A} = -47\text{ A}$$

$\qquad I_r = 16\text{ A}; \qquad I_j = -57\text{ A}$

$s = 0{,}25 \qquad R_L = X_\sigma \qquad I_{Lr} = \frac{2 \cdot 100}{2^2 + 2^2}\,\text{A} = 25\,\text{A}$

$I_{Lj} = -\frac{2 \cdot 100}{2^2 + 2^2}\,\text{A} = -25\,\text{A}$

$I_r = 29\,\text{A}; \qquad I_j = -35\,\text{A}$

☐ Der dargestellte Kreis wird *Heylandkreis* genannt.
Wir haben in Bild 4.5 Schaltungen mit nur einem Energiespeicher behandelt. Für einen Serienschwingkreis (**Bild 4.7a**), der zwei Energiespeicher enthält, ergibt sich die Impedanz.

$$\underline{Z} = R + \mathrm{j}\left(\omega L - \frac{1}{\omega C}\right)$$

Dies ist eine Gerade, die bei extremen Frequenzen ($f = 0; f = \infty$) nach $\pm\,\infty$ strebt.
Bei der Kennkreisfrequenz ω_0 ergibt sich ein reeller Wert. Für niedrige Frequenzen überwiegt die Kapazität, somit ist der Imaginärteil negativ. Für hohe Frequenzen überwiegt die Induktivität, deshalb ist der Imaginärteil positiv (**Bild 4.7b**).

a)

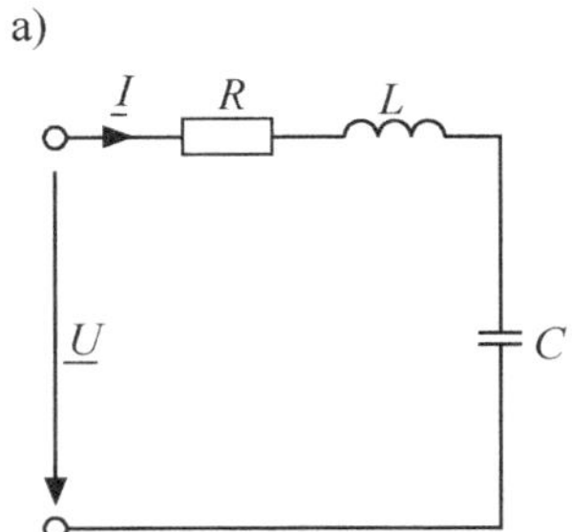

b)

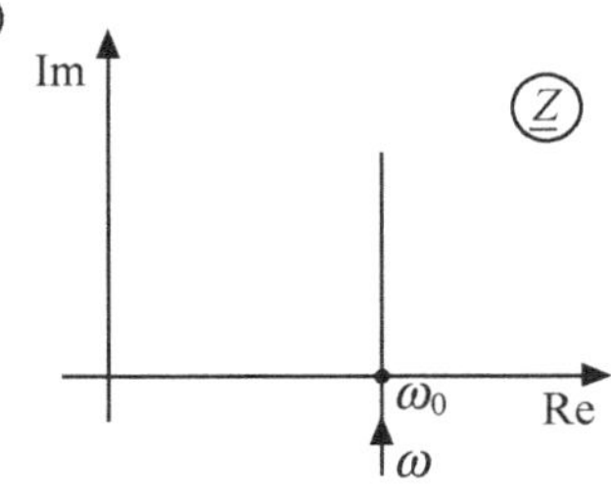

c)

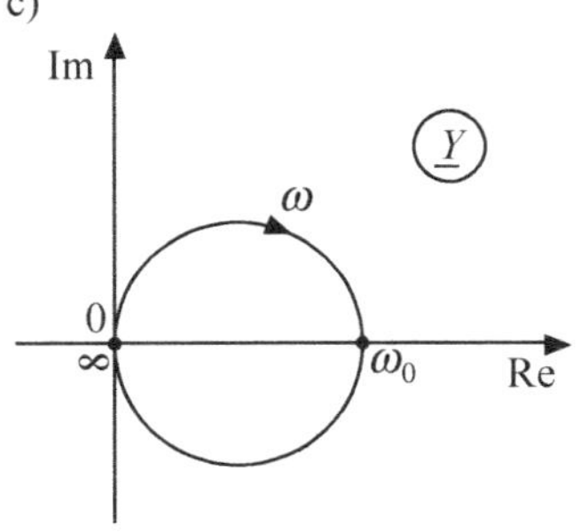

Bild 4.7 Reil
a) Schaltbild
b) Impedanz
c) Admittanz

Ich will jetzt noch einige allgemeine Aussagen treffen.

Inversion von Ortskurven

Die Ortskurve einer Impedanz, die aus einem konstanten Anteil R und einem variablen Anteil X besteht, genügt der Gleichung

$\underline{Z} = R + \mathrm{j}X(\omega)$

Sie ist eine Gerade. Die Inverse zu ihr ist ein Kreis.

$\underline{Y} = 1/\underline{Z}$

Allgemein führt jede Gerade $\underline{Z} = R + \mathrm{j}X(\omega)$ durch Inversion zu einem Kreis. Die Inverse eines Kreises ist wieder ein Kreis, wobei die Gerade als Sonderfall eines Kreises mit eingeschlossen ist.

Die Funktion $X(\omega)$ kann beliebig sein. Ihr Aufbau beeinflusst die Gestaltung des Kreises nicht, sondern nur die Skalierung.

Daraus folgt, dass die Admittanz $\underline{Y}$ des behandelten Serienschwingkreises in der komplexen Ebene einen Kreis bildet (**Bild 4.7c**).

Lassen Sie mich das Kapitel mit einer Aufgabe abschließen.

Aufgabe 4.4

Bestimmen Sie für die Schaltung in **Bild 4.8a** die Ortskurven der Impedanz! Wählen Sie hierzu sinnvolle Werte für die Frequenz! Versuchen Sie nicht, einen geschlossenen Ausdruck für die Ortskurve abzuleiten, sondern berechnen Sie einzelne Punkte in der komplexen Ebene!

$L_1 = 2$ mH

$L_2 = 1$ mH $\qquad C = 10\ \mu$F $\qquad R = 5\ \Omega$

a)

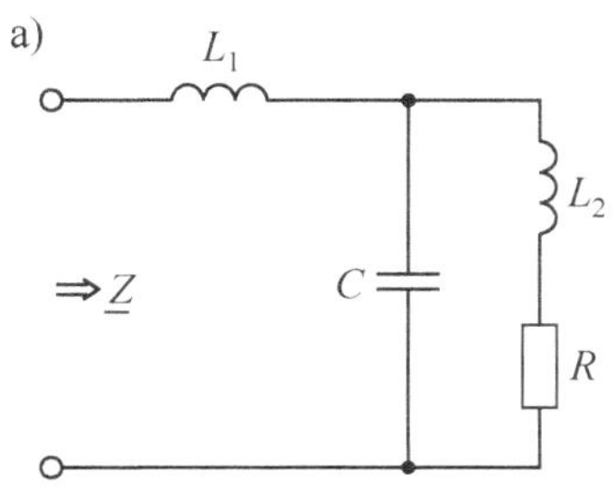

b)

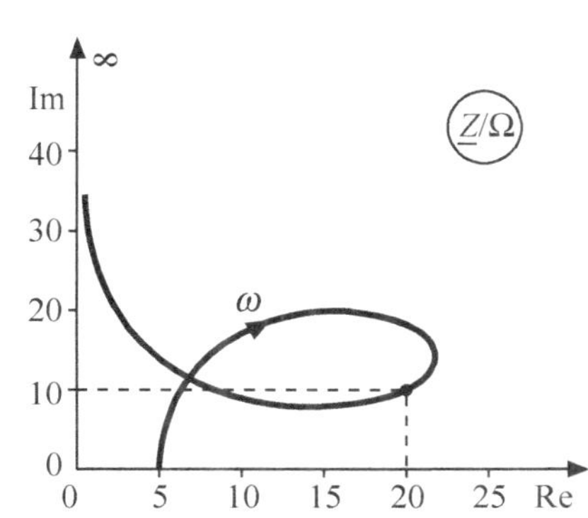

Bild 4.8 L-R-C-Kreis
a) Schaltbild
b) Ortskurve

5 Transformatoren

Transformatoren koppeln zwei Stromkreise über ein magnetisches Feld miteinander. Deshalb wurden sie bereits in Band 3 behandelt. Im Allgemeinen bestehen Transformatoren aus zwei Wicklungen, die keine leitende Verbindung haben, also galvanisch getrennt sind. In der Energieversorgung werden die Netze unterschiedlicher Spannungsebenen über *Transformatoren* gekoppelt. Der Energiefluss von einem Netz in das andere erfolgt dann über den magnetischen Kreis. Die Eigenschaft der *galvanischen Trennung* wird in vielen technischen Anwendungen ausgenutzt.

In der Nachrichtentechnik steht die Übertragung von Signalen im Vordergrund. Neben der Anpassung der Spannungen ist hier die galvanische Trennung von besonderer Bedeutung.

Es ist üblich, Transformatoren, die zur Signalübertragung eingesetzt werden, als *Übertrager* zu bezeichnen. Spezielle Transformatoren sind die Strom- und Spannungswandler, deren Aufgabe darin besteht, hohe Spannungen und große Ströme auf ein für die Messtechnik besser handhabbares Niveau zu reduzieren und dabei natürlich Proportionalität zu gewährleisten.

Ich will mit einem einfachen Modell des Transformators beginnen und dann eine Ersatzschaltung ableiten. Weitere gebräuchliche Ersatzschaltungen runden das Kapitel ab.

Die wesentlichen Komponenten eines Transformators sind in **Bild 5.1** zu erkennen. Hierbei handelt es sich um einen Ortsnetztransformator für Drehstrom, wie er in den Transformatorstationen in den Straßen gelegentlich zu sehen ist. Der magnetische Kern 1 ist aus lamellierten Blechen zusammengesetzt. Sie erinnern sich: Die Lamellierung soll Wirbelströme unterbinden und dadurch die Eisenverluste verringern. Über jeden der drei Kerne sind die Unterspannungswicklung 3 und die Oberspannungswicklung 2 aufgebracht. Die Wicklungsanschlüsse 4 für die Unterspannungen (400 V) sehen Kupfer- oder Aluminiumschienen als Anschlüsse vor. Bei den Anschlüssen der Hochspannungswicklung 5 (20 kV) ist ein geringerer Querschnitt erforderlich. Die drei Wicklungen bilden ein im Dreieck geschaltetes Drehstromsystem, das im nächsten Kapitel behandelt wird. Als Isolation dient Gießharz 6, das jeden Wicklungsstrang umschließt. Schließlich will ich noch auf das kräftige Stahlgestell 7 hinweisen, das den Transformator trägt.

Bild 5.1 Gießharztransformator 20 kV/400 V; 630 kVA [Quelle: Siemens]
1 Eisenkern, 2 Unterspannungswicklung, 3 Oberspannungswicklung, 4 Unterspannungsanschlüsse, 5 Oberspannungsanschlüsse, 6 Gießharzisolation, 7 Stahlgestell

5.1 Idealer Transformator

Bild 5.2a zeigt einen Eisenkern mit zwei Spulen. Betrachten wir zunächst nur eine der Spulen und lassen die zweite offen, so hat sie keinen Einfluss auf die erste. Die erste Spule hat die Induktivität

$$L_{h1} = N_1^2 \, \Lambda$$

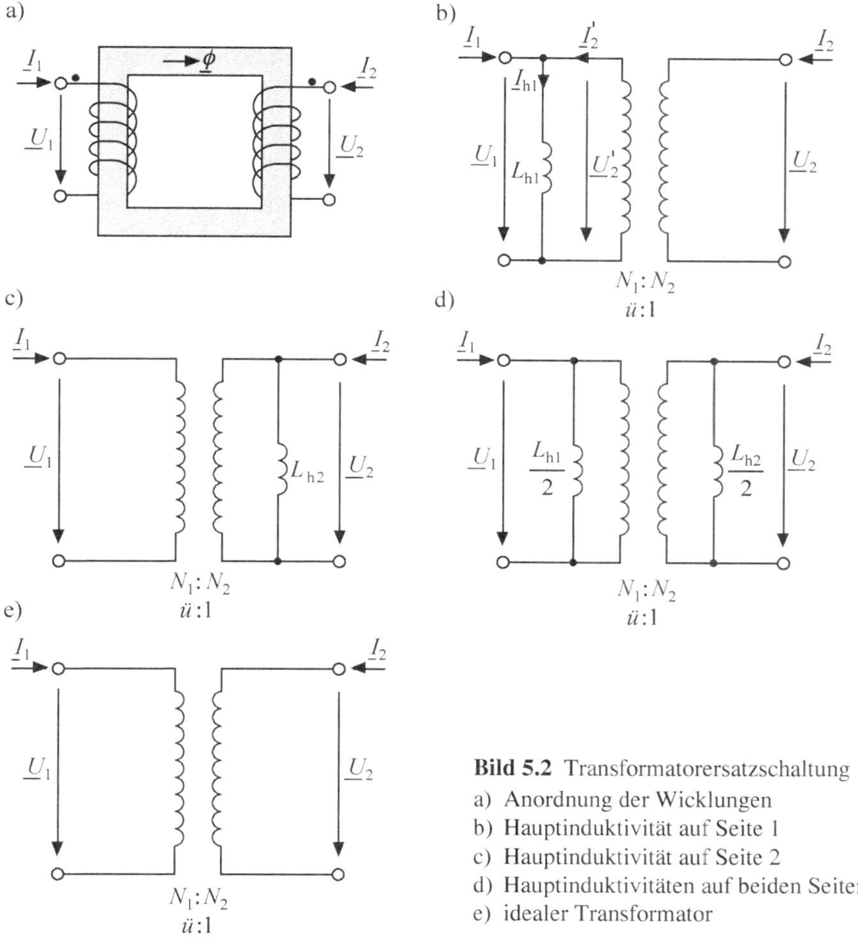

Bild 5.2 Transformatorersatzschaltung

a) Anordnung der Wicklungen
b) Hauptinduktivität auf Seite 1
c) Hauptinduktivität auf Seite 2
d) Hauptinduktivitäten auf beiden Seiten
e) idealer Transformator

Entsprechendes gilt für die zweite Spule

$$L_{h2} = N_2^2 \, \Lambda$$

Die Induktivitäten mit dem Index h werden *Hauptinduktivitäten* L_h genannt. Auf deren Bedeutung komme ich später zu sprechen.

Es lässt sich nun eine *Koppelinduktivität M* definieren, die gewissermaßen symmetrisch zu beiden Wicklungen ist. Dabei wird noch das *Übersetzungs-*

verhältnis ü eingeführt. Um den Umlaut zu vermeiden, verwendet man auch das Formelzeichen *t* für das Übersetzungsverhältnis ($ü = t$).

$$ü = \frac{N_1}{N_2}$$

$$M = N_1 \; N_2 \; \Lambda$$

$$L_{h1} = \frac{N_1}{N_2} \cdot M = ü\, M = N_1^2 \; \Lambda \qquad (5.1)$$

$$L_{h2} = \frac{N_2}{N_1} \cdot M = \frac{1}{ü} \, M = N_2^2 \; \Lambda$$

$$L_{h1} = \frac{N_1^2}{N_2^2} = ü^2 \; L_{h2}$$

Für den beschriebenen Transformator lassen sich drei Ersatzschaltungen zeichnen.

In **Bild 5.2b** wird der magnetische Kreis auf die Seite 1 bezogen, in **Bild 5.2c** auf die Seite 2. Beide Schaltungen sind gleichberechtigt. Bestimmen wir die Eingangsinduktivitäten in Bild 5.2b, so erhalten wir

$$L_1 = \frac{U_1}{\omega \, I_1} = L_{h1}$$

$$L_2 = \frac{U_2}{\omega \, I_2} = \frac{1}{ü^2} \, L_{h1}$$

Für Bild 5.2c ergibt sich

$$L_1 = ü^2 \; L_{h2}$$

$$L_2 = L_{h2}$$

Die Schaltung in **Bild 5.2d** ist etwas für Symmetrie-Fans. Hier wird der magnetische Kreis je zur Hälfte auf beide Seiten aufgeteilt. Da diese Schaltung beim Rechnen keinerlei Vorteile bietet, verwendet man sie kaum.

Wenn das Eisen im magnetischen Kreis ideal ist ($\mu \rightarrow \infty$), wird der magnetische Leitwert Λ unendlich.

$$L_{h1} = \infty \qquad\qquad L_{h2} = \infty$$

Wir erhalten dann den *idealen Übertrager* bzw. *idealen Transformator* in **Bild 5.2e**, dem ich mich jetzt zuwenden will.

Die Ströme in den Spulen 1 und 2 tragen zum Aufbau des magnetischen Flusses im Eisenkern bei.

$$V_{m1} = N_1\, i_1 \qquad\qquad V_{m2} = N_2\, i_2$$

$$V_m = V_{m1} + V_{m2} \tag{5.2}$$

$$\Phi = \Lambda\, V_m$$

$$u_1 = N_1 \frac{d\Phi}{dt} \qquad\qquad u_2 = N_2 \frac{d\Phi}{dt}$$

Dabei sind u_1 und u_2 die von außen an den Klemmen zu messenden Spannungen. Die inneren Spannungen, die durch die Flussänderungen erzeugt werden, sind negativ (Band 3).

Für das Verhältnis der Spannungen erhalten wir

$$\frac{u_1}{u_2} = \frac{N_1}{N_2} = \ddot{u}$$

$$\frac{\underline{U}_1}{\underline{U}_2} = \frac{N_1}{N_2} = \ddot{u} \tag{5.3}$$

Das Übertragungsverhalten gilt für Zeitfunktionen (kleine Buchstaben) genauso wie für komplexe Größen. Bei guter magnetischer Leitfähigkeit muss die magnetische Spannung null sein (Gl. (5.1)).

$$\Lambda \to \infty \qquad\qquad V_m \to 0$$

$$V_{m1} + V_{m2} = N_1\, i_1 + N_2\, i_2 = 0$$

$$\frac{i_1}{i_2} = -\frac{N_2}{N_1} = -\frac{1}{\ddot{u}}$$

$$\frac{\underline{I}_1}{\underline{I}_2} = -\frac{N_2}{N_1} = -\frac{1}{\ddot{u}} \tag{5.4}$$

Wenn der Strom $\underline{I}_1$ in die Spule 1 hineinfließt, also positiv ist, wird der Strom $\underline{I}_2$, der nach dem verwendeten Zählpfeilsystem ebenfalls in den Transformator hineinfließt, negativ. Um mit positiven Zahlenwerten zu arbeiten, wird üblicherweise der Strom $\underline{I}_2$ so orientiert, dass er aus dem Transformator herausfließt. Wir haben dann für die Wicklung 1 ein Verbraucherzählpfeilsystem und für die Wicklung 2 ein Erzeugerzählpfeilsystem. Der Klingeltransformator ist für das Netz ein Verbraucher und für die Klingel ein Erzeuger. Bei dieser Wahl der Zählpfeile spricht man von der *Kettendarstellung*.

Um sie zu erklären, will ich die Gelegenheit nutzen und etwas ausführlicher auf die Darstellung von elektrischen Energieversorgungsnetzen eingehen. **Bild 5.3a** zeigt einen Generator G, der auf eine *Sammelschiene* 1 speist. Von dort geht ein Transformator T1 ab, der über die Sammelschiene 2 und eine Leitung L die Sammelschiene 3 versorgt. An sie ist über einen weiteren Transformator T2 und die Sammelschiene 4 ein Verbraucher V angeschlossen. Damit ist der einphasige Schaltplan erklärt. Sie vermissen vielleicht den Rückleiter. Den müssen Sie sich denken. Zur Berechnung der Strom- und Spannungsverhältnisse in dem Netz können wir die Ersatzschaltung in **Bild 5.3b** verwenden. Sie enthält den Rückleiter.

Der Generator liefert den Strom $\underline{I}_1$ im Erzeugerpfeilsystem an den Transformator. Dieser nimmt den Strom $\underline{I}_1$ im Verbraucherpfeilsystem auf, um ihn im Erzeugerpfeilsystem als $\underline{I}_2$ an die Leitung abzugeben. Diese nimmt den Strom im Verbraucherpfeilsystem auf und gibt ihn im Erzeugerpfeilsystem an den zweiten Transformator ab. So geht das weiter. Dabei haben alle Ströme dieselbe Richtung. Die Transformatoren und die Leitungen sind als Vierpole wie Kettenglieder aneinandergereiht.

a)

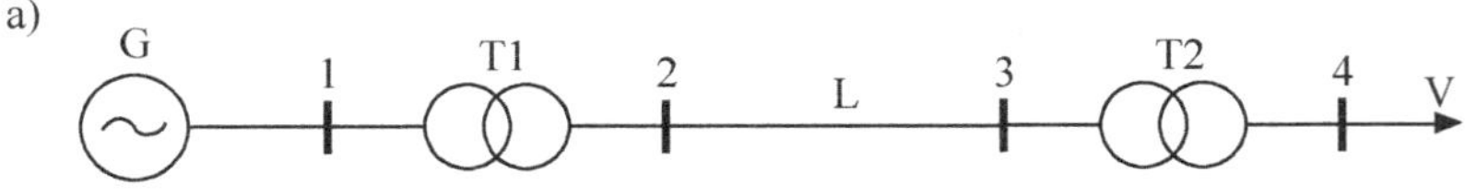

b)

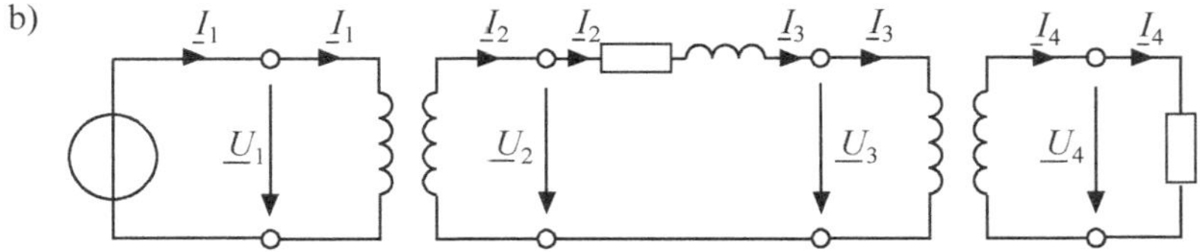

Bild 5.3 Netz mit mehreren Komponenten

a) Schaltplan

b) Ersatzschaltung in Kettendarstellung

G Generator, T Transformator, L Leitung, V Verbraucher, 1–4 Sammelschienen

Ich komme zum Transformator in Bild 5.2e zurück. Die Leistungen, die in die Wicklungen des idealen Übertragers hineinfließen, ergeben sich mit den Gln. (5.3) und (5.4) zu

$$\underline{S}_1 = \underline{U}_1\ \underline{I}_1^*$$

$$\underline{S}_2 = \underline{U}_2\ \underline{I}_2^* = \frac{1}{ü}\underline{U}_1\left(-ü\ \underline{I}_1^*\right) = -\underline{U}_1\ \underline{I}_1^* = -\underline{S}_1 \qquad (5.5)$$

Das Übersetzungsverhältnis ist rein reell, deshalb ändert sich bei ihm durch das Konjugieren nichts ($\underline{ü} = \underline{ü}^* = ü$). Komplexe Übersetzungsverhältnisse gibt es bei Drehstromtransformatoren. Davon ist bei den Grundlagen aber keine Rede.

Wird die Klemme 2 mit einer Impedanz $\underline{Z}_2$ belastet, so ist an der Klemme 1 die Impedanz $\underline{Z}_1$ zu messen. Für sie gilt

$$\underline{Z}_1 = \frac{\underline{U}_1}{\underline{I}_1} \qquad \underline{Z}_2 = \frac{-\underline{U}_2}{\underline{I}_2}$$

$$\underline{Z}_1 = \frac{\underline{U}_1}{\underline{I}_1} = \frac{ü\ \underline{U}_2}{\left(-\frac{1}{ü}\right)\underline{I}_2} = ü^2\ \underline{Z}_2 \qquad (5.6)$$

Übersetzungsverhältnis

Das Übersetzungsverhältnis eines Transformators ist durch das Verhältnis der Windungszahlen definiert. Beim idealen Transformator bestimmt es das Verhältnis der Klemmenspannungen und -ströme.

$$ü = \frac{N_1}{N_2} = \frac{\underline{U}_1}{\underline{U}_2} = \frac{-\underline{I}_2}{\underline{I}_1}$$

$$\frac{\underline{Z}_1}{\underline{Z}_2} = ü^2 \qquad (5.7)$$

Liegt der Energiefluss eines Transformators fest, wird die Eingangswicklung 1 als *Primärwicklung* und die Ausgangswicklung 2 als *Sekundärwicklung* bezeichnet. Da – von Ausnahmen abgesehen – die Wicklungen von Transformatoren unterschiedliche Spannungen haben, werden sie in der Norm als *Oberspannungswicklungen* und *Unterspannungswicklungen* bezeichnet. Bei vielen Transformatoren ist die Oberspannungswicklung gleichzeitig die Primärwicklung.

5.2 Verlustfreier Transformator

Ich habe im letzten Abschnitt die Hauptinduktivität eingeführt. Beim idealen Transformator ist sie unendlich, bei Eisen mit endlicher Permeabilität μ hat sie einen bestimmten Wert, der allerdings relativ groß ist. Der Strom durch die Hauptinduktivität $\underline{I}_{h1}$ in Bild 5.2b führt dazu, dass Gl. (5.7) für den Strom nicht mehr exakt gilt. Aus der Schaltung können wir ableiten

$$\underline{I}'_2 = \frac{1}{\ddot{u}\,\underline{I}_2} \qquad \underline{U}'_2 = \ddot{u}\,\underline{U}_2$$

$$\underline{I}_{1h} = \underline{I}_1 - \underline{I}'_2 = \frac{\underline{U}_1}{\mathrm{j}\,\omega\,\underline{L}_{h1}}$$

Werden Ströme und Spannungen einer Klemme mit dem Übersetzungsverhältnis des idealen Transformators auf die Seite der anderen Klemme umgerechnet, so erhalten sie zur Kennzeichnung einen Strich oder als Index ein t $\left(I_2 \rightarrow I'_2 = I_{2t}\right)$.

Jetzt steigen wir in die Physik des Transformators noch etwas genauer ein und gehen von der Anordnung in Bild 5.2a zu der in **Bild 5.4a** über. Dabei drehen wir die Richtung des Stroms $\underline{I}_2$ um, sodass bei einem Wirkleistungsfluss von 1 nach 2 alle Ströme und Spannungen positiv sind. Das ist die *Kettendarstellung*. Zunächst sei der Sekundärstrom null ($I_2 = 0$). Der Strom $\underline{I}_1$ durch die Wicklung 1 erzeugt in dem eingezeichneten magnetischen Kreis einen Hauptfluss Φ_h. Dieser durchdringt vollständig die Wicklung 2 und erzeugt dort die Spannung $\underline{U}_2$. Es gibt aber auch einen Teilfluss, der die Wicklung 1 durchdringt und nicht die Wicklung 2. Ihn bezeichnen wir als *Streufluss* $\Phi_{\sigma 1}$. Diesem wird eine zweite fiktive Wicklung mit der Induktivität $L_{\sigma 1}$ zugeordnet. Eine Änderung des Streuflusses erzeugt eine Spannung $\underline{U}_{\sigma 1}$ in der Wicklung 1, die sich zu der Spannung $\underline{U}_{h1}$ addiert.

$$\begin{aligned} \underline{U}_1 &= \underline{U}_{\sigma 1} + \underline{U}_{h1} = \mathrm{j}\,\omega\left[L_{\sigma 1} + L_{h1}\right]\underline{I}_1 \\ &= \mathrm{j}\,\omega\,L_1\,\underline{I}_1 = \mathrm{j}\,\omega\left[L_{\sigma 1} + \frac{N_1}{N_2}\,M\right]\underline{I}_1 \end{aligned} \tag{5.8}$$

$$L_{\sigma 1} = N_1^2\,\Lambda_{\sigma 1} \qquad L_{h1} = N_1^2\,\Lambda_h$$

a)

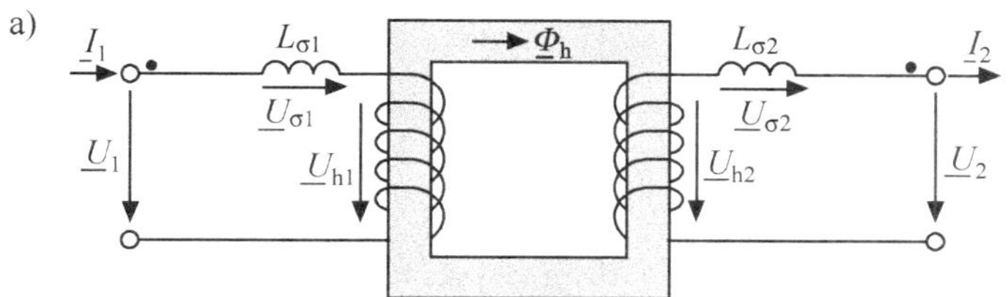

b)

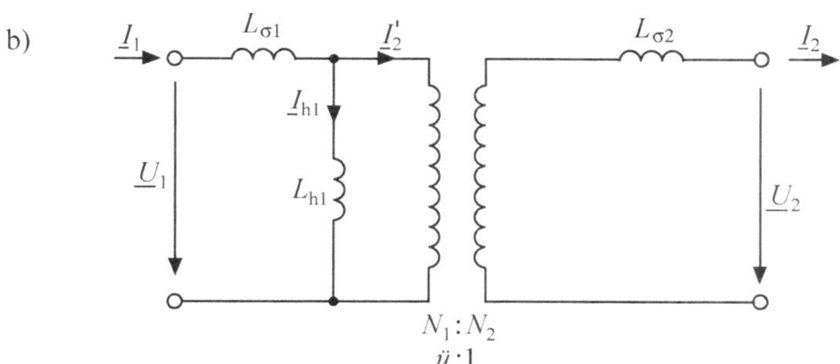

c)

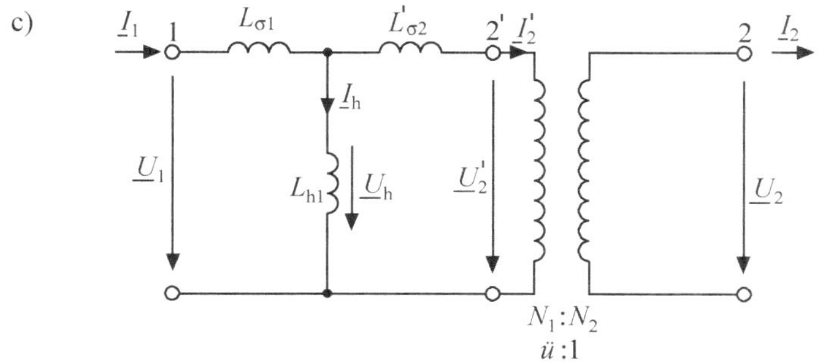

d)

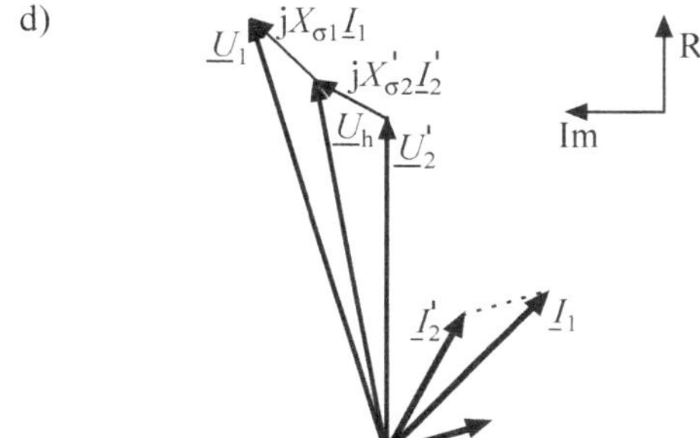

Bild 5.4 Ersatzschaltung eines verlustfreien Transformators

a) Anordnung

b) Ersatzschaltung; vorläufige Form

c) Ersatzschaltung; übliche Darstellung

d) Zeigerdiagramm

Der Streufluss fließt über einen Streuweg, der weitgehend in Luft liegt und deshalb einen kleinen magnetischen Leitwert $\Lambda_{\sigma 1}$ hat. Den Zusammenhang zwischen der Spannung $U_{\sigma 1}$ und dem Strom I_1 in der Wicklung 1 bezeichnen wir als *Streureaktanz* $X_{\sigma 1}$, die von der *Streuinduktivität* $L_{\sigma 1}$ ($X_{\sigma 1} = \omega\, L_{\sigma 1}$) gebildet wird.

Eine Ersatzschaltung, die Gl. (5.8) repräsentiert, zeigt **Bild 5.4b**. Was der Wicklung 1 recht ist, ist der Wicklung 2 billig. Der vom Strom I_2 hervorgerufene Streufluss $\Phi_{\sigma 2}$, der nicht die Wicklung 1 durchdringt, führt durch die Streuinduktivität $L_{\sigma 2}$ zu einer Streuspannung $U_{\sigma 2}$. Für $\underline{I}_1 = 0$ gilt

$$\begin{aligned}\underline{U}_2 &= \underline{U}_{h2} - \underline{U}_{\sigma 2} + = \mathrm{j}\,\omega\left[L_{\sigma 2} + L_{h2}\right]\left(-\underline{I}_2\right)\\ &= \mathrm{j}\,\omega\, L_2\left(-\underline{I}_2\right) = \mathrm{j}\,\omega\left[L_{\sigma 2} + \left(\frac{N_2}{N_1}\right)^2 L_{h1}\right]\left(-\underline{I}_2\right)\\ &= \mathrm{j}\,\omega\left[L_{\sigma 2} + \frac{N_2}{N_1} M\right]\left(-\underline{I}_2\right)\end{aligned} \tag{5.9}$$

Im Unterschied zu Gl. (5.8) treten vor $U_{\sigma 2}$ und I_2 negative Vorzeichen auf, denn wir sind zum Erzeugerzählpfeilsystem übergegangen.

Die Streuinduktivität $L_{\sigma 2}$ der zweiten Wicklung ist ebenfalls in Bild 5.4b eingezeichnet. Wird sie mit dem Übersetzungsverhältnis auf die Seite 1 des Transformators umgerechnet, ergibt sich daraus

$$L'_{\sigma 2} = \left(\frac{N_1}{N_2}\right)^2 L_{\sigma 2} = \ddot{u}^2\, L_{\sigma 2} \tag{5.10}$$

$$X'_{\sigma 2} = \ddot{u}^2\, X_{\sigma 2}$$

So entsteht die Schaltung in **Bild 5.4c**. Sie besteht aus der Reihenschaltung von zwei Vierpolen. Der erste hat die Klemmenpaare 1 und 2′ und enthält eine T-Schaltung von Induktivitäten. Der zweite Vierpol hat die Klemmenpaare 2′ und 2, zwischen denen ein idealer Übertrager sitzt. Selbstverständlich ist es möglich, die Induktivität mit dem Übersetzungsverhältnis auf die Seite 2 umzurechnen. Das Zeigerdiagramm des Transformators ist in **Bild 5.4d** dargestellt. Es soll im folgenden Beispiel mit Zahlen belebt werden.

Beispiel 5.1

Ein Transformator zur Einspeisung in das Mittelspannungsnetz einer kleinen Stadt hat die Daten

$$S_\mathrm{r} = \frac{30}{3}\,\mathrm{MVA} = 10\,\mathrm{MVA}$$

$$U_\mathrm{r1} = \frac{110}{\sqrt{3}}\,\mathrm{kV} = 63{,}5\,\mathrm{kV}$$

$$U_\mathrm{r2} = \frac{20}{\sqrt{3}}\,\mathrm{kV} = 11{,}55\,\mathrm{kV}$$

$$X_{\sigma 1} = 24{,}2\,\Omega = X'_{\sigma 2}$$

$$X_{\sigma 2} = X_{\sigma 1} \cdot ü^2 = 24{,}2\,\Omega \left(\frac{20}{110}\right)^2 = 0{,}8\,\Omega$$

$$X_\mathrm{h1} = 4840\,\Omega$$

Die Bedeutung der Divisoren 3 und $\sqrt{3}$ hat etwas mit Drehstrom zu tun und kommt im nächsten Kapitel. Die Last sei $S_2 = 30/3$ MVA; $\cos\varphi = 0{,}8$. Wie groß sind die Eingangsreaktanzen X_{10} im Leerlauf ($I_2 = 0$) und X_k1 beim Kurzschluss ($U_2 = 0$)?

$$X_{10} = X_\mathrm{h1} + X_{\sigma 1} = 4840\,\Omega + 24{,}2\,\Omega = 4864{,}2\,\Omega \approx X_\mathrm{h1}$$

$$X_\mathrm{k1} = X_{\sigma 1} + X_\mathrm{h1} \| X'_{\sigma 2} = 24{,}2\,\Omega + \frac{4840 \cdot 24{,}2}{4840 + 24{,}2}\,\Omega$$

$$= 24{,}2\,\Omega + 24{,}08\,\Omega = 48{,}28\,\Omega \approx X_{\sigma 1} + X'_{\sigma 2}$$

Für den Fall, dass bei der Last S_2 auf der Unterspannungsseite die Bemessungsspannung anliegt, sind die Größen des Zeigerbilds zu berechnen.

$$\underline{U}_2 = U_2 = 11{,}55\,\mathrm{kV}$$

$$\underline{I}_2 = \frac{\underline{S}_2^*}{\underline{U}_2^*} = \frac{S_2\,(0{,}8 - \mathrm{j}\,0{,}6)}{U_2} = \frac{10\,(0{,}8 - \mathrm{j}\,0{,}6)}{11{,}55}\,\mathrm{kA}$$

$$= 0{,}866\,(0{,}8 - \mathrm{j}\,0{,}6)\,\mathrm{kA} = (693 - \mathrm{j}\,519)\,\mathrm{A}$$

$$\ddot{u} = \frac{110\sqrt{3}}{\frac{20}{\sqrt{3}}} = \frac{110}{20} = 5{,}5$$

Um eine Vergleichsgrundlage für die nächsten Aufgaben zu erhalten, gehe ich von folgenden Werten als exakt aus und berechne die anderen auf fünf Stellen genau. Die Strom- und Spannungszeiger werden in Bild 5.4d dargestellt.

$\underline{U}_2 = 11{,}55\ \text{kV} \qquad \underline{I}_2 = (693 - \text{j}\,519)\ \text{A} \qquad \ddot{u} = 5{,}5$

$X_{\sigma 1} = X'_{\sigma 2} = 24{,}2\ \Omega \qquad X_\text{h} = 4\,840\ \Omega$

$$\underline{U}'_2 = 11{,}55\ \text{kV} \cdot 5{,}5 = 63{,}525\ \text{kV}$$

$$\underline{I}'_2 = \frac{(693 - \text{j}\,519)\ \text{A}}{5{,}5} = (126{,}00 - \text{j}\,94{,}364)\ \text{A}$$

$$\underline{U}_\text{h} = 63\,525\ \text{V} + \text{j}\,24{,}2\,(126{,}00 - \text{j}\,94{,}364)\ \text{V} = (65\,809 + \text{j}\,3049)\ \text{V}$$

$$\underline{I}_\text{h} = \frac{1}{\text{j}\,4840}(65\,809 + \text{j}\,3049)\ \text{A} = (0{,}63 - \text{j}\,13{,}60)\ \text{A}$$

$$\underline{I}_1 = \underline{I}'_2 + \underline{I}_\text{h} = (126{,}63 - \text{j}\,107{,}96)\ \text{A}$$

$$\underline{U}_1 = (65\,809 + \text{j}\,3049)\,\text{V} + \text{j}\,24{,}2\,(126{,}63 - \text{j}\,107{,}96)\ \text{V} = (68\,422 + \text{j}\,6113)\ \text{V}$$

$$\underline{S}_1 = \underline{U}_1\,\underline{I}_1^* = (68{,}422 + \text{j}\,6{,}113)(126{,}63 + \text{j}\,107{,}96)\ \text{kVA}$$

$$= (8004{,}3 + \text{j}\,8160{,}9)\ \text{kVA}$$

$$\underline{S}_2 = 11{,}55\,(693 + \text{j}\,519) = (8004{,}2 + \text{j}\,5994{,}5)\ \text{kVA}$$

$$\Delta P = P_1 - P_2 = 0{,}1\ \text{kW} \approx 0$$

$$\Delta Q = Q_1 - Q_2 = 2166{,}4\ \text{kVAr}$$

Da in dem Vierpol keine Wirkwiderstände enthalten sind, muss die Eingangsleistung P_1 genauso groß sein wie die Ausgangsleistung P_2. Die Differenz $\Delta P = 0{,}1$ kW ist ein Maß für die Rechengenauigkeit.

Die Blindleistung, die in den drei Spulen umgesetzt wird, kann als Kontrolle dienen, wenn sie mit der oben berechneten Blindleistung ΔQ verglichen wird.

$Q_{\sigma 1} = X'_{\sigma 2} \cdot I'^2_2 = 599{,}69\ \text{kVAr}$

$Q_{\sigma 2} = X_{\sigma 1} \cdot I_1^2 = 670{,}11\ \text{kVAr}$

$Q_\text{h} = X_\text{h} \cdot I_\text{h}^2 = 897{,}13\ \text{kVAr}$

$\sum Q = 2166{,}9\ \text{kVAr}$

Gegenüber der Blindleistung ΔQ ergibt sich eine Abweichung von 0,5 kVAr.

5.3 Verlustbehafteter Transformator

Die Widerstände der Wicklungen kann man in der Ersatzschaltung in Reihe zu den Streuinduktivitäten schalten. Dies ist in **Bild 5.5a** geschehen. Dabei wurde der Widerstand der Wicklung 2 mit dem Übersetzungsverhältnis des idealen Transformators umgerechnet ($R'_2 = ü^2\ R_2$). Die Verluste in den Wicklungswiderständen werden als *Kupferverluste* P_Cu bezeichnet.

$$P_\text{Cu} = R_1\ I_1^2 + R_2\ I_2^2 = R_1\ I_1^2 + R'_2\ I'^2_2 \tag{5.11}$$

Außerdem gibt es noch Verluste im Eisenkreis. Sie entstehen durch Ummagnetisieren des Eisens. Pro Netzperiode wird die Hysteresekurve einmal durchlaufen. Da es sich hier um ein nichtlineares Verhalten handelt, ist der Zusammenhang zwischen Flussamplitude und *Hystereseverlusten* P_Hy nichtlinear.

$$P_\text{Hy} = f_1\left(\hat{\Phi}\right) = f_2\left(U_\text{h}\right) \approx G_\text{Hy} \cdot U_\text{h}^2$$

Der Fluss ist proportional zur Spannung an der Hauptinduktivität. Deshalb lassen sich die Hystereseverluste mit grober Näherung durch einen Widerstand $R_\text{Hy} = 1/G_\text{Hy}$ an der Spannung U_h nachbilden.

Die Flussänderungen erzeugen im Eisenkern Spannungen, die Kreisströme hervorrufen. (Wie heißen sie?) Diese führen im Eisen zu Verlusten. Eine Verdopplung der Hauptfeldspannung U_h führt zu einer Verdopplung des Flusses, einer Verdopplung der induzierten Spannung und einer Verdopplung der Kreisströme, die als *Wirbelströme* bezeichnet werden. Die Verluste wachsen demnach quadratisch mit der Spannung U_h an und lassen sich gut durch einen Widerstand modellieren. Für die *Wirbelstromverluste* P_W erhalten wir deshalb in guter Näherung

$$P_\text{W} = G_\text{W}\ U_\text{h}^2$$

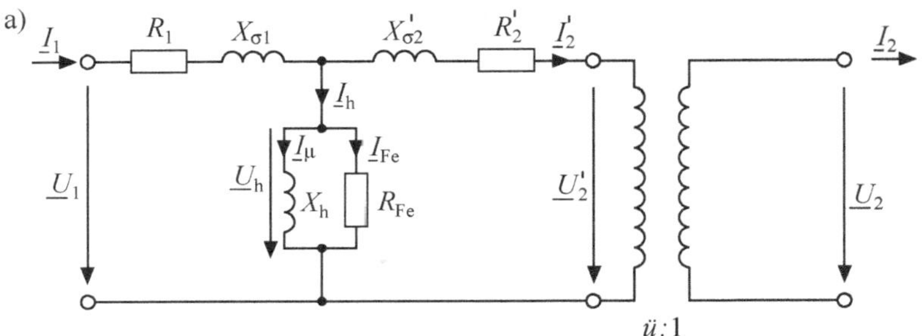

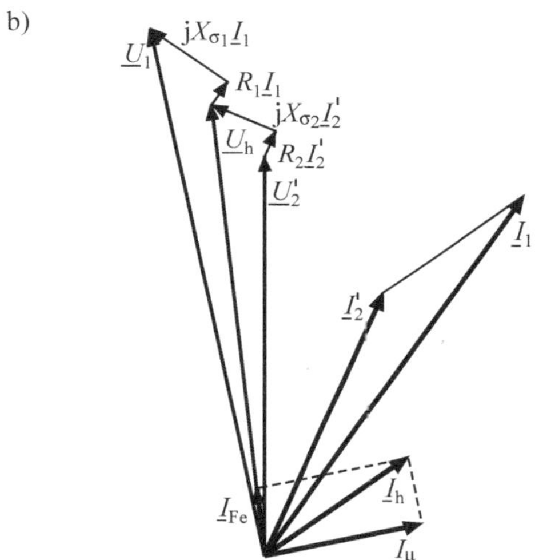

Bild 5.5 Vollständige Ersatzschaltung des Transformators
a) Schaltbild
b) Zeigerdiagramm

Die Summe aus Wirbelstrom- und Hystereseverlusten wird als *Eisenverluste* P_{Fe} bezeichnet. Sie werden durch den Eisenverlustwiderstand R_{Fe} nachgebildet.

$$P_{Fe} = P_{Hy} + P_W = \left(G_{Hy} + G_W\right) U_h^2 = G_{Fe}\, U_h^2 = \frac{U_h^2}{R_{Fe}} \tag{5.12}$$

Der Widerstand R_{Fe} ist in der Ersatzschaltung (Bild 5.5a) parallel zur Hauptreaktanz X_h eingezeichnet. Beide liegen an der Spannung U_h.

Probleme gibt es mit der Frequenzabhängigkeit der Verlustwiderstände. Die Wicklungswiderstände werden mit wachsender Frequenz durch die Stromverdrängung größer, können aber für Frequenzen unter 1 kHz noch annähernd als konstant angesehen werden. Die Hystereseverluste steigen linear mit der Frequenz und die Wirbelstromverluste quadratisch mit der Frequenz an. (Doppelte induzierende Frequenz bedeutet doppelte induzierte Spannung.) Die Ersatzschaltung mit den festen Widerständen gilt deshalb nur für eine Frequenz, z. B. 50 Hz. Der die Magnetisierung im Eisen hervorrufende Strom wird in Bild 5.5a mit $\underline{I}_{\mu}$ und der für die Verluste im Eisen verantwortliche Strom mit $\underline{I}_{\mathrm{Fe}}$ bezeichnet. Die Summe aus beiden bezeichne ich mit $\underline{I}_{\mathrm{h}}$. In der Literatur ist es üblich, diesen Strom als *Leerlaufstrom* I_0 zu bezeichnen.

Zu der Ersatzschaltung lässt sich das Zeigerdiagramm in **Bild 5.5b** zeichnen. Es ist nicht maßstäblich. Ein Gefühl für die Zahlenwerte erhalten Sie, wenn Sie die folgende Aufgabe rechnen. Doch vorher stelle ich die vorangehenden Gleichungen noch einmal zusammen.

Transformatorgleichungen

$$\ddot{u} = \frac{N_1}{N_2}$$

$$\underline{U}'_2 = \ddot{u}\,\underline{U}_2 \qquad \underline{I}'_2 = \frac{1}{\ddot{u}\,\underline{I}_2}$$

$$\begin{aligned}\underline{U}_{\mathrm{h}} &= \left(R'_2 + \mathrm{j}\,X'_{\sigma 2}\right)\underline{I}'_2 + \underline{U}'_2 = \underline{Z}'_{\sigma 2}\,\underline{I}'_2 + \underline{U}'_2 \\ &= \ddot{u}^2\left(R_2 + \mathrm{j}\,X_{\sigma 2}\right)\underline{I}_2 + \ddot{u}\,\underline{U}_2 = \ddot{u}^2\,\underline{Z}_{\sigma 2}\,\underline{I}_2 + \ddot{u}\,\underline{U}_2\end{aligned} \tag{5.13}$$

$$\underline{I}_{\mu} = \frac{1}{\mathrm{j}\,X_{\mathrm{h}}}\,\underline{U}_{\mathrm{h}} \qquad \underline{I}_{\mathrm{Fe}} = \frac{1}{R_{\mathrm{Fe}}}\,\underline{U}_{\mathrm{h}}$$

$$\underline{I}_{\mathrm{h}} = \underline{I}_{\mu} + \underline{I}_{\mathrm{Fe}} = \underline{Z}_{\mathrm{h}}\,\underline{U}_{\mathrm{h}}$$

$$\underline{I}_1 = \underline{I}'_2 + \underline{I}_{\mathrm{h}}$$

$$\underline{U}_1 = \left(R_1 + \mathrm{j}\,X_{\sigma 1}\right)\underline{I}_1 + \underline{U}_{\mathrm{h}} = \underline{Z}_{\sigma 1}\,\underline{I}_1 + \underline{U}_{\mathrm{h}}$$

Das sieht schlimm aus. Wenn Sie die Ersatzschaltung im Kopf haben – das sollten Sie –, können Sie die Gleichungen auf jeden Fall ohne Probleme hinschreiben.

Aufgabe 5.1

Die Daten des Transformators aus dem letzten Beispiel werden ergänzt:

$$S_r = \frac{30}{3}\ \text{MVA} = 10\ \text{MVA}$$

$X_{\sigma 1} = X'_{\sigma 2} = 24{,}2\ \Omega$ $\qquad$ $X_h = 4840\ \Omega$

$ü = 5{,}5$ $\qquad$ $U_2 = 11{,}55\ \text{kV}$

$$\underline{I}_2 = (693 - \text{j}\,519)\ \text{A}$$

$$\underline{S}_2 = (8004{,}2 + \text{j}\,5994{,}5)\ \text{kVA}$$

$$R_1 = R'_2 = 1\ \Omega$$

$$R_{Fe} = 200\ \text{k}\Omega$$

Bestimmen Sie alle Größen des Zeigerdiagramms und vergleichen Sie die Ergebnisse mit denen aus dem Beispiel! Bitte rechnen Sie dabei so genau wie im Beispiel!

Kostendenken ist für Ingenieure wichtig. Deshalb wollen wir in einem Beispiel die Verlustkosten den Investitionskosten gegenüberstellen.

■ *Beispiel 5.2*

Ein Transformator der Leistung S_r = 10 MVA kostet etwa K_I = 200 TEUR. Man rechnet mit einer Amortisationsrate von $\alpha_I = 0{,}15\ \text{a}^{-1}$. In ihr sind neben Zinsen, Abschreibung und Steuern auch die Reparaturkosten enthalten. So ergeben sich jährliche Kosten von

$$K_I = \alpha_I\ K_I = 0{,}15\ \text{a}^{-1} \cdot 200\ \text{TEUR} = 30\ \text{TEUR/a}$$

Die Verlustleistungen wurden in der letzten Aufgabe berechnet.

$$P_{Cu} = 24{,}78\ \text{kW} + 27{,}77\ \text{kW} = 52{,}55\ \text{kW}$$

$$P_{Fe} = 21{,}78\ \text{kW}$$

Wird der Transformator im Mittel mit 75 % ausgelastet, so reduzieren sich die Kupferverluste, die quadratisch mit dem Strom anwachsen, auf

$$P_{Cu75} = 52{,}55\ \text{kW} \cdot 0{,}75^2 = 29{,}56\ \text{kW}$$

Damit sind bei einem normal ausgelasteten Transformator die Kupfer- und Eisenverluste etwa gleich groß. Für diesen Fall wollen wir nun die Verlustkosten ausrechnen.

$$P_{\mathrm{v}} = P_{\mathrm{Fe}} + P_{\mathrm{Cu75}} = 21{,}78\ \mathrm{kW} + 29{,}56\ \mathrm{kW} = 51{,}34\ \mathrm{kW}$$

Die jährlich umgesetzte Energie beträgt

$$E = T \cdot P_{\mathrm{v}} = 8760\ \mathrm{h/a} \cdot 51{,}34\ \mathrm{kW} = 450\ \mathrm{MWh/a}$$

Bei Stromkosten von $k_{\mathrm{E}} = 0{,}15$ EUR/kW ergeben sich die jährlichen Energiekosten

$$K = 0{,}15\ \mathrm{EUR/kWh} \cdot 450\ \mathrm{MWh/a} = 67{,}5\ \mathrm{TEUR/a}$$

Die Verlustkosten sind demnach doppelt so groß wie die jährlichen Investitionskosten.

Ein Transformator mit 10 % weniger Verlusten darf demnach 20 % teurer sein.

5.4 Vereinfachte Ersatzschaltung

Aus den Zahlenwerten der letzten Aufgabe können wir ableiten, dass die Spannungsfälle in Transformatoren hauptsächlich durch die Streuimpedanzen entstanden sind. Die Hauptimpedanz $\underline{Z}_{\mathrm{h}}$ kann in erster Näherung vernachlässigt werden. Wir erhalten dann die Ersatzschaltung in **Bild 5.6a** mit dem Zeigerdiagramm in **Bild 5.6b**. Das Dreieck, das durch den Spannungsfall an der Streureaktanz und dem Wicklungswiderstand aufgespannt wird, bezeichnet man als *Kapp-Dreieck.*

Zur Vereinfachung werden folgende Bezeichnungen eingeführt

$$X_{\sigma} = X_{\sigma 1} + X'_{\sigma 2}$$
$$R = R_1 + R'_2$$
$$\underline{Z}_{\sigma} = R + \mathrm{j}\, X_{\sigma} \qquad (5.14)$$
$$\underline{U}_1 = \underline{U}_2 + \underline{Z}_{\sigma}\, \underline{I}'_2$$

In vielen Fällen kann der Widerstand R auch noch vernachlässigt werden. Eine Änderung der Phasenlage des Stroms I_2 in Bild 5.6 führt zu einer Verdrehung des Kapp-Dreiecks, sodass sich die Pfeilspitze der Spannung $\underline{U}_1$ auf

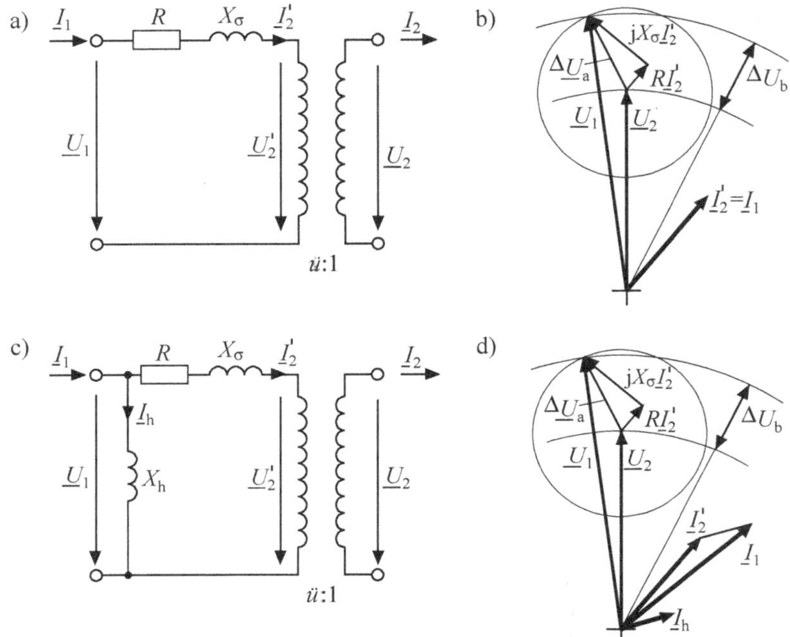

Bild 5.6 Vereinfachte Transformatorersatzschaltung
a) Schaltbild für stark belastete Transformatoren
b) Zeigerbild zu Schaltung a
c) Schaltbild für schwach belastete Transformatoren
d) Zeigerbild zu Schaltbild c

einem Kreis bewegt. Eine Blindlast führt zu einem großen Unterschied in den Spannungsbeträgen und eine Wirkleistung zu einem kleinen. Für leicht kapazitive Last können die Spannungen U_1 und U_2 gleich groß werden.

Bei dem Spannungsfall ist zwischen dem arithmetischen und geometrischen Spannungsfall zu unterscheiden.

$$\Delta\underline{U}_a = \underline{U}_1 - \underline{U}_2$$
$$\Delta U_b = U_1 - U_2 \tag{5.15}$$

Um Verwechslungen zu vermeiden, kann man den arithmetischen Spannungsunterschied ΔU_b *Spannungsfall* und den geometrischen Spannungsunterschied $\Delta \underline{U}_b$ *Spannungsabfall* nennen. Diese Unterscheidung ist jedoch nicht üblich. In der Literatur wird für beide „Spannungsfall" verwendet.

Für schwach belastete Transformatoren darf man die Hauptreaktanz, die zwischen den beiden Streureaktanzen liegt, nicht vernachlässigen. Man kann sie aber an den Eingangsklemmen ansetzen (**Bild 5.6c**). Den Fehler, der durch die Verschiebung des Angriffspunkts von der Mitte an die Eingangsklemmen entsteht, sollen Sie in der nächsten Aufgabe bestimmen.

Aufgabe 5.2

Bestimmen Sie für die beiden Ersatzschaltungen in Bild 5.6 die Eingangsströme und Spannungen! Anschließend berechnen Sie den arithmetischen Spannungsfall auch für die Schaltungen nach Bild 5.4 und Bild 5.5!

5.5 Kenngrößen des Transformators

Bei einem Transformator werden ebenso wie bei anderen Betriebsmitteln *Bemessungsgrößen* angegeben, die man mit dem Index r für rated kennzeichnet. Früher hat man sie *Nennwerte* genannt und mit dem Index n versehen. Nach den Bemessungsgrößen sind Transformatoren bemessen, d. h. ausgelegt, ein Überschreiten dieser Größen kann zu Schäden führen. Als Bemessungsgrößen des Transformators werden die Scheinleistung S_r sowie die Spannungen der beiden Wicklungen U_{r1} und U_{r2} angegeben, z. B.

$$S_r = 3 \cdot 10 \text{ MVA}$$

$$U_{r1} = \sqrt{3} \cdot 65 \text{ kV} \qquad U_{r2} = \sqrt{3} \cdot 12 \text{ kV} \tag{5.16}$$

Die Faktoren 3 und $\sqrt{3}$ werden später erklärt. Sie gelten für Drehstromtransformatoren. Bei Wechselstromtransformatoren entfallen sie.

Da Strom und Spannung für die Auslegung interessant sind, wird die Wirkleistung nicht als Bemessungsgröße gewählt.

Ein Transformator muss selbstverständlich auch höheren Spannungen gewachsen sein, z. B. 110 % der Bemessungsspannungen dauernd sowie kurzzeitigen Spannungserhöhungen um den Faktor 3, die bei Ausgleichsvorgängen nach Schalthandlungen auftreten.

Aus den angegebenen Bemessungswerten lassen sich andere Größen ableiten, die auch für die Bemessung maßgebend sind, z. B. die Ströme

$$I_{r1} = \frac{\frac{S_r}{3}}{\frac{U_{r1}}{\sqrt{3}}} = 154 \text{ A}$$

$$I_{r2} = \frac{\frac{S_r}{3}}{\frac{U_{r2}}{\sqrt{3}}} = 833 \text{ A} \tag{5.17}$$

Neben den Bemessungsgrößen gibt es *Kenngrößen*, die das elektrische Verhalten des Transformators beschreiben. Diese werden im Allgemeinen auf *Bezugsgrößen* bezogen. In der Regel werden als Bezugsgrößen die Bemessungsgrößen gewählt.

Übersetzungsverhältnis

$$\ddot{u} = \ddot{u}_r = \frac{N_1}{N_2} = \frac{U_{r1}}{U_{r2}}$$

Das Verhältnis der Bemessungsspannung ist häufig gleich dem Übersetzungsverhältnis. Dies ist aber nicht zwingend.

Kurzschlussspannung

Zur messtechnischen Erfassung dieser Kenngrößen verwendet man die Schaltung nach **Bild 5.7**. Die Wicklung 2 wird kurzgeschlossen und an die Wicklung 1 eine Spannung angelegt, die so groß ist, dass der Strom $I_2 = I_{r2}$ fließt. Die angelegte Spannung heißt *Kurzschlussspannung* U_k. Da die Hauptimpedanz Z_h groß ist, wird im Wesentlichen die Streuimpedanz gemessen.

$$\underline{U}_{k1} = \underline{Z}_\sigma \, I_{r1} = \left(R + \mathrm{j}\, X_\sigma\right) \underline{I}_{r1} = \left(R_1 + R_2\, \ddot{u}^2 + \mathrm{j}\, X_{\sigma 1} + \mathrm{j}\, X_{\sigma 2}\, \ddot{u}^2\right) \underline{I}_{r1}$$

$$= \ddot{u} \left(\frac{1}{\ddot{u}^2} R_1 + R_2 + \mathrm{j} \frac{1}{\ddot{u}^2} X_{\sigma 1} + \mathrm{j}\, X_{\sigma 2}\right) \underline{I}_{r2}$$

Obwohl beide Ausdrücke sehr unterschiedlich aussehen, sind sie gleich. Davon sollten Sie sich überzeugen, indem Sie den Ausdruck für $\underline{U}_{k2}$ bestimmen.

Nun ist es üblich, die Kurzschlussspannung auf die Bemessungsspannung zu beziehen und mit einem kleinen Buchstaben zu bezeichnen.

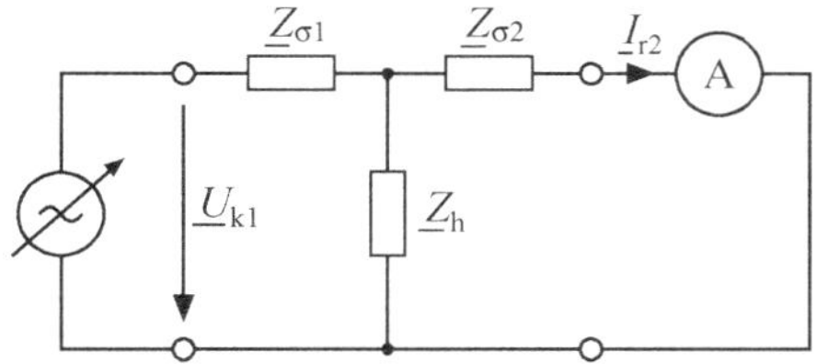

Bild 5.7 Messung der Kurzschlussspannung eines Transformators

$$\underline{u}_k = \frac{\underline{U}_{k1}}{U_{r1}} = \frac{\underline{U}_{k2}}{U_{r2}} = (R + j\,X_\sigma)\frac{I_{r1}}{\frac{U_{r1}}{\sqrt{3}}} = (R + j\,X_\sigma)\frac{1}{Z_{b1}} = r + j\,x_\sigma \tag{5.18}$$

Das Verhältnis von Bemessungsspannung zu Bemessungsstrom wird *Bezugsimpedanz* Z_b genannt. Die Bezugsimpedanzen beider Wicklungen unterscheiden sich entsprechend dem Übersetzungsverhältnis.

$$Z_{b1} = \frac{\frac{U_{r1}}{\sqrt{3}}}{I_{r1}} = \frac{U_{r1}^2}{S_r} \qquad Z_{b2} = \frac{\frac{U_{r2}}{\sqrt{3}}}{I_{r2}} = \frac{U_{r2}^2}{S_r} \tag{5.19}$$

$$\frac{Z_{b1}}{Z_{b2}} = \ddot{u}^2$$

Die bezogene *Kurzschlussspannung* u_k ist für Ober- und Unterspannungsseite gleich. Überzeugen Sie sich davon!

Weiterhin ist es üblich, die Verluste auf die Bemessungsleistung zu beziehen. Es ergeben sich dann sehr kleine Zahlenwerte.

$$p_{Fe} = \frac{P_{Fe}}{S_r} \qquad p_{Cu} = \frac{P_{Cu}}{S_r} \tag{5.20}$$

Per-unit-Größen

Vorteil der bezogenen Größen, die auch per unit (p. u.) genannt werden, ist, dass sich in einem großen Leistungsbereich ähnliche Zahlenwerte ergeben, z. B.

$S_r = 1$ kVA ... 1000 MVA

$u_k = 0{,}05 \ldots 0{,}2$

5.6 Abgewandelte Ersatzschaltungen

Dieser Abschnitt geht etwas über den Stoff der Grundlagen hinaus. Trotzdem sollten Sie ihn einmal anschauen und insbesondere die folgende Aufgabe lösen.
Es werden drei Ersatzschaltungen dargestellt, die gleichwertig sind. Ich beginne mit der T-Ersatzschaltung in **Bild 5.8a**. Sie lässt sich in eine π-Ersatzschaltung umrechnen. Dies üben Sie bitte!

Aufgabe 5.3

Für eine T-Ersatzschaltung nach Bild 5.8a sind folgende Zahlenwerte gegeben

$Z_{\sigma 1} = Z_a = 1\ \Omega \qquad Z_{\sigma 2} = Z_b = 2\ \Omega \qquad Z = 1/Y = Z_h = 5\ \Omega$

Die Bezeichnungen Z_a, Z_b, Y werden eingeführt, um die Gleichungen einfach zu schreiben. Die Werte von Z und Y sind hier reell, um einfach rechnen zu können. Allgemein gelten die Gleichungen für komplexe Größen.

Bestimmen Sie die Elemente R_a, R_b, R der π-Schaltung in **Bild 5.8b**! Auch hier handelt es sich um komplexe Impedanzen, die zur einfachen Unterscheidung mit R bezeichnet werden.

Die T-Ersatzschaltung und die π-Ersatzschaltung sind gleichwertig.

Nun stellen wir den Zusammenhang zwischen Eingangs- und Ausgangsgrößen her.

$$I_1 = I_2 + \frac{U_2 + I_2\, Z_b}{Z} = \frac{1}{Z}\, U_2 + \left(1 + \frac{Z_b}{Z}\right) I_2$$

$$U_1 = U_2 + Z_b\, I_2 + Z_a\, I_1$$

$$= U_2 + Z_b\, I_2 + Z_a\, I_2 + Z_a\, \frac{U_2 + Z_b\, I_2}{Z}$$

$$U_1 = \left(1 + \frac{Z_a}{Z}\right) U_2 + \left(Z_b + Z_a + \frac{Z_a\, Z_b}{Z}\right) I_2 = a_{11}\, U_2 + a_{12}\, I_2$$

$$I_1 = \frac{1}{Z}\, U_2 + \left(\frac{1 + Z_b}{Z}\right) I_2 = a_{21}\, U_2 + a_{22}\, I_2$$

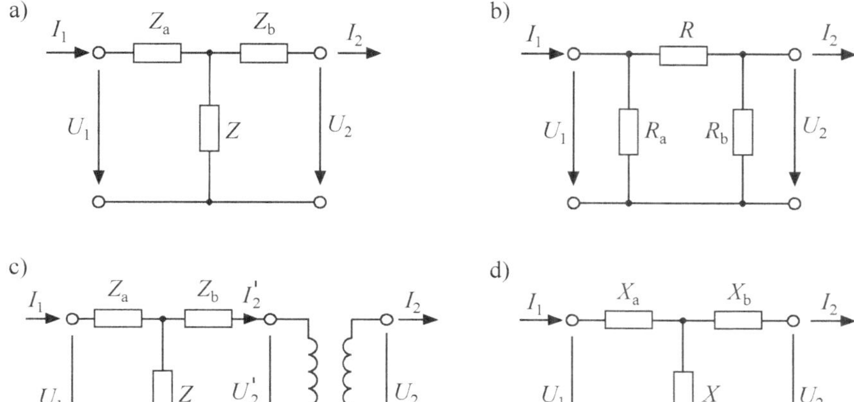

Bild 5.8 Ersatzschaltungen für Transformatoren
a) T-Ersatzschaltung ohne Übertrager
b) π-Ersatzschaltung ohne Übertrager
c) Kettenschaltung mit Übertrager
d) T-Ersatzschaltung mit integriertem Übersetzungsverhältnis

$$\begin{pmatrix} U_1 \\ I_1 \end{pmatrix} = \begin{pmatrix} a_{11} & a_{12} \\ a_{21} & a_{22} \end{pmatrix} \begin{pmatrix} U_2 \\ I_2 \end{pmatrix} = \boldsymbol{A} \begin{pmatrix} U_2 \\ I_2 \end{pmatrix} \tag{5.21}$$

Die Matrix $\boldsymbol{A}$ wird *Kettenmatrix* genannt.

Ihre Koeffizienten lassen sich aus vier Messwerten bestimmen, die in zwei Messschaltungen gewonnen werden.

$$\begin{aligned} &\text{Kurzschluss } U_2 = 0: \\ &\frac{U_1}{I_2} = a_{12} \qquad \frac{I_1}{I_2} = a_{22} \\ &\text{Leerlauf } I_2 = 0: \\ &\frac{U_1}{U_2} = a_{11} \qquad \frac{I_1}{U_2} = a_{21} \end{aligned} \tag{5.22}$$

Die vier Koeffizienten a_{ik} enthalten nur drei Elemente Z_a; Z_b; Z. Es werden deshalb nur drei der Koeffizienten benötigt, um alle Elemente zu berechnen.

Wir lassen den aufwändigsten Koeffizienten a_{12} weg und benutzen die anderen drei.

$$\begin{aligned}
Z &= \frac{1}{a_{21}} \\
a_{11} &= \frac{Z + Z_a}{Z} = 1 + a_{21}\, Z_a \\
Z_a &= \frac{a_{11} - 1}{a_{21}} \\
a_{22} &= \frac{1 + Z_b}{Z} = 1 + a_{21}\, Z_b \\
Z_b &= \frac{a_{22} - 1}{a_{21}}
\end{aligned} \tag{5.23}$$

Aus drei Messungen werden die Koeffizienten a_{11}; a_{22}; a_{21} bestimmt und daraus die Elemente Z_a; Z_b; Z der T-Schaltung. Der vierte Koeffizient ist nun leicht berechenbar.

$$a_{12} = Z_a + Z_b + Z_a \frac{Z_b}{Z} \tag{5.24}$$

Denken Sie bitte daran, dass die beiden unteren Klemmen der Ersatzschaltung miteinander verbunden sind und es sich deshalb nur um einen Dreipol handelt. Also: Nicht nur das physikalische T-Modell des Transformators, sondern alle Vierpole mit beliebig komplexen Schaltungen können zu einem solchen Stern reduziert werden. Voraussetzung ist allerdings, dass die beiden Ein- und Ausgangsklemmen nur paarweise betrachtet werden und keine Verbindung zwischen den Ein- und Ausgängen in der äußeren Beschaltung des Vierpols besteht. Denken Sie an den Abschnitt 2.1 (Ersatznetze)!

Um das vollständige Transformator-Ersatzschaltbild zu erhalten, müssen wir noch einen idealen Übertrager hinzufügen (**Bild 5.8c**). Für die gesamte Schaltung gilt

$$\begin{pmatrix} U_1 \\ I_1 \end{pmatrix} = \begin{pmatrix} a_{11} & a_{12} \\ a_{21} & a_{22} \end{pmatrix} \begin{pmatrix} U_2' \\ I_2' \end{pmatrix} = \boldsymbol{A} \begin{pmatrix} U_2' \\ I_2' \end{pmatrix}$$

$$\begin{pmatrix} U_2' \\ I_2' \end{pmatrix} = \begin{pmatrix} ü & 0 \\ 0 & 1/ü \end{pmatrix} \begin{pmatrix} U_2 \\ I_2 \end{pmatrix} = \boldsymbol{Ü} \begin{pmatrix} U_2 \\ I_2 \end{pmatrix} \tag{5.25}$$

Die Kettenmatrix $\boldsymbol{A}$ ist mit der vorher abgeleiteten identisch. Die Kettenmatrix $\boldsymbol{\ddot{U}}$ beschreibt den idealen Übertrager.

Nun können wir die beiden Kettenglieder zusammenfügen.

$$\begin{pmatrix} U_1 \\ I_1 \end{pmatrix} = \boldsymbol{A}\,\boldsymbol{\ddot{U}} \begin{pmatrix} U_2 \\ I_2 \end{pmatrix} = \begin{pmatrix} a_{11} & a_{12} \\ a_{21} & a_{22} \end{pmatrix} \begin{pmatrix} \ddot{u} & 0 \\ 0 & 1/\ddot{u} \end{pmatrix} \begin{pmatrix} U_2 \\ I_2 \end{pmatrix}$$

$$= \begin{pmatrix} a_{11} \cdot \ddot{u} & a_{12}/\ddot{u} \\ a_{21} \cdot \ddot{u} & a_{22}/\ddot{u} \end{pmatrix} \begin{pmatrix} U_2 \\ I_2 \end{pmatrix} = \begin{pmatrix} b_{11} & b_{12} \\ b_{21} & b_{22} \end{pmatrix} \begin{pmatrix} U_2 \\ I_2 \end{pmatrix} = \boldsymbol{B} \begin{pmatrix} U_2 \\ I_2 \end{pmatrix} \qquad (5.26)$$

Die Matrix $\boldsymbol{B}$ beschreibt einen neuen Vierpol, der sich ebenfalls durch eine T-Ersatzschaltung nachbilden lässt (**Bild 5.8d**). Dies will ich an einem Beispiel zeigen.

Beispiel 5.3

Es sind die Elemente der Matrizen $\boldsymbol{A}$ und $\boldsymbol{B}$ zu bestimmen. Hierzu werden die Daten aus der letzten Aufgabe übernommen und ein Übersetzungsverhältnis hinzugefügt.

$Z_a = 1\,\Omega$; $\quad Z_b = 2\,\Omega$; $\quad Z = 5\,\Omega$; $\quad \ddot{u} = 2$

$$a_{21} = \frac{1}{Z} = 0{,}2\text{ S}$$

$$a_{11} = 1 + \frac{Z_a}{Z} = 1 + \frac{1}{5} = 1{,}2$$

$$a_{22} = 1 + \frac{Z_b}{Z} = 1 + \frac{2}{5} = 1{,}4$$

$$a_{12} = Z_a + Z_b + Z_a \frac{Z_b}{Z} = 1\,\Omega + 2\,\Omega + 1 \cdot \frac{2}{5}\,\Omega = 3{,}4\,\Omega$$

Dies sind die Elemente der Kettenmatrix $\boldsymbol{A}$. Nun bestimmen wir die Übersetzungsmatrix $\boldsymbol{\ddot{U}}$ und anschließend die Kettenmatrix $\boldsymbol{B}$.

$$\boldsymbol{\ddot{U}} = \begin{pmatrix} 2 & 0 \\ 0 & 0{,}5 \end{pmatrix}$$

$$b_{11} = a_{11}\,\ddot{u} = 1{,}2 \cdot 2 = 2{,}4$$

$$b_{12} = \frac{a_{12}}{\ddot{u}} = \frac{3{,}4}{2}\,\Omega = 1{,}7\,\Omega$$

$$b_{21} = a_{21}\,\ddot{u} = 0{,}2 \cdot 2\text{ S} = 0{,}4\text{ S}$$

$$b_{22} = \frac{a_{22}}{\ddot{u}} = \frac{1{,}4}{2} = 0{,}7$$

Diese Koeffizienten beschreiben eine normale T-Ersatzschaltung mit den Elementen X (Bild 5.8d). Die Gln. (5.23) liefern die Zahlenwerte.

$$X = \frac{1}{b_{21}} = \frac{1}{0{,}4\ \text{S}} = 2{,}5\ \Omega$$

$$X_\text{a} = \frac{b_{11} - 1}{b_{21}} = \frac{2{,}4 - 1}{0{,}4\ \text{S}} = 3{,}5\ \Omega \tag{5.27}$$

$$X_\text{b} = \frac{b_{22} - 1}{b_{21}} = \frac{0{,}7 - 1}{0{,}4\ \text{S}} = -0{,}75\ \Omega$$

Nun sehen wir, wie sich das Übersetzungsverhältnis in der Ersatzschaltung auswirkt. Ein negativer Wert steht normalerweise für ein kapazitives Element. Hier handelt es sich aber um eine negative Induktivität. Dies ist zu beachten, wenn die Ersatzschaltung für eine andere Frequenz bestimmt werden soll. Wir kontrollieren das Ganze, indem wir in dem Original (Bild 5.8c) und der Ersatzschaltung (Bild 5.8d) die Spannung U_1 vorgeben und die Leerlaufspannung U_2 berechnen. Anschließend wird der umgekehrte Versuch gestartet.

Für die Schaltung c gilt

$$\frac{U_2'}{U_1} = \frac{Z}{Z_\text{a} + Z} = \frac{5}{1 + 5} = 0{,}8333$$

$$\frac{U_2}{U_2'} = \frac{1}{ü}$$

$$\frac{U_2}{U_1} = \frac{1}{ü} \cdot 0{,}833 = \frac{1}{2} \cdot 0{,}8333 = 0{,}4166$$

Für das umgekehrte Verhältnis erhalten wir

$$\frac{U_1}{U_2'} = \frac{Z}{Z_\text{b} + Z} = \frac{5}{2 + 5} = 0{,}7143$$

$$\frac{U_2'}{U_2} = ü$$

$$\frac{U_1}{U_2} = ü \cdot 0{,}7143 = 2 \cdot 0{,}714 = 1{,}429 = \frac{1}{0{,}7}$$

Der Vergleich $U_2/U_1 = 0{,}7$ bei Speisung von der Seite 2 mit $U_2/U_1 = 0{,}4166$ bei Speisung von der Seite 1 ist auf die Spannungsfälle in den Streuimpedanzen Z_a und Z_b zurückzuführen.

Nun kommt die Schaltung in Bild 5.8d an die Reihe.

$$\frac{U_2}{U_1} = \frac{X}{X_a + X} = \frac{2{,}5}{3{,}5 + 2{,}5} = 0{,}4166$$

$$\frac{U_1}{U_2} = \frac{X}{X_b + X} = \frac{2{,}5}{-0{,}75 + 2{,}5} = 1{,}429$$

Das Beispiel, aber auch schon die Gleichungen, haben es gezeigt:

Ersatzschaltung des Transformators

Der Transformator wird durch eine T-Ersatzschaltung nachgebildet. Die zusätzliche Integration des idealen Übertragers mit dem Übersetzungsverhältnis $\ddot{u}$ ist eine Konzession an die Anschaulichkeit, aber nicht notwendig. Das Übersetzungsverhältnis stellt keinen zusätzlichen Freiheitsgrad dar.

Jetzt kommt der letzte Akt.

Das Übersetzungsverhältnis hat keinen zusätzlichen Freiheitsgrad geschaffen, denn der Vierpol hat nicht mehr als drei Freiheitsgrade. Den Koeffizienten a_{12} kann man – wie geschehen – aus den drei anderen berechnen.

Es besteht die Möglichkeit, unter Beibehaltung des Übersetzungsverhältnisses $\ddot{u}$ eine der drei Impedanzen wegzulassen. Wir setzen in Bild 5.7c die Impedanz Z_b null und erhalten so die Schaltung in **Bild 5.9**, bei der aber dann das Übersetzungsverhältnis $\ddot{u}_L$ festliegt.

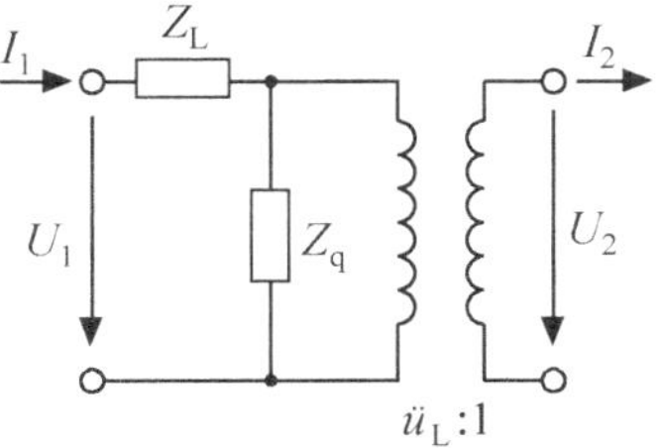

Bild 5.9 L-Ersatzschaltung eines Transformators

Um die Übertragungsbedingung zu erfüllen, muss die Matrix $\boldsymbol{B}$ in Gl. (5.26) erhalten bleiben.

Für die Koeffizienten gilt dann

$$a_{21}\,\ddot{u} = a'_{21}\,\ddot{u}'$$

$$a_{11}\,\ddot{u} = a'_{11}\,\ddot{u}'$$

$$\frac{a_{22}}{\ddot{u}} = \frac{a'_{22}}{\ddot{u}'}$$

Der Strich deutet auf die Koeffizienten der Ersatzspannung in Bild 5.9 hin ($\ddot{u}' = \ddot{u}_\mathrm{L}$).

$$a_{21}\,\ddot{u} = \frac{1}{Z}\ddot{u} = \frac{1}{Z_\mathrm{q}}\ddot{u}_\mathrm{L}$$

$$a_{11}\,\ddot{u} = \frac{Z+Z_\mathrm{a}}{Z}\,\ddot{u} = \frac{Z_\mathrm{q}+Z_\mathrm{L}}{Z_\mathrm{q}}\,\ddot{u}_\mathrm{L}$$

$$a_{22}\,\ddot{u} = \frac{\frac{1+Z_\mathrm{b}}{Z}}{\ddot{u}} = \frac{\frac{1+0}{Z_\mathrm{q}}}{\ddot{u}_\mathrm{L}} = \frac{1}{\ddot{u}_\mathrm{L} Z_\mathrm{q}}$$

Daraus sind die drei neuen Elemente zu berechnen.

$$\ddot{u}_\mathrm{L} = \ddot{u}\,\frac{Z}{Z+Z_\mathrm{b}} \tag{5.28}$$

$$Z_\mathrm{q} = Z\cdot\frac{\ddot{u}_\mathrm{L}}{\ddot{u}} = \frac{Z^2}{Z+Z_\mathrm{b}} \tag{5.29}$$

$$\frac{Z+Z_\mathrm{a}}{Z}\,\ddot{u} = \left[1+\frac{Z_\mathrm{L}}{Z_\mathrm{q}}\right]\ddot{u}\,\frac{Z}{Z+Z_\mathrm{b}}$$

$$\left(Z+Z_\mathrm{a}\right)\left(Z+Z_\mathrm{b}\right) = Z^2\left(1+\frac{Z_\mathrm{L}}{Z_\mathrm{q}}\right) = Z^2 + Z_\mathrm{L}\left(Z+Z_\mathrm{b}\right)$$

$$Z_\mathrm{L} = \frac{\left(Z+Z_\mathrm{a}\right)\left(Z+Z_\mathrm{b}\right)-Z^2}{Z+Z_\mathrm{b}} \tag{5.30}$$

Beispiel 5.4

Für die Zahlenwerte aus dem letzten Beispiel sind die abgeleiteten Gleichungen zu überprüfen.

$$ü_\mathrm{L} = 2 \cdot \frac{5}{5+2} = 1{,}429$$

$$Z_\mathrm{q} = \frac{5^2}{5+2}\,\Omega = 3{,}571\,\Omega$$

$$Z_\mathrm{L} = \frac{(5+1)(5+2)-5^2}{5+2}\,\Omega = 2{,}429\,\Omega$$

Kontrolle:

$I_2 = 0$:

$$\frac{U_2}{U_1} = \frac{Z_\mathrm{q}}{Z_\mathrm{q}+Z_\mathrm{L}} \cdot \frac{1}{ü_\mathrm{L}} = \frac{3{,}571}{3{,}571+2{,}429} \cdot \frac{1}{1{,}429} = 0{,}4165$$

$I_1 = 0$:

$$\frac{U_1}{U_2} = ü_\mathrm{L} = 1{,}429$$

Diese Ergebnisse hatten wir vorher schon.

Jetzt kommt der allerletzte Akt (in diesem Kapitel): Kennen Sie das, wenn immer weitere Arbeit nachgeschoben wird?

Für den verlustfreien Transformator führen wir die Impedanzen aus den Gln. (5.28) bis (5.30) in Induktivitäten über. Dabei sind die Gln. (5.1) zu berücksichtigen.

$$M = \frac{L_\mathrm{h1}}{ü} = L_\mathrm{h2} \cdot ü$$

$$ü_\mathrm{L} = ü\,\frac{L_\mathrm{h1}}{L_\mathrm{h1}+L'_{\sigma 2}} = \frac{ü\,L_\mathrm{h1}}{\left(L_\mathrm{h2}+L_{\sigma 2}\right)\cdot ü^2} = \frac{M^2}{L_2}$$

$$L_\mathrm{q} = \frac{L_\mathrm{h1}^2}{L_\mathrm{h1}+L'_{\sigma 2}} = \frac{M^2 \cdot ü^2}{\left(L_\mathrm{h2}+L_{\sigma 2}\right) ü^2} = \frac{M^2}{L_2}$$

$$L_L = \frac{\left(L_{h1} + L_{\sigma 1}\right)\left(L_{h1} + L'_{\sigma 2}\right) - L_{h1}^2}{L_{h1} + L'_{\sigma 2}} \tag{5.31}$$

$$= \frac{L_1\, L_2\, ü^2 - M^2\, ü^2}{L_2\, ü^2} = \frac{L_1\, L_2 - M^2}{L_2}$$

Ich will noch zwei Größen neu einführen. Der *Koppelfaktor* μ ist ein Maß dafür, wie stark die Spulen miteinander gekoppelt sind.

$$\mu = \frac{M^2}{L_1\, L_2} \tag{5.32}$$

Wenn keine Streuung vorhanden ist, wird der Koppelfaktor zu $\mu = 1$. In der Realität ist er immer kleiner als 1. Die Differenz des Koppelfaktors zu 1 wird *Blondel'scher Streukoeffizient* σ genannt.

$$\sigma = 1 - \mu = 1 - \frac{M^2}{L_1\, L_2} \tag{5.33}$$

Diesen Ausdruck setzen wir in die Gln. (5.31) ein.

$$L_L = L_1\, \frac{L_1\, L_2 - M^2}{L_1\, L_2} = L_1 \left(1 - \frac{M^2}{L_1\, L_2}\right) = \sigma\, L_1$$

$$L_q = L_1\, \frac{M^2}{L_1\, L_2} = \mu\, L_1 = (1 - \sigma)\, L_1$$

$$ü_L = \frac{M}{L_2} = \sqrt{\frac{L_1}{L_2}}\, \frac{M}{\sqrt{L_1\, L_2}} = \sqrt{\frac{L_1}{L_2}}\, \sqrt{1 - \sigma}$$

Ich fasse die Gleichungen zusammen.

Streukoeffizient

$$ü_L = \sqrt{\frac{L_1}{L_2}\, (1 - \sigma)}$$

$$L_q = (1 - \sigma)\, L_1 \tag{5.34}$$

$$L_L = \sigma\, L_1$$

Dies waren viele Ersatzschaltungen und viele lange Aufgaben. Bei den Aufgaben sollten Sie den Umgang mit den Ersatzschaltungen und die komplexe Rechnung üben. Bei den Ersatzschaltungen will ich noch Prioritäten setzen. In der Energietechnik wird im Allgemeinen Bild 5.5 verwendet. Mit guter Näherung lassen sich häufiger die Querelemente X_{h} und R_{Fe} vernachlässigen, sodass die Streureaktanzen und Wicklungswiderstände zusammenzufassen sind. Letztere können bei Transformatoren großer Leistung ebenfalls oft vernachlässigt werden. In der Nachrichtentechnik wird bevorzugt für Übertrager die Schaltung in Bild 5.9 verwendet.

Während der Transformator bzw. Übertrager für die Energietechnik und Nachrichtentechnik von Bedeutung ist, will ich das nächste und letzte Kapitel allein der Energietechnik widmen, meinem Fachgebiet.

6 Drehstromtechnik

Wenn wir von Drehstrom reden, denken wir an eine spezielle Form des Drehstroms, das dreiphasige symmetrische Drehstromsystem, das wegen der großen Vorteile weltweit verbreitet ist. Drehstrom ist die Stromart der Energietechnik. Deshalb will ich dieses Kapitel nutzen, um zunächst die Netzformen der Energietechnik vorzustellen. Es folgen die mathematischen Zusammenhänge und einige Betriebsmittel. Abgeschlossen wird das Kapitel mit einigen Bemerkungen zur Hausinstallation.

Der erste größere Wechselstromgenerator wurde 1882 von Ferranti und Thompson in England für Beleuchtungszwecke gebaut. 1887 ging in Offenburg der von Haselwander konstruierte Drehstromgenerator in Betrieb. Die größten Maschinen mit 1500 MVA stehen heute in Kernkraftwerken. Ein solcher Generator erreichte 1975 erstmals in Biblis seine maximale Leistung von 1200 MW.

Der Durchbruch der Drehstromtechnik begann 1891, als anlässlich der Elektrotechnischen Weltausstellung in Frankfurt a. M. (kein Wunder, dass ich da geboren bin) mit einer 15-kV-Leitung von einem Wasserkraftwerk in Laufen am Neckar über 175 km die Leistung von 100 kW zum Messegelände übertragen wurde. Sie speiste die Pumpen für einen Wasserfall. Es wurde also ein Wasserfall übertragen.

Die ersten 380-kV-Leitungen wurden 1952 in Schweden und 1957 in Deutschland in Betrieb genommen. Eine höhere Spannungsebene gibt es bis jetzt in Westeuropa nicht. Das Westeuropäische *Verbundnetz* reicht von Portugal bis Polen und wird synchron zusammenhängend betrieben. In weiträumigen Netzen, z. B. USA, Russland und Indien, sind 500 kV und 750 kV gebräuchlich.

6.1 Netzformen

Wir behandeln der Reihe nach Gleichstrom-, Wechselstrom- und Drehstromnetze.

6.1.1 Gleichstromnetze

Werden galvanische Elemente, sprich Batterien, als Spannungsquellen verwendet, so dient zur Übertragung ein zweiphasiges Gleichstromnetz, wie es in **Bild 6.1a** dargestellt ist. Die Erdung des Minus-Pols ist üblich, aber nicht zwingend. Durch sie hat der Plus-Leiter eine definierte Spannung gegen Erde. Die höchste Spannung im Netz ist die Quellenspannung U_Q. Durch den Spannungsfall in den Leitungen ist die Spannung am Verbraucher geringer.

$$U_V = U_Q - 2 \cdot R_L\ I$$

Der Spannungsfall über den Rückleiter führt dazu, dass die Minus-Klemme des Verbrauchers ebenfalls eine kleine Spannung U_2 gegen Erde annimmt. Wenn der Verbraucher auch geerdet wird, kann ein Teilstrom über Erde zurückfließen. Bei großen Gleichstromnetzen kommt es so zu erheblichen Erdströmen. Durch ungewollte Erdung, z. B. bei Isolationsschäden am Minus-Leiter, kann es aufgrund der Wärmeverluste an den Kontaktstellen zu beträchtlichen Temperaturen mit Brandgefahr kommen. Unvermeidlich ist die Erdung des Verbrauchers bei Bahnnetzen. Dort ist der Rückleiter die Schiene, die mit der Erde verbunden ist. Die Ströme durch das Erdreich fließen selbstverständlich auch durch Rohre und Stahlkonstruktionen. Da das Erdreich als Elektrolyt angesehen werden kann, entsteht an der Stelle, an der Strom vom Metall in die Erde fließt, ein Abbau von Material. Wir bezeichnen dies als *Korrosion*.

> **Gleichstromnetze**
>
> Bei Gleichstromnetzen wird der positive Pol rot und der negative Pol blau gekennzeichnet. Der negative Pol ist häufig am Ort der Spannungsquelle geerdet.

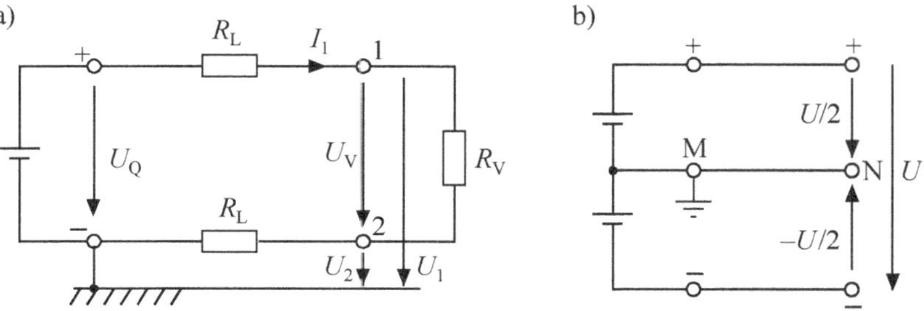

Bild 6.1 Gleichstromnetze

a) Zweileiternetz

b) Dreileiternetz

Das Dreileiter-Gleichstromnetz in **Bild 6.1b** hat den Vorteil, dass die Leiter-Erd-Spannung nur halb so groß ist wie die Spannung zwischen den Leitern. Dem Verbraucher stehen außerdem zwei Spannungen zur Verfügung. Solche Gleichstromnetze, z. B. 220/110 V, wurden früher in der kommunalen Stromversorgung verwendet. Geht es um die Übertragung großer Leistungen bei hohen Spannungen, wird auf den *Neutralleiter N*, der auf Erdpotential liegt, verzichtet. Man hat dann beispielsweise die Spannungen ± 500 kV. Die Leitung mit je einem Hin- und Rückleiter überträgt dann bei einem Strom von 2 kA die Leistung 2000 MW. Bei Ausfall eines der beiden Leiter kann die Erde als Rückleiter verwendet werden. So steht noch eine Übertragungskapazität von 1000 MW zur Verfügung. Eine solche *Hochspannungsgleichstromübertragung HGÜ* erfordert wegen der Gleich- und Wechselrichter höhere Stationskosten als eine vergleichbare Drehstromübertragung. Dafür sind die Leitungskosten – bezogen auf die Übertragungsleistung – geringer. Wirtschaftlich ist die HGÜ bei Übertragungsentfernungen ab etwa 300 km. Die *wirtschaftliche Grenzlänge* geht in Zukunft wegen der fallenden Kosten für die leistungselektronischen Bauelemente zurück.
Bei der Drehstromübertragung mit Kabeln, z. B. über See, liegt die wirtschaftliche Grenzlänge bei etwa 20 km, wobei hier bei Drehstromkabeln der Ladestrom für die Leitungskapazität auch eine technische Grenze darstellt. Eine erste HGÜ wurde kurz vor dem Zweiten Weltkrieg in Deutschland gebaut, aber nicht in Betrieb genommen. Die erste mit Quecksilberdampfgleichrichtern arbeitende Gleichstromübertragung versorgte die Insel Gotland in Schweden (100 km Kabel; 100 kV; 20 MW; Hinleitung über das Wasser). Eine der ersten Anlagen, die mit Silizium-Thyristoren arbeitete, lieferte den Strom aus dem Wasserkraftwerk Cabora Bassa (Mosambik) nach Apollo bei Pretoria (Südafrika). Sie wurde von einem deutschen Firmenkonsortium aus AEG, BBC und Siemens 1977 errichtet (1400 km Freileitungen; ± 533 kV; 1920 MW). Sie gehört heute noch zu den größten Anlagen der Welt. In Deutschland wird die Übertragung der Windenergie von Norden in den Süden auch mit Gleichstromkabeln durchgeführt.

6.1.2 Wechselstromnetze

Das Einphasen-Wechselstromnetz, das aus der Hausinstallation bekannt ist, lässt sich entweder von einem Wechselspannungsgenerator versorgen (**Bild 6.2a**) oder von der Sekundärwicklung eines Transformators abgreifen. Im öffentlichen Versorgungsnetz wird die Wechselspannung von einer Wicklung eines Drehstromtransformators abgeleitet. Darauf komme ich noch in einem gesonderten Abschnitt zu sprechen. *Wechselstromgeneratoren* sind *Synchrongeneratoren*, die in der Regel als *Innenpolmaschinen* ausgelegt werden. Dauermagnete hatten eine geringe Feldstärke. Deshalb verwendet man Elektromagnete. Bei kleineren Maschinen, z. B. in Elektro-

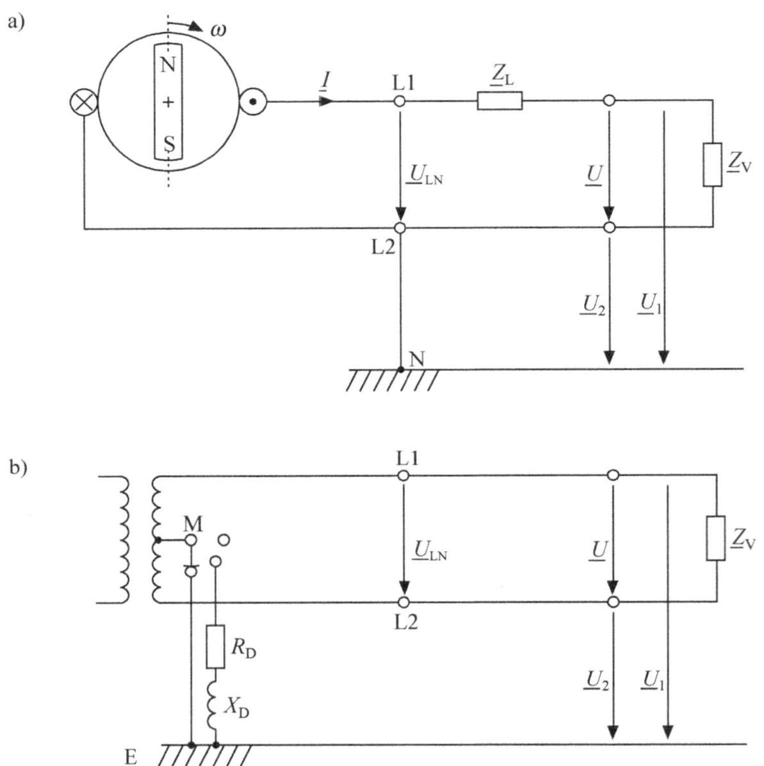

Bild 6.2 Wechselstromnetze

a) Erzeugung der Wechselspannung mit einem Wechselstromgenerator

b) Abgriff der Wechselspannung von einem Transformator mit geerdetem Mittelpunkt

autos, verwendet man Dauermagnete aus teuren seltenen Erden, die die gleichen Feldstärken erreichen wie Elektromagnete, die bei großen Maschinen immer noch üblich sind. Ein rotierender Magnet erhält sein Feld bei großen Maschinen von einer mit Gleichstrom durchflossenen Wicklung, der *Erregerwicklung*. Er wird *Rotor* oder *Polrad* genannt. Das rotierende Feld erzeugt in einer im ruhenden *Stator* untergebrachten *Ankerwicklung* eine Wechselspannung. Durch die Gestalt des Magnetfelds und den Aufbau der Wicklung, die in der Regel über mehrere Nuten am Statorumfang verteilt ist, wird die Sinus-Form der Spannungen angenähert. Die Frequenz der Spannung ist gleich der Drehzahl des Polrads, wobei man die Frequenz in

Hz, z. B. $f = 50$ Hz, und die Drehzahl in min^{-1}, z. B. $n = 3000\ \text{min}^{-1}$, angibt. Dies gilt für die in Bild 6.2a dargestellte Maschine, deren Polrad einen Nord- und einen Südpol trägt und deshalb als zweipolig (2-pol) bezeichnet wird. Eine vierpolige Maschine, bei der sich am Umfang Nord- und Südpol zweimal abwechseln, muss sich mit $n = 1500\ \text{min}^{-1}$ drehen, um eine Spannung von $f = 50$ Hz zu erzeugen. Wechselstromgeneratoren werden im deutschen Bahnstromnetz zur Erzeugung einer Spannung mit der Frequenz $f = 16\ ^2/_3$ Hz eingesetzt. Diese Frequenz ist historisch bedingt. Sie ist gewissermaßen der Fluch der Pionierarbeit. Als in Deutschland die Bahnen elektrifiziert wurden, war es nicht möglich, Wechselstrom-Kommutatormaschinen der entsprechenden Leistung für 50 Hz zu bauen. Man kam auf $^1/_3 \cdot 50$ Hz, wenn ein sechspoliger Motor mit einem zweipoligen Generator gekoppelt wurde. Heute werden umrichtergespeiste Asynchronmotoren auf den Lokomotiven eingesetzt. Dabei wird die Speisespannung gleichgerichtet und anschließend in einem Wechselrichter auf die Frequenz gebracht, die der Geschwindigkeit des Zugs angemessen ist. Bei dieser Technik sind 50 Hz kein Problem. Die niedrige Frequenz im deutschen Bahnnetz hat den Nachteil, dass der Transformator auf der Lokomotive sehr groß und schwer ist. Warum ist ein Transformator für $16\ ^2/_3$ Hz bei gleicher Leistung schwerer als einer für 50 Hz?

Die Stromerzeugung für das Bahnnetz erfolgt im Wechselstromgenerator, wobei bahneigene Kraftwerke selten sind. Hauptsächlich wird das Bahnnetz über Umformer aus dem öffentlichen Netz versorgt. An die Stelle der *rotierenden Umformer* (Motor-Generator) treten immer häufiger *statische Umforme*r (Gleichrichter–Wechselrichter).

Die 15-kV-Fahrdrahtleitung wird aus einem 110-kV-Wechselstromnetz, das Deutschland überspannt, gespeist. Es ist so aufgebaut, wie in **Bild 6.2b** dargestellt. Die Sekundärwicklung des Transformators ist in der Mitte geerdet, sodass die Leiter-Erd-Spannung der *Außenleiter* L1 und L2 nur 55 kV beträgt.

$U_1 = U_2 = 55$ kV $\qquad U = 110$ kV

Bahnnetz

Man benennt ein Netz nach der Spannung zwischen den Außenleitern und spricht von der Netznennspannung U_n. Diese kann sich von der Bemessungsspannung U_r der Betriebsmittel im Netz unterscheiden.

Das Verbundnetz der Deutschen und Österreichischen Bahn sowie Teile der Schweizerischen Bundesbahnen sind Zweiphasen-Wechselstromnetze. Sie werden mit $16\ ^2/_3$ Hz betrieben und haben die Nennspannung $U_n = 110$ kV. Die Fahrdrahtspannung beträgt 15 kV.

Um korrekt zu sein, muss ich noch zwei Dinge erwähnen. Beim Gleichstromnetz wurden im Hin- und Rückteil Widerstände eingezeichnet. Dies ist sinnvoll. Da aber Leiter keine Induktivitäten haben, sondern nur Schleifen, muss man bei Wechselstromnetzen in der Impedanz $\underline{Z}_L$ den Widerstand für Hin- und Rückleiter zusammenfassen (Bild 6.2a). Diese übliche und für die meisten Betrachtungen angebrachte Darstellung erweckt jedoch den Anschein, dass die Spannung $\underline{U}_2$ null ist. Dies ist allerdings nicht der Fall. Überzeugen Sie sich davon in der nächsten Aufgabe!
Der Mittelpunkt M an dem Transformator in Bild 6.2b ist bei entsprechender Schalterstellung direkt mit der Erde verbunden. Man spricht von *unmittelbarer Sternpunkterdung*. Eine Alternative ist der isolierte Sternpunkt, bei dem die Verbindung von M nach E offen ist. Man spricht von *isoliert betriebenen Netzen*. Die Bahn verwendet eine dritte Möglichkeit. Dort wird in die Verbindungsleitung zur Erde eine *Erdschlussspule* eingebaut. Wir sprechen von einem *kompensierten Netz* oder einem Netz mit *Erdschlusslöschung*. Dass dieser Begriff gerechtfertigt ist, zeigt eine weitere Aufgabe.

Aufgabe 6.1

Bei einer 100 km langen 16 $^2/_3$-Hz-Übertragungsleitung nach Bild 6.2a haben die Leiter einen Querschnitt von $A = 185\ \text{mm}^2$ Aluminium und liegen im Abstand $a = 3{,}3$ m zueinander. Der spezifische Bodenwiderstand ist $\rho = 200\ \Omega\text{m}$. Am Verbraucher ist die Spannung $U = 100$ kV sicherzustellen. Die Last sei $S = 50$ MVA; $\cos\varphi = 0{,}8$ ind. Wie groß sind die Leiter-Erd-Spannungen U_1 und U_2?

Aufgabe 6.2

Wir nehmen die Leitung aus der vorhergehenden Aufgabe, heben die Erdverbindung auf und berechnen die Kapazitäten zwischen den Leitern und gegen Erde. Hierzu benötigen wir noch die Aufhängehöhe $h = 10$ m. Sie wird als groß gegenüber dem Leiterabstand $a = 3{,}3$ m angenommen, sodass die Koppel- und Erdkapazitäten vereinfacht zu berechnen sind. Die Koppel- und Erdkapazitäten zu berechnen, erfordert etwas Geschick und geht über den Stoff der Grundlagen hinaus. Deshalb ein Hinweis: Wenn die beiden Leiter 1 und 2 an der Erdoberfläche gespiegelt werden, sodass unter der Erde im Abstand h die Leiter 1′ und 2′ entstehen und diese Spiegelleiter die negativen Ladungen der Leiter 1 und 2 erhalten ($Q_1' = -Q_1$; $Q_2' = -Q_2$), so treten die Feldlinien senkrecht in die Erde ein. Können Sie nun die Erdkapazität berechnen? Wenn nein, ist es auch nicht schlimm. Berechnen Sie die Koppelkapazität C_K, die die Kapazität der Zweidrahtleitung ist, und wählen Sie $C_E = 1{,}08 \cdot 10^{-6}$ F!

Wenn der Leiter L2 durch einen Fehler mit der Erde verbunden wird, sprechen wir vom *Erdschluss*. Wie groß ist der dabei entstehende Strom? Für diese Betrachtung können wir die Last des Verbrauchers vernachlässigen ($Z_V = \infty$). In Bild 6.2b wird eine Reaktanz X_D in die Verbindung zwischen Transformatormittelpunkt M und Erde E eingeschleift. Wie groß muss sie sein, damit der Strom über die Fehlerstelle minimal ist? Die Güte der Spule sei

$$Q = \frac{X}{R} = 10$$

Wie groß ist nun der *Erdschlussreststrom* über die Fehlerstelle?

Der in der Aufgabe auftretende Effekt wird insbesondere in deutschen Netzen ausgenutzt.

Erdschlusslöschung

Die von *Waldemar Petersen* erkannte Möglichkeit, bei einem Erdschluss den Strom über die Fehlerstelle zu reduzieren, indem man in den Mittelpunkt des Transformators eine Spule schaltet, die die Erdkapazitäten kompensiert, wird im 110-kV-Netz der Bahn, im 110-kV-Netz der öffentlichen Stromversorgung (Ausnahme Bayern) und in vielen 10-kV- bzw. 20-kV-Netzen eingesetzt. Bei Freileitungsnetzen dieser Spannungsebene sind 90 % der Fehler einpolige Erdfehler in Form von Lichtbögen, die wiederum zu 90 % wegen des geringen Reststroms von selbst verlöschen.

Ich habe mich mit dem Wechselstromnetz eingehender beschäftigt, als es ihm seiner Bedeutung nach zukommt. Viele Dinge, die erklärt wurden, z. B. die Erdschlusslöschung, gelten auch sinngemäß für Drehstrom, sind dort aber schwerer zu verstehen.

6.1.3 Unsymmetrischer Drehstrom

Es kommt nun ein Spannungssystem an die Reihe, das für theoretische Betrachtungen wichtig ist, aber nicht realisiert wird. Trotzdem will ich etwas ausführlicher darauf eingehen als üblich, denn ich hoffe, damit ein gewisses Grundverständnis für die symmetrischen Drehstromsysteme wecken zu können. Es reicht, wenn Sie dieses Unterkapitel durchlesen, Sie müssen es nicht durcharbeiten.

In Bild 6.2a habe ich einen Wechselstromgenerator schematisch dargestellt. Er besitzt im Ständer nur eine Wicklung und erzeugt einen einphasigen

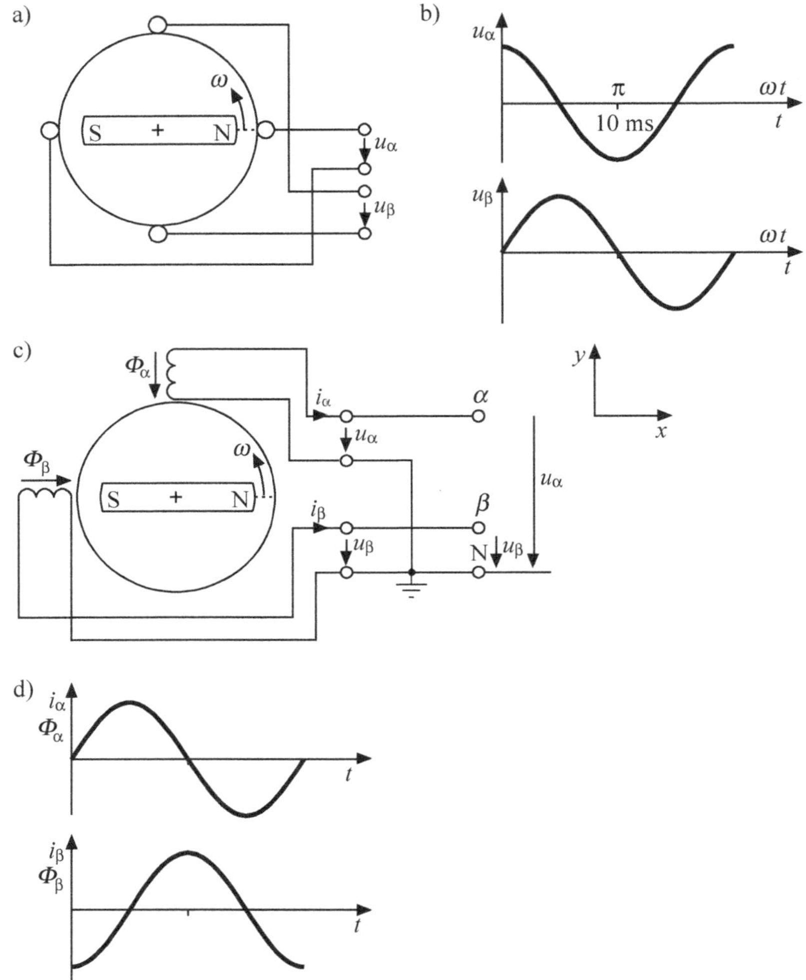

Bild 6.3 Unsymmetrische Drehfeldmaschine als Generator
a) Wicklungsanordnung
b) erzeugte Spannungen
c) Beschaltung der Maschine
d) Flüsse in der Bohrung

Wechselstrom. Wird eine zweite Wicklung hinzugefügt, die räumlich um 90° gegenüber der ersten versetzt ist, erhält man ein zweiphasiges Wechselstromsystem (**Bild 6.3a**).

Wenn sich das Polrad zum Zeitpunkt $t = 0$ in der eingezeichneten Stellung befindet und linksherum bewegt wird, so beginnt die Spannung u_α in der Wicklung α im Maximum und verändert sich entsprechend einer Cosinusfunktion. Nachdem sich das Polrad um den Winkel $\omega t = 90°$ verdreht hat, erreicht die Spannung u_β der Wicklung β ihr Maximum. Sie verändert sich demnach entsprechend einer Sinusfunktion (**Bild 6.3b**).

$$u_\alpha = \hat{u}_\alpha \cos \omega t$$

$$u_\beta = \hat{u}_\beta \sin \omega t = \hat{u}_\beta \cos(\omega t - 90°) \qquad (6.1)$$

Die Darstellung der Wicklung in Bild 6.3a ist unüblich. Man bevorzugt die Symbole für eine Spule entsprechend **Bild 6.3c**.

Die Ströme in den Spulen α und β verursachen Flüsse Φ_α und Φ_β, die räumlich um 90° gegeneinander verschoben sind.

Der Fluss in der Spule α liegt in der y-Achse mit negativer Zählrichtung, der Fluss in der Spule β in der x-Achse.

$$\Phi_x = \Phi_\beta \qquad \Phi_y = -\Phi_\alpha \qquad (6.2)$$

Nehmen wir an, dass die Spulen jeweils mit einer Induktivität L abgeschlossen sind, so ergibt sich der Zeitverlauf der Ströme und Flüsse entsprechend Bild 6.3d.

$$i_\alpha = \frac{1}{L} \int u_\alpha \, \mathrm{d}t = \frac{\hat{u}_\alpha}{\omega L} \sin \omega t = \hat{i}_\alpha \sin \omega t$$

$$i_\beta = \frac{1}{L} \int u_\beta \, \mathrm{d}t = -\frac{\hat{u}_\beta}{\omega L} \cos \omega t = -\hat{i}_\beta \cos \omega t$$

Diese Ströme verursachen in der Bohrung magnetische Flüsse.

$$\Phi_\alpha = \Lambda \, i_\alpha = \hat{\Phi}_\alpha \sin \omega t$$

$$\Phi_\beta = \Lambda \, i_\beta = -\hat{\Phi}_\beta \cos \omega t \qquad (6.3)$$

$$\Phi_x = -\hat{\Phi}_\beta \cos \omega t$$

$$\Phi_y = -\hat{\Phi}_\alpha \sin \omega t \qquad (6.4)$$

Zum Zeitpunkt $t = 0$ ist der Fluss, der durch den Strom i_β in der Spule β hervorgerufen wird, dem Feld des Polrads entgegengesetzt. (Φ_β ist negativ.) Der Fluss in der Spule α ist null. Zum Zeitpunkt $t = 5$ ms (50 Hz) hat sich das Polrad um $\omega t = 90°$ nach links gedreht. Nun ist der Fluss in der Spule α dem Polradfluss entgegengerichtet. (Beachten Sie, dass vorher der Südpol der Wicklung β gegenüberstand und jetzt der Nordpol der Wicklung α.) Wir betrachten jetzt einen beliebigen Zeitpunkt und überlagern die Flüsse in x- und y-Richtung. Für den Betrag des Flusses erhalten wir

$$\Phi = \sqrt{\hat{\Phi}_x^2 + \hat{\Phi}_y^2} \tag{6.5}$$

Der Winkel α des Flusses gegenüber der x-Achse ergibt sich zu

$$\alpha = \arctan \frac{\Phi_y}{\Phi_x} = \arctan \left[\frac{\hat{\Phi}_\alpha}{\hat{\Phi}_\beta} \tan \omega t \right] \tag{6.6}$$

Wenn wir nun annehmen, dass beide Spulen gleich aufgebaut und die Stromamplituden gleich sind, vereinfachen sich die Zusammenhänge.

$$\hat{u} = \hat{u}_\alpha = \hat{u}_\beta$$

$$\hat{i} = \hat{i}_\alpha = \hat{i}_\beta \tag{6.7}$$

$$\hat{\Phi} = \hat{\Phi}_\alpha = \hat{\Phi}_\beta$$

$$\Phi = \hat{\Phi} \qquad\qquad \alpha = \omega t$$

Drehfeld

Das in der *Bohrung* der Maschine hervorgerufene Feld hat einen konstanten Betrag und dreht sich mit der Frequenz f. Alle Maschinen, die nach diesem Prinzip aufgebaut sind, werden als *Drehfeldmaschinen* bezeichnet.

Das Drehfeld des induktiv belasteten Generators wirkt dem Feld des sich drehenden Polrads entgegen.

Ohne dass sich an dem Verhalten der beschriebenen Drehfeldmaschine etwas ändert, kann man jeweils einen Leiter der beiden Wechselstromsysteme α und β verbinden und erden. Wir haben dann ein Dreileitersystem, das ein Drehfeld aufbaut und deshalb *Dreileiter-Drehstromsystem* genannt wird. Die drei Leiter sind jedoch nicht gleichwertig, wie ich anhand einer symme-

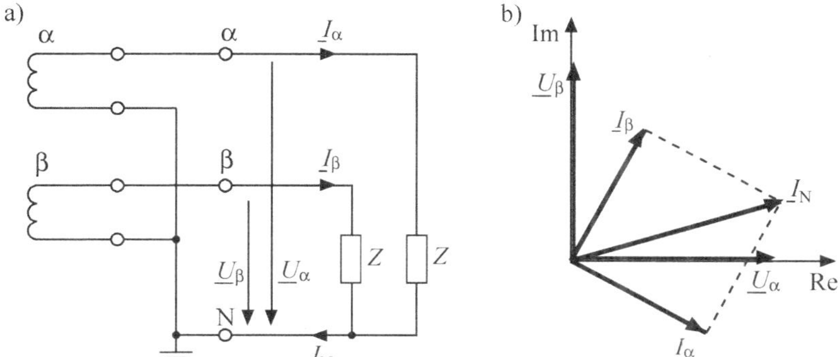

Bild 6.4 Unsymmetrisches Drehstromnetz mit symmetrischer Belastung
a) Schaltbild
b) Zeigerdiagramm

trischen Last in **Bild 6.4a** zeigen will. Die Spannungen der beiden Außenleiter $\underline{U}_\alpha$ und $\underline{U}_\beta$ haben denselben Betrag und sind um 90° gegeneinander phasenverschoben. Bedingt durch die gleiche Last $\underline{Z} = \underline{Z}_\alpha = \underline{Z}_\beta$ sind auch die Ströme $\underline{I}_\alpha$ und $\underline{I}_b$ dem Betrag nach gleichgroß und um 90° gegeneinander verschoben. Sie addieren sich zu dem Neutralleiterstrom, der größer wird (**Bild 6.4b**).

$$\underline{I}_N = \underline{I}_\alpha + \underline{I}_\beta \qquad I_\alpha = I_\beta$$

$$I_N = \sqrt{I_\alpha^2 + I_\beta^2} = \sqrt{2}\, I_\alpha \tag{6.8}$$

> Beim Aufbau eines Netzes ist eine gleiche Auslastung aller Leiter erwünscht. Deshalb wird das beschriebene unsymmetrische Drehstromnetz nicht zur Energieübertragung eingesetzt.

6.1.4 Drehfeldmaschinen

Im vorhergehenden Abschnitt habe ich einen zweisträngigen Synchrongenerator beschrieben. Das Polrad dreht sich mit der Drehzahl n und erzeugt in den beiden räumlich um 90° versetzten Wicklungen Spannungen, die zeitlich um 90° verschoben sind. Die durch eine Last hervorgerufenen Ströme bauen in der Bohrung des Generators ein Drehfeld auf, das dem verursachenden Feld entgegengerichtet ist.

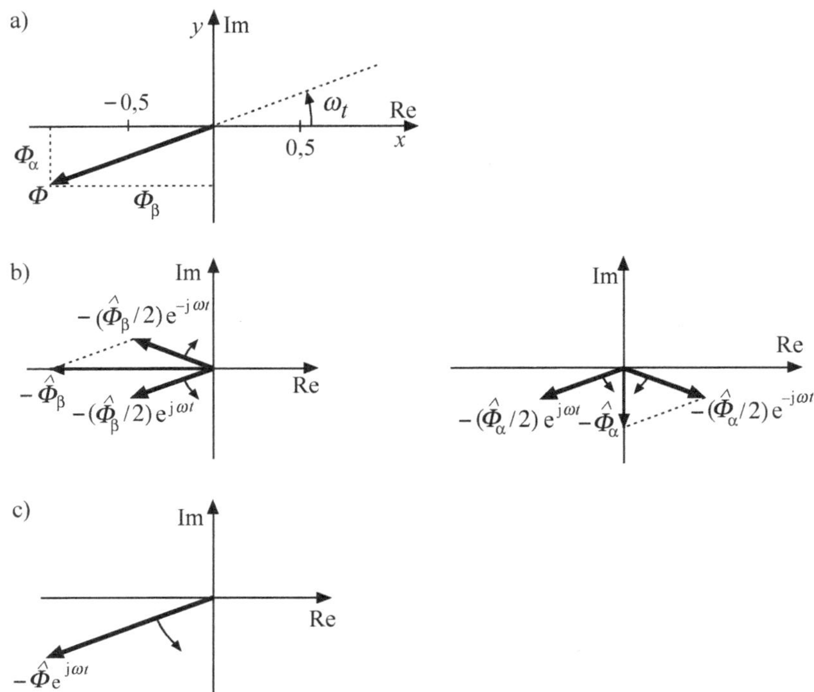

Bild 6.5 Komplexe Raumzeiger

a) Fluss im räumlichen Koordinatensystem

b) Zeiger der Flüsse in den Wicklungen α und β

c) resultierender Zeiger in der räumlich komplexen Ebene

Nun kehre ich das Prinzip um und lege an die beiden Stränge Spannungen, die zeitlich um 90° verschoben sind. Diese rufen Ströme hervor, die in der Bohrung ein Drehfeld erzeugen. Dieses Drehfeld will ich jetzt in einer räumlich komplexen Ebene betrachten. Lassen Sie sich dabei nicht verwirren! Die komplexe Ebene, die wir bisher betrachtet haben, um die komplexen Zeitzeiger darzustellen, ist eine andere. In Bild 6.3c definieren wir die *x*-Achse als reelle Achse, in der der Fluss Φ_β liegt, und die *y*-Achse als Imaginärachse mit dem Fluss Φ_α. So erhalten wir **Bild 6.5a**, in dem die beiden Flüsse zu einem komplexen Zeiger zusammengefasst sind.

$$\underline{\Phi} = \Phi_x + j\Phi_y$$

Mit den Gln. (6.4) erhalten wir

$$\underline{\Phi} = -\hat{\Phi}_\beta \cos \omega t - \mathrm{j}\, \hat{\Phi}_\alpha \sin \omega t \tag{6.9}$$

Der Zeiger $\underline{\Phi}$ in dem räumlichen Koordinatensystem dreht sich demnach mit der Zeit nach links.

Die Sinus- und Cosinusfunktionen lassen sich durch zwei komplexe e-Funktionen ersetzen.

Die beiden reellen Zeitfunktionen werden aus jeweils zwei komplexen Zeitfunktionen zusammengesetzt. Jetzt legen wir auf das räumliche Koordinatensystem in Bild 6.5a eine komplexe Ebene und gehen zu **Bild 6.5b** über.

$$\underline{\Phi} = \Phi_\mathrm{x} + \mathrm{j}\, \Phi_\mathrm{y} = \frac{-\hat{\Phi}_\beta}{2}\left[\mathrm{e}^{\mathrm{j}\,\omega t} + \mathrm{e}^{-\mathrm{j}\omega t}\right] \frac{-\hat{\Phi}_\alpha}{2}\left[\mathrm{e}^{\mathrm{j}\,\omega t} - \mathrm{e}^{-\mathrm{j}\,\omega t}\right]$$

Für $\omega t = 20°$ ergeben sich die im Bild dargestellten Verhältnisse. Sind die Amplituden der beiden Zeitfunktionen gleich, so heben sich die beiden rechtsdrehenden Komponenten auf.

$$\hat{\Phi}_\alpha = \hat{\Phi}_\beta = \Phi \qquad \Rightarrow \qquad \underline{\Phi} = -\Phi\, \mathrm{e}^{\mathrm{j}\,\omega t} \tag{6.10}$$

Drehfeld

Durch die beiden gleich aufgebauten Wicklungen, die gegeneinander um 90° räumlich versetzt sind, erzeugen zwei gleich große Ströme, die um 90° zeitlich verschoben sind, ein Drehfeld.

Es bleibt somit ein linksdrehender Zeiger (**Bild 6.5c**). Da dieser Zeiger des Flusses im Raum liegt, wird er als *Raumzeiger* bezeichnet.

Sind die beiden Amplituden Φ_α und Φ_β nicht gleich, ist der Betrag des Zeigers $\underline{\Phi}$ nicht konstant. Er beschreibt eine Ellipse. In diesem Fall sprechen wir vom *elliptischen Drehfeld*.

Synchronmotor

Ein Polrad, das entweder Dauermagnete enthält oder durch eine Spule mit Gleichstrom erregt wird, dreht sich synchron mit dem Drehfeld.

Eine Magnetnadel orientiert sich in einem äußeren Magnetfeld. So funktioniert der Kompass. Eine Eisennadel, die nicht magnetisiert ist, orientiert sich ebenfalls in einem äußeren Magnetfeld. Die dabei entstehenden Kräfte sind aber geringer. Voraussetzung für die Kraftentfaltung ist, dass das Eisenstück eine magnetische Vorzugsrichtung hat, d. h. der magnetische Leitwert in Längs- und Querrichtung unterschiedlich ist. Dies ist bei der Nadel erfüllt.

Reluktanzmotor

Ein Rotor mit magnetischer Vorzugsrichtung wird durch ein Drehfeld, das im Ständer von stromdurchflossenen Spulen erzeugt wird, mitgenommen, er dreht sich synchron. Derartige Motoren sind preiswert und eignen sich für kleinere Leistungen.

Wird eine der beiden Wicklungen, z. B. α, mit einem konstanten Strom beaufschlagt, so richtet sich der Rotor nach dem Feld in Richtung α aus. Kommt nun ein gleich großer Strom in der zweiten Wicklung β hinzu, so dreht sich der Rotor um 45°. Er richtet sich zwischen α und β aus. Wenn dann der Strom in der ersten Wicklung α abgeschaltet wird, dreht sich der Rotor nochmals um 45° (**Bild 6.6**) und richtet sich nach β aus.

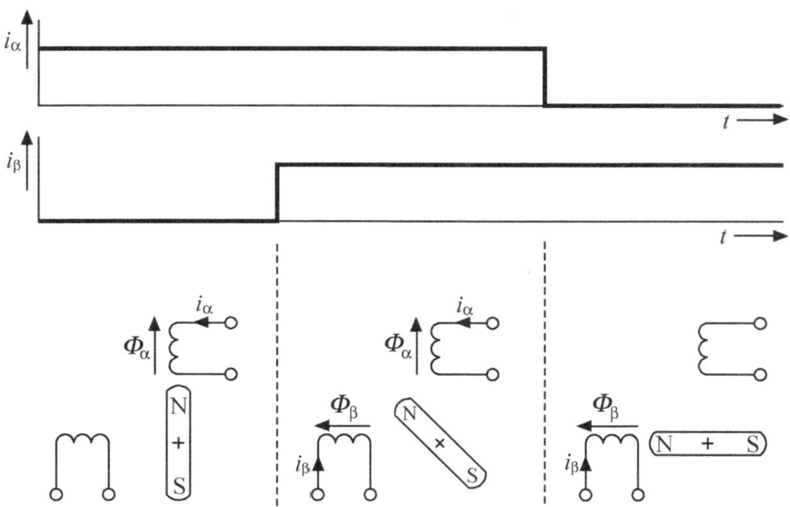

Bild 6.6 Drehbewegung eines Schrittmotors bei Blocksteuerung

Schrittmotor

Der Rotor besteht aus magnetischem Material und ist wie ein Reluktanzmotor inhomogen, d. h. mit Vorzugsrichtung aufgebaut. Vorzugsweise hat er Magnetpole (Permanentmagnete) wie der Synchronmotor. Auf dem Ständer ist eine Drehstromwicklung mit zwei Strängen, vorzugsweise aber mit drei Strängen, untergebracht, die blockweise mit Strom beaufschlagt werden. Durch Wechsel der Bestromung dreht sich der Motor schrittweise vorwärts. Bei einem Rotor mit vielen Polen betragen die Schritte nur wenige Grad. Der Aufbau des Schrittmotors ähnelt dem einer Synchronmaschine, die Ansteuerung erfolgt aber nicht mit sinusförmigem Strom fester Frequenz, sondern mit Stromblöcken, aus deren Abfolge die Lage des Rotors durch Zählen zu ermitteln ist. Eine Lagemessung wird so nicht unbedingt notwendig.

Da sich alle hier beschriebenen Maschinen synchron mit der angelegten Spannung drehen, sind sie vom Prinzip her Synchronmaschinen.

Der Schrittmotor wird durch die Stromblöcke in eine gewünschte Lage gebracht. Es ist ständig ein Strom erforderlich, um ihn in einer bestimmten Lage zu halten. Wird der Ständer am Umfang inhomogen aufgebaut und hat der Rotor Permanentmagnete, so halten diese den Rotor in der Lage, in die er durch die Stromblöcke gebracht wurde, auch wenn die Ständerwicklungen stromlos sind. Der Motor hat ein *Rastmoment*.

6.1.5 Wechselstrommaschinen

Wird nur eine der beiden Wicklungen in der Drehfeldmaschine nach Bild 6.3 mit einem Wechselstrom beaufschlagt, so entsteht in der Bohrung ein Wechselfeld, das immer in Richtung der stehenden Wicklung orientiert ist. Bei der Raumzeigerbetrachtung entstehen ein rechts- und linksdrehendes Feld. Beide sind gleich groß und setzen sich zu einem stehenden Feld zusammen. Es entsteht demnach kein Drehmoment, das die Maschine zum Anlaufen bringt. Wird aber die Maschine von außen angetrieben, sodass sie sich z. B. mit dem rechtsdrehenden Feld synchron dreht, so übt dieses ein Drehmoment in Richtung rechts aus. Das linksdrehende Feld sieht in dem rechtsdrehenden Polrad bei Permanentpolen abwechselnd einen Nord- und einen Südpol, sodass im Mittel kein linksdrehendes Moment entsteht. Bei Reluktanzmaschinen verursacht das linksdrehende Feld zeitweise ein genauso großes Drehmoment wie das rechtsdrehende und eine halbe Periode später ein kleineres, sodass im Mittel das linksdrehende Feld kleiner ist als das rechtsdrehende. Die Wechselstrommaschine wird deshalb, wenn sie einmal angestoßen wird, weiterlaufen, aber ein relativ geringes Drehmoment erzeugen. Die beschriebene Maschine läuft synchron. Sie wird nur selten eingesetzt. Häufig werden dagegen einphasige Asynchronmaschinen verwendet, die im Ständer wie die Synchronmaschine aufgebaut sind, sich im Läufer aber unterscheiden. Auf sie komme ich noch zu sprechen.

Abschließend noch eine Bemerkung: Wenn beide Wicklungen α und β mit Wechselstrom, der gleichphasig ist, beaufschlagt werden, entsteht ein Wechselfeld, das räumlich zwischen den Wicklungen liegt, sich aber nicht dreht. Ist das klar?

Ich habe erklärt, wie der Wechselstrommotor am Laufen gehalten wird. Nun will ich ihn zum Laufen bringen. Dabei kann ich Sie wieder ein wenig mit der komplexen Rechnung belästigen. Sie wissen ja: Nichts geht über das Üben.

Zum Start eines Wechselstrom-Drehfeldmotors werden zwei Wicklungen benötigt, die mit Strömen unterschiedlicher Phasenlage beaufschlagt werden. Eine Schaltung, die dies leistet, ist in **Bild 6.7a** dargestellt.

Der Strom durch die Wicklungen α und β ergibt sich zu

$$\underline{I}_\alpha = \frac{\underline{U}}{R_\alpha + \mathrm{j}\,X_\alpha}$$

$$\underline{I}_\beta = \frac{\underline{U}}{R_\beta + \mathrm{j}\left(X_\beta - X_C\right)} \qquad (6.11)$$

a)

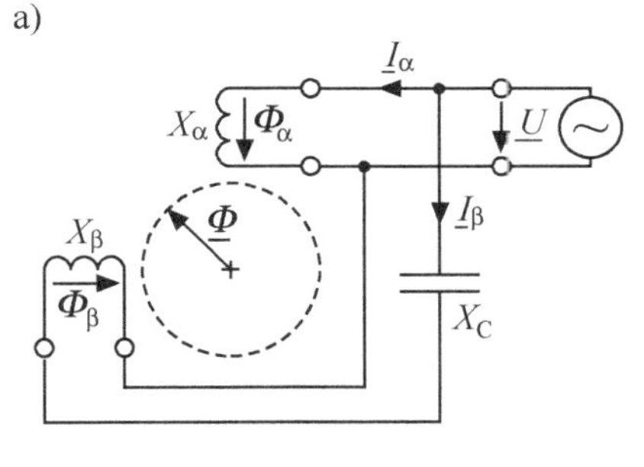

b)

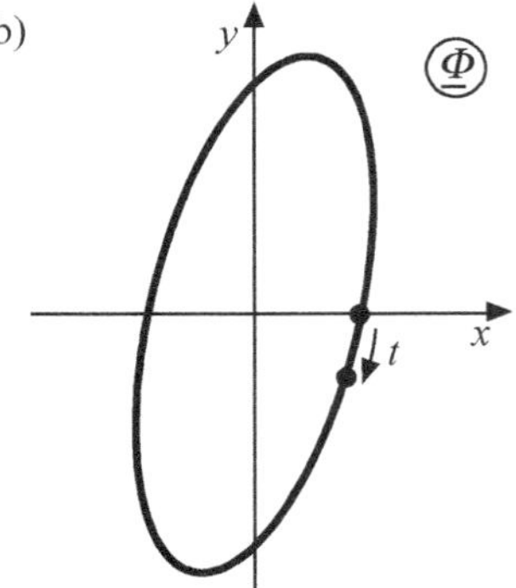

Bild 6.7 Wechselstrom-Drehfeldmaschine
a) Schaltbild
b) elliptisches Drehfeld

Damit beide Ströme gleich groß und um 90° gegeneinander verschoben sind, muss gelten

$$\underline{I}_{\beta} = \mathrm{j}\, I_{\alpha}$$

$$-\mathrm{j}\left(R_{\alpha} + \mathrm{j}\, X_{\alpha}\right) = R_{\beta} + \mathrm{j}\left(X_{\beta} - X_{\mathrm{C}}\right)$$

$$R_{\alpha} = X_{\mathrm{C}} - X_{\beta}$$

$$R_{\beta} = X_{\alpha}$$

Eine Maschine, die so dimensioniert ist, erzeugt ein kreisförmiges Drehfeld, wäre aber aufwändig zu bauen. Man begnügt sich mit einer Annäherung des Drehfelds durch ein elliptisches Drehfeld (**Bild 6.7**).

Beispiel 6.1

Für die Schaltung in Bild 6.7a sind folgende Zahlenwerte gegeben.

$U = 230\ \mathrm{V}$;	$X_{\alpha} = 20\ \Omega$;	$R_{\alpha} = 10\ \Omega$;
$X_{\beta} = 60\ \Omega$;	$R_{\beta} = 30\ \Omega$;	$X_{\mathrm{C}} = 100\ \Omega$

Wir bestimmen die Gestalt des Drehfelds.

$$\underline{I}_{\alpha} = \frac{230}{10 + \mathrm{j}\, 20}\ \mathrm{A} = \left(4{,}6 - \mathrm{j}\, 9{,}2\right)\ \mathrm{A} = 10{,}3\ \mathrm{A}\ \mathrm{e}^{-\mathrm{j}\, 63{,}4^{\circ}}$$

$$\underline{I}_{\beta} = \frac{230}{30 + \mathrm{j}\left(60 - 100\right)}\ \mathrm{A} = \left(2{,}76 + \mathrm{j}\, 3{,}68\right)\ \mathrm{A} = 4{,}6\ \mathrm{A}\ \mathrm{e}^{\mathrm{j}\, 53{,}1^{\circ}}$$

Der Strom in der Wicklung β eilt dem in der Wicklung α um den Winkel γ voraus.

$$\gamma = 63{,}4^{\circ} + 53{,}1^{\circ} = 116{,}5^{\circ}$$

Wenn wir die Zeitachse so legen, dass der Strom in der Wicklung α ein reiner Sinus ist, ergibt sich mit der Vorzeichenfestlegung in Bild 6.7a

$$\Phi_{\mathrm{x}} = \Phi_{\beta} = \hat{\Phi}_{\beta} \sin\left(\omega t + \gamma\right) = a\, \hat{\Phi}_{\alpha} \sin\left(\omega t + \gamma\right)$$

$$\Phi_{\mathrm{y}} = -\Phi_{\alpha} = -\hat{\Phi}_{\alpha} \sin \omega t$$

$$a = \frac{\hat{I}_\beta}{\hat{I}_\alpha} = \frac{4{,}6}{10{,}3} = 0{,}45$$

Für zwei aufeinander folgende Zeitpunkte erhalten wir

$t = 0$:

$$\Phi_x = 0{,}45\,\hat{\Phi}_\alpha \sin 116{,}5° = 0{,}4\,\hat{\Phi}_\alpha$$

$$\Phi_y = 0$$

$t = 1\text{ ms}$:

$$\Phi_x = 0{,}45\,\hat{\Phi}_\alpha \sin\left(314 \cdot 0{,}001 \cdot \frac{180°}{\pi} + 116{,}5°\right)$$

$$= 0{,}45\,\hat{\Phi}_\alpha \sin(18° + 116{,}5°) = 0{,}32\,\hat{\Phi}_\alpha$$

$$\Phi_y = -\hat{\Phi}_\alpha \sin 18° = -0{,}31\,\hat{\Phi}_\alpha$$

Beide Punkte sind in **Bild 6.7b** eingezeichnet. Aus ihm geht hervor, dass sich das Drehfeld rechtsherum dreht. Im Lauf der Zeit durchläuft es eine Ellipse. Wenn Sie Spaß an Geometrie haben, können Sie die Ellipsengleichung ableiten. □

Die zeitlich verschobenen Ströme in den räumlich um 90° versetzten Wicklungen bilden ein *elliptisches Drehfeld*. Wenn die Wicklungen nicht um 90° gegeneinander verdreht sind, sondern um einen anderen Winkel, ergibt sich ebenfalls ein elliptisches Feld.

Die beschriebene Wechselstrommaschine hat zwei Wicklungen. Der Aufwand lässt sich durch einen *Spaltpolmotor* verringern. Bei ihm gibt es eine einphasige Wicklung. Sie ist je zur Hälfte auf den beiden in **Bild 6.8** dargestellten Polen untergebracht. Die Polschuhe sind aber in zwei Bereiche unterteilt. Der eine Bereich ist von einer Kupferwindung umschlossen. In ihr wird durch das Wechselfeld ein Strom erzeugt, der ein Gegenfeld $\boldsymbol{\Phi}_2$ aufbaut, das gegenüber dem verursachenden Feld $\boldsymbol{\Phi}_1$ phasenverschoben ist. So ergibt sich ein Hilfsfluss $\boldsymbol{\Phi}_s = \boldsymbol{\Phi}_1 - \boldsymbol{\Phi}_2$, der gegenüber dem Hauptfluss $\boldsymbol{\Phi}_h$ räumlich und zeitlich verschoben ist, sodass sich ein elliptisches Drehfeld aufbaut.

Ich will jetzt noch einmal das elliptische Drehfeld mit den komplexen Zeitzeigern behandeln. Nur zur Übung!

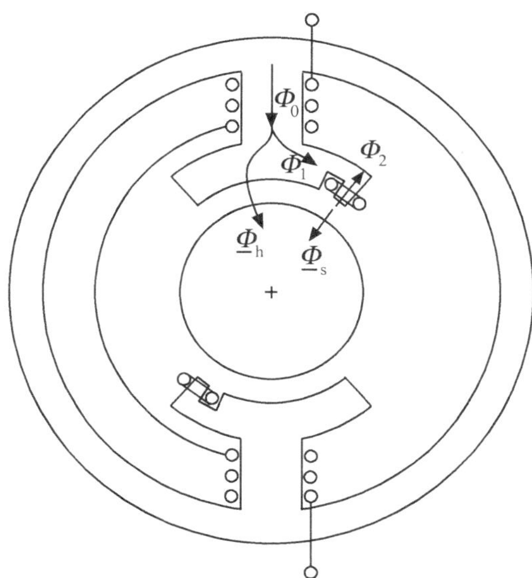

Bild 6.8 Spaltpolmotor

Werden die Wechselfelder der Wicklungen α und β jeweils in rechts- und linkslaufende Anteile zerlegt, so erhalten wir

$$\Phi_x = -j\frac{\hat{\Phi}_\beta}{2}\left[e^{j(\omega t+\gamma)} - e^{-j(\omega t+\gamma)}\right] = \hat{\Phi}_\beta \sin(\omega t+\gamma)$$

$$\Phi_y = j\frac{\hat{\Phi}_\alpha}{2}\left[e^{j\omega t} - e^{-j\omega t}\right] = -\hat{\Phi}_\alpha \sin \omega t$$

Φ_x und Φ_y sind dabei reelle Zeitfunktionen. Sie werden in eine räumlich komplexe Ebene gelegt. Dies hatten wir bereits mit den Gln. (6.9) getan. Die Unterschiede zu diesen Gleichungen sind in dem abweichenden Sinus-Ansatz begründet.

$$\underline{\Phi} = \Phi_x + j\,\Phi_y = -j\frac{\hat{\Phi}_\beta}{2}e^{j(\omega t+\gamma)} + j\frac{\hat{\Phi}_\beta}{2}e^{-j(\omega t+\gamma)} - \frac{\hat{\Phi}_\alpha}{2}e^{j\omega t} + \frac{\hat{\Phi}_\alpha}{2}e^{-j\omega t}$$

$$= \left[-j\frac{\hat{\Phi}_\beta}{2}e^{j\gamma} - \frac{\hat{\Phi}_\alpha}{2}\right]e^{j\omega t} + \left[j\frac{\hat{\Phi}_\beta}{2}e^{-j\gamma} + \frac{\hat{\Phi}_\alpha}{2}\right]e^{-j\omega t}$$

$$= \hat{\underline{\Phi}}_p\,e^{j\omega t} + \hat{\underline{\Phi}}_n\,e^{-j\omega t}$$

Wenn die Ströme durch die Wicklungen um $\gamma = 90°$ gegeneinander verschoben und gleich groß sind ($\hat{\Phi}_\alpha = \hat{\Phi}_\beta$), ergibt sich

$$\underline{\Phi}_\mathrm{p} = -\mathrm{j}\frac{\hat{\Phi}_\alpha}{2} \cdot \mathrm{j} - \frac{\hat{\Phi}_\alpha}{2} = 0$$

$$\underline{\Phi}_\mathrm{n} = \mathrm{j}\frac{\hat{\Phi}_\alpha}{2} \cdot (-\mathrm{j}) + \frac{\hat{\Phi}_\alpha}{2} = \hat{\Phi}_\alpha$$

Es bleibt nur das negativ drehende Feld übrig.

> Sind die Ströme durch zwei räumlich versetzte Wicklungen zueinander phasenverschoben, entsteht ein elliptisches Drehfeld, das sich aus einem positiven und negativen Drehfeld zusammensetzt.

6.1.6 Symmetrischer Drehstrom

Bei dem unsymmetrisch aufgebauten Drehstromgenerator war der Winkel von dem Strang α zum Strang β räumlich 90° und vom Strang β zum Strang α räumlich 270° versetzt. Bei einer symmetrisch aufgebauten zweisträngigen Maschine müssten beide Winkel gleich sein und hätten demzufolge jeweils einen Winkel von 180° zueinander. Die Wicklungen würden dann aber in derselben Richtung wirken. Es ergibt sich somit ein zweiphasiger Wechselstromgenerator, wie er in Abschnitt 6.1.2 beschrieben wurde. Damit lässt sich aber kein Drehfeld aufbauen. Ein dreisträngiger symmetrisch aufgebauter Generator ist in **Bild 6.9a** dargestellt. Seine Wicklungen sind räumlich um einen Winkel von $\alpha = 120°$ versetzt angeordnet und werden mit U, V, W bezeichnet. Ein Polrad, das in der Bohrung mit der Kreisfrequenz ω rotiert, erzeugt drei zeitlich um $\alpha = 120°$ versetzte Spannungen. Die von ihm erzeugten Spannungen zeigt **Bild 6.9b** als Zeitfunktionen. Um die Phasenverschiebung deutlich zu machen, habe ich die Kurven erst beim Beginn der Sinusfunktion angefangen. Das Zeigerdiagramm der drei Spannungen zeigt **Bild 6.9c**.

Bei 50 Hz gilt:

$$\omega \Delta t = \alpha$$

$$\Delta t = \frac{\alpha}{\omega} = \frac{\frac{2\,\pi}{3}}{2\,\pi\, f} = \frac{1}{3}T = \frac{1}{3} \cdot \frac{1}{50}\,\mathrm{s} = 6{,}67\ \mathrm{ms}$$

$$
\begin{aligned}
u_{\mathrm{U}} &= \hat{u} \sin \omega t \\
u_{\mathrm{V}} &= \hat{u} \sin (\omega t - \alpha) \\
u_{\mathrm{T}} &= \hat{u} \sin (\omega t - 2\,\alpha) = \hat{u} \sin (\omega t + \alpha)
\end{aligned}
\tag{6.12}
$$

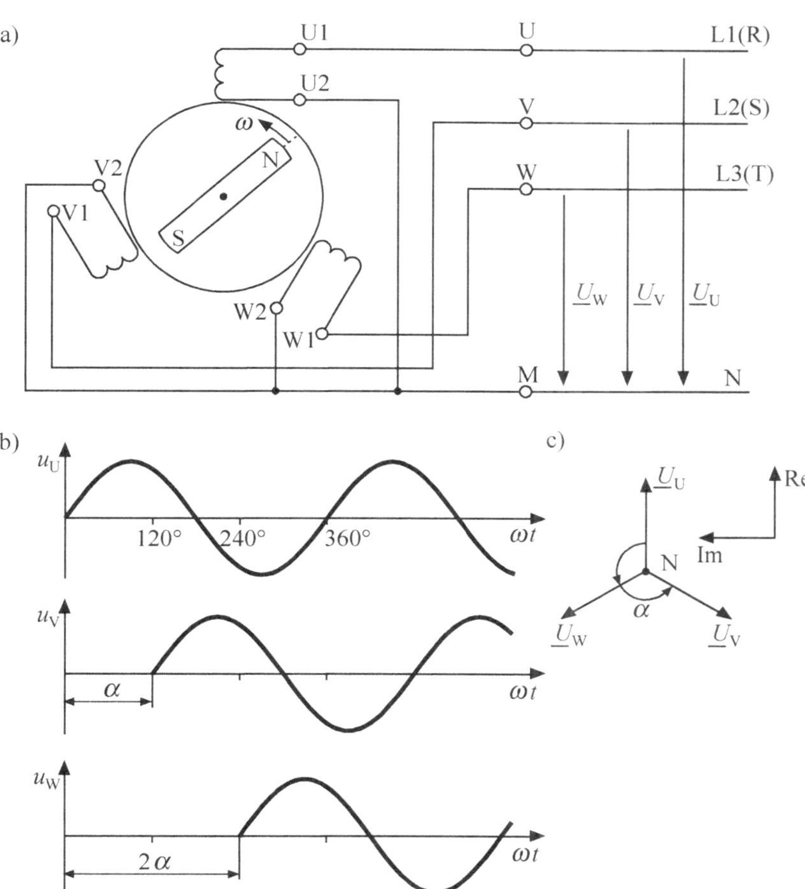

Bild 6.9 Symmetrische Drehstrommaschine
a) Anordnung
b) zeitlicher Verlauf der Spannungen
c) Zeigerbild der Spannungen

Werden die Zeiger der Spannungen in der komplexen Ebene dargestellt und dabei die Spannungen des Strangs U in die reelle Achse gelegt, so erhalten wir

$$\begin{aligned} \underline{U}_\mathrm{U} &= U \\ \underline{U}_\mathrm{V} &= U\,\mathrm{e}^{-\mathrm{j}\,\alpha} = \underline{a}^2\,U = \underline{a}^*\,U \\ \underline{U}_\mathrm{W} &= U\,\mathrm{e}^{\mathrm{j}\,\alpha} = \underline{a}\,U \end{aligned} \qquad (6.13)$$

Für den *Drehzeiger* $\underline{a}$ und den *Winkel der Phasenverschiebung* $\boldsymbol{\alpha}$ gilt

$$\begin{aligned} &\mathrm{e}^{-\mathrm{j}\,\alpha} = \mathrm{e}^{\mathrm{j}\,2\,\alpha} && \alpha = 120° \\ &\underline{a} = \mathrm{e}^{\mathrm{j}\,\alpha} = \mathrm{e}^{\mathrm{j}\,120°} && \\ &\underline{a}^2 = \underline{a}^* = \mathrm{e}^{\mathrm{j}\,2\,\alpha} = \mathrm{e}^{-\mathrm{j}\,\alpha} && |\underline{a}| = 1 \\ &1 + \underline{a} + \underline{a}^2 = 0 && \end{aligned} \qquad (6.14)$$

Bitte achten Sie darauf: $\underline{a}^2$ steht nicht für $\underline{a}\,\underline{a}^* = 1$, sondern für $\underline{a} \cdot \underline{a}$.

Nun setzen wir die komplexen Zeitzeiger in das räumliche komplexe Koordinatensystem ein. Um einfache Ausdrücke zu erhalten, werden Cosinusfunktionen angesetzt. Es ergibt sich für die Flüsse

$$\begin{aligned} \varPhi_\mathrm{U} &= \hat{\varPhi}\cos\omega t = \frac{\hat{\varPhi}}{2}\left[\mathrm{e}^{\mathrm{j}\,\omega t} + \mathrm{e}^{-\mathrm{j}\,\omega t}\right] \\ \varPhi_\mathrm{V} &= \hat{\varPhi}\cos(\omega t - \alpha) = \frac{\hat{\varPhi}}{2}\left[\mathrm{e}^{\mathrm{j}(\omega t - \alpha)} + \mathrm{e}^{-\mathrm{j}(\omega t - \alpha)}\right] \\ \varPhi_\mathrm{W} &= \hat{\varPhi}\cos(\omega t + \alpha) = \frac{\hat{\varPhi}}{2}\left[\mathrm{e}^{\mathrm{j}(\omega t + \alpha)} + \mathrm{e}^{-\mathrm{j}(\omega t + \alpha)}\right] \end{aligned}$$

Damit ist der Raumzeiger des Flusses zu bestimmen.

$$\begin{aligned} \underline{\varPhi} &= \varPhi_\mathrm{U} + \varPhi_\mathrm{V}\,\mathrm{e}^{\mathrm{j}\,\alpha} + \varPhi_\mathrm{W}\,\mathrm{e}^{-\mathrm{j}\,\alpha} \\ &= \frac{\hat{\varPhi}}{2}\left[\mathrm{e}^{\mathrm{j}\,\omega t} + \mathrm{e}^{-\mathrm{j}\,\omega t} + \mathrm{e}^{\mathrm{j}\,\alpha}\,\mathrm{e}^{\mathrm{j}(\omega t - \alpha)} + \mathrm{e}^{\mathrm{j}\,\alpha}\,\mathrm{e}^{-\mathrm{j}(\omega t - \alpha)}\right] \\ &\quad + \frac{\hat{\varPhi}}{2}\left[+\mathrm{e}^{-\mathrm{j}\,\alpha}\,\mathrm{e}^{\mathrm{j}(\omega t + \alpha)} + \mathrm{e}^{-\mathrm{j}\alpha}\,\mathrm{e}^{-\mathrm{j}(\omega t + \alpha)}\right] \end{aligned}$$

$$= \frac{\hat{\Phi}}{2}\left[e^{j\,\omega t} + e^{-j\,\omega t} + e^{j\,\omega t} + e^{-j(\omega t - 2\,\alpha)} + e^{j\,\omega t} + e^{-j(\omega t + 2\,\alpha)} \right]$$

$$= \frac{\hat{\Phi}}{2}\left[3\,e^{j\,\omega t} + e^{-j\,\omega t}\left(1 + e^{j\,2\,\alpha} + e^{-j\,2\,\alpha}\right)\right]$$

Die runde Klammer im letzten Ausdruck ist null. Davon sollten Sie sich durch Einsetzen des Winkels $\alpha = 120°$ überzeugen. Es verbleibt dann

$$\underline{\Phi} = \frac{3}{2}\,\hat{\Phi}\,e^{j\,\omega t} \tag{6.15}$$

Dies ist der Raumzeiger für ein linksdrehendes Drehfeld.

Mit dem symmetrischen Drehstrom werden wir uns in Abschnitt 6.2 näher befassen. Dies ist Voraussetzung für Drehstromtransformatoren und Motoren, die in Abschnitt 6.4 folgen.

6.1.7 Mehrphasensystem

Systeme mit mehr als drei Strängen bringen keine großen Vorteile. Sie werden z. B. in der Stromrichtertechnik zur Reduktion der Oberschwingungen eingesetzt. Auch gibt es Planungen mit einer sechssträngigen Hochspannungsübertragung, denn durch Erhöhung der Strangzahl lässt sich der Isolationsaufwand etwas reduzieren.

6.2 Drehstromnetze

In diesem Abschnitt will ich mich vorwiegend mit den symmetrisch aufgebauten Drehstromnetzen der öffentlichen Stromversorgung beschäftigen und dabei nur symmetrische Lasten behandeln.

6.2.1 Spannungsquellen in Stern- und Dreieckschaltung

In **Bild 6.10a** sehen Sie die vom letzten Bild übernommenen Stränge eines symmetrischen Drehstromgenerators. Die Wicklungen sind auf einer Seite zusammengeschlossen. So entsteht ein Stern. Wir sprechen von einer *Sternschaltung* Y: Der gemeinsame Punkt wird *Sternpunkt* oder *Mittelpunkt* M, der von ihm abgehende Leiter *Neutralleite*r N genannt.

Man kann die drei Wicklungen aber auch in Reihe schalten. Die drei Spannungszeiger bilden dann ein Dreieck. Wir sprechen von einer *Dreieckschaltung* D bzw. Δ (**Bild 6.10b**).

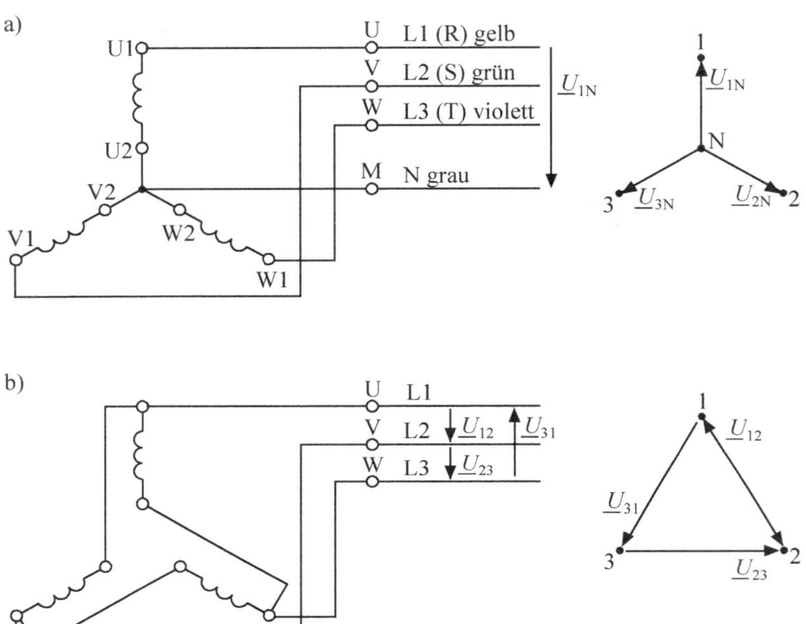

Bild 6.10 Schaltung der Stränge in einer Drehstromwicklung
a) Sternschaltung
b) Dreieckschaltung

Ich muss mich nun etwas ausführlicher mit den Bezeichnungen befassen. Die drei um 120° räumlich versetzten Wicklungen nennt man *Stränge*. Sie werden mit U, V und W bezeichnet. Die Klemmenbezeichnungen haben hinter den Buchstaben zusätzlich eine Zahl. 1 steht für den Anfang der Wicklung und 2 für deren Ende. So werden bei der Sternschaltung die Klemmen U2, V2 und W2 zusammengeschlossen. Im Netz bezeichnet man die drei angeschlossenen Leiter als *Außenleiter* L1, L2 und L3. Früher war in Deutschland R, S, T festgelegt, dies ist nach der neuen Norm auch heute noch zulässig. In Schaltungen werden die Leiter, die häufig als Stromschienen ausgeführt werden, farbig angelegt, und zwar gelb, grün, violett. Der Neutralleiter wird häufig mit der *Erde* E verbunden, aber nicht immer. Im symmetrisch aufgebauten Netz stellt sich aber die Spannung zwischen Neutralleiter und Erde $U_{NE} = 0$ ein, wie ich noch zeigen werde.
Naturgemäß gibt es bei der Dreieckschaltung keinen Neutralleiter.

Die Spannung des Punkts U1 gegenüber dem Neutralleiter wird mit U_{1N} bezeichnet. Da der Neutralleiter oder die Erde im Allgemeinen als Bezugsleiter verwendet wird, schreibt man anstelle von U_{1N} oder U_{1E} nur U_1. Die Spannungen zwischen den Außenleitern werden mit U_{12}, U_{23} und U_{31} bezeichnet. Üblich sind auch U_{RS}, U_{ST}, U_{TR}.

6.2.2 Spannungen bei Stern- und Dreieckschaltung

Die drei Strangspannungen haben im symmetrischen Drehstromsystem denselben Betrag und sind gegeneinander um 120° verschoben.

Die Summe der Spannungen ergibt sich zu

$$u = u_1 + u_2 + u_3 = \hat{u}\sin\omega t + \hat{u}\sin(\omega t - \alpha) + \hat{u}\sin(\omega t + \alpha)$$

$$= \hat{u}\left[\sin\omega t + \sin\omega t\cos\alpha - \cos\omega t\sin\alpha + \sin\omega t\cos\alpha + \cos\omega t\sin\alpha\right]$$

$$= \hat{u}\left[\sin\omega t - \frac{1}{2}\sin\omega t - \frac{1}{2}\cdot\sqrt{3}\cos\omega t - \frac{1}{2}\sin\omega t + \frac{1}{2}\cdot\sqrt{3}\cos\omega t\right] = 0$$

oder

$$\underline{U} = \underline{U}_1 + \underline{U}_2 + \underline{U}_3 = U\left(1 + \underline{a}^2 + \underline{a}\right) = U\left(1 + \mathrm{e}^{-\mathrm{j}\,120^\circ} + \mathrm{e}^{+\mathrm{j}\,120^\circ}\right) = 0$$

Ich mache das so ausführlich, damit Sie erkennen und behalten sollen, dass die beiden Klammerausdrücke null sind.

Bei der Sternschaltung ergibt sich die Spannung zwischen den Außenleitern zu

$$\underline{U}_{12} = \underline{U}_1 - \underline{U}_2 = U - U\,\mathrm{e}^{-\mathrm{j}\,\alpha} = U\,(1 - \cos\alpha + \mathrm{j}\sin\alpha)$$

$$= U\left(1 + \frac{1}{2} + \mathrm{j}\frac{1}{2}\cdot\sqrt{3}\right) = U\left(\frac{3}{2} + \mathrm{j}\frac{1}{2}\cdot\sqrt{3}\right) = U_{12}\,\mathrm{e}^{\mathrm{j}\,\varphi_{12}}$$

$$U_{12} = \sqrt{\left(\frac{3}{2}\right)^2 + \left(\frac{1}{2}\cdot\sqrt{3}\right)^2}\;U = \sqrt{\frac{9}{4} + \frac{3}{4}}\;U = \sqrt{\frac{12}{4}}\;U = \sqrt{3}\,U$$

$$\varphi_{12} = \arctan\frac{\frac{\sqrt{3}}{2}}{\frac{3}{2}} = \arctan\frac{1}{\sqrt{3}} = 30^\circ$$

$$\underline{U}_{23} = \underline{U}_2 - \underline{U}_3 = U\left(e^{-j\alpha} - e^{j\alpha}\right) = U(\cos\alpha - j\sin\alpha - \cos\alpha - j\sin\alpha)$$

$$= -j\,U \cdot 2\sin\alpha = -j\,U \cdot 2 \cdot \frac{\sqrt{3}}{2} = -j\sqrt{3}\,U$$

$$U_{23} = \sqrt{3}\,U$$

$$\varphi_{23} = -90°$$

$$\underline{U}_{31} = \underline{U}_3 - \underline{U}_1 = U\left(e^{j\alpha} - 1\right) = U(\cos\alpha + j\sin\alpha - 1)$$

$$= U\left(-\frac{1}{2} + j\frac{1}{2}\cdot\sqrt{3} - 1\right) = U\left(-\frac{3}{2} + j\frac{1}{2}\cdot\sqrt{3}\right)$$

$$U_{31} = \sqrt{3}\,U$$

$$\arctan\varphi_{31} = \arctan\frac{\frac{\sqrt{3}}{2}}{-\frac{3}{2}} = -\arctan\frac{1}{\sqrt{3}}$$

$$\varphi'_{31} = -30°$$

Vorsicht! Der Tangens ist zwischen –90° und +90° definiert. Der Winkel φ_{31} muss aber im 2. Quadrat liegen, wie wir aus dem Ausdruck $(-1{,}5 + j\,1/2 \cdot \sqrt{3})$ sehen.

$$\varphi_{31} = \varphi'_{31} + 180° = 150°$$

Prüfen Sie, dass die drei Außenleiterspannungen gegeneinander um 120° verschoben sind!

Spannungen im Drehstromsystem

Die Außenleiterspannung ist um den Faktor $\sqrt{3}$ größer als die Leiter-Erd-Spannung.

Bei Sternschaltung ist die Außenleiterspannung um den Faktor $\sqrt{3}$ größer als die Strangspannung.

Bei Dreieckschaltung ist die Außenleiterspannung gleich der Strangspannung.

Bei symmetrischem Betrieb der Dreieckschaltung ist demnach die Leiterspannung (Leiter-Erd-Spannung) um den Faktor $\sqrt{3}$ kleiner als die Strangspannung. Dabei ist die Symmetrie zur Erde durch Sekundäreffekte, wie die Leiter-Erd-Kapazität, bestimmt.

6.2.3 Lasten in Stern- und Dreieckschaltung

Wir betrachten eine Drehstromspannungsquelle mit Neutralleiter (**Bild 6.11**). Eine symmetrische Last besteht aus drei gleich großen Impedanzen. Sie können in Stern oder Dreieck geschaltet werden. In der Sternschaltung bezeichnen wir sie mit Z_Y und bei der Dreieckschaltung mit Z_D. Bei der Sternschaltung kann der Sternpunkt mit dem Neutralleiter verbunden sein oder nicht.

Stern- und Dreieckschaltung

Es gibt in Drehstromnetzen drei Möglichkeiten, die Lastimpedanzen zu schalten. Dies gilt für symmetrische Lasten ebenso wie für unsymmetrische. Bei symmetrischen Lasten sind die drei Impedanzen gleich:

- Sternschaltung mit geerdetem Sternpunkt
- Sternschaltung ohne geerdeten Sternpunkt
- Dreieckschaltung

Bei symmetrischer Netzspannung und symmetrischen Lasten in Sternschaltung ist die Spannung zwischen dem Sternpunkt M der ungeerdeten Schaltung und dem Neutralleiter null ($U_{MN} = 0$). Demzufolge unterscheiden sich die beiden Sternschaltungen in diesem Fall nicht.
Es ist nun an der Zeit, die Definition einiger Begriffe, die in der Drehstromtechnik gebräuchlich sind, zusammenzustellen.

Elektrische Maschinen

Eine Drahtschleife in einer elektrischen Maschine wird *Windung* genannt. Die Zusammenfassung mehrerer Windungen bezeichnet man als *Spule*, aber auch als *Wicklung*. Mehrere Spulen, z. B. bei mehrpoligen Maschinen, sind zu einem *Strang* zusammengefasst. Die Stränge werden mit U, V, W bezeichnet. Die Enden der Stränge sind herausgeführt und werden mit 1 (Anfang) und 2 (Ende) bezeichnet, beispielsweise U1, U2, V1. Die Gesamtheit der Stränge bezeichnet man als *Wicklung*. Ein Drehstromsynchrongenerator hat demnach eine *Drehstromwicklung* (kurz Wicklung). Hier gibt es eine Doppeldeutigkeit. Ein Drehstromtransformator hat zwei Drehstromwicklungen, gegebenenfalls auch mehrere. Die Wicklungen werden durchnummeriert. Die Nummer steht vor der Strangbezeichnung, z. B. 1U2 steht für: Wicklung 1, Strang U, Anschlusspunkt 2. Werden die Enden der Stränge zusammengeschaltet, spricht man vom *Sternpunkt* oder *Mittelpunkt* M.
Es gibt demnach *Strangspannungen*, z. B. $\underline{U}_U$, Strangströme, z. B. $\underline{I}_V$, und bei unsymmetrischem Betrieb einen *Mittelpunktstrom* $\underline{I}_M$.

Netz

Das Drehstromnetz besteht aus drei *Außenleitern* L1, L2, L3. Früher und auch heute noch sehr gebräuchlich sind R, S, T. In den USA verwendet man die Bezeichnungen a, b, c bzw. A, B, C oder R, Y, B für red, yellow, blue. Ist die Spannungsquelle in Stern geschaltet und wird der Mittelpunkt mit in das Netz einbezogen, so entsteht ein *Vierleiter-Drehstromnetz* mit einem *Mittelpunktleiter* M oder *Neutralleiter* N. Der Schutzleiter als fünfter Leiter wird später behandelt. Die Spannungen der Außenleiter gegenüber dem Neutralleiter werden *Sternspannungen* U_{1N} (oder nur U_1), U_{2N}, U_{3N} genannt. Die *Sternpunktspannung* U_{NE} (oder nur U_N) ist die Spannung des Neutralleiters N gegen Erde E. Die Spannungen der Außenleiter gegenüber der Erde werden als Leiter-Erd-Spannung U_{1E}, U_{2E}, U_{3E} bezeichnet. Wenn keine Verwechslung mit U_{1N} möglich ist, verwendet man auch U_1, U_2, U_3.

Die Spannung zwischen den Außenleitern heißt *Außenleiterspannung* U_{12}, U_{23}, U_{31}. Bei symmetrischem Betrieb genügt die Bezeichnung U. Netze bezeichnet man nach der Außenleiterspannung mit U_n. Der Begriff *Nennspannung* U_n wird nur bei Netzen verwendet. Betriebsmittel haben eine *Bemessungsspannung* U_r.

Verbraucher

An Drehstromverbrauchern liegt die Außenleiterspannung U an. Ist der Sternpunkt der Verbraucher mit dem Neutralleiter verbunden, liegt am Strang die Sternspannung U_Y an. In den Verbraucher fließt der Außenleiterstrom I hinein. Ist der Verbraucher in Stern geschaltet, sind Strangstrom und Außenleiterstrom gleich ($I_Y = I$). Ist er in Dreieck geschaltet, sind Strangspannung und Außenleiterspannung gleich ($U_D = U$). Demgemäß gilt für symmetrischen Betrieb

$$U_Y = \frac{U}{\sqrt{3}} \qquad I_D = \frac{I}{\sqrt{3}} \tag{6.16}$$

Jetzt will ich mich den Zusammenhängen zwischen Strom, Spannung und Leistung zuwenden.

Für Wechselstrom im Komplexen gilt

$$\underline{U} = \underline{Z}\,\underline{I} \qquad \underline{I} = \underline{Y}\,\underline{U}$$

$$\underline{S} = \underline{U}\,\underline{I}^* = \underline{U}\,\underline{Y}^*\,\underline{U}^* = \underline{Y}^*\,U^2 = \underline{Z}\,I\,I^* = \underline{Z}\,I^2 \tag{6.17}$$

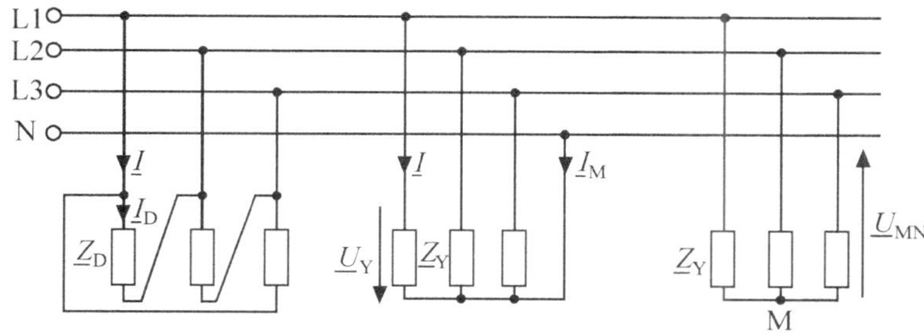

Bild 6.11 Schaltungsformen symmetrischer Drehstromlasten

Dies lässt sich auf Drehstrom übertragen. Dabei betrachten wir zunächst die Sternschaltungen.

$$\underline{S}_1 = \underline{U}_{Y1}\, \underline{I}_1^* \qquad \underline{S}_2 = \underline{U}_{Y2}\, \underline{I}_2^* \qquad \underline{S}_3 = \underline{U}_{Y3}\, \underline{I}_3^* \tag{6.18}$$

$$\underline{S} = \underline{S}_1 + \underline{S}_2 + \underline{S}_3$$

Für symmetrische Last gilt

$$\underline{U}_{Y1} = \underline{U}_Y \qquad \underline{U}_{Y2} = \underline{a}^2\, \underline{U}_Y \qquad \underline{U}_{Y3} = \underline{a}\, \underline{U}_Y$$

$$\underline{I}_{Y1} = \underline{I} \qquad \underline{I}_{Y2} = \underline{a}^2\, \underline{I} \qquad \underline{I}_{Y3} = \underline{a}\, \underline{I}$$

$$\underline{S}_1 = \underline{U}_Y\, \underline{I}^*$$

$$\underline{S}_2 = \underline{a}^2\, \underline{U}_Y\, \underline{a}\, \underline{I}^* = \underline{U}_Y\, \underline{I}^* = \underline{S}_1 \tag{6.19}$$

$$\underline{S}_3 = \underline{a}\, \underline{U}_Y\, \underline{a}^2\, \underline{I}^* = \underline{U}_Y\, \underline{I}^* = \underline{S}_1$$

$$\underline{S} = 3\, \underline{S}_1 = 3\, \underline{Y}_Y^*\, U_Y^2 = 3\, \underline{Z}_Y\, I^2$$

Haben Sie diese Gleichungen nachvollzogen? Sie sind wichtig!

Einphasige Darstellung im Drehstromnetz

Im symmetrischen Drehstromnetz ist es möglich, bei Sternschaltungen den Sternpunkt mit dem Neutralleiter zu verbinden ($U_{MN} = 0$), ohne dass sich an dem Verhältnis etwas ändert. Es genügt deshalb, die Ströme und Spannungen für den Leiter 1 zu berechnen. Die Größen der Leiter 2 und 3 ergeben sich dann durch Verdrehen um 120°. Bei Dreieckschaltung lässt sich ein fiktiver Sternpunkt denken und genauso verfahren. Die Leistung des Drehstromsystems ist dreimal so groß wie die Leistung des einphasigen Systems mit dem Leiter 1.

Nun wenden wir uns der Dreieckschaltung zu.

$$\underline{S}_{12} = \underline{U}_{12}\, \underline{I}^*_{D12} \qquad \underline{S}_{23} = \underline{U}_{23}\, \underline{I}^*_{D23} \qquad \underline{S}_{31} = \underline{U}_{31}\, \underline{I}^*_{D31}$$

$$\underline{S} = \underline{S}_{12} + \underline{S}_{23} + \underline{S}_{31} \tag{6.20}$$

Dabei ist $\underline{U}_{12}$ die Spannung zwischen den Leitern 1 und 2 und $\underline{I}_{D12}$ der Strom, der durch die Impedanz $\underline{Z}_{D12}$ fließt, die zwischen den Leitern 1 und 2 liegt.

Für den symmetrischen Fall gilt

$$\underline{Z}_D = \underline{Z}_{D12} = \underline{Z}_{D23} = \underline{Z}_{D31}$$

$$\underline{U}_{12} = \underline{U} \qquad \underline{U}_{23} = \underline{a}^2\, \underline{U} \qquad \underline{U}_{31} = \underline{a}\, \underline{U}$$

$$\underline{I}_{D12} = \underline{I}_D \qquad \underline{I}_{D23} = \underline{a}^2\, \underline{I}_D \qquad \underline{I}_{D31} = \underline{a}\, \underline{I}_D \tag{6.21}$$

$$\underline{S} = 3\, \underline{S}_{12} = 3\, \underline{Y}^*_D\, U^2 = 3\, \underline{Z}_D\, I^2_D$$

Diese Gleichungen wollen wir mit Zahlen belegen. Da dies sehr einfach ist, brauchen wir kein Beispiel, sondern können gleich zur Aufgabe kommen.

Aufgabe 6.3

Berechnen Sie die Ströme, Spannungen und Leistungen für symmetrische Lastimpedanzen in Stern- und Dreieckschaltung mit folgenden Zahlenwerten:

$$\underline{Z}_D = \underline{Z}_Y = \underline{Z} = (1 + \mathrm{j}\,1)\,\Omega$$
$$\underline{U}_1 = U_1 = 100\ \mathrm{V}$$

Aus der Aufgabe haben Sie einige Erkenntnisse gewonnen.

Werden die gleichen Impedanzen $Z_Y = Z_D$ einmal in Stern und einmal in Dreieck geschaltet und liegt die gleiche Drehspannung an, so sind bei Dreieckschaltung die Strangströme $\sqrt{3}$-mal und die Netzströme sowie die Leistungen dreimal so groß wie bei Sternschaltung.

Um die gleiche Leistung zu erzielen, müssen die Impedanzen der Dreieckschaltung dreimal so groß sein wie die der Sternschaltung.

$$
\begin{aligned}
I_Y &= I = Y_Y\, U_Y = Y_Y \frac{U}{\sqrt{3}} \\
I_D &= \frac{I}{\sqrt{3}} = Y_D\, U = Y_D \cdot U_Y \sqrt{3} \\
S &= 3\, U\, I_D = 3\, U_Y\, I = \sqrt{3}\, U\, I = Y_Y\, U^2 = 3\, Z_Y\, I^2
\end{aligned} \tag{6.22}
$$

Beispiel 6.2

Wir hatten in Band 1 bereits eine Stern-Dreieck-Umwandlung behandelt. Dabei galten die Gleichungen:

$$
\begin{aligned}
&\underline{Z}_0 = \frac{1}{\frac{1}{\underline{Z}_1} + \frac{1}{\underline{Z}_2} + \frac{1}{\underline{Z}_3}} \\
&\underline{Z}_{12} = \frac{\underline{Z}_1\, \underline{Z}_2}{\underline{Z}_0} \qquad \underline{Z}_{23} = \frac{\underline{Z}_2\, \underline{Z}_3}{\underline{Z}_0} \qquad \underline{Z}_{31} = \frac{\underline{Z}_3\, \underline{Z}_1}{\underline{Z}_0} \\
&\underline{Z}_U = \underline{Z}_{12} + \underline{Z}_{23} + \underline{Z}_{31} \\
&\underline{Z}_1 = \frac{\underline{Z}_{12} \cdot \underline{Z}_{31}}{\underline{Z}_U} \qquad \underline{Z}_2 = \frac{\underline{Z}_{12} \cdot \underline{Z}_{23}}{\underline{Z}_U} \qquad \underline{Z}_3 = \frac{\underline{Z}_{23} \cdot \underline{Z}_{31}}{\underline{Z}_U}
\end{aligned} \tag{6.23}
$$

Für den symmetrischen Fall ergibt sich

$$
\underline{Z}_0 = \frac{1}{\frac{1}{\underline{Z}_Y} + \frac{1}{\underline{Z}_Y} + \frac{1}{\underline{Z}_Y}} = \frac{1}{3}\underline{Z}_Y
$$

$$
\underline{Z}_D = \frac{\underline{Z}_Y \cdot \underline{Z}_Y}{\frac{1}{3}\underline{Z}_Y} = 3\, \underline{Z}_Y
$$

$$
\underline{Z}_U = 3\, \underline{Z}_D
$$

$$
\underline{Z}_Y = \frac{\underline{Z}_D \cdot \underline{Z}_D}{3\, \underline{Z}_D} = \frac{1}{3}\underline{Z}_D
$$

Hatten Sie etwas anderes erwartet?

6.2.4 Unsymmetrische Belastung

Sind die drei Lastimpedanzen $\underline{Z}_1, \underline{Z}_2, \underline{Z}_3$ nicht gleichgroß, ergeben sich etwas unübersichtliche Gleichungen. Einfache Verhältnisse erhalten wir, wenn der Sternpunkt geerdet ist. Dann lässt sich für jeden der drei Außenleiter mit dem Neutralleiter ein Einphasensystem bilden. Demnach ist eine getrennte Betrachtung der drei Leiter möglich (**Bild 6.12a**).

Bei der Dreieckschaltung sind die Ströme durch die drei Impedanzen ebenfalls getrennt zu berechnen. Da nun aber von jedem Leiter zwei Ströme in die Stränge ausgehen, müssen diese noch addiert werden (**Bild 6.12b**).

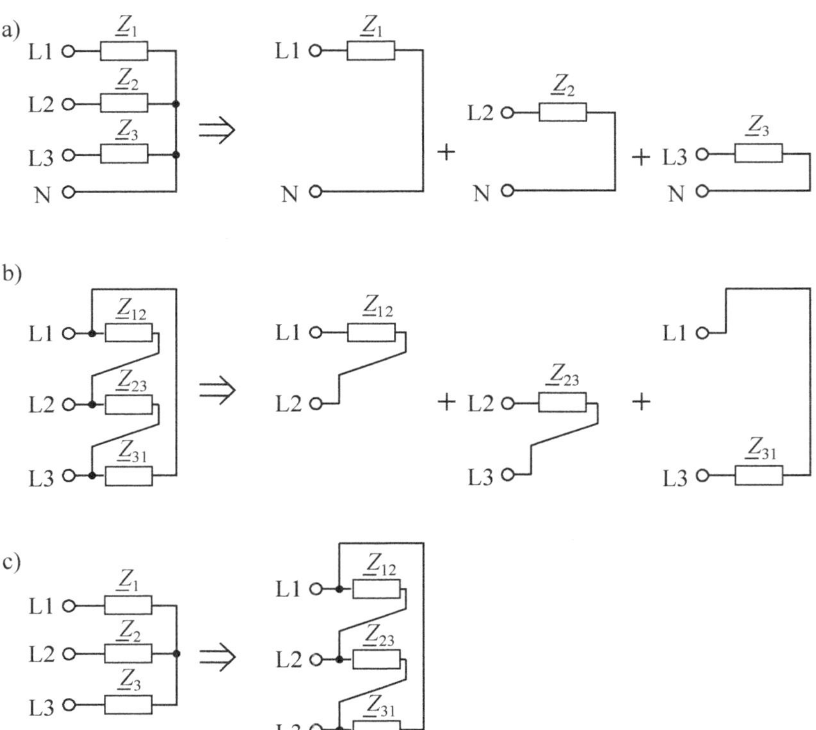

Bild 6.12 Behandlung unsymmetrischer Lasten

a) Sternschaltung mit Verbindung zum Neutralleiter

b) Dreieckschaltung

c) Sternschaltung ohne Verbindung zum Neutralleiter

Schwierig ist der unsymmetrische Fall bei Sternschaltungen, deren Mittelpunkt nicht mit dem Neutralleiter verbunden ist. Hier ist es notwendig, die Sternschaltung zunächst in eine Dreieckschaltung umzurechnen (**Bild 6.12c**) und dann die Netzströme zu berechnen. Dies sind auch die Netzströme der Sternschaltungen. Damit kann man die Spannungsfälle an den Sternimpedanzen berechnen und erhält so die Sternpunktspannung.

Mehr will ich zu diesem Thema nicht sagen. Ich will Sie auch nicht mit Aufgaben quälen.

6.3 Messung in Drehstromnetzen

Die Messung von Strömen und Spannungen erfolgt auf die gleiche Weise wie in Einphasen-Wechselstromnetzen. Dazu muss ich nichts mehr sagen. Probleme gibt es bei der Leistungsmessung. Wenn der Neutralleiter N vorhanden ist, lassen sich die Einphasen-Leistungen der drei Leiter getrennt messen und addieren. Dazu ergibt sich im symmetrischen Fall

$$u_1 = \hat{u}_\mathrm{Y} \sin \omega t$$

$$i_1 = \hat{i} \sin(\omega t - \varphi)$$

$$\begin{aligned}
p_1 &= \hat{u}_\mathrm{Y}\, \hat{i} \sin \omega t\,(\sin \omega t \cos \varphi - \cos \omega t \sin \varphi) \\
&= \frac{\hat{u}_\mathrm{Y}\, \hat{i}}{2}(\cos \varphi - \cos \varphi \cos 2\,\omega t - \sin \varphi \sin 2\,\omega t) \\
p_2 &= u_\mathrm{Y}\, \hat{i} \sin(\omega t - \alpha)\left[\sin(\omega t - \alpha)\cos \varphi - \cos(\omega t - \alpha)\sin \varphi\right] \\
&= \frac{\hat{u}_\mathrm{Y}\, \hat{i}}{2}\left[\cos \varphi - \cos \varphi \cos 2\,(\omega t - \alpha) - \sin \varphi \sin 2\,(\omega t - \alpha)\right] \\
p_3 &= \hat{u}_\mathrm{Y}\, \hat{i} \sin(\omega t + \alpha)\left[\sin(\omega t + \alpha)\cos \varphi - \cos(\omega t + \alpha)\sin \varphi\right] \\
&= \frac{\hat{u}_\mathrm{Y}\, \hat{i}}{2}\left[\cos \varphi - \cos \varphi \cos 2\,(\omega t + \alpha) - \sin \varphi \sin 2\,(\omega t + \alpha)\right]
\end{aligned}$$

Bei der Addition der drei Leistungen ist zu beachten

$$\begin{aligned}
&\cos 2\,\omega t + \cos 2\,(\omega t - \alpha) + \cos 2\,(\omega t + \alpha) \\
&= \cos 2\,\omega t + \cos(2\,\omega t + \alpha) + \cos(2\,\omega t - \alpha) = 0
\end{aligned}$$

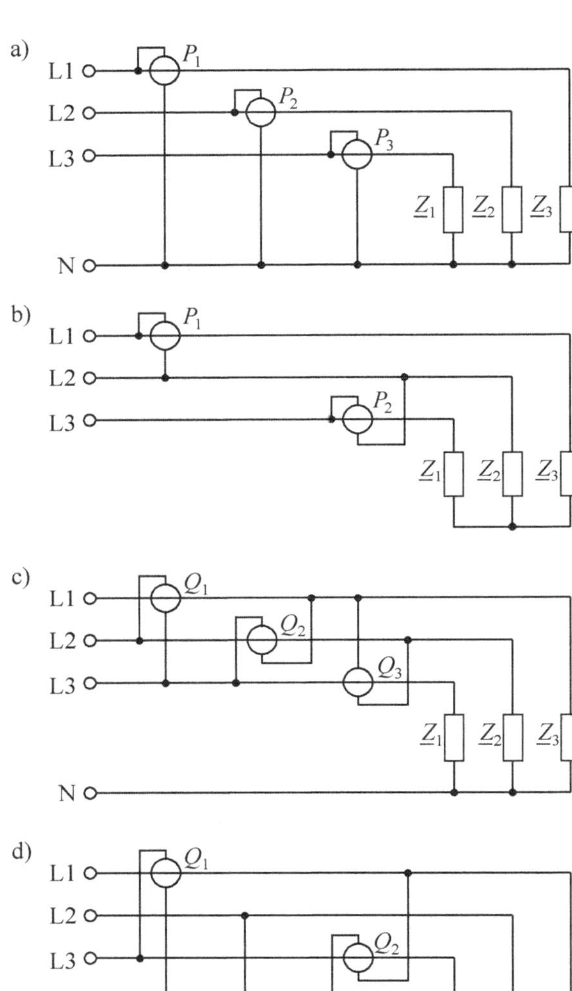

Bild 6.13 Messung im Drehstromnetz

a) Wirkleistungsmessung

b) Wirkleistungsmessung nach Aron mit zwei Messwerken

c) Blindleistungsmessung

d) Blindleistungsmessung nach Aron mit zwei Messwerken

Es handelt sich hier um drei Sinusschwingungen doppelter Netzfrequenz, die jeweils um 120° versetzt sind.

Eine ähnliche Betrachtung gilt für die Sinusterme.

Damit erhalten wir

$$p = p_1 + p_2 + p_3 = 3\,\frac{\hat{u}_Y\,\hat{i}}{2}\cos\varphi = 3\,U_Y\,I\cos\varphi = \sqrt{3}\,U\,I\cos\varphi \qquad (6.24)$$

Der beim Wechselstrom vorhandene schwingende Anteil hat sich beim symmetrischen Drehstromfall herausgekürzt. Die Schaltung zur Leistungsmessung in einem Drehstromnetz mit Neutralleiter zeigt **Bild 6.13a**. Jedes der drei Messgeräte misst einen Schwingungsanteil. Sitzen die Messwerke auf einer Achse, so mitteln sich die Schwingungsanteile heraus. Das Gleiche gilt, wenn die Messwertverarbeitung digital erfolgt. Bei unsymmetrischen Lasten entstehen auch in der Summe Wechselanteile, die durch die filternde Wirkung des Zeigerinstruments oder Filteralgorithmen eliminiert werden müssen.

Ist kein Neutralleiter vorhanden, bleiben die Sternpunkte der Verbraucher offen bzw. sind die Verbraucher in Dreieck geschaltet. Es gilt dann

$$\underline{I}_1 + \underline{I}_2 + \underline{I}_3 = 0; \qquad i_1 = i_2 = i_3 = 0$$

Aron hat für diesen Fall eine Messschaltung entwickelt, die mit zwei Messwerken auskommt.

Als Spannungen werden die verketteten Spannungen zwischen den Außenleitern verwendet (**Bild 6.13b**).

$$p_1 = u_{12}\,i_1 = (u_1 - u_2)\,i_1$$

$$p_2 = u_{32}\,i_3 = (u_3 - u_2)\,i_3$$

$$\begin{aligned} p &= p_1 + p_2 = u_1\,i_1 - u_2\,i_1 + u_3\,i_3 - u_2\,i_3 \\ &= u_1\,i_1 - u_2\,(i_1 + i_3) + u_3\,i_3 = u_1\,i_1 + u_2\,i_2 + u_3\,i_3 \end{aligned} \qquad (6.25)$$

Anmerkung: In der letzten Zeile habe ich die Bedingungen $i_1 + i_2 + i_3 = 0$ ausgenutzt.

Die Leistung p in Gl. (6.25) ist die Gesamtleistung.

Nun wenden wir uns der Schaltung in **Bild 6.13c** zu und betrachten nur das Instrument 1. Dieses misst unter der Voraussetzung, dass die drei Spannungen symmetrisch sind

$$
\begin{aligned}
q_1 &= u_{23}\, i_1 = \left(u_2 - u_3\right) i_1 \\
&= \hat{u}_{\mathrm{Y}} \left[\sin\left(\omega t - \alpha\right) - \sin\left(\omega t + \alpha\right)\right] \cdot \hat{i} \sin\left(\omega t - \varphi_1\right) \\
&= \hat{u}_{\mathrm{Y}}\, \hat{i} \left[-2 \sin\alpha \cos\omega t\right] \sin\left(\omega t - \varphi_1\right) \\
&= -2\, \hat{u}_{\mathrm{Y}}\, \hat{i} \sin\alpha \cos\omega t \left[\sin\omega t \cos\varphi_1 - \cos\omega t \sin\varphi_1\right] \\
&= -\sqrt{3}\, \hat{u}_{\mathrm{Y}}\, \hat{i}_1 \left[\cos\omega t \sin\omega t \cos\varphi_1 - \cos^2\omega t \sin\varphi_1\right] \\
&= -\sqrt{3}\, \hat{u}_{\mathrm{Y}}\, \hat{i}_1 \cdot \frac{1}{2} \left[\sin 2\,\omega t \cos\varphi_1 - \sin\varphi_1 - \cos 2\,\omega t \sin\varphi_1\right]
\end{aligned}
$$

Filtern wir den doppeltfrequenten Anteil heraus, so ergibt sich

$$
Q_1 = \frac{\sqrt{3}}{2}\, \hat{u}_{\mathrm{Y}}\, \hat{i}_1 \sin\varphi_1 = \sqrt{3}\, U_{\mathrm{Y}}\, I_1 \sin\varphi_1
$$

Dies ist das $\sqrt{3}$-fache der Blindleistung des Leiters 1. Im symmetrischen Fall ($I_1 = I_2 = I_3$; $\varphi_1 = \varphi_2 = \varphi_3$) genügt die Messung in einem Pfad. Im unsymmetrischen Fall sind die anderen beiden Leiter ebenfalls zu messen. Bei der Eichung ist der Faktor $\sqrt{3}$ zu berücksichtigen. Dies gilt auch für unsymmetrische Spannungen.

In einem Netz ohne Neutralleiter kann man einem Leiter keine Blindleistung zuordnen. Die mit der Schaltung gemessene Drehstromleistung $q_1 + q_2 + q_3$ ist aber trotzdem die Blindleistung der Drehstromlast. Auf die Ableitung will ich verzichten. Mit der Aron-Schaltung lässt sich auch die Blindleistung messen. Man benötigt dann aber einen künstlichen Sternpunkt (**Bild 6.13d**). Bei der Dimensionierung der Sternpunktwiderstände sind die Innenwiderstände der Messwerke im Spannungspfad natürlich zu berücksichtigen.

6.4 Drehstrommaschinen

Die Synchronmaschine habe ich bereits am Anfang des Kapitels behandelt. Ich will jetzt noch auf den Transformator und die Asynchronmaschine zu sprechen kommen.

6.4.1 Drehstromtransformator

Für den symmetrischen Betrieb gibt es gegenüber dem Einphasentransformator, der in Kapitel 5 behandelt wurde, keine Neuerungen. Beim unsymmetrischen Betrieb bietet dagegen der Drehstromtransformator einige Probleme. Ich will mich hier auf die einphasige Last beschränken. **Bild 6.14a**

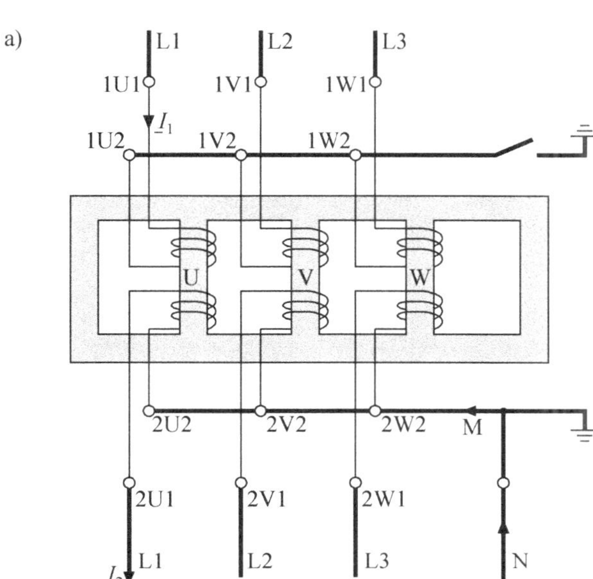

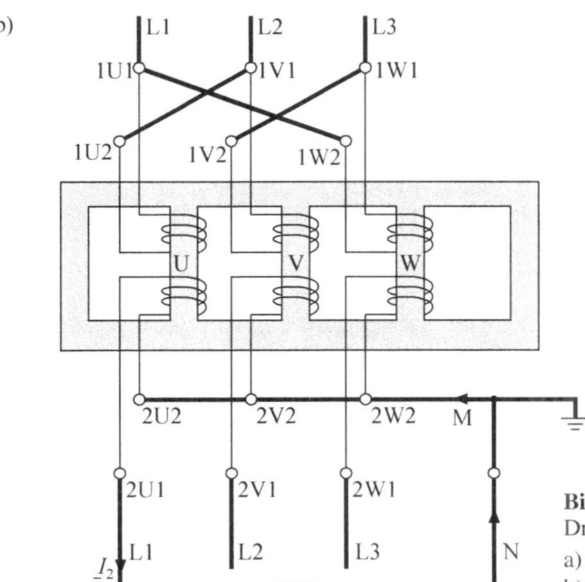

Bild 6.14 Schaltung von Drehstromtransformatoren
a) Stern-Stern-Schaltung Yy
b) Dreieck-Stern-Schaltung Dy

zeigt einen Transformator, bei dem beide Wicklungen in Stern geschaltet sind. Bei einer einphasigen Last muss in dem Kern U dem Sekundärstrom $\underline{I}_2$ ein Primärstrom $\underline{I}_1$ entgegenwirken, sodass die Bedingung $\underline{I}_1 \cdot \underline{N}_1 = \underline{I}_2 \underline{N}_2$ erfüllt ist. Wir sprechen hier vom *Ampere-Windungs-Gleichgewicht*. Dies ist nur möglich, wenn der Schalter im Sternpunkt der Seite 1 geschlossen wird. Nachteilig bei dieser Schaltung ist, dass der Strom $\underline{I}_1$ auf der Primärseite durch die Erde fließt. Dies will man nicht, deshalb wird diese Sternschaltung auf der Oberspannungsseite nicht gern verwendet. Ist der Sternpunkt offen, kann die Primärseite das Ampere-Windungs-Gleichgewicht nicht aufbringen. Es fließt dann zwar ein Strom $\underline{I}_1$, der durch die Wicklungen 1V und 1W zurückfließt. Da aber hier die Kompensation auf der Niederspannungsseite 2 fehlt, ist die Hauptreaktanz wirksam, sodass die Ströme $\underline{I}_1$ und $\underline{I}_2$ klein sind.

Der Stern-Stern-Transformator (Yy) mit offenem primärseitigen Sternpunkt ist auf der Sekundärseite nicht einphasig belastbar. Beim Stern-Stern-Transformator mit primärseitig geerdetem Sternpunkt entstehen Erdströme, wenn die Sekundärseite einphasig belastet wird.

Anders sind die Verhältnisse bei der Schaltung nach **Bild 6.14b**. Dort ist die primärseitige Wicklung in Dreieck geschaltet. Ein Strom durch die Wicklung 2U der Sekundärseite verursacht einen Strom in der Wicklung 1U der Primärseite. Dieser Strom kann zwischen den Leitern L1 und L2 fließen.

Transformatoren, die das öffentliche Niederspannungsnetz speisen, werden auf der Primärseite in Dreieck und auf der Sekundärseite in Stern geschaltet (Dy). Der Sternpunkt M wird geerdet und zu den Abnehmern geführt.

Den Yz-Transformator möchte ich nur erwähnen. Bei ihm werden die Stränge der Niederspannungswicklungen auf zwei Kerne verteilt, sodass dieser Transformator sternpunktbelastbar wird, auch wenn die Oberspannungswicklung nicht geerdet ist.

Jetzt kommt noch ein schönes Foto. Es zeigt einen Transformator. Kleinere Großstädte von etwa 100 000 Einwohnern werden aus dem 110-kV-Netz versorgt. Am Stadtrand befinden sich zwei oder drei Umspannstationen mit jeweils ein oder zwei Transformatoren, wie sie in **Bild 6.15** dargestellt sind. Sie sehen deutlich den Ölkessel mit seinen Kühlrippen. Das Öl dient der

Bild 6.15 Netztransformator
40 MVA, 107 kV +19,3 % –20,1 % / 21 kV
[Quelle: Siemens]

Isolation und der Kühlung. Weiterhin sehen Sie die vier Hochspannungsanschlüsse für 110 kV. Warum vier und nicht drei? Unter den beiden mittleren sind im aufgeschnittenen Teil die Wicklungen und der Eisenkern zu erkennen. Unter dem linken Isolator befindet sich der Transformatorstufensteller. Zu ihm werden die Anzapfungen der Wicklungen geführt. Auch dies ist deutlich zu sehen. Durch Umschalten ist das Übersetzungsverhältnis zu verändern, und damit ist die Spannung auf der 20-kV-Seite zu regeln. Die 20-kV-Anschlüsse sieht man hinter den 110-kV-Isolatoren weniger deutlich. Da das 110-kV-Netz üblicherweise über Erdschlusskompensationsspulen hochohmig geerdet ist, kann der Sternpunkt im Fehlerfall die volle Leiter-Erd-Spannung annehmen. Deshalb muss auch der Sternpunkt isoliert herausgeführt werden.

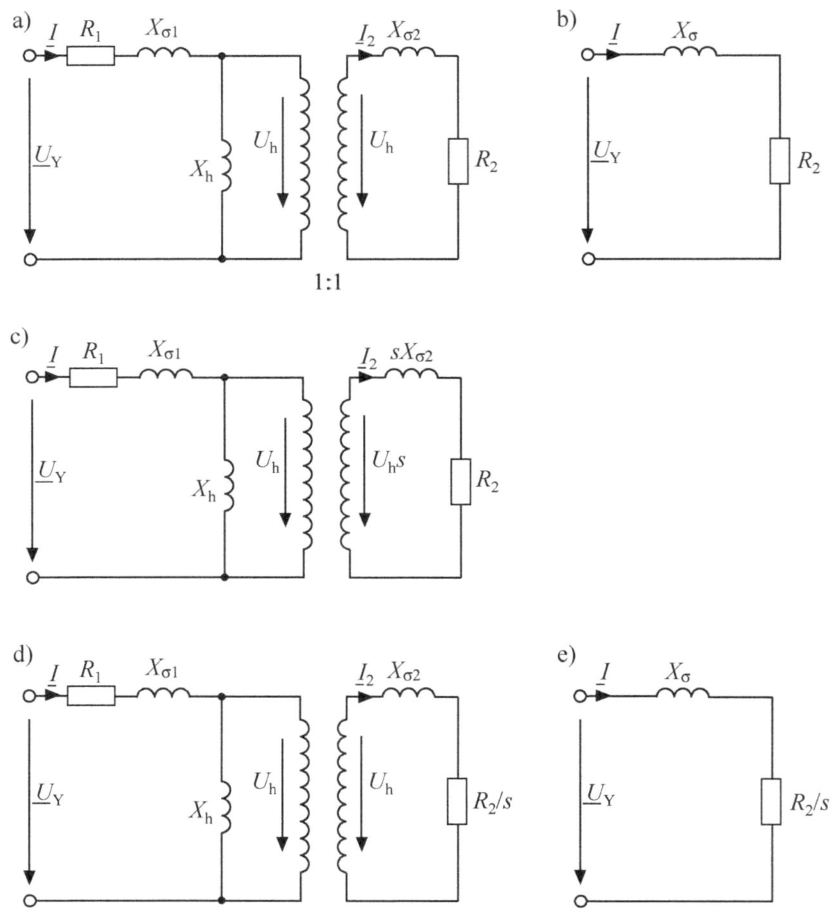

Bild 6.16 Ersatzschaltung der Asynchronmaschine
a) Maschine im Stillstand
b) vereinfachte Ersatzschaltung der stehenden Maschine
c) Asynchronmaschinen bei bestimmter Drehzahl mit dem Schlupf *s*
d) umgeformte Ersatzschaltung
e) vereinfachte Ersatzschaltung

6.4.2 Drehstromasynchronmaschinen

Die *Asynchronmaschine* ist wie die Synchronmaschine eine *Drehfeldmaschine.* Sie hat im *Ständer* eine symmetrische Dreiphasenwicklung, die an eine symmetrische dreiphasige Drehspannung angeschlossen wird. Demnach entsteht in der *Bohrung* ein Drehfeld. Ist auf dem *Rotor* (*Läufer*) eine Wicklung untergebracht, so wird in ihr eine Spannung induziert. Bei kurzgeschlossenem Läufer entsteht ein Strom in der Rotorwicklung. Wir sprechen deshalb vom Kurzschlussläufer-Motor. Solange der Motor stillsteht, kann man ihn mit einem kurzgeschlossenen Transformator vergleichen.

In **Tabelle 6.1** werden die wesentlichen Charakteristika und typischen Rahmendaten verschiedener Arten von Elektromotoren gegenübergestellt; von dem Gleichstrommotor aus Kapitel 6 in Band 3 über den Synchronmotor und Reluktanzmotor aus Abschnitt 6.1.4 bis zum Asynchronmotor aus diesem Abschnitt.

	Gleichstrom		**Synchron**		**Asynchron**	**Transversalfluss**	**Geschaltete Reluktanz**
	elektr. erregt	**perm. erregt**	**elektr. erregt**	**perm. erregt**			
Leistungsdichte	0	+	+	++	+	++	++
Zuverlässigkeit	0	+	+	+	++	+	++
Wirkungsgrad	--	-	+	++	0	++	+
Regel-/Steuerbarkeit	++	++	+	+	0	+	++
Überlastbarkeit	+	+	+	+	+	+	+
Geräuschpegel	-	-	+	+	+	+	+
Thermischer Überlastschutz	-	-	+	++	+	+	+
Entwicklungsstand	++		0	0	+	-	0

Tabelle 6.1a Vergleich verschiedener Arten von Elektromotoren
[aus *http://blue-eng.km.tu-berlin.de/wiki/Arten_von_Elektromotoren*]

	Gleich-strom	Synchron	Synchron, perm. erregt	Asynchron	Trans-versalfluss	Geschal-tete Reluk-tanz
Höchstdrehzahl [1/min]	6.000	>10.000	>10.000	>10.000	>10.000	>10.000
Spez. Drehmoment [Nmkg]	0,7	0,6 – 0,75	0,95 – 1,72	0,6 – 0,8	k.A.	0,8 – 1,1
Spez. Leistung [kW/kg]	0,15 – 0,25	0,15 – 0,25	0,3 – 0,95	0,2 – 0,55	k.A.	0,2 – 0,62
Wirkungsgrad Maschine	0,82 – 0,88	0,87 – 0,92	0,87 – 0,94	0,89 – 0,93	0,90	0,90 – 0,94
Wirkungsgrad Steuerung	0,98 – 0,99	0,93 – 0,98	0,93 – 0,98	0,93 – 0,98	0,93 – 0,97	0,93 – 0,97
Gesamtwirkungs-grad	0,80 – 0,85	0,81 – 0,9	0,81 – 0,92	0,83 – 0,91	k.A.	0,83 – 0,91

Tabelle 6.1b Vergleich verschiedener Arten von Elektromotoren
[aus *http://blue-eng.km.tu-berlin.de/wiki/Arten_von_Elektromotoren*]

Dessen Ersatzschaltung zeigt **Bild 6.16a**. Ist die Hauptreaktanz X_h groß gegenüber der Streureaktanz, lässt sich die Schaltung zu **Bild 6.16b** vereinfachen. Dabei wird das Übersetzungsverhältnis $ü = 1$ angenommen.

$$X_\sigma = X_{\sigma 1} + X_{\sigma 2}$$

$$R = R_1 + R_2 \approx R_2 \qquad (6.26)$$

$$R_1 \ll R_2; \qquad R \ll X_\sigma$$

Da der Widerstand R klein gegenüber der Streureaktanz X_σ ist, wird der *Anlaufstrom* I_{anl}, der im Stillstand fließt, groß sein. Neuerdings verwendet man als Formelzeichen auch I_{LR} (Locked Rotor).

$$I_{anl} = \frac{U_Y}{X_\sigma} \qquad (6.27)$$

Wir können den hochlaufenden Motor mit einem kurzgeschlossenen Transformator vergleichen. Der *Anlaufstrom* wird nur durch die Streureaktanzen begrenzt.

Wenn sich der Läufer mit der *Läuferkreisfrequenz* ω dreht, ergibt sich gegenüber dem Drehfeld, das vom Ständer erzeugt wird und mit der Netzkreisfrequenz ω_N umläuft, eine *Schlupfkreisfrequenz* ω_s.

$$\omega_s = \omega_N - \omega \tag{6.28}$$

Bei dieser Betrachtung habe ich vorausgesetzt, dass die Ständerwicklung zweipolig ist, d. h. ein Polpaar hat ($p = 1$). Bei mehrpoligen Maschinen muss in Gl. (6.28) anstelle der Kreisfrequenz ω der Ausdruck $p \cdot \omega$ stehen.

Es lässt sich nun ein *Schlupf s* definieren.

$$s = \frac{\omega_s}{\omega_N} = 1 \ldots 0 \tag{6.29}$$

Im Stillstand ist er 1 und bei Synchrondrehzahl ($\omega = \omega_N$) 0.

Wenn sich der Läufer dreht ($\omega \neq 0$), entsteht in dem Läufer die Spannung $U_h \cdot s$. Sie hat die Kreisfrequenz $s \cdot \omega_N$. Wenn nun die Reaktanz $X_{\sigma 2}$ für ω_N definiert ist, nimmt sie bei der Frequenz $s \cdot \omega_N$ den Wert $s\,X_{\sigma 2}$ an. Diesen Zusammenhang zeigt **Bild 6.16c**.

Nun lassen sich im Läuferkreis Spannung, Reaktanz und Widerstand durch s teilen. Dadurch ändert sich der Strom I_2 nicht. Es entsteht **Bild 6.16d**. Dieses wird durch **Bild 6.16e** angenähert, wobei in Analogie zu Bild 6.16b wieder der Ständerwiderstand R_1 und die Hauptreaktanz X_h vernachlässigt werden. Für Stillstand ($s = 1$) geht Bild 6.16e in Bild 6.16b über.

Für synchronen Betrieb ($s = 0$) wird der Widerstand $R_2/s = \infty$ und der Strom $I = 0$. Es bleibt der Magnetisierungsstrom durch die Hauptwicklung X_h, der als Leerlaufstrom I_0 bezeichnet wird. Er lässt sich aus Bild 6.16d ableiten.

$$I_0 = \frac{U_Y}{X_{\sigma 1} + X_h} \ll I_{anl} \tag{6.30}$$

Den Strom als Funktion des Schlupfs erhalten wir nach Bild 6.16e zu

$$\underline{I} = \frac{\underline{U}_Y}{\frac{R_2}{s} + \mathrm{j}\,X_\sigma}$$

$$I = \frac{U_Y}{\sqrt{\left(\frac{R_2}{s}\right)^2 + X_\sigma^2}} = \frac{\frac{U_Y}{X_\sigma}}{\sqrt{1 + \frac{\left(\frac{R_2}{s}\right)^2}{X_\sigma^2}}} = \frac{I_{anl}}{\sqrt{1 + \left(\frac{s_K}{s}\right)^2}} \qquad (6.31)$$

$$s_K = \frac{R_2}{X_\sigma}$$

Die Abkürzung *Kippschlupf* s_K werde ich später erklären. Der Wert des Kippschlupfs ist viel kleiner als 1, sodass bei niedriger Drehzahl der Anlaufstrom erhalten bleibt und erst ab $s \approx s_K$ nennenswert abnimmt.

Anlaufstrom

Asynchronmaschinen haben einen erhöhten Anlaufstrom, der etwa fünfmal so groß ist wie der Bemessungsstrom. Er ist stark induktiv und bleibt während des Hochlaufvorgangs fast über die gesamte Zeit erhalten.

Jetzt komme ich zum Drehmoment des Motors und rechne zunächst die zugeführte Leistung aus. Sie ergibt sich aus der in dem Widerstand R_2/s umgesetzten Leistung.

$$P_{zu} = 3\,\frac{R_2}{s}\,I^2 = 3\,\frac{R_2}{s} \cdot \frac{1}{X_\sigma} \cdot \frac{\frac{U_Y^2}{X_\sigma}}{1 + \left(\frac{s_K}{s}\right)^2} = \frac{s_K}{s}\,\frac{Q_{anl}}{1 + \left(\frac{s_K}{s}\right)^2} = \frac{Q_{anl}}{\frac{s}{s_K} + \frac{s_K}{s}}$$

Dabei ist Q_{anl} die Blindleistung, die durch den Anlaufstrom hervorgerufen wird.

Die im Läuferwiderstand erzeugte Verlustwärme $R_2\,I^2$ ziehen wir von der zugeführten Leistung ab und erhalten so die mechanische Leistung

$$P = P_{zu} - 3\,R_2\,I^2 = \frac{Q_{anl}}{\frac{s}{s_K} + \frac{s_K}{s}} - \frac{R_2}{X_\sigma}\,\frac{Q_{anl}}{1 + \left(\frac{s_K}{s}\right)^2} = \frac{Q_{anl}}{\frac{s}{s_K} + \frac{s_K}{s}}\,(1 - s)$$

Die Leistung, durch die mechanische Kreisfrequenz ω geteilt, liefert das Drehmoment

$$M = \frac{P}{\omega} = \frac{P}{\omega_N \, (1-s)} = \frac{\dfrac{Q_{anl}}{\omega_N}}{\dfrac{s}{s_K} + \dfrac{s_K}{s}} \tag{6.32}$$

Dieser Ausdruck wird *Kloss'sche Formel* genannt. Das Drehmoment hat sein Maximum bei $s = s_K$. Überzeugen Sie sich davon durch Differenzieren und Nullsetzen. Wird ein Motor mit einem Drehmoment belastet, das größer als dieses Moment ist, kippt er und bleibt stehen. Wir sprechen deshalb vom *Kippmoment* M_K, das beim Kippschlupf s_K erreicht wird.

$$M_K = \frac{\dfrac{Q_{anl}}{\omega_N}}{2} = 3 \, \frac{U_Y^2}{2 \, X_\sigma \, \omega_N} = \frac{U^2}{2 \, X_\sigma \, \omega_N}$$

$$s_K = \frac{R_2}{X_\sigma} \qquad I_{anl} = \frac{U_Y}{X_\sigma} \tag{6.33}$$

$$M = \frac{2 \, M_K}{\dfrac{s}{s_K} + \dfrac{s_K}{s}} \qquad I = \frac{I_{anl}}{\sqrt{1 + \left(\dfrac{s_K}{s}\right)^2}}$$

Ich will nun die abgeleitete Gleichung durch ein Beispiel mit Leben erfüllen.

Beispiel 6.3

Eine zweipolige Asynchronmaschine für 400 V, 50 Hz Drehstrom hat die Leistung P_r = 40 kW, das ist die abgegebene mechanische Leistung. Die zugeführte elektrische Leistung ist um die Verlustleistung größer. Diese setzt sich aus den Reibungsverlusten, den Eisenverlusten und den Stromwärmeverlusten in Ständer und Läufer zusammen. Sie bestimmen den Wirkungsgrad der Maschine, der bei η = 80 % ... 95 % liegt. Wir betrachten nur die Stromwärmeverluste des Läufers. Sie betrage 5 % der Leistung P_r. Der Anlaufstrom I_{anl} sei fünfmal so groß wie der Bemessungsstrom I_r. Damit sind alle wesentlichen Größen des Motors zu berechnen.

$$P_v = 0{,}05 \cdot P_r = 0{,}05 \cdot 40 \text{ kW} = 2 \text{ kW}$$

$$P_{zu} = P_v + P = 42 \text{ kW}$$

$$P_v = 3\, I_r^2\, R_2$$

$$P_{zu} = 3\, I_r^2\, \frac{R_2}{s_r}$$

$$\frac{P_v}{P_{zu}} = s_r = \frac{2}{42} = 0{,}048$$

$$I_{anl} = \frac{\dfrac{U_Y}{X_\sigma}}{\sqrt{1 + \left(\dfrac{s_K}{1}\right)^2}} = 5 \cdot I_r = 5\,\frac{\dfrac{U_Y}{X_\sigma}}{\sqrt{1 + \left(\dfrac{s_K}{s_r}\right)^2}}$$

$$1 + \left(\frac{s_K}{s_r}\right)^2 = 1 + 441\, s_K^2 = 5^2\left(1 + s_K^2\right)$$

$$s_K = \sqrt{\frac{24}{416}} = 0{,}24$$

$$\frac{s_K}{s_r} = \frac{0{,}24}{0{,}048} = 5$$

$$: \frac{\dfrac{U^2}{X_\sigma\,\omega_N}}{\dfrac{s}{s_K} + \dfrac{s_K}{s}}$$

$$= M\,\omega_N$$

$$= \frac{\frac{U^2}{P_{zu}}}{\frac{s_r}{s_K} + \frac{s_K}{s_r}} = \frac{\frac{400^2}{42\,000}}{\frac{1}{5} + 5}\ \Omega = 0{,}733\ \Omega$$

$$R_2 = X_\sigma \cdot s_K = 0{,}733 \cdot 0{,}24\ \Omega = 0{,}176\ \Omega$$

$$I_r^2 = \frac{P_v}{3\,R_2} = \frac{2 \cdot 10^3}{3 \cdot 0{,}176}\ \mathrm{A}^2 = 3790\ \mathrm{A}^2$$

$$I_r = 62\ \mathrm{A}$$

$$S_r = \sqrt{3}\ U_r\ I_r = \sqrt{3} \cdot 400 \cdot 62\ \mathrm{A} = 43\ \mathrm{kVA}$$

$$\cos\varphi_r = \frac{P_{zu}}{S_r} = \frac{42}{43} = 0{,}98$$

Wird die Hauptinduktivität mit berücksichtigt, ergibt sich ein Leistungsfaktor, der bei $\cos\varphi_r = 0{,}8 \ldots 0{,}9$ liegt. Übrigens ist die durchgeführte Berechnung sehr kritisch, weil aus der sehr kleinen Verlustleistung P_v und dem kleinen Läuferwiderstand R_L der Bemessungsstrom errechnet wurde (0/0 = ?).

$$I_{anl} = 5\,I_r = 5 \cdot 62\ \mathrm{A} = 310\ \mathrm{A}$$

$$M_K = \frac{U^2}{2\,X_\sigma\,\omega_N} = \frac{400^2\ \mathrm{V}^2}{2 \cdot 0{,}733\ \Omega \cdot 314\ \mathrm{s}^{-1}} = 348\ \mathrm{Nm}$$

$$M_r = \frac{2\,M_K}{\frac{s_r}{s_K} + \frac{s_K}{s_r}} = \frac{2 \cdot 348}{\frac{1}{5} + 5} = 134\ \mathrm{Nm}$$

$$M_{anl} = \frac{2 \cdot 348}{\frac{1}{0{,}24} + 0{,}24}\ \mathrm{Nm} = 158\ \mathrm{Nm}$$

$$n_N = f_N = 50\ \mathrm{Hz} = 3000\ \mathrm{min}^{-1}$$

$$n = n_N\,(1 - s) = 3000\,(1 - 0{,}048)\ \mathrm{min}^{-1} = 2856\ \mathrm{min}^{-1}$$

In **Bild 6.17** sind Strom und Drehmoment als Funktion des Schlupfs aufgetragen.

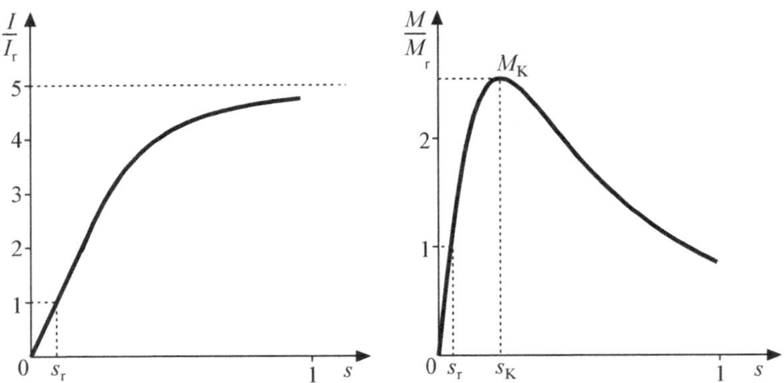

Bild 6.17 Strom und Drehmoment eines Asynchronmotors

Ich möchte jetzt noch einige allgemeine Bemerkungen zu den Asynchronmaschinen machen.

Die Wicklung im Läufer wird im Allgemeinen aus Aluminiumstäben aufgebaut, die an beiden Enden verbunden sind. So entsteht eine mehrphasige Wicklung, die wegen ihres Aussehens dem Rotor den Namen *Käfigläufer* gebracht hat. Um die Verluste zu reduzieren, soll der Läuferwiderstand möglichst klein sein. Dies hat zur Folge, dass der Kippschlupf s_K sehr klein wird und die Drehzahl n bei Normalbetrieb nahe an der Synchrondrehzahl n_N liegt. Dadurch wird aber das Anlaufmoment M_{anl} kleiner. Um dies zu verhindern, baut man Stromverdrängungsläufer, in denen die Läuferstäbe so aufgebaut sind, dass bei großen Läuferfrequenzen, die im Anlauf vorhanden sind (50 Hz bei Stillstand), Stromverdrängung auftritt, sodass sich der Widerstand erhöht. Dies führt dann zu Kennlinien mit höherem Anlaufmoment, wie es in **Bild 6.18** dargestellt ist. Dabei ist das Drehmoment als Funktion der Drehzahl und nicht – wie in Bild 6.17 – als Funktion des Schlupfs dargestellt.

Wird die Drehzahl durch einen Antrieb von außen über die Netzfrequenz hinaus gesteigert, entsteht ein negativer Schlupf, und die Maschine speist Energie ins Netz. Wir haben einen Asynchrongenerator. Dieses Prinzip wendet man bei kleinen *Windkraftwerken* an. Dabei muss aber immer eine relativ starre Spannung vom Netz vorgegeben werden, um die *Magnetisierungsblindleistung* bereitzustellen. Große Windkraftanlagen arbeiten mit Syn-

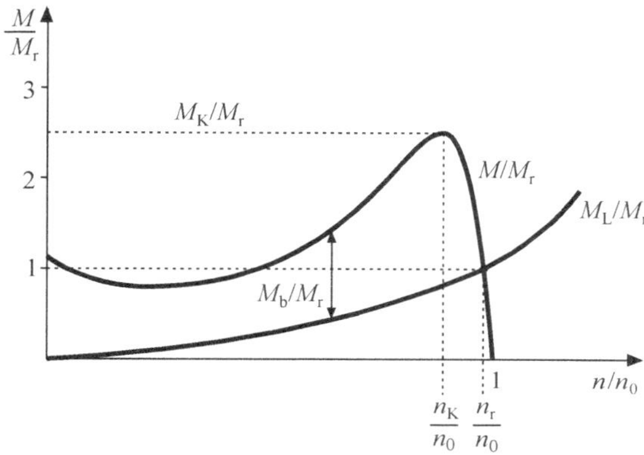

Bild 6.18 Drehmomentenkennlinie eines Asynchronmotors mittlerer Leistung

chronmaschinen, die über Gleichrichter, einen Gleichstromzwischenkreis und Wechselrichter an das Netz gekoppelt sind. So ist es besser möglich, die Drehzahl des Windrads an die Windgeschwindigkeit anzupassen.

Der Asynchronmotor ist robust und kostengünstig zu bauen. Deshalb wird er häufig eingesetzt. Über Gleichstromzwischenkreise ist er in seiner Drehzahl regelbar. In dem Leistungsbereich von 100 W bis 20 MW verdrängt er immer mehr die anderen Maschinen.

In Bild 6.18 ist neben dem Motormoment auch der Zusammenhang zwischen dem Drehmoment der angetriebenen Maschine und der Drehzahl, die so genannte *Lastkennlinie* $M_L(n)$, dargestellt. Zwischen Lastkennlinie und Motorkennlinie ist das drehzahlabhängige *Beschleunigungsmoment* M_b abzulesen. Es muss für jede Drehzahl positiv sein, damit der Motor hochläuft.

Aufgabe 6.4

Ein Asynchronmotor für 6 kV hat die Leistung $P_r = 2$ MW, $\eta_r = 0{,}9$, $\cos \varphi_r = 0{,}9$ und bezieht den Anlaufstrom $I_{anl} = 4\, I_r$. Dieser Strom sei rein induktiv. Der Motor wird von einem Transformator $S_r = 5$ MVA, $u_k = 12$ % über ein 1 km langes Kabel mit dem Querschnitt $A = 120$ mm^2 Cu gespeist. Die Reaktanz des Kabels beträgt $X' = 0{,}09$ Ω/km. Im Normalbetrieb liegt an dem Motor die Bemessungsspannung U_r an. Wie groß ist die Speisespannung bei dem Übersetzungsverhältnis des Transformators 110 kV/6 kV? Welche Spannung liegt am Motor beim Anlauf an? Wie stark reduziert sich durch die niedrige Spannung das Anlaufmoment?

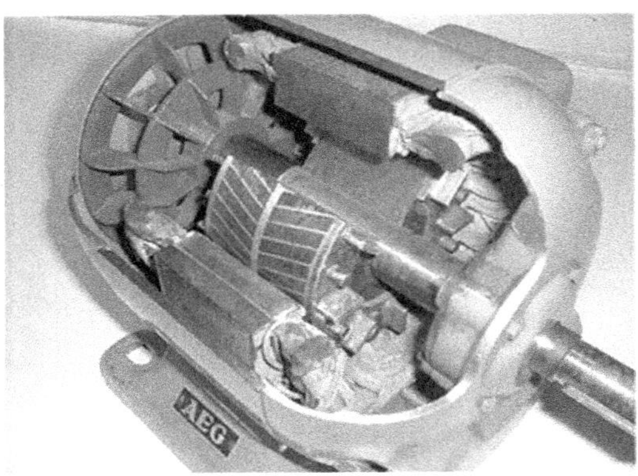

Bild 6.19 Drehstrom-Asynchronmaschine, aufgeschnitten
[Quelle: Lehrstuhl Prof. Freise, Universität Kaiserslautern]

Wie sieht eine Asynchronmaschine aus? Schauen Sie sich **Bild 6.19** an. Dort sehen Sie einen aufgeschnittenen Motor. Deutlich zu erkennen ist der Käfigläufer mit dem dunklen Blechpaket und dem hellen Aluminiumkäfig. Die Noppen an der Stirnseite des Käfigs sollen für die Lüftung – genauer gesagt die Kühlung – sorgen. Auch das Ständereisen mit der Ständerwicklung ist deutlich zu sehen.

6.5 Niederspannungsnetze

Ich will mich bei den folgenden Betrachtungen auf die Stromversorgung einer Wohnung am Beispiel eines Einfamilienhauses beschränken und dabei insbesondere die Sicherheitsaspekte behandeln.

> Arbeiten an Starkstromanlagen dürfen nur von Fachkräften, das sind Personen mit Facharbeiterbrief, durchgeführt werden. Nach den Anschlussbedingungen der Energieversorgungsunternehmen (EVU) dürfen nur zugelassene Personen – in der Regel Meister – die Abnahme einer Anlage vornehmen und den Zähler zur Herstellung des Anschlusses setzen.

6.5.1 Aufbau des Niederspannungsnetzes

Die Versorgung des Niederspannungsnetzes erfolgt in den Ortsnetzstationen mit Transformatoren aus dem örtlichen Mittelspannungsnetz, das in der Regel die Nennspannung U_n = 10 kV oder 20 kV hat. Die Leistungen der

Transformatoren liegen im Bereich von 0,5 MVA bis 3 MVA. Die Oberspannungswicklung ist in Dreieck und die Unterspannungswicklung in Stern geschaltet. Dabei ist der Sternpunkt – wie in **Bild 6.20** gezeigt – geerdet.

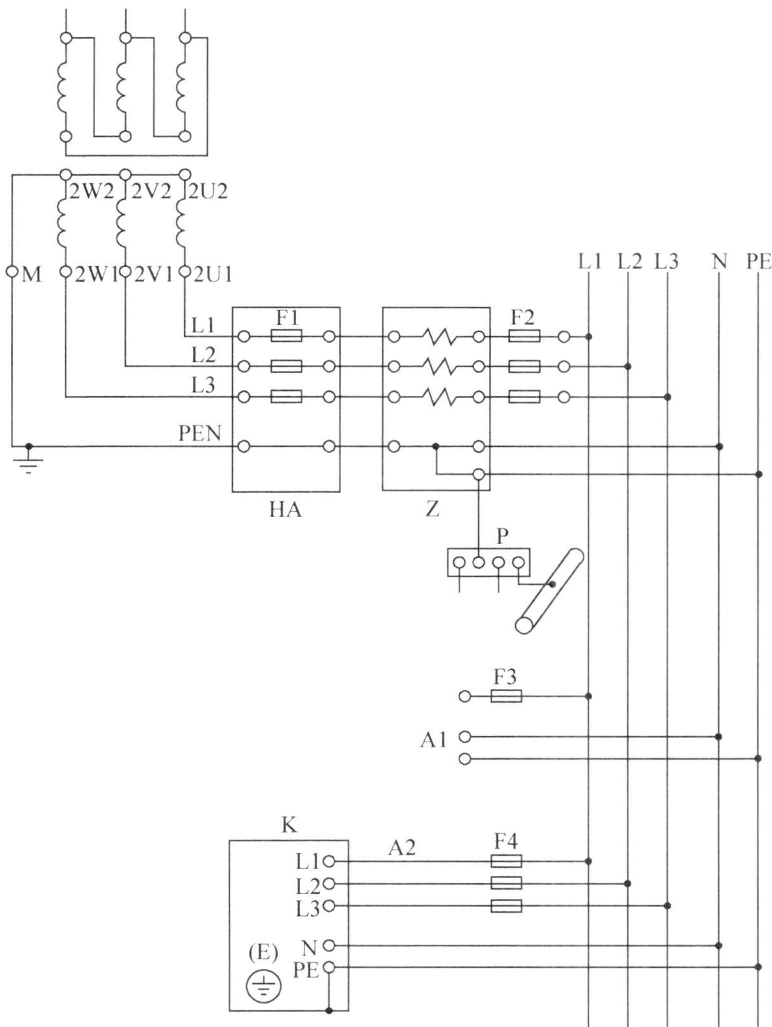

Bild 6.20 Niederspannungsnetz mit Schutzleiter; Fünfleitersystem

Diese Erdverbindung dient Betriebs- und Schutzzwecken. Man spricht deshalb von *Betriebserde* im Gegensatz zur *Schutzerde*, die ausschließlich dem Schutz dient. Die drei Klemmen 2U1, 2V1, 2W1 der Unterspannungsseite werden auf die drei Außenleiter L1, L2, L3 geschaltet und zu den einzelnen Übergabestellen geführt. Vom *Sternpunkt* M kommt als vierter Leiter PEN hinzu. (Die Bedeutung von PEN wird später deutlich.) Das *Niederspannungsnetz* ist demnach ein *Vierleitersystem*. Die Übergabe an den Stromkunden erfolgt am *Hausanschlusskasten* HA. Dort sind die Außenleiter mit F1 abgesichert. Vom Hausanschlusskasten führt eine Leitung zu den einzelnen *Zählern Z.* Selbstverständlich sind der Hausanschlusskasten und die Zähleranschlüsse verplombt. Wissen Sie warum? Am Zähler sitzen die drei *Hauptsicherungen* F2. Sie sind dem Stromkunden zugänglich. Von dort erfolgt die Aufteilung auf einzelne Stromkreise. Die Abgänge werden jeweils getrennt abgesichert (F3, F4, …). In der Hausinstallation sind die Leiterquerschnitte 1,5 mm^2 und 2,5 mm^2 (1,5□ und 2,5□). üblich. Dabei wird einer Gruppe von zwei bis drei Räumen eine Sicherung und damit ein Wechselstromabgang zugeordnet. Die Aufteilung der Abgänge auf die Außenleiter soll so erfolgen, dass im Mittel alle gleich belastet sind. Wenn Sie es schlecht machen wollen, schließen Sie bei einem Mehrfamilienhaus alle Küchen an den Leiter L1 an.

Aufwändig, aber sinnvoll ist es, wenn die Steckdosen- und Lichtstromkreise mit verschiedenen Sicherungen geschützt sind. Während für die normale Hausinstallation der Querschnitt 1,5 mm^2 ausreicht, wird für Küchen, in denen viele Elektrogeräte, z. B. Wasch- und Spülmaschine, Durchlauferhitzer und Herd, aufgestellt werden, 2,5 mm^2 vorgeschlagen. Dabei besitzen die Herde und Durchlauferhitzer oft einen Drehstromanschluss.

Dem Querschnitt sind maximal zulässige *Bemessungsstromstärken* der *Sicherungen* zugeordnet.

1,5 mm^2	10 A (16 A)
2,5 mm^2	20 A

In der Hausinstallation ist die Absicherung des Querschnitts 1,5 mm^2 mit 16 A nur zulässig, wenn *Leitungsschutzschalter* eingesetzt werden. Diese erkläre ich noch.

Die Nennspannung des Niederspannungsnetzes ist international genormt (U_n = 400/230 V). Das EVU stellt an der Übergabestelle die Einhaltung dieser Spannung auf ±10 % sicher. Um eine einphasige Last zwischen den Leitern L und N versorgen zu können, muss der Transformator sternpunktbelastbar sein. Deshalb ist seine Oberspannungsseite in Dreieck geschaltet (Dy-Schaltung), oder es wird ein Yz-Transformator eingesetzt.

Einphasenlast

Die maximal zulässige Last in einem Stromkreis ergibt sich bei 1,5 mm^2.

$$S_1 = U_n \; I_n = 230 \cdot 16 \text{ VA} = 3{,}6 \text{ kVA}$$

Dreiphasenlast

$$S_3 = \sqrt{3}\; U_n \; I_n = \sqrt{3}\; 400 \cdot 16 \text{ VA} = 11 \text{ kVA}$$

Übrigens ist es üblich, den Querschnitt von 2,5 mm^2 mit 2,5□ zu bezeichnen. In der Nachrichtentechnik arbeitet man mit dem Durchmesser der Leiter, z. B. $D = 0{,}8$ mm = 0,8 ∅.

6.5.2 Schutzkonzept

An den Klemmen des Zählerkastens oder an dem Hausanschlusskasten wird der Leiter PEN in zwei Leiter aufgespalten. Der *Neutralleiter* N bildet den Rückleiter der einphasigen Kreise und der *Schutzleiter* PE dient **ausschließlich** Schutzzwecken. Der Schwerpunkt liegt hier auf „ausschließlich“.

> **Schutzleiter**
>
> Der Schutzleiter PE ist grün-gelb gekennzeichnet und darf unter keinen Umständen Betriebsströme führen. Er wird nur an einer Stelle, z. B. dem Zähler, mit dem N-Leiter verbunden und ist dort geerdet. Alle metallischen Körper von Elektrogeräten sind an den Schutzleiter anzuschließen. Es ist streng verboten, grün-gelb gefärbte Leiter zu anderen Zwecken zu verwenden, z. B. als Stromleiter.

Von dem Verbindungspunkt der PE- und N-Leiter geht eine Leitung zu der *Potentialausgleichsschiene* P (Bild 6.20). Sie sorgt dafür, dass alle leitenden Teile des Hauses, die im Fehlerfall mit spannungsführenden Teilen zusammenkommen können, untereinander verbunden sind. Hierzu zählen:

- Fundamenterder
- Blitzschutz; dieser sollte direkt mit dem Fundamenterder verbunden sein
- ankommende Rohre; z. B. Wasser, Gas
- Installationsrohre im Haus; Warm- und Kaltwasser, Heizung
- Dachantenne, wenn sie nicht an den Blitzschutz angeschlossen ist

- Bad; über einen Sammelleiter werden alle ankommenden Rohre sowie die Ablaufstutzen der Bade- und Duschwanne angeschlossen.

Schutzleitersystem

Die drei Außenleiter L1, L2, L3, der Neutralleiter N und der Schutzleiter PE bilden ein *Fünf-Leiter-System*, das *TN-S-Netz* genannt wird und von den meisten EVU über die Anschlussbedingungen vorgeschrieben ist.

In der Bezeichnung TN-S-Netz steht T für „Körper geerdet". Der Buchstabe N besagt, dass die Körper der Geräte mit dem Betriebserder verbunden sind, und S steht für „Neutralleiter und Schutzfunktion getrennt".

Ein Drehstromgerät, z. B. ein Elektroherd, hat in der Regel fünf Anschlussklemmen für L1, L2, L3, N, PE (siehe **Bild 6.20**, Kasten K).

Bei einphasigen Verbrauchern entfallen L2 und L3; L1 wird zu L. Bei symmetrischen Drehstromverbrauchern, z. B. Motoren, kann der Neutralleiter N entfallen. Der PE-Leiter ist mit dem metallischen Gehäuse, dem *Körper* K eines Geräts, zu verbinden. Das nennt man *Erdung*. Hierzu ist ausschließlich die dafür vorgesehene Klemme zu benutzen. Sie ist mit dem in **Bild 6.21a** dargestellten Zeichen, gelegentlich auch mit „E", gekennzeichnet. Geräte, bei denen der Benutzer durch Kunststoffteile so gut von allen leitfähigen aktiven Teilen getrennt ist, dass eine direkte Berührung der spannungsführenden Teile und eine indirekte Berührung im Fehlerfall auszuschließen sind, haben keine solche Erdungsklemme. Werden sie über Steckverbindungen angeschlossen, so hat der Gerätestecker keine Schutzkontakte. Solche *schutzisolierten Geräte* werden durch ein Doppelquadrat nach **Bild 6.21b** gekennzeichnet.

Bild 6.21 Schutzzeichen
a) Erdungsklemme
b) schutzisoliertes Gerät

Jetzt habe ich die Niederspannungsanlage beschrieben und wende mich dem Verhalten im Fehlerfall zu. Entsteht in dem Gerät am Abgang A2 (Bild 6.20) ein Körperschluss, z. B. eine Verbindung zwischen L1 und dem Körper K, so fließt ein Kurzschlussstrom über den PE- und anschließend den PEN-Leiter zum Sternpunkt M. Dieser Strom bringt die Sicherung F4 zum Ansprechen. Der Schutz erfolgt demnach durch Abschalten.

Um Herzkammerflimmern unwahrscheinlich zu machen, muss der Kurzschluss innerhalb von $t_v = 200$ ms abgeschaltet sein. Dies erfordert bei einer Sicherung beispielsweise den siebenfachen Bemessungsstrom. Damit wird die zulässige Länge der Zuleitungen zu einem Gerät begrenzt.

In älteren Gebäuden ist noch das früher übliche TN-C-Netz anzutreffen, bei dem der PE- und der N-Leiter zu einem einzigen PEN-Leiter zusammengefasst sind. Dieses Schutzsystem ist unter dem Namen *Nullung* bekannt. Es hat gegenüber dem *Schutzleitersystem* erhebliche Nachteile. So werden z. B. bei einer Unterbrechung des PEN-Leiters in der Zuleitung alle Körper auf eine Spannung angehoben. Der PEN-Leiter liegt dann im Sternpunkt von allen einphasigen Lasten, die niemals untereinander gleich sind. Im ungünstigen Fall können so die Körper die Außenleiter-Erde-Spannung annehmen.

6.5.3 Schutzorgane

In Niederspannungsnetzen sind drei Typen von Schutzorganen üblich.

Die *Drehsicherung* enthält einen in Quarzsand eingebetteten Draht, der bei Kurzschluss oder Überlast so stark erwärmt wird, dass er durchbrennt und damit den Kurzschluss abschaltet. Beim Durchbrennen entsteht ein Lichtbogen, der erst verlöscht, wenn der Strom seinen natürlichen Nulldurchgang hat. Dies gilt für fast alle Schalter. Wir sprechen hier von *Kurzschlusszeitbegrenzung* (**Bild 6.22a**). Ist der Strom sehr groß, führt der Lichtbogen zum Verdampfen des Quarzsands, der den Sicherungsdraht umgibt. Durch den dabei entstehenden Druck wächst die Lichtbogenspannung stark an und übersteigt die treibende Netzspannung. So kann der Strom vor Erreichen seines Maximums I_p bereits abgeschaltet werden. Der maximal auftretende Strom wird *Durchlassstrom* I_D genannt (**Bild 6.22b**). Diese *Kurzschlussstrombegrenzung* ist im Niederspannungsnetz notwendig, weil die Anlagen nicht für den *Stoßkurzschlussstrom* I_p ausgelegt sind.

Präziser als die Drehsicherung schalten die *Leitungsschutzschalter*. Bei ihnen handelt es sich um *Leistungsschalter* mit Kontakten, die die *Kurzschlussbahn* unterbrechen. Gegen eine Feder werden die Kontakte geschlossen gehalten. Ein Bimetall, das sind zwei aufeinander geklebte Metalle mit unterschiedlicher Wärmeausdehnung, wird vom Strom erwärmt. Wenn die Wärmenergie I^2t einen Grenzwert erreicht, gibt das durchgebogene Bimetall die Feder frei, sodass die Kontakte öffnen. Dies ist die Kurzschlusszeitbegrenzung. Als zweite Einrichtung bewegt eine Magnetspule bei Überschreiten des Grenzstroms einen Anker, der ebenfalls die Feder freigibt. So wird die Kurzschlussstrombegrenzung realisiert. Beachten Sie, dass dieser mechanische Vorgang innerhalb von 1 ms bis 2 ms abläuft.

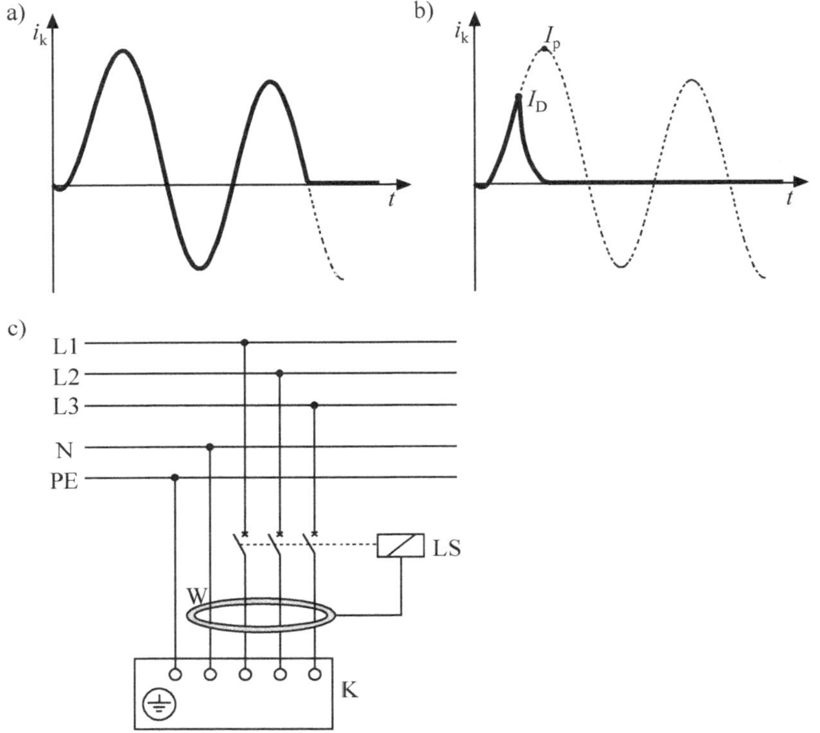

Bild 6.22 Kurzschlussabschaltung

a) Kurzschlusszeitbegrenzung

b) Kurzschlussstrombegrenzung

c) Fehlerstromschutzschalter FI

Schließlich komme ich noch zu einem sehr effektiven Schutz, dem *Fehlerstromschutzschalter (FI)*. Wie in **Bild 6.22c** dargestellt, wird in einem Umbauwandler die Summe aller Ströme gemessen, wobei der Neutralleiter mit erfasst werden muss, nicht aber der PE-Leiter. Fließt auch nur ein kleiner Strom über den PE-Leiter zurück, so schaltet der Leitungsschutzschalter LS ab. Die Ansprechströme liegen im Bereich von 10 mA bis 30 mA. Derartige FI-Schutzschalter sind in Bädern vorgeschrieben und für den Haushalt empfohlen, wobei nicht zu viele Leitungen über einen FI-Schutzschalter angeschlossen werden sollten, weil wegen der unvermeidlichen Ableitströme der Leitungen und Geräte mit Fehlauslösungen zu rechnen ist. Diese treten bekanntlich immer auf, wenn ein Tor in der Fernsehübertragung eines Fußballspiels fällt.

7 Zusammenfassung

Jetzt nähern wir uns dem Ende der Arbeit und wenden uns dem Erfolg zu. In diesem vierten und letzten Band habe ich den Wechselstrom behandelt.

Komplexe Rechnung

Ich bin von einer sinusförmigen Spannung mit der bestimmten Frequenz f ausgegangen, die an die drei behandelten Bauelemente angelegt wurde.

Widerstand	R
Spule	L
Kondensator	C

Die *Induktivität L* der Spule und die *Kapazität C* des Kondensators führen zu einem *Blindwiderstand (Reaktanz) X* bzw. einem *Blindleitwert (Suszeptanz) B.*

$$\omega = 2\,\pi\, f$$

$$X_\mathrm{L} = \omega L \qquad X_\mathrm{C} = \frac{1}{\omega C} \tag{7.1}$$

$$B_\mathrm{L} = \frac{1}{\omega L} \qquad B_\mathrm{C} = \omega C$$

Damit ergibt sich der Zusammenhang zwischen Strom und Spannung.

$$U_\mathrm{R} = R\, I_\mathrm{R} \qquad U_\mathrm{L} = X_\mathrm{L}\; I_\mathrm{L} \qquad U_\mathrm{C} = X_\mathrm{C}\; I_\mathrm{L}$$

$$I_\mathrm{R} = G\, U_\mathrm{R} \qquad I_\mathrm{L} = B_\mathrm{L}\; U_\mathrm{L} \qquad I_\mathrm{C} = B_\mathrm{C}\; U_\mathrm{C} \tag{7.2}$$

Zur Behandlung von Netzen mit R-, L- und C-Elementen wurde die komplexe Rechnung eingeführt.

Eine Wechselspannung lässt sich durch zwei konjugiert komplexe Anteile beschreiben.

$$u = \hat{u} \cos \omega t = \frac{\hat{u}}{2}\left[\mathrm{e}^{\mathrm{j}\,\omega t} + \mathrm{e}^{-\mathrm{j}\,\omega t}\right] \tag{7.3}$$

Wir betrachten nun den linksdrehenden Anteil und bekommen so einen komplexen Zeitzeiger

$$\underline{u} = \frac{\hat{u}}{2}\,\mathrm{e}^{\mathrm{j}\,\omega t}$$

Hat die Spannung eine Phasenlage α, so ergibt sich

$$\underline{u} = \frac{\hat{u}}{2} \mathrm{e}^{\mathrm{j}(\omega t + \alpha)} = \frac{\hat{u}}{2} \mathrm{e}^{\mathrm{j}\alpha} \mathrm{e}^{\mathrm{j}\omega t} = \frac{\underline{\hat{u}}}{2} \mathrm{e}^{\mathrm{j}\omega t}$$

Ein Strom, der der Spannung um den Winkel φ nacheilt, wird beschrieben durch

$$\underline{i} = \frac{\hat{i}}{2} \mathrm{e}^{\mathrm{j}(\omega t + \alpha - \varphi)} = \frac{\hat{i}}{2} \mathrm{e}^{\mathrm{j}(\alpha - \varphi)} \mathrm{e}^{\mathrm{j}\omega t} = \frac{\underline{\hat{i}}}{2} \mathrm{e}^{\mathrm{j}\omega t} \tag{7.4}$$

Strom und Spannung sind in der komplexen Ebene Zeiger, deren Betrag gleich der halben Amplitude der Sinusschwingung ist. Dabei drehen sich die Zeiger mit der Kreisfrequenz linksherum. Zum Zeitpunkt $t = 0$ haben sie eine beliebige Lage mit dem Winkel α gegenüber der reellen Achse. Der Winkel φ zwischen Strom und Spannung ist konstant. Dies ist in **Bild 7.1a** dargestellt. Wir betrachten nun einen Zeitaugenblick, z. B. $t = 0$, und gehen zu Effektivwerten über.

$$\underline{U} = \frac{\underline{\hat{u}}}{\sqrt{2}} \qquad \underline{I} = \frac{\underline{\hat{i}}}{\sqrt{2}}$$

$$\underline{U} = U \, \mathrm{e}^{\mathrm{j}\alpha}$$

$$\underline{I} = I \, \mathrm{e}^{-\mathrm{j}\varphi} \mathrm{e}^{\mathrm{j}\alpha}$$

$$\underline{Z} = \frac{\underline{U}}{\underline{I}} = \frac{U}{I} \mathrm{e}^{\mathrm{j}\varphi} = Z \, \mathrm{e}^{\mathrm{j}\varphi} = Z\,(\cos\varphi + \mathrm{j}\sin\varphi) \tag{7.5}$$

$$= R + \mathrm{j}\,X = R + \mathrm{j}\,X_\mathrm{L} = R - \mathrm{j}\,X_\mathrm{C}$$

$$\underline{Y} = \frac{1}{\underline{Z}} = G + \mathrm{j}\,B = \frac{R}{R^2 + X^2} - \frac{\mathrm{j}\,X}{R^2 + X^2}$$

$$B = \frac{-X}{R^2 + X^2} = \frac{-X_\mathrm{L}}{R^2 + X_\mathrm{L}^2} = \frac{X_\mathrm{C}}{R^2 + X_\mathrm{C}^2}$$

Hierzu ist einiges zu sagen:

- Die absolute Lage der Zeiger, gekennzeichnet durch den Winkel α, kürzt sich bei der Bildung der Impedanz heraus und ist demnach uninteressant. Wir können somit die Spannung oder den Strom in die reelle Achse legen, z. B. $\underline{U} = U$.

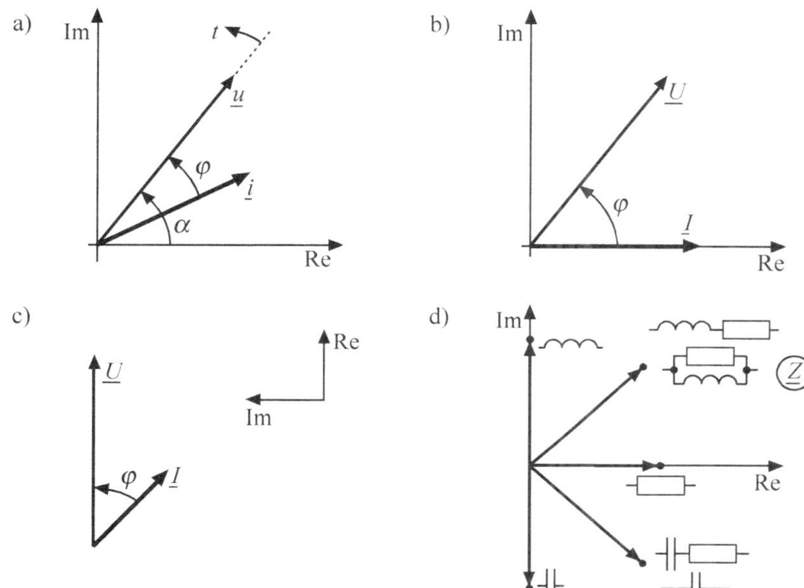

Bild 7.1 Aufbau der Zeigerdiagramme
a) komplexe Zeitzeiger
b) Zeiger in der komplexen Ebene
c) Zeigerdiagramm
d) Impedanzen von L-R-C-Elementen

- Die Reaktanz X kann einen positiven oder negativen Wert haben. X_L ist die Reaktanz einer Spule. Für sie gilt $X = X_L$. X_C ist die Reaktanz eines Kondensators. Für sie gilt demnach $X = -X_C$.
- Der Reziprokwert des *Scheinwiderstands (Impedanz)* $\underline{Z}$ ist der *Scheinleitwert (Admittanz)* $\underline{Y}$. Er besteht aus einem *Wirkleitwert* oder kurz *Leitwert (Konduktanz)* G und einem *Blindleitwert (Suszeptanz)* B. Letzterer ist bei ohmsch-induktiven Elementen negativ und bei ohmsch-kapazitiven Elementen positiv.

$$B = -B_L = \frac{-1}{X_L}; \quad B = B_C = \frac{1}{X_C}$$

- Bei Reihenschaltungen ist es sinnvoll, den Strom in die reelle Achse zu legen (**Bild 7.1b**). Bei Parallelschaltungen legt man die Spannung in die reelle Achse.

- Häufig wird in Zeigerdiagrammen die Spannung senkrecht gelegt. Man denkt sich dann die komplexe Ebene um 90° nach links gedreht (**Bild 7.1c**).
- Beim ohmsch-induktiven Kreis hat der Phasenwinkel φ einen positiven Wert. Der Strom ist dann gegenüber der Spannung nach rechts gedreht. Der Pfeil des Winkels φ deutet auf den Spannungszeiger in Linksrichtung. Der Winkel φ des Stroms hat demnach einen positiven Wert.

  $$\underline{I} = \frac{1}{\underline{Z}}\underline{U} = \frac{1}{Z} \cdot U\,\mathrm{e}^{-\mathrm{j}\,\varphi}$$

- In der komplexen Impedanzebene werden die Zeiger eines R-L-Kreises im ersten und die eines R-C-Kreises im vierten Quadranten liegen (**Bild 7.1d**). Im zweiten und dritten Quadranten liegen Zeiger für einen negativen Widerstand.
- Die Zusammenhänge zwischen Strom, Spannung und Impedanz im Komplexen unterscheiden sich in dem Aufbau der Gleichungen nicht von denen im Reellen bei Gleichstrom. Die komplexen Größen werden lediglich unterstrichen.

Die Leistung bei der komplexen Wechselstromrechnung wird bestimmt durch

$$\begin{aligned}\underline{S} &= \underline{U}\,\underline{I}^* = U\,\mathrm{e}^{\mathrm{j}\,\alpha} \cdot I\,\mathrm{e}^{-\mathrm{j}(\alpha-\varphi)} = U\,I\,\mathrm{e}^{\mathrm{j}\,\varphi} \\ &= S\,\mathrm{e}^{\mathrm{j}\,\varphi} = S\cos\varphi + \mathrm{j}\,S\sin\varphi = P + \mathrm{j}\,Q \\ &= \underline{Z}\,I^2 = \underline{Y}^*\,U^2\end{aligned} \tag{7.6}$$

Die komplexe Scheinleistung setzt sich zusammen aus der Wirkleistung P und der Blindleistung Q. Im ohmsch-induktiven Kreis ist die Blindleistung positiv, im ohmsch-kapazitiven Kreis negativ.

Bei Kreisen mit Kondensatoren und Spulen heben sich die Wirkungen beider Elemente teilweise oder vollständig auf. Wir sprechen hier von Schwingkreisen. Für einen Reihenkreis gilt

$$\underline{U} = R\,\underline{I} + \mathrm{j}\,X_\mathrm{L}\,\underline{I} - \mathrm{j}\,X_\mathrm{C}\,\underline{I} = R\,\underline{I} + \mathrm{j}\,\omega L\,\underline{I} + \frac{1}{\mathrm{j}\,\omega C}\,\underline{I} = (R + \mathrm{j}\,X)\,\underline{I} = \underline{Z}\,\underline{I} \tag{7.7}$$

$$X = X_\mathrm{L} - X_\mathrm{C}$$

Resonanz besteht bei der Frequenz, für die die Reaktanz X zu null wird.

$$X = \omega_0 L - \frac{1}{\omega_0 C} = 0 \qquad \omega_0 = \frac{1}{\sqrt{LC}} \tag{7.8}$$

Ausgleichsvorgänge

Die R-L-C-Kreise werden durch Differentialgleichungen beschrieben. Pro Energiespeicher enthält das Differentialgleichungssystem eine Ordnung. Zur Behandlung der Differentialgleichungen bringt man die Gleichungen auf Differentialform, d. h. die Integrale werden durch Differentiation der Gleichungen eliminiert. Hierzu ist es notwendig, geeignete Größen einzufügen. Diese werden *Zustandsgrößen* genannt. Eine Schaltung hat so viele Zustandsgrößen wie Energiespeicher. Für Reihenkreise gelten die folgenden Gleichungen. Dabei wird als Lösung der Verlauf der Zustandsgrößen bei einem Sprung der Spannung von $u = 0$ auf $u = U$ angegeben. Die Zeitverläufe sind in **Bild 7.2** dargestellt.

1. **R-L-Reihenkreis** (**Bild 7.2.a**)

$$u = u_{\mathrm{R}} + u_{\mathrm{L}} = R\,i + L\,\frac{\mathrm{d}i}{\mathrm{d}t}$$

$$i = \frac{U}{R}\left(1 - K\,\mathrm{e}^{-t/\tau}\right) \qquad (7.9)$$

$$\tau = \frac{L}{R} \qquad K = 1$$

2. **R-C-Reihenkreis** (**Bild 7.2b**)

$$u = u_{\mathrm{R}} + u_{\mathrm{C}} = R\,i + \frac{1}{C}\int i\,\mathrm{d}t$$

$$i = C\,\frac{\mathrm{d}u_{\mathrm{C}}}{\mathrm{d}t} \qquad (7.10)$$

$$u = R\,C\,\frac{\mathrm{d}u_{\mathrm{C}}}{\mathrm{d}t} + u_{\mathrm{C}}$$

$$u_{\mathrm{C}} = U\left(1 - K\,\mathrm{e}^{-t/\tau}\right)$$

$$\tau = R\,C \qquad K = 1 \qquad (7.11)$$

3. **R-L-C-Reihenkreis** (**Bilder 7.2c** bis **7.2e**)

$$u = u_{\mathrm{R}} + u_{\mathrm{L}} + u_{\mathrm{C}} = R\,i + L\,\frac{\mathrm{d}i}{\mathrm{d}t} + \frac{1}{C}\int i\,\mathrm{d}t$$

$$i = C\,\frac{\mathrm{d}u_{\mathrm{C}}}{\mathrm{d}t} \qquad (7.12)$$

$$u = R\,i + L\,\frac{\mathrm{d}i}{\mathrm{d}t} + u_{\mathrm{C}}$$

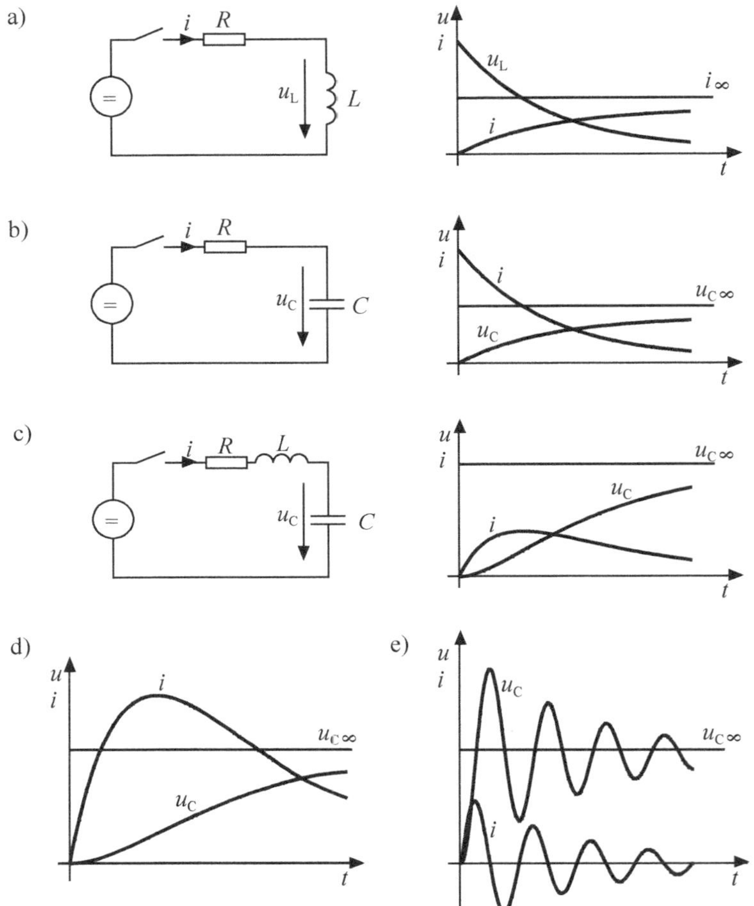

Bild 7.2 Einschaltvorgang bei Gleichstrom
a) R-L-Kreis
b) R-C-Kreis
c) R-L-C-Kreis, stark gedämpft
d) R-L-C-Kreis, aperiodisch gedämpft
e) R-L-C-Kreis, schwach gedämpft

$$\frac{\mathrm{d}u_\mathrm{C}}{\mathrm{d}t} = \frac{1}{C}\, i$$

$$\frac{\mathrm{d}i}{\mathrm{d}t} = -\frac{R}{L}\, i - \frac{1}{L}\, u_\mathrm{C} + \frac{1}{L}\, u$$

Diese beiden Differentialgleichungen enthalten jeweils einen Differentialquotienten. Definiert werden die *Zustandsvariablen i* und u_C. Eine derartige Darstellung wird Zustandsform genannt. Die Elimination des Stroms liefert

$$u = RC\frac{\mathrm{d}u_\mathrm{C}}{\mathrm{d}t} + LC\,\frac{\mathrm{d}^2 u_\mathrm{C}}{\mathrm{d}t^2} + u_\mathrm{C} \qquad (7.13)$$

Die Lösung der Differentialgleichung 2. Ordnung führt zu drei Formen. Dabei ist die partikuläre Lösung für den ausgeglichenen Zustand stets $u_\mathrm{C} = U$. Die Integrationskonstanten werden für den Sonderfall angegeben, dass vor der Schaltung die Energiespeicher leer waren. ($i_\mathrm{L} = 0$; $u_\mathrm{C} = 0$)

3.1 **Reelle Wurzel** (**Bild 7.2c**)

$$u_\mathrm{C} = A_1\, \mathrm{e}^{\lambda_1 t} + A_2\, \mathrm{e}^{\lambda_2 t} + U$$

$$i = C\left[\lambda_1\, A_1\, \mathrm{e}^{\lambda_1 t} + \lambda_2\, A_2\, \mathrm{e}^{\lambda_2 t}\right]$$

$$\lambda_1 = -\frac{R}{2\,L} + \sqrt{\left(\frac{R}{2\,L}\right)^2 - \frac{1}{LC}} \qquad (7.14)$$

$$\lambda_2 = -\frac{R}{2\,L} - \sqrt{\left(\frac{R}{2\,L}\right)^2 - \frac{1}{LC}}$$

$$A_1 = \frac{\lambda_2}{\lambda_1 - \lambda_2}\, U \qquad\qquad A_2 = \frac{-\lambda_1}{\lambda_1 - \lambda_2}\, U$$

3.2 **Doppelwurzel** (**Bild 7.2d**)

$$u_\mathrm{C} = (A + B\,t)\,\mathrm{e}^{-\delta t} + U$$

$$i = C\,\mathrm{e}^{-\delta t}\left[-\delta A - \delta Bt + B\right]$$

$$\delta = \frac{R}{2\,L} \qquad\qquad R = 2\sqrt{\frac{L}{C}} = 2\,Z_0 \qquad (7.15)$$

$$A = -U \qquad\qquad B = -\delta\, U$$

Hier vereinfacht sich die Gleichung für den Strom.

$$i = C\,\delta^2\, t\, \mathrm{e}^{-\delta t}$$

3.3 **Komplexe Wurzel (Bild 7.2e)**

$$u_\mathrm{C} = \mathrm{e}^{-\delta t}\left[A \cos \omega_\mathrm{d} t + B \sin \omega_\mathrm{d} t\right] + U$$

$$i = C\, \mathrm{e}^{-\delta t}\left[-\delta A \cos \omega_\mathrm{d} t - \delta B \sin \omega_\mathrm{d} t - \omega_\mathrm{d}\, A \sin \omega_\mathrm{d} t + \omega_\mathrm{d}\, B \cos \omega_\mathrm{d} t\right]$$

$$\delta = \frac{R}{2L} \qquad \omega_0 = \frac{1}{\sqrt{L\,C}}$$

$$\omega_\mathrm{d} = \sqrt{\omega_0^2 - \delta^2} \tag{7.16}$$

$$A = -U \qquad B = -\frac{\delta}{\omega_\mathrm{d}} U$$

Damit vereinfacht sich die Gleichung für den Strom ebenfalls.

$$i = \omega_0\, C \frac{\omega_0}{\omega_\mathrm{d}} U \cdot \mathrm{e}^{-\delta t} \sin \omega_\mathrm{d} t$$

Bei der Bestimmung der Zeitfunktionen geht man folgendermaßen vor. Die homogene Differentialgleichung liefert über die charakteristische Gleichung die Eigenwerte. Bei einem System 2. Ordnung, z. B. einem L-R-C-Kreis, ist dies eine quadratische Gleichung. Mit den Eigenwerten liegt die Gestalt der Gleichungen für Strom und Spannung vor. Es wird der stationäre Endzustand bestimmt, entweder durch Lösen der Differentialgleichungen mit dem Ansatz nach Form der rechten Seite oder durch komplexe Rechnung. Letzteres geht nur bei sinusförmiger Anregung. Dann werden die Lösung der homogenen Gleichung und der Dauerzustand als partikuläre Lösung der Differentialgleichung addiert. Es entsteht die vollständige Lösung, in der die Integrationskonstanten unbekannt sind. Bei Systemen 1. Ordnung gibt es eine Integrationskonstante K, und bei Systemen 2. Ordnung sind es zwei Integrationskonstanten A_1, A_2 bzw. A, B. Für den Zeitpunkt $t = 0$ müssen die Anfangsbedingungen erfüllt sein. Daraus lassen sich die Integrationskonstanten bestimmen. Anfangsbedingungen sind die Zustandsgrößen an den Energiespeichern, d. h. die Spannung am Kondensator und der Strom durch die Spule.

Bei dem oben angegebenen Sprung der Eingangsspannung ist der Ansatz nach Form der rechten Seite ein konstanter Wert.

$$I_0 = \frac{U}{R} \qquad \text{bzw.} \qquad U_{\mathrm{C}0} = U$$

Visualisierung

Um das Verhalten eines Netzwerks darzustellen, gibt es verschiedene Möglichkeiten.

1. **Schaltpläne**. Sie zeigen die Struktur mit den Kenngrößen der Bauelemente.
2. **Gleichungen**. Als Differentialgleichungen beschreiben sie das Netzwerk vollständig mit seinem dynamischen Verhalten. Unter Umständen wird die Beschreibung auf eine Frequenz beschränkt. Dann geht man zu komplexen Gleichungen über.
3. **Blockschaltbilder**. Sie zeigen die Verknüpfung der Differentialgleichungen und sind als Vorstufe für die Lösung durch Integrationsalgorithmen gut geeignet.
4. **Zeigerdiagramme**. Sie geben die Ströme und Spannungen für einen bestimmten Zustand bei einer Frequenz wieder.
5. **Übertragungsfunktionen**. Sie zeigen die Frequenzabhängigkeit einer Größe. Häufig wird das Verhältnis einer Ausgangsgröße zu einer Eingangsgröße betrachtet.
   Diese Darstellung eignet sich gut zur Beschreibung von Filterschaltungen.
6. **Ortskurven**. Sie geben den Verlauf der Spitze eines Zeigers, z. B. aus dem Zeigerdiagramm, bei Variation einer Größe, z. B. der Frequenz, wieder.

Transformatoren

Transformatoren bestehen aus zwei oder mehreren Wicklungen, die magnetisch miteinander gekoppelt sind. Häufig erfolgt die Kopplung durch einen Eisenkreis, der wegen seiner guten magnetischen Leitfähigkeit eine starke Kopplung gewährleistet.

Ideale Transformatoren haben ein Übersetzungsverhältnis, das durch das Verhältnis der Windungszahlen beider Spulen definiert ist.

$$ü = N_1 : N_2 \tag{7.17}$$

Damit liegt das Verhältnis der Ströme und Spannungen am Ein- und Ausgang für den Idealfall fest.

$$\frac{U_1}{U_2} = ü \qquad \frac{I_1}{I_2} = \frac{1}{ü} \tag{7.18}$$

Wenn Impedanzen von einer Seite des Transformators auf die andere umgerechnet werden, ergibt sich

$$\frac{\underline{U}_1}{\underline{I}_1} = \underline{Z}_1 = ü^2 \cdot \frac{\underline{U}_2}{\underline{I}_2} = ü^2 \cdot \underline{Z}_2 \tag{7.19}$$

Wird an die Wicklung 1 des Transformators eine Spannung angelegt, so fließt der Leerlaufstrom, der aufgrund des magnetisch gut leitfähigen Eisenkerns klein ist. Fließt durch die Spule 2 ein Strom, weil dort beispielsweise ein Widerstand angeschlossen ist, so wird der Strom in der Wicklung 1 kompensiert, sodass der Fluss im magnetischen Kreis erhalten bleibt. Lediglich die Streuflüsse der beiden Wicklungen steigen mit dem Strom an. Ein Transformator lässt sich demnach durch die Ersatzschaltung in **Bild 7.3** nachbilden. Die Hauptinduktivität L_{h} und die Streuinduktivität $L_{\sigma 1}$ der Wicklung 1 bilden zusammen die Induktivität L_1 der Wicklung 1. Dabei ist die Unterteilung zwischen beiden so vorgenommen, dass die Hauptinduktivität für den Hauptfluss maßgebend ist, der auch durch die zweite Wicklung, also hauptsächlich in Eisen, fließt. Die Streuinduktivität $L_{\sigma 2}$ der Wicklung 2 ist mit dem Übersetzungsverhältnis $ü$ des idealen Übergangs umgerechnet.

$$L'_{\sigma 2} = \frac{ü^2}{L_{\sigma 2}}$$

Die Widerstände der Wicklungen treten als R_1 und R_2 bzw. R'_2 auf. Verluste, die durch die Ummagnetisierung des Eisens entstehen, sind von dem Fluss und damit der Spannung an der Hauptinduktivität abhängig. Sie lassen sich deshalb mit einem Widerstand R_{Fe} nachbilden, der parallel zur Hauptinduktivität liegt.

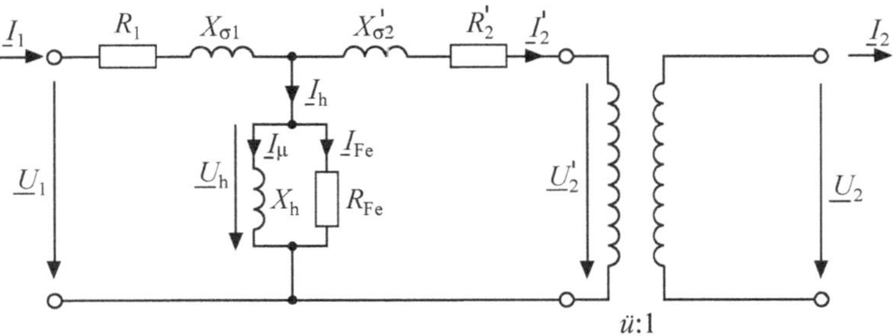

Bild 7.3 Ersatzschaltung eines Transformators

Die wichtigsten Kenngrößen des Transformators sind:

Leerlaufstrom I_0. Er ergibt sich bei Bemessungsspannung an der ersten Wicklung und bei offenen Klemmen der zweiten Wicklung.

Kurzschlussspannung U_k. Sie ergibt sich an den Klemmen der ersten Wicklung, wenn die zweite kurzgeschlossen wird und in ihr der Bemessungsstrom fließt. Die Kurzschlussspannung wird auf die Bemessungsspannung bezogen ($u_k = U_k/U_r$).

Drehstromtechnik

Gebräuchlich sind Einphasen-, Zweiphasen- und Dreiphasen-Systeme. Es kann sich dabei um Gleichspannungs- oder Wechselspannungs-Systeme handeln. Einphasen-Systeme bestehen aus zwei Leitern, einem Hin- und einem Rückleiter. Häufig ist einer der beiden Leiter an der Spannungsquelle geerdet. Dies gilt für Gleich- und Wechselspannungen (**Bild 7.4a** und **Bild 7.4b**). Typische Einphasen-Wechselstromsysteme sind die Hausinstallation und das 15-kV-Fahrleitungssystem der Deutschen Bahn. Einphasen-Gleichstromsysteme sind die Taschenlampe oder die Bordversorgung des Autos. Zweiphasen-Systeme bestehen aus drei Leitern. Dabei sind die Spannungen von zwei Leitern L1, L2 gegenüber einem dritten, der als *Neutralleiter* bezeichnet wird, symmetrisch aufgebaut (**Bild 7.4 c** und **Bild 7.4d**).

Symmetrische Spannung bedeutet hier

$U_+ = -U_- \qquad U = 2\,U_+$

oder

$U_1 = -U_2 \qquad U = 2\,U_1$

Ein Zweiphasen-Wechselstromnetz ist das 110-kV-Verbundnetz der Bahn. Dabei wird der Neutralleiter aber nicht mitgeführt. Zweiphasen-Gleichspannungsnetze sind bei der *Hochspannungs-Gleichstromübertragung HGÜ* gebräuchlich.

Mit einem unsymmetrischen Zweiphasen-Wechselstromnetz, das drei Leiter benötigt, lässt sich ein Drehfeld erzeugen, z. B. $\underline{U}_\alpha = U_0$; $\underline{U}_\beta = \mathrm{j}\,U_0$. Es wird kaum angewandt. *Dreiphasen-Netze* (**Bild 7.4e**) sind nur bei Wechselspannung sinnvoll. Sie werden im Allgemeinen symmetrisch aufgebaut und dann als *Drehstromnetze* bezeichnet. Es gilt

$$U_1 = U_2 = U_3 = U_Y$$

$$U_{12} = U_{23} = U_{31} = U = \sqrt{3}\,U_Y$$

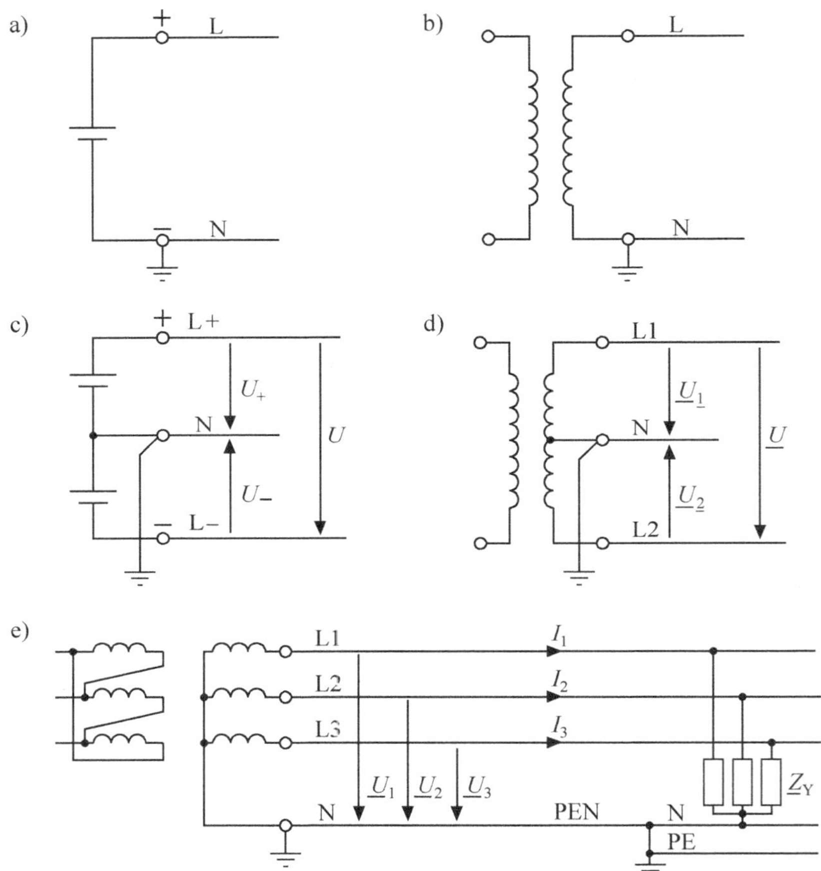

Bild 7.4 Netz

a) Einphasen-Gleichstrom
b) Einphasen-Wechselstrom
c) Zweiphasen-Gleichstrom
d) Zweiphasen-Wechselstrom
e) Dreiphasen-Wechselstrom; Drehstrom
(Dreileiternetz-links; Vierleiternetz-Mitte; Fünfleiternetz-rechts)

$$\underline{a} = e^{j\alpha} \qquad \alpha = 120° \tag{7.20}$$

$$\underline{U}_2 = \underline{U}_1\, \underline{a}^* \qquad \underline{U}_3 = \underline{U}_1\, \underline{a}$$

$$\underline{U}_{12} = \underline{U}_1 - \underline{U}_2 \qquad \underline{U}_{23} = \underline{U}_2 - \underline{U}_3 \qquad \underline{U}_{31} = \underline{U}_3 - \underline{U}_1$$

Die drei Leiter L1, L2, L3 werden *Außenleiter* genannt. Die Spannung der Außenleiter gegenüber dem Neutralleiter bezeichnet man als *Sternspannung* U_Y, die Spannung zwischen den Außenleitern heißt *Dreieckspannung* U_D, *Außenleiterspannung* oder *verkettete Spannung*. Netze werden nach der Außenleiterspannung benannt, z. B. $U_n = 380$ kV. Deshalb sind Spannungsangaben in Drehstromnetzen immer verkettete Spannungen $U_D = U$.

Lasten kann man in Stern oder Dreieck schalten:

Sternschaltung

Für die Ströme ergibt sich bei symmetrischer Spannung

$$\underline{I}_1 = \underline{Y}_Y\, \underline{U}_1 \qquad \underline{I}_2 = \underline{Y}_Y\, \underline{U}_2 \qquad \underline{I}_3 = \underline{Y}_Y\, \underline{U}_3$$

Wegen der Symmetrie genügt es, mit einem Leiter zu rechnen.

$$\underline{I} = \underline{I}_Y = \underline{Y}_Y \cdot \underline{U}_Y$$

Sind nur die Beträge von Interesse, gilt

$$I = I_Y = Y_Y \cdot \frac{U_D}{\sqrt{3}} = Y_Y \cdot \frac{U}{\sqrt{3}}$$

$$\underline{S}_1 = \underline{U}_1\, \underline{I}_1^*$$

$$\begin{aligned}\underline{S} &= \underline{S}_1 + \underline{S}_2 + \underline{S}_3 = 3\, \underline{U}_1\, \underline{I}_1^* = 3\, \underline{U}_Y\, \underline{I}^* = 3\, \underline{Y}_Y^*\, U_Y^2 = \underline{Y}_Y^*\, U_D^2 \\ &= \underline{Y}_Y^*\, U^2 = 3\, \underline{Z}_Y\, I^2 = P + jQ = \sqrt{3}\, U\, I\,(\cos\varphi + j\sin\varphi)\end{aligned} \tag{7.21}$$

(Sie erinnern sich: $\underline{I} \cdot \underline{I}^* = I^2$)

Dreieckschaltung

$$\underline{I}_{12} = \underline{Y}_D\, \underline{U}_{12}$$

$$I_D = Y_D\, U_D = Y_D\, U$$

$$I = \sqrt{3}\, I_D = \sqrt{3}\, Y_D\, U_D = \sqrt{3}\, Y_D\, U \tag{7.22}$$

$$\underline{S} = 3\, \underline{Y}_D^*\, U^2 = \sqrt{3}\, U\, I\,(\cos\varphi + j\sin\varphi)$$

Für die Umrechnung der Stern- in eine Dreieckschaltung gilt

$$\underline{Y}_{\mathrm{Y}} = 3\,\underline{Y}_{\mathrm{D}} \tag{7.23}$$

Zur einfachen Berechnung von symmetrischen Drehstromquellen wählt man die Sternschaltung mit dem Netzstrom $\underline{I}$ und der Sternspannung $\underline{U}_{\mathrm{Y}}$.

Unabhängig davon, ob der Sternpunkt geerdet ist oder nicht, wird in Hochspannungsnetzen der Neutralleiter nicht mitgeführt. Lediglich in Niederspannungsnetzen ist er erforderlich, um die beiden Spannungen 3 ~ 400 V und 1 ~ 230 V zur Verfügung zu stellen. Außerdem ist der Neutralleiter notwendig, damit bei Körperschluss an einem Betriebsmittel ein genügend großer Kurzschlussstrom fließt, der die Sicherungen auslöst. Die Elektroinstallation in Gebäuden erfolgt in der Regel mit einem Schutzleitersystem, das aus fünf Leitern besteht. Dabei wird der Neutralleiter, der als PEN bezeichnet wird, in einen PE-Leiter und ein N-Netz aufgeteilt. Der N-Leiter ist zum Betrieb der einphasigen und unsymmetrischen dreiphasigen Geräte notwendig. Der grün-gelbe PE-Leiter dient dem Schutz. Er wird an die Körper der Geräte angeschlossen und leitet nur im Fehlerfall den Kurzschlussstrom, der die Sicherung zum Ansprechen bringt.

Grün-gelbe Leiter dürfen niemals betriebsmäßigen Strom führen.

Die große Bedeutung der Drehstromtechnik liegt in dem einfachen Aufbau der Drehfeldmaschinen, die mit Drehstrom betrieben werden. Wichtigster Antrieb ist die Asynchronmaschine. Sie hat eine fast konstante Drehzahl knapp unterhalb der Netzfrequenz (50 Hz $\mathrel{\hat{=}}$ 3000 min^{-1}). Durch Mehrpoligkeit ($p > 1$) lassen sich Maschinen mit geringer Drehzahl bauen.

$$n = \frac{f}{p} \tag{7.24}$$

Problematisch bei Asynchronmaschinen ist der hohe, stark induktive Anlaufstrom, der beim Einschalten zu erheblichen Spannungsfällen führen kann.

8 Nachwort

Sie haben es geschafft! Alle vier Bände waren schon eine harte Sache. Manchmal war es auch nicht ganz einfach. Wenn Sie bis hierher gekommen sind und alles verstanden haben – zum Verstehen gehört es auch, die Aufgaben zu rechnen –, so ist mir nicht bange, dass Sie ein guter Ingenieur werden. Mir hat es sehr viel Freude gemacht, die Bücher zu schreiben. Wenn es Ihnen halb so viel Freude gemacht hat, sie durchzuarbeiten, werden Sie ein begeisterter Ingenieur. Ob Sie ein erfolgreicher Ingenieur werden, hängt von drei Faktoren ab.

1. Die Definition von **erfolgreich**. Viele denken: Erfolg = Geld. Das stimmt nicht. Setzen Sie Ihre eigenen Wertmaßstäbe und lassen Sie sich von anderen nicht beeinflussen. Ich sage:

   Erfolg = Zufriedenheit.

2. Sie müssen die Elektrotechnik im Zusammenhang mit anderen Disziplinen sehen. Ein guter Ingenieur muss etwas von der Juristerei und etwas mehr von den Wirtschaftswissenschaften verstehen. Ökonomisches Denken und Kostenbewusstsein sind sehr wichtig.

3. Zuletzt will ich die Moral ansprechen. Ein Ingenieur trägt eine große Verantwortung gegenüber der Gesellschaft. Deshalb muss er an sein Handeln hohe ethische Maßstäbe anlegen. Denken Sie immer an die, die durch Ihr Handeln beeinflusst und vielleicht auch beeinträchtigt werden, an die Menschen und die Umwelt!

Ökologie ohne Ökonomie ist weltfremd.

Ökonomie ohne Ökologie ist verantwortungslos.

Noch eine Bitte: War etwas schwer oder nicht verständlich? Ist etwas falsch? Bitte teilen Sie es mir mit. Sie selbst haben nichts davon, aber die Leser der nachfolgenden Auflagen.

Die meisten von Ihnen werden Studierende sein. Deshalb wünsche ich:

Viel Spaß beim weiteren Studium!

9 Lösung der Aufgaben

Aufgabe 1.1

Zunächst wird das Teilerverhältnis K_{210} des ersten Teilers für Leerlauf (I_2 = 0) berechnet.

$$\underline{K}_{21} = \frac{\underline{U}_2}{\underline{U}_1} = \frac{R_b}{R_b + Z_a} = \frac{1}{1+1+\mathrm{j}\,10}$$

$$= \frac{1(2-\mathrm{j}\,10)}{(2+\mathrm{j}\,10)(2-\mathrm{j}\,10)} = 0{,}0192 - \mathrm{j}\,0{,}0962 = 0{,}098\,\mathrm{e}^{-\mathrm{j}\,78{,}7°} \approx -\mathrm{j}\,0{,}1$$

Für den zweiten Teiler erhalten wir

$$\underline{K}_{32} = \underline{K}_{320} = \frac{-\underline{U}_3}{\underline{U}_2} = \frac{R_d}{R_d + \underline{Z}_c} = \frac{10}{10+10+\mathrm{j}\,100}$$

$$= 0{,}0192 - \mathrm{j}\,0{,}0962 = 0{,}098\,\mathrm{e}^{-\mathrm{j}\,78{,}7°} \approx -\mathrm{j}\,0{,}1$$

Wundern Sie sich, dass beide Teilerverhältnisse gleich sind?

Mit den beiden Teilerverhältnissen schätze ich die Lösung ab.

$$K_{31} \approx \underline{K}_{210} \cdot \underline{K}_{32} = 0{,}098\,\mathrm{e}^{-\mathrm{j}\,78{,}7°} \cdot 0{,}098\,\mathrm{e}^{-\mathrm{j}\,78{,}7°} = 0{,}0096\,\mathrm{e}^{-\mathrm{j}\,157{,}4°} \approx -0{,}01$$

Dies ist eine Phasenverschiebung von fast 180°.

Nun folgt die genaue Rechnung. Der erste Teiler ist mit der Impedanz $\underline{Z}_c + R_d$ belastet.

$$\underline{Z}_{b2} = R_b // \left(R_d + \underline{Z}_c\right) = \frac{1\cdot(10+10+\mathrm{j}\,100)}{1+10+10+\mathrm{j}\,100}\,\Omega$$

$$\underline{Z}_{b2} = \frac{20+\mathrm{j}\,100}{21+\mathrm{j}\,100}\,\Omega = (0{,}998 + \mathrm{j}\,0{,}0096)\,\Omega$$

$$\underline{K}_{21} = \frac{\underline{U}_2}{\underline{U}_1} = \frac{\underline{Z}_{b2}}{\underline{Z}_{b2} + \underline{Z}_a}$$

$$\underline{K}_{21} = \frac{0{,}998 + \text{j}\,0{,}0096}{0{,}998 + \text{j}\,0{,}0096 + 1 + \text{j}\,10} = \frac{0{,}998 + \text{j}\,0{,}0096}{1{,}998 + \text{j}\,10{,}0096} = 0{,}0201 - \text{j}\,0{,}0957$$

$$K_{31} = \underline{K}_{21} \cdot \underline{K}_{32} = (0{,}0201 - \text{j}\,0{,}0957)(0{,}0192 - \text{j}\,0{,}0962)$$
$$= -0{,}00882 - \text{j}\,0{,}00377 = 0{,}0096\,\text{e}^{-\text{j}\,157°} \approx -0{,}01$$

Die einfache Berechnung, die ich oben angesetzt habe, gilt nur, weil die Belastung des ersten Teilers durch den zweiten gering ist.

Aufgabe 1.2

a) $\boldsymbol{f = 0}$ **Hz**

$\underline{Z}_{12} = 0\,\Omega$ $\qquad$ $\underline{Z}_{23} = -\text{j}\,\infty\,\Omega$

$\underline{Z}_{34} = R_{34} = 2\,\Omega$ $\qquad$ $\underline{Z}_{45} = R_{45} = 7\,\Omega$

$\underline{Z}''_{35} = R_{35} = 20\,\Omega$ $\qquad$ $\underline{Z}_{50} = -\text{j}\,\infty\,\Omega$

$$Z'_{35} = \underline{Z}_{34} + \underline{Z}_{45} = 2\,\Omega + 7\,\Omega = 9\,\Omega$$

$$\underline{Z}_{35} = \underline{Z}'_{35} \,//\, \underline{Z}''_{35} = \frac{9 \cdot 20}{9 + 20}\,\Omega = 6{,}2\,\Omega$$

$$\underline{Z}_{10} = \underline{Z}_{12} + \underline{Z}_{23} + \underline{Z}_{35} + \underline{Z}_{50} = 0\,\Omega + (-\text{j}\infty)\,\Omega + 6{,}2\,\Omega + (-\text{j}\,\infty)\,\Omega = -\text{j}\,\infty\,\Omega$$

Das hätten Sie durch Hinschauen erkennen können. Die beiden Kondensatoren blocken Gleichstrom ab.

b) $\boldsymbol{f = \infty}$ **Hz**

$\underline{Z}_{12} = \underline{R}_{12} = 1\,\Omega$ $\qquad$ $\underline{Z}_{23} = 0\,\Omega$

$\underline{Z}_{34} = 0\,\Omega$ $\qquad$ $\underline{Z}_{45} = \text{j}\,\infty\,\Omega$

$Z''_{35} = R_{35} = 20\,\Omega$ $\qquad$ $\underline{Z}_{50} = 0\,\Omega$

$$\underline{Z}'_{35} = \underline{Z}_{34} + \underline{Z}_{45} = \text{j}\,\infty\,\Omega$$

$$\underline{Z}_{35} = \underline{Z}'_{35} \,//\, \underline{Z}''_{35} = \underline{Z}''_{35} = R_{35} = 20\,\Omega$$

$$\underline{Z}_{10} = \underline{Z}_{12} + \underline{Z}_{23} + \underline{Z}_{35} + \underline{Z}_{50} = 1\,\Omega + 0\,\Omega + 20\,\Omega + 0\,\Omega = 21\,\Omega$$

c) $f = 0{,}1$ **Hz**

$$X_{12} = \frac{0{,}1}{50} \cdot 1\ \Omega = 2\ \text{m}\Omega \ll R_{12}$$

$$\underline{Z}_{12} \approx \text{j}\,2\ \text{m}\Omega$$

$$\underline{Z}_{23} = \frac{50}{0{,}1} \cdot (-\text{j}\,5)\ \Omega = -\text{j}\,2{,}5\ \text{k}\Omega$$

$$\underline{Z}_{34} \approx R_{34} = 2\ \Omega$$

$$\underline{Z}_{45} \approx R_{45} = 7\ \Omega$$

$$\underline{Z}'_{35} = \underline{Z}_{34} + \underline{Z}_{45} = 2\ \Omega + 7\ \Omega = 9\ \Omega$$

$$\underline{Z}''_{35} = R_{35} = 20\ \Omega$$

$$\underline{Z}_{35} = \underline{Z}'_{35}\ //\ \underline{Z}''_{35} = \frac{20 \cdot 9}{20 + 9}\ \Omega = 6{,}2\ \Omega$$

$$\underline{Z}_{50} = \frac{50}{0{,}1} \cdot (-\text{j}\,6)\ \text{k}\Omega = -\text{j}\,3\ \text{k}\Omega$$

$$\begin{aligned} \underline{Z}_{12} &= \underline{Z}_{12} + \underline{Z}_{23} + \underline{Z}_{35} + \underline{Z}_{50} \\ &= \text{j}\,2\ \text{m}\Omega + (-\text{j}\,2{,}5\ \text{k}\Omega) + 6{,}2\ \Omega + (-\text{j}\,3\ \text{k}\Omega) = 6{,}2\ \Omega - \text{j}\,5{,}5\ \text{k}\Omega \approx -\text{j}\,5{,}5\ \text{k}\Omega \end{aligned}$$

Der Ohm'sche Anteil ist zwar sehr gering, er darf aber nicht immer vernachlässigt werden, es gibt durchaus Fälle, in denen er eine Rolle spielt, z. B. wenn die Verlustleistung einer Schaltung zu bestimmen ist. Aber ähnlich wie bei $f = 0$ Hz, dominieren die beiden Kapazitäten.

d) $f = 10$ **kHz**

$$\underline{Z}_{12} \approx R_{12} = 1\ \Omega$$

$$\underline{Z}_{23} = \frac{50}{10\,000} \cdot (-\text{j}\,5\ \Omega) = -\text{j}\,25\ \text{m}\Omega$$

$$\underline{Z}_{34} \approx \frac{50}{10\,000}(-\text{j}\,4\ \Omega) = -\text{j}\,20\ \text{m}\Omega$$

$$\underline{Z}_{45} = 7\ \Omega + \text{j}\,\frac{10\,000}{50}\,4\ \Omega = 7\ \Omega + \text{j}\,800\ \Omega \approx \text{j}\,800\ \Omega$$

$$\underline{Z}''_{35} = R_{35} = 20\ \Omega$$

$$\underline{Z}'_{35} \approx \underline{Z}_{45} = \mathrm{j}\,800\ \Omega$$

$$\underline{Z}_{35} = \underline{Z}'_{35}\ //\ \underline{Z}''_{35} \approx \underline{Z}'_{35} = 20\ \Omega$$

$$\underline{Z}_{50} = \frac{50}{10\,000}(-\mathrm{j}\,6\ \Omega) = -\mathrm{j}\,30\ \mathrm{m}\Omega$$

$$\begin{aligned}\underline{Z}_{10} &= \underline{Z}_{12} + \underline{Z}_{23} + \underline{Z}_{35} + \underline{Z}_{50} \\ &= 1\ \Omega - \mathrm{j}\,20\ \mathrm{m}\Omega + 20\ \Omega - \mathrm{j}\,30\ \mathrm{m}\Omega\end{aligned}$$

$$\underline{Z}_{10} = (21 - \mathrm{j}\,0{,}05)\ \Omega \approx 21\ \Omega$$

Hier überwiegt der Ohm'sche Anteil, ähnlich wie bei der Frequenz $f = \infty$ Hz.

Aufgabe 1.3

$$\underline{Z}_{23} = \frac{1}{\dfrac{1}{R_2} + \dfrac{1}{\mathrm{j}\,X_3}} = \frac{1}{1\ \mathrm{S} - \mathrm{j}\,0{,}1\ \mathrm{S}} = \frac{1 + \mathrm{j}\,0{,}1}{1^2 + 0{,}1^2}\ \Omega = (0{,}99 + \mathrm{j}\,0{,}099)\ \Omega$$

$$Z_{23} = 0{,}995\ \Omega$$

$$\underline{Z} = \underline{Z}_{23} + R_1 = (0{,}99 + \mathrm{j}\,0{,}099)\ \Omega + 1\ \Omega = (1{,}99 + \mathrm{j}\,0{,}099)\ \Omega$$

$$\underline{Z}_{23} \approx (1 + \mathrm{j}\,0{,}1)\ \Omega$$

$$\underline{Z} \approx (2 + \mathrm{j}\,0{,}1)\ \Omega$$

$$\underline{I} = \frac{U}{\underline{Z}} = \frac{100}{1{,}99 + \mathrm{j}\,0{,}099}\ \mathrm{A} = \frac{199 - \mathrm{j}\,9{,}9}{3{,}97}\ \mathrm{A}$$

$$\underline{I} = (50{,}1 - \mathrm{j}\,2{,}5)\ \mathrm{A} = 50{,}2\ \mathrm{A}\ \mathrm{e}^{-\mathrm{j}2{,}9^\circ}$$

$$P_1 = I^2 \cdot R_1 = 50{,}2^2 \cdot 1\ \mathrm{W} = 2{,}516\ \mathrm{kW}$$

$$\underline{U}_2 = \underline{Z}_{23}\ \underline{I} = (0{,}99 + \mathrm{j}\,0{,}099)(50{,}1 - \mathrm{j}\,2{,}5)\ \mathrm{V}$$

$$U_2 = Z_{23}\ I = 0{,}99 \cdot 50{,}2\ \mathrm{V} = 49{,}9\ \mathrm{V}$$

$$P_2 = \frac{U_2^2}{R_2} = \frac{49{,}9^2}{1}\ \mathrm{W} = 2{,}49\ \mathrm{kW}$$

Bei Vernachlässigung der Spule ergibt sich

$$U_1 = U_2 = 50\ \text{V}$$

$$P_1 = P_2 = 2{,}5\ \text{kW}$$

Diese Abweichung ist zu vertreten. Bei der Blindleistung sieht es ähnlich aus.

$$Q_3 = \frac{U_2^2}{X_3} = \frac{49{,}9^2}{10}\ \text{VAr} = 249\ \text{VAr}$$

$$Q_3 \approx \frac{50^2}{10}\ \text{VAr} = 250\ \text{VAr}$$

Bei der Berechnung der Blindleistung kann die Näherungsformel mit genügender Genauigkeit verwendet werden. Eine vollständige Vernachlässigung der Reaktanz ist selbstverständlich nicht zulässig, sie liefert $Q_3 = 0$.

Aufgabe 1.4

$$\underline{Z}_{23} = \frac{1}{1 - \mathrm{j}\,10}\ \Omega = \frac{1 + \mathrm{j}\,10}{1^2 + 10^2}\ \Omega = (0{,}0099 - \mathrm{j}\,0{,}099)\ \Omega$$

$$\underline{Z} = \underline{Z}_{23} + R_1 = (1{,}0099 - \mathrm{j}\,0{,}099)\ \Omega$$

$$\underline{Z}_{23} \approx \left(\frac{1}{10^2} + \mathrm{j}\,\frac{10}{10^2}\right)\Omega = (0{,}01 - \mathrm{j}\,0{,}1)\ \Omega$$

$$\underline{Z} \approx (1{,}01 - \mathrm{j}\,0{,}1)\ \Omega$$

$$I = \frac{U}{\underline{Z}} \approx \frac{U}{R_1} = \frac{100}{1}\ \text{A} = 100\ \text{A}$$

$$P_1 = I^2 \cdot R_1 = 100^2 \cdot 1\ \text{W} = 10\ \text{kW}$$

$$\underline{U}_{23} = \underline{Z}_{23}\,\underline{I} = (0{,}01 - \mathrm{j}\ 0{,}1)\,100\ \text{V} = (1 - \mathrm{j}\,10)\ \text{V}$$

$$P_2 = \frac{U_2^2}{R_2} \approx \frac{10^2}{1}\ \text{W} = 100\ \text{W}$$

Aufgabe 1.5

Beim Kondensator ist besonders auf die Vorzeichen zu achten.

$$B_3 = \omega\, C > 0 \qquad X_{C3} = \frac{1}{B_3} > 0 \qquad X_3 = -X_{C3} < 0$$

$$\underline{Y}_{23} = G_2 + \text{j}\, B_3 = G_2 + \text{j}\frac{1}{X_{C3}}$$

Haben Sie das so richtig gemacht?

$$\underline{Z}_{23} = \frac{1}{\frac{1}{R_2} + \text{j}\frac{1}{X_{C3}}} = \frac{1}{\frac{1}{2} + \text{j}\frac{1}{2}}\,\Omega = \frac{0{,}5 - \text{j}\,0{,}5}{0{,}5^2 + 0{,}5^2}\,\Omega = (1 - \text{j})\,\Omega$$

$$\underline{Z} = \underline{Z}_{23} + \underline{Z}_1 = \underline{Z}_{23} + R_1 = (1 - \text{j})\,\Omega + 1\,\Omega = (2 - \text{j})\,\Omega = 2{,}23\,\Omega\, \text{e}^{-\text{j}\,26{,}6°}$$

Die Impedanzen sind in **Bild A1.5a** dargestellt.

Zunächst werden die Zeiger der einzelnen Komponenten mit ihrer Phasenlage eingezeichnet. Um die Impedanz $\underline{Z}_{23}$ zu bestimmen, müssen wir zur Admittanzebene übergehen. Dort ist $\underline{Y}_{23}$ durch geometrische Addition zu ermitteln. Die Lage der Impedanzen erhalten wir durch Spiegelung an der reellen Achse.

Jetzt kommen die Ströme und Spannungen dran.

$$I = \frac{U}{Z} = \frac{10\text{ V}}{2{,}23\,\Omega} = 4{,}48\text{ A} = \underline{I}$$

$$\underline{U} = \underline{Z} \cdot \underline{I} = \underline{Z}\, I = 2{,}23\, \text{e}^{-\text{j}\,26{,}6}\; 4{,}48\text{ A} = 10\text{ V} \cdot \text{e}^{-\text{j}\,26{,}6°}$$

Dieser Rechengang ist umständlich und diente nur zur Festlegung der Phasenlage des Spannungszeigers gegenüber dem reellen Stromzeiger.

$$\underline{U}_1 = R_1\; I = 1 \cdot 4{,}48\text{ V} = 4{,}48\text{ V}$$

$$\underline{U}_2 = \underline{Z}_{23} \cdot I = (1 - \text{j})\, 4{,}48\text{ V} = (4{,}48 - \text{j}\,4{,}48)\text{ V}$$

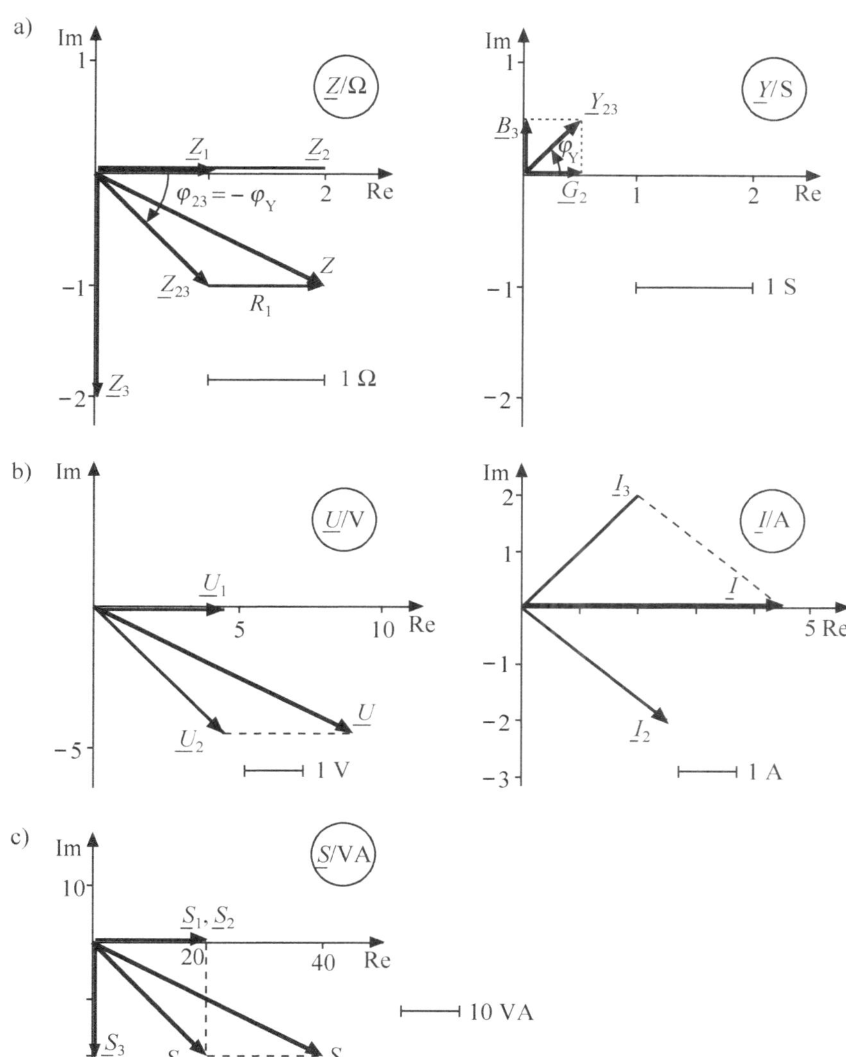

Bild A1.5 Komplexe Ebenen zu einer Parallel-Reihen-Schaltung
a) Impedanz und Admittanz
b) Spannung und Strom
c) Leistung

Kontrolle:

$$U^2 = \left[(4{,}48 + 4{,}48)^2 + 4{,}48^2\right] \mathrm{V}^2 = 100{,}35\ \mathrm{V}^2$$

$$U = 10{,}02\ \mathrm{V}$$

$$\underline{I}_2 = \frac{\underline{U}_2}{R_2} = \frac{4{,}48 - \mathrm{j}\,4{,}48}{2}\ \mathrm{A} = (2{,}24 - \mathrm{j}\,2{,}24)\ \mathrm{A}$$

$$\underline{I}_3 = \frac{\underline{U}_2}{\mathrm{j}\,X_3} = \frac{4{,}48 - \mathrm{j}\,4{,}48}{-\mathrm{j}\,2}\ \mathrm{A} = (2{,}24 + \mathrm{j}\,2{,}24)\ \mathrm{A}$$

Kontrolle:

$$\underline{I} = \underline{I}_2 + \underline{I}_3 = 4{,}48\ \mathrm{A}$$

Die berechneten Zeiger sind in **Bild A1.5b** eingezeichnet.

Schließlich sind noch die Leistungen zu berechnen.

$$\underline{S} = \underline{U}\,\underline{I}^* = \underline{U} \cdot I = 10 \cdot 4{,}48\ \mathrm{W} \cdot \mathrm{e}^{-\mathrm{j}\,26{,}6^\circ} = (40 - \mathrm{j}\,20)\ \mathrm{W}$$

$$P = 40\ \mathrm{W} \qquad Q = -20\ \mathrm{VAr}$$

$$P_1 = I_1^2 \cdot R_1 = 4{,}48^2 \cdot 1\ \mathrm{W} = 20\ \mathrm{W}$$

$$P_2 = I_2^2 \cdot R_2 = \left(2{,}24^2 + 2{,}24^2\right) \cdot 2\ \mathrm{W} = 20\ \mathrm{W}$$

$$Q_3 = I_3^2\ X_3 = \left(2{,}24^2 + 2{,}24^2\right)(-2)\ \mathrm{VAr} = -20\ \mathrm{VAr}$$

oder

$$Q_3 = \mathrm{Im}\left(\underline{S}_3\right) = \mathrm{Im}\left(\underline{U}_2\ \underline{I}_3^*\right) = \mathrm{Im}\left[(4{,}48 - \mathrm{j}\,4{,}48)(2{,}24 - \mathrm{j}\,2{,}24)\right] \mathrm{VAr}$$
$$= \mathrm{Im}\left[(10 - 10) + \mathrm{j}\,(-10 - 10)\right] \mathrm{VAr} = -20\ \mathrm{VAr}$$

Einfacher wäre es gewesen, die komplexe Scheinleistung aus der Parallelschaltung von R_2 und X_3 zu bestimmen und dann den Realteil dem Widerstand und den Imaginärteil den Kondensatoren zuzuordnen.

$$\underline{S}_{23} = \underline{U}_2\ \underline{I}_1^* = (4{,}48 - \mathrm{j}\,4{,}48) \cdot 4{,}48\ \mathrm{VA} = (20 - \mathrm{j}\,20)\ \mathrm{VA}$$

Die Zeiger der Leistung sind in **Bild A1.5c** eingetragen; es gilt der Maßstab 1 cm $\hat{=}$ 10 VA.

Kontrolle:

$$P = P_1 + P_2 = (20+20)\ \text{W}$$
$$Q = Q_3 = -20\ \text{VA}$$

Aufgabe 1.6

$$\underline{Y}_{23} = \frac{1}{1+\text{j}\,2}\ \text{mS} = \frac{1-\text{j}\,2}{1+2^2}\ \text{mS} = (0{,}2-\text{j}\,0{,}4)\ \text{mS}$$
$$\underline{Y} = \underline{Y}_{23} + \underline{Y}_1 = (0{,}2-\text{j}\,0{,}4)\ \text{mS} + 0{,}333\ \text{mS}$$
$$\underline{Y} = (0{,}533-\text{j}\,0{,}4)\ \text{mS} = 0{,}667\ \text{mS}\cdot \text{e}^{-\text{j}\,36{,}9°}$$
$$\underline{Z} = 1{,}5\ \text{k}\Omega\cdot \text{e}^{\text{j}\,36{,}9°}$$

Die Impedanzen und Admittanzen sind in **BildA1.6a** dargestellt.

$$\underline{I}_1 = \frac{U}{R_1} = \frac{10\ \text{V}}{3\ \text{k}\Omega} = 3{,}33\ \text{mA}$$
$$\underline{I}_2 = \underline{Y}_{23}\,U = (0{,}2-\text{j}\,0{,}4)\ \text{mS}\cdot 10\ \text{V} = (2-\text{j}\,4)\ \text{mA}$$
$$\underline{I} = \underline{I}_1 + \underline{I}_2 = (5{,}33-\text{j}\,4)\ \text{mA}$$
$$\underline{U}_2 = R_2\cdot\underline{I}_2 = 1\ \text{k}\Omega\,(2-\text{j}\,4)\ \text{mA} = (2-\text{j}\,4)\ \text{V}$$
$$\underline{U}_3 = \text{j}\,X_3\cdot\underline{I}_2 = \text{j}\,2\ \text{k}\Omega\,(2-\text{j}\,4)\ \text{mA} = (8+\text{j}\,4)\ \text{V}$$

Die Ströme und Spannungen werden in **Bild A1.6b** eingezeichnet.

$$\underline{S} = \underline{U}\,\underline{I}^* = 10\cdot(5{,}33+\text{j}\,4)\ \text{mVA} = (53{,}3+\text{j}\,40)\ \text{mVA}$$

$$P_1 = I_1^2\cdot R_1 = 3{,}33^2\cdot 3\cdot 10^{-6}\cdot 10^3\ \text{W} = 33{,}3\ \text{mW}$$

$$P_2 = I_2^2\cdot R_2 = \left(2^2+4^2\right)\cdot 10^{-6}\cdot 10^3\ \text{W} = 20\ \text{mW}$$

$$Q_3 = I_2^2\cdot X_3 = \left(2^2+4^2\right)\cdot 2\cdot 10^{-3}\ \text{VA} = 40\ \text{mVAr}$$

Bild **A1.6c** zeigt die Leistungen in der komplexen Ebene.

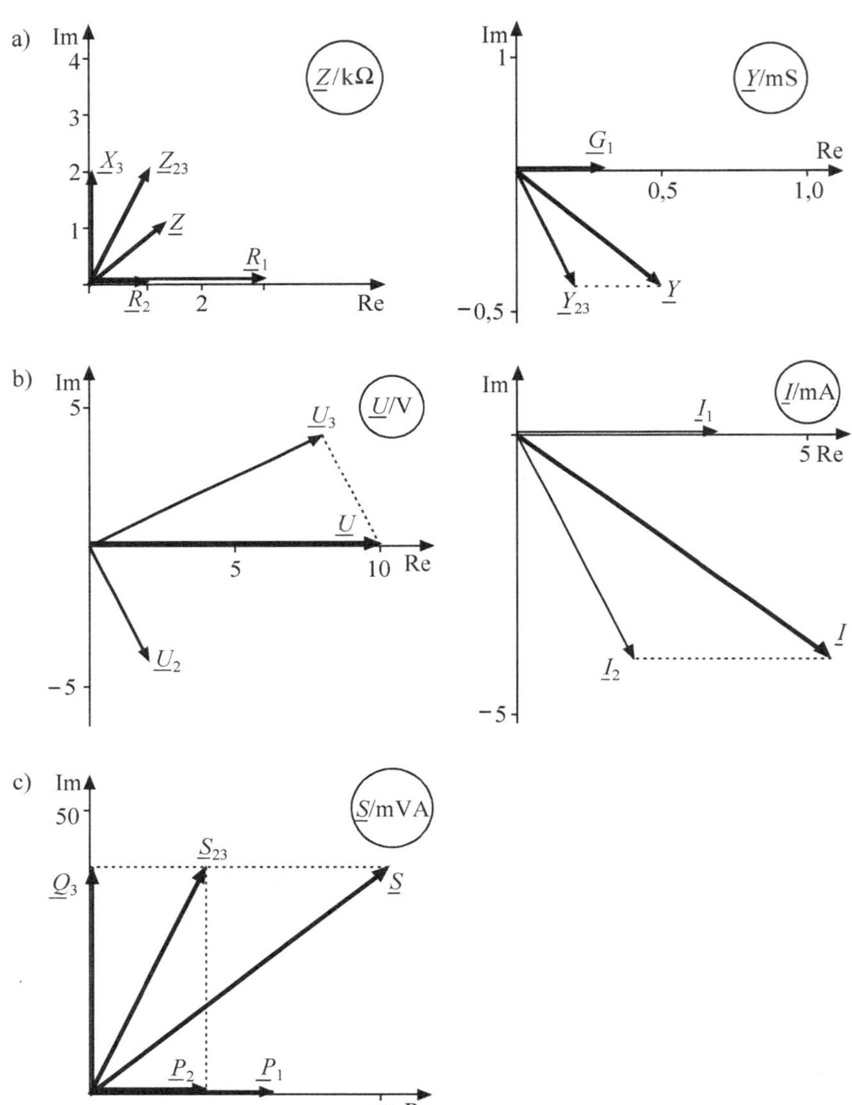

Bild A1.6 Komplexe Ebenen zu einer Reihen-Parallel-Schaltung
a) Impedanzen und Admittanzen
b) Spannungen und Ströme

Aufgabe 1.7

$$\underline{Z} = R_1 + \mathrm{j}\,X_2 + \mathrm{j}\,X_3 = (5 + \mathrm{j}\,2 - \mathrm{j}\,4)\,\Omega = (5 - \mathrm{j}\,2)\,\Omega$$

$$\underline{I} = \frac{\underline{U}}{\underline{Z}} = \frac{10}{5 - \mathrm{j}\,2}\,\mathrm{A} = \frac{10\,(5 + \mathrm{j}\,2)}{5^2 + 2^2}\,\mathrm{A} = (1{,}72 + \mathrm{j}\,0{,}69)\,\mathrm{A}$$

$$\underline{U}_1 = R_1\,\underline{I} = 5\,(1{,}72 + \mathrm{j}\,0{,}69)\,\mathrm{V} = (8{,}6 + \mathrm{j}\,3{,}45)\,\mathrm{V}$$

$$\underline{U}_2 = \mathrm{j}\,X_2\,\underline{I} = \mathrm{j}\,2\,(1{,}72 + \mathrm{j}\,0{,}69)\,\mathrm{V} = (-1{,}38 + \mathrm{j}\,3{,}44)\,\mathrm{V}$$

$$\underline{U}_3 = \mathrm{j}\,X_3\,\underline{I} = -\mathrm{j}\,4\,(1{,}72 + \mathrm{j}\,0{,}69)\,\mathrm{V} = (2{,}76 - \mathrm{j}\,6{,}88)\,\mathrm{V}$$

Kontrolle:

$$\underline{U} = (8{,}6 - 1{,}38 + 2{,}76)\,\mathrm{V} + \mathrm{j}\,(3{,}45 + 3{,}44 - 6{,}88)\,\mathrm{V}$$
$$= (9{,}98 + \mathrm{j}\,0{,}01)\,\mathrm{V} \approx 10\,\mathrm{V}$$

Die komplexen Zeiger sind in **Bild A1.7** eingezeichnet.

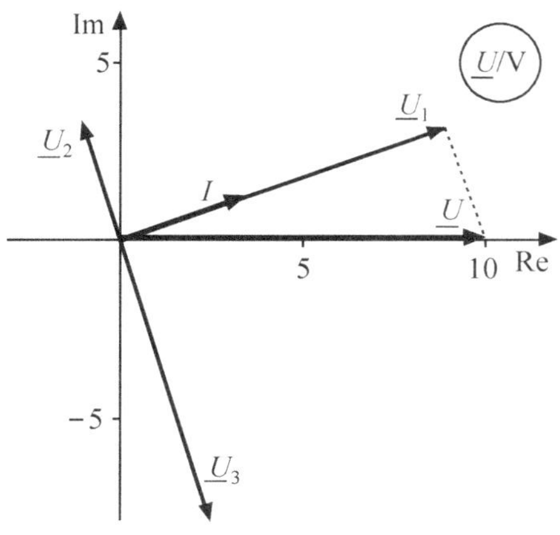

Bild A1.7 Komplexe Ebene für einen Reihenschwingkreis

Aufgabe 1.8

$$\underline{Y} = \frac{1}{R_1} + \frac{1}{\mathrm{j}\,X_2} + \frac{1}{\mathrm{j}\,X_3} = \left[\frac{1}{5} + \frac{1}{\mathrm{j}\,2} + \frac{1}{-\mathrm{j}\,4}\right]\mathrm{S} = (0{,}2 - \mathrm{j}\,0{,}5 + \mathrm{j}\,0{,}25)\,\mathrm{S}$$

$$= (0{,}2 - \mathrm{j}\,0{,}25)\,\mathrm{S}$$

$$\underline{Z} = \frac{0{,}2 + \mathrm{j}\,0{,}25}{0{,}2^2 + 0{,}25^2}\,\Omega = (1{,}95 + \mathrm{j}\,2{,}44)\,\Omega$$

$$\underline{I}_1 = \frac{\underline{U}}{R_1} = \frac{10}{5}\,\mathrm{A} = 2\,\mathrm{A}$$

$$\underline{I}_2 = \frac{\underline{U}}{\mathrm{j}\,X_2} = \frac{10}{\mathrm{j}\,2}\,\mathrm{A} = -\mathrm{j}\,5\,\mathrm{A}$$

$$\underline{I}_3 = \frac{\underline{U}}{\mathrm{j}\,X_3} = \frac{10}{-\mathrm{j}\,4}\,\mathrm{A} = \mathrm{j}\,2{,}5\,\mathrm{A}$$

$$\underline{I} = \underline{I}_1 + \underline{I}_2 + \underline{I}_3 = (2 - \mathrm{j}\,2{,}5)\,\mathrm{A}$$

Die Größen sind in der komplexen Ebene (**Bild A1.8**) dargestellt.

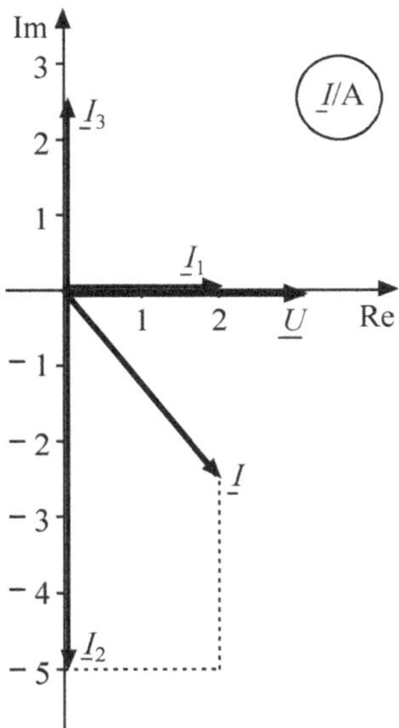

Bild A1.8 Komplexe Ebene für einen Parallel-Schwingkreis

Aufgabe 1.9

$$\underline{Y}_{23} = G_2 + \mathrm{j}\,B_3 = \left[\frac{1}{50} + \frac{1}{-\mathrm{j}\,60}\right] \mathrm{S} = (0{,}02 + \mathrm{j}\,0{,}0167)\,\mathrm{S}$$

$$\underline{Z}_{23} = \frac{0{,}02 - \mathrm{j}\,0{,}0167}{0{,}02^2 + 0{,}0167^2}\,\Omega = (29{,}5 - \mathrm{j}\,24{,}6)\,\Omega$$

$$\underline{Z} = \underline{Z}_1 + \underline{Z}_{23} = \mathrm{j}\,40\,\Omega + (29{,}5 - \mathrm{j}\,24{,}6)\,\Omega = (29{,}5 + \mathrm{j}\,15{,}4)\,\Omega$$

$$\underline{I} = \frac{U}{\underline{Z}} = \frac{200\,(29{,}5 - \mathrm{j}\,15{,}4)}{29{,}5^2 + 15{,}4^2}\,\mathrm{A} = (5{,}33 - \mathrm{j}\,2{,}78)\,\mathrm{A}$$

$$\underline{U}_1 = \underline{Z}_1\,\underline{I} = \mathrm{j}\,40\,(5{,}33 - \mathrm{j}\,2{,}78)\,\mathrm{V} = (111 + \mathrm{j}\,213)\,\mathrm{V}$$

$$\underline{U}_2 = \underline{Z}_{23}\,\underline{I} = (29{,}5 - \mathrm{j}\,24{,}6)\;(5{,}33 - \mathrm{j}\,2{,}78)\,\mathrm{V}$$
$$= (157 - 68) + \mathrm{j}\,(-82 - 131) = (89 - \mathrm{j}\,213)\,\mathrm{V}$$

Bild A1.9 zeigt das Zeigerdiagramm.

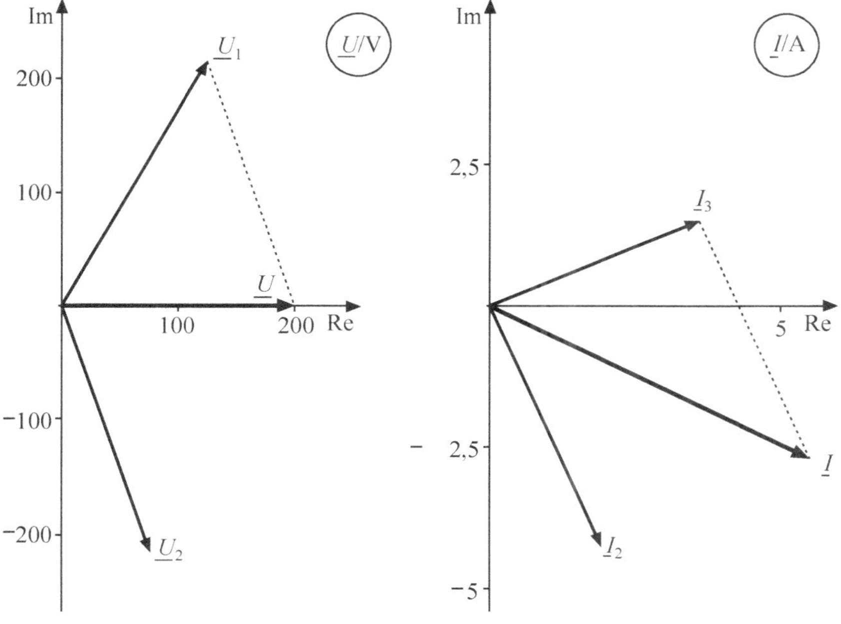

Bild A1.9 Zeigerdiagramm eines Parallel-Reihenschwingkreises

$$\underline{I}_2 = \frac{\underline{U}_2}{R_2} = \frac{89 - \mathrm{j}\,213}{50}\,\mathrm{A} = (1{,}78 - \mathrm{j}\,4{,}26)\,\mathrm{A}$$

$$\underline{I}_3 = \frac{\underline{U}_2}{\mathrm{j}\,X_3} = \frac{89 - \mathrm{j}\,213}{-\mathrm{j}\,60}\,\mathrm{A} = (3{,}55 + \mathrm{j}\,1{,}48)\,\mathrm{A}$$

$$\underline{I} = (1{,}78 + 3{,}55)\,\mathrm{A} + \mathrm{j}\,(-4{,}26 + 1{,}48)\,\mathrm{A} = (5{,}33 - \mathrm{j}\,2{,}78)\,\mathrm{A}$$

Aufgabe 1.10

$$\underline{Z} = R + \mathrm{j}\,X$$

$$Z = \frac{U}{I} = \frac{100}{10}\,\Omega = 10\,\Omega$$

$$P = R\,I^2$$

$$R = \frac{P}{I^2} = \frac{500}{10^2}\,\Omega = 5\,\Omega$$

$$X = \sqrt{Z^2 - R^2} = \sqrt{10^2 - 5^2}\,\Omega = 8{,}66\,\Omega$$

$$L = \frac{X}{\omega} = \frac{8{,}66}{314}\,\mathrm{H} = 27{,}6\,\mathrm{mH}$$

Aufgabe 1.11

$$Z^2 = R^2 + X^2 \qquad U = Z \cdot I \qquad P = I^2 \cdot R$$

$$P = \left(\frac{U}{Z}\right)^2 R = \frac{U^2 \cdot R}{R^2 + X^2}$$

Der Maximalwert der Leistungsabgabe ist erreicht, wenn eine Änderung des Widerstands keine Leistungsänderung hervorruft. Das Maximum der Kurve ergibt sich durch Differenzieren.

$$\frac{\partial P}{\partial R} = \frac{U^2}{R^2 + X^2} + \frac{U^2\,R}{\left(R^2 + X^2\right)^2}\,(-2\,R) \stackrel{!}{=} 0$$

$$R^2 + X^2 = 2\,R^2$$

$$R^2 = X^2$$

$$R = X = 1\,\Omega \qquad Z = 1{,}4\,\Omega$$

$$I = \frac{U}{Z} = \frac{1\,\text{V}}{1{,}4\,\text{A}} = 0{,}7\,\text{A}$$

$$U_\text{R} = I \cdot R = 0{,}7\,\text{V}$$

$$P = I^2 \cdot R = 0{,}7^2 \cdot 1\,\text{W} = 0{,}5\,\text{W}$$

Aufgabe 1.12

Die beiden Ersatzschaltungen sind in **Bild A1.12** dargestellt. Wir beginnen mit der einfachen π-Ersatzschaltung (**Bild A1.12a**).

a)

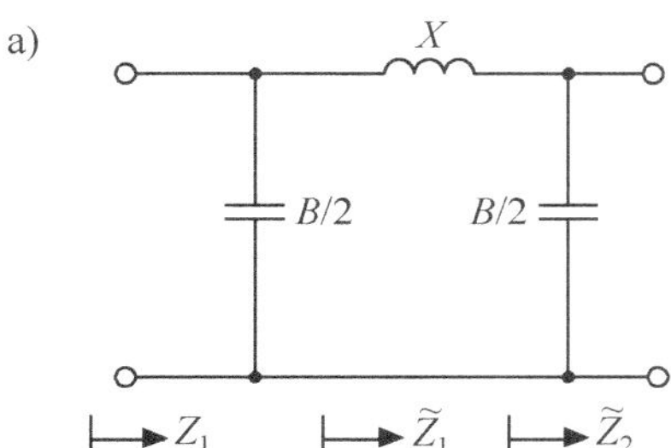

b)

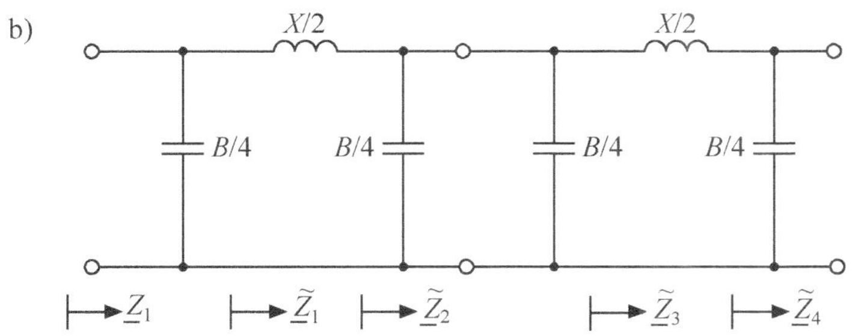

Bild A1.12 π-Ersatzschaltung einer Leistung
a) ein π-Glied
b) zwei π-Glieder

Schaltung a:

$X = 90\,\Omega$ $\qquad B = 1{,}4\,\text{mS}$

$$\underline{\tilde{Z}}_2 = -\text{j}\,\frac{1}{\frac{B}{2}} = -\text{j}\,1428\,\Omega$$

$\underline{\tilde{Z}}_1 = \mathrm{j}\,X + \underline{\tilde{Z}}_2 = (\mathrm{j}\,90 - \mathrm{j}\,1428)\,\Omega = -\mathrm{j}\,1338\,\Omega$

$\underline{\tilde{Y}}_1 = \mathrm{j}\,0{,}7474\text{ mS}$

$\underline{Y}_1 = \mathrm{j}\,\frac{B}{2} + \underline{Y}'_1 = \mathrm{j}\,(0{,}7 + 0{,}7474)\text{ mS} = \mathrm{j}\,1{,}4474\text{ mS}$

$\underline{Z}_1 = -\mathrm{j}\,691\,\Omega$

Nun wenden wir uns der doppelten π-Ersatzschaltung (**Bild A1.12b**) zu.

Schaltung b:

$\underline{\tilde{Z}}_4 = -\mathrm{j}\,\frac{1}{\frac{B}{4}} = -\mathrm{j}\,\frac{1}{0{,}35\text{ mS}} = -\mathrm{j}\,2857\,\Omega$

$\underline{\tilde{Z}}_3 = (\mathrm{j}\,45 - \mathrm{j}\,2857)\,\Omega = -\mathrm{j}\,2812\,\Omega$

$\underline{\tilde{Y}}_3 = \mathrm{j}\,0{,}3556\text{ mS}$

$\underline{\tilde{Y}}_2 = \underline{\tilde{Y}}_3 + 2\cdot\mathrm{j}\,\frac{B}{4} = [\mathrm{j}\,0{,}3556 + \mathrm{j}\,0{,}7]\text{ mS} = \mathrm{j}\,1{,}0556\text{ mS}$

$\underline{\tilde{Z}}_2 = -\mathrm{j}\,947\,\Omega$

$\underline{\tilde{Z}}_1 = (\mathrm{j}\,45 - \mathrm{j}\,947)\,\Omega = -\mathrm{j}\,902\,\Omega$

$\underline{\tilde{Y}}_1 = \mathrm{j}\,1{,}108\text{ mS}$

$\underline{Y}_1 = (\mathrm{j}\,1{,}108 + \mathrm{j}\,0{,}35)\text{ mS} = \mathrm{j}\,1{,}458\text{ mS}$

$\underline{Z}_1 = -\mathrm{j}\,685\,\Omega$

Der Unterschied zwischen beiden Ergebnissen ergibt sich zu

$$f = \frac{691 - 685}{685} = 0{,}009 \mathrel{\hat{=}} 0{,}9\,\%$$

Aufgabe 2.1

Für die Frequenz $f_1 = 0$ Hz, d. h. Gleichstrom, ist die Spule ein Kurzschluss ($X_3 = 0\ \Omega$).

$\boldsymbol{f = f_1 = 0}$ **Hz** $\quad\rightarrow\quad X_3 = 0\,\Omega$

$\underline{Z} = R_1 = 2\,\Omega \qquad \underline{Y} = \frac{1}{R_1} = 0{,}5\text{ S}$

$R_S = 2\,\Omega$ $\qquad$ $R_P = 2\,\Omega$

$X_S = 0$ $\qquad$ $X_P = \infty\,\Omega$

$L_S = \dfrac{X_S}{\omega} = \dfrac{0}{0} = ?$ $\qquad$ $L_P = \infty$ mH

Das Problem mit L_S heben wir uns bis zum Schluss auf.

$f = f_2 = 50$ Hz $\rightarrow$ $X_3 = 1\,\Omega$

$\underline{Z} = (2{,}3 + \mathrm{j}\,0{,}9)\,\Omega$ $\qquad$ $\underline{Y} = (0{,}377 - \mathrm{j}\,0{,}148)\,\mathrm{S} = \left(\dfrac{1}{2{,}65} + \dfrac{1}{\mathrm{j}\,6{,}76}\right)\mathrm{S}$

$R_S = 2{,}3\,\Omega$ $\qquad$ $R_P = 2{,}65\,\Omega$

$X_S = 0{,}9\,\Omega$ $\qquad$ $X_P = 6{,}76\,\Omega$

$L_S = \dfrac{0{,}9}{314}\,\mathrm{H} = 2{,}87\,\mathrm{mH}$ $\qquad$ $L_P = \dfrac{6{,}76}{314}\,\mathrm{H} = 21{,}5\,\mathrm{mH}$

$f = f_3 = 100$ Hz $\rightarrow$ $X_3 = 2\,\Omega$

$$\underline{Z} = 2\,\Omega + \frac{3 \cdot \mathrm{j}\,2}{3 + \mathrm{j}\,2}\,\Omega = 2\,\Omega + (\mathrm{j}\,1{,}38 + 0{,}92)\,\Omega = (2{,}92 + \mathrm{j}\,1{,}38)\,\Omega$$

$$\underline{Y} = \frac{2{,}92 - \mathrm{j}\,1{,}38}{2{,}92^2 + 1{,}38^2}\,\mathrm{S} = (0{,}28 - \mathrm{j}\,0{,}132)\,\mathrm{S} = \left(\frac{1}{3{,}57} + \frac{1}{\mathrm{j}\,7{,}56}\right)\mathrm{S}$$

$L_S = \dfrac{1{,}38}{2 \cdot 314}\,\mathrm{H} = 2{,}20\,\mathrm{mH}$ $\qquad$ $L_P = \dfrac{7{,}56}{2 \cdot 314}\,\mathrm{H} = 12{,}0\,\mathrm{mH}$

$f = f_4 = 500$ Hz $\rightarrow$ $X_3 = 10\,\Omega$

$$\underline{Z} = 2\,\Omega + \frac{3 \cdot \mathrm{j}\,10}{3 + \mathrm{j}\,10}\,\Omega = 2\,\Omega + (\mathrm{j}\,0{,}826 + 2{,}75)\,\Omega = (4{,}75 + \mathrm{j}\,0{,}836)\,\Omega$$

$$\underline{Y} = (0{,}204 - \mathrm{j}\,0{,}036)\,\mathrm{S} = \left(\frac{1}{4{,}9} + \frac{1}{\mathrm{j}\,27{,}8}\right)\mathrm{S}$$

$L_S = \dfrac{0{,}836}{10 \cdot 314}\,\mathrm{H} = 0{,}266\,\mathrm{mH}$ $\qquad$ $L_P = \dfrac{27{,}8}{10 \cdot 314}\,\mathrm{H} = 8{,}85\,\mathrm{mH}$

$f = f_5 \to \infty$ **Hz** $\quad X = \infty\,\Omega$

$\underline{Z} = R_1 + R_2 = 2 + 3\,\Omega = 5\,\Omega$

$R_S = 5\,\Omega \qquad R_P = 5\,\Omega$

$X_S = 0\,\Omega \qquad X_P = \infty\,\Omega$

$L_S = \frac{0}{\infty}\,\text{mH} = 0\,\text{mH} \qquad L_P = \frac{\infty}{\infty}\,\text{mH} = ?$

Bevor wir uns den beiden Fragezeichen zuwenden, diskutieren wir das Verhalten der Ersatzschaltung mit wachsender Frequenz. In der Reihenschaltung wächst der Ohm'sche Widerstand von $R_S = R_1 = 2\,\Omega$ auf $R_S = R_1 + R_2 = 5\,\Omega$ an. Dabei wird der Widerstand R_2 zunächst durch die Spule kurzgeschlossen und immer mehr freigegeben. Die Reaktanz X_S wird zunächst null, wächst auf 1,38 Ω bei 100 Hz an, wird bei höheren Frequenzen kleiner und strebt zu null. Die Induktivität L_S wird mit wachsenden Frequenzen immer kleiner, für $f = 0$ lässt sich deshalb ein großer Wert erwarten.

In der Parallelschaltung wächst der Widerstand ähnlich zur Reihenschaltung von $R_P = 2\,\Omega$ auf $R_P = 5\,\Omega$ an. Die Reaktanz beginnt bei $X_P \to \infty$ für $f = 0$, fällt ab und strebt dann für $f \to \infty$ wieder gegen $X_P \to \infty$.

Nun kommen wir zu den Fragezeichen. Mathematisch geschult, wie Sie sind, haben Sie bereits das Ergebnis. Wir schreiben den Ausdruck der Impedanz in analytischer Form und bilden die Grenzübergänge für ω.

$$\underline{Z} = R_1 + \frac{R_2\,\mathrm{j}\,\omega\,L_3}{R_2 + \mathrm{j}\,\omega\,L_3} = R_1 + \frac{\mathrm{j}\,R_2\,\omega\,L_3\left(R_2 - \mathrm{j}\,\omega\,L_3\right)}{R_2^2 + \left(\omega\,L_3\right)^2}$$

$$= R_1 + \frac{R_2\left(\omega\,L_3\right)^2}{R_2^2 + \left(\omega\,L_3\right)^2} + \mathrm{j}\,\frac{R_2^2\,\omega\,L_3}{R_2^2 + \left(\omega\,L_3\right)^2} = R_S + \mathrm{j}\,\omega\,L_S$$

Für kleine Werte von ω vergleichen wir Real- und Imaginärteil.

$$R_S = R_1$$

$$\omega\,L_S = \frac{R_2^2\,\omega\,L_3}{R_2^2 + 0} = \omega\,L_3$$

Im Nenner ist $(\omega\,L_3)^2$ gegenüber R_2^2 zu vernachlässigen.

$$L_S = L_3 = \frac{1}{314}\,\mathrm{H} = 3{,}18\,\mathrm{mH}$$

Schließlich strebt die Frequenz gegen Unendlich. Bevor wir den Leitwert $\underline{Y} = 1/\underline{Z}$ bilden, vereinfachen wir den Ausdruck der Impedanz für große Frequenzen.

$$\underline{Z} = R_1 + \frac{R_2\,(\omega L_3)^2}{0+(\omega L_3)^2} + \mathrm{j}\,\frac{R_2^2\,\omega L_3}{0+(\omega L_3)^2}$$

$$= R_1 + R_2 + \mathrm{j}\,\frac{R_2^2}{\omega L_3} = \tilde{R} + \mathrm{j}\,\frac{R_2^2}{\omega L_3}$$

$$\underline{Y} = \frac{1}{\underline{Z}} = \frac{\tilde{R} - \mathrm{j}\,\dfrac{R_2^2}{\omega L_3}}{\tilde{R}^2 + \left(\dfrac{R_2^2}{\omega L_3}\right)^2} = \frac{\tilde{R}}{\tilde{R}^2 + \left(\dfrac{R_2^2}{\omega L_3}\right)^2} - \mathrm{j}\,\frac{\dfrac{R_2^2}{\omega L_3}}{\tilde{R}^2 + \left(\dfrac{R_2^2}{\omega L_3}\right)^2}$$

$$\frac{1}{R_P} = \frac{\tilde{R}}{\tilde{R}^2 + \left(\dfrac{R_2^2}{\omega L_3}\right)^2} = \frac{\tilde{R}}{\tilde{R}^2 + 0} = \frac{1}{\tilde{R}}$$

$$R_P = \tilde{R} = R_1 + R_2$$

Das hatten wir schon.

$$\frac{1}{\omega L_P} = \frac{\dfrac{R_2^2}{\omega L_3}}{\tilde{R}^2 + \left(\dfrac{R_2^2}{\omega L_3}\right)^2} = \frac{\dfrac{R_2^2}{\omega L_3}}{\tilde{R}^2 + 0} = \frac{R_2^2}{\tilde{R}^2\,\omega L_3}$$

$$L_P = L_3\,\frac{(R_1 + R_2)^2}{R_2^2} = L_3\left(\frac{R_1}{R_2} + 1\right)^2 = 3{,}18\,\mathrm{mH}\left(\frac{2}{3} + 1\right)^2 = 8{,}83\,\mathrm{mH}$$

Der Wert $L_P = 8{,}85$ mH bei 500 Hz lag schon sehr nahe am Grenzwert.

Mit dem Grenzübergang bei komplexen Größen ist das etwas problematisch. Wir dürfen Grenzübergänge nur innerhalb der reellen oder imaginären Anteile durchführen. Bei dem Ausdruck $\underline{\underline{Z}} = R + \mathrm{j}\,X$ mit $X \gg R$ dürfen wir nicht schreiben $\underline{\underline{Z}} = \mathrm{j}\,X$, zumindest nicht immer. Doch darauf werde ich noch zu sprechen kommen.

Aufgabe 2.2

Wir bestimmen die Eingangsspannung aus dem Messstrom.

$$\underline{U}_\mathrm{m} = \underline{Z}_\mathrm{m}\,\underline{I}_\mathrm{m}$$

$$\underline{I}_\mathrm{p} = \frac{1}{R_\mathrm{p}}\,\underline{U}_\mathrm{m} = G_\mathrm{p}\,\underline{U}_\mathrm{m} = G_\mathrm{p}\,\underline{Z}_\mathrm{m}\,\underline{I}_\mathrm{m}$$

$$\underline{I}_\mathrm{v} = \underline{I}_\mathrm{m} + \underline{I}_\mathrm{p}$$

$$\underline{U} = \underline{U}_\mathrm{m} + \underline{Z}_\mathrm{v}\,\underline{I}_\mathrm{v} = \underline{Z}_\mathrm{m}\,\underline{I}_\mathrm{m} + \underline{Z}_\mathrm{v}\left(\underline{I}_\mathrm{m} + G_\mathrm{p}\,\underline{Z}_\mathrm{m}\,\underline{I}_\mathrm{m}\right)$$

$$\begin{aligned}\underline{\underline{Z}} = \frac{\underline{U}}{\underline{I}_\mathrm{m}} &= R + \mathrm{j}\,X = \left(R_\mathrm{m} + R_\mathrm{v}\right) + \mathrm{j}\left(X_\mathrm{m} + X_\mathrm{v}\right)\\ &+ G_\mathrm{p}\left(R_\mathrm{v}\,R_\mathrm{m} - X_\mathrm{v}\,X_\mathrm{m}\right) + \mathrm{j}\,G_\mathrm{p}\left(R_\mathrm{v}\,X_\mathrm{m} + R_\mathrm{m}\,X_\mathrm{v}\right)\end{aligned}$$

$$R = R_\mathrm{m} + R_\mathrm{v} + G_\mathrm{p}\left(R_\mathrm{v}\,R_\mathrm{m} - X_\mathrm{v}\,X_\mathrm{m}\right)$$

$$X = X_\mathrm{m} + X_\mathrm{v} + G_\mathrm{p}\left(R_\mathrm{v}\,X_\mathrm{m} + R_\mathrm{m}\,X_\mathrm{v}\right)$$

Die Impedanz $\underline{\underline{Z}}$ ist nicht die Eingangsimpedanz der Schaltung, sondern eine Koppelimpedanz. Sie stellt den Zusammenhang zwischen der an die Schaltung angelegten Spannung und dem durch das Messinstrument fließenden Strom her. Sie muss rein imaginär sein, um die 90°-Phasenlage zu erhalten. Deshalb muss der Widerstand R null sein.

$$\begin{aligned}G_\mathrm{p} &= -\frac{R_\mathrm{m} + R_\mathrm{v}}{R_\mathrm{v}\,R_\mathrm{m} - X_\mathrm{v}\,X_\mathrm{m}} = \frac{R_\mathrm{m} + R_\mathrm{v}}{X_\mathrm{v}\,X_\mathrm{m} - R_\mathrm{v}\,R_\mathrm{m}}\\ &= \frac{100 + 100}{3000 \cdot 500 - 100 \cdot 100}\ \mathrm{S} = 0{,}134 \cdot 10^{-3}\ \mathrm{S}\end{aligned}$$

$$R_\mathrm{p} = 7{,}45\ \mathrm{k\Omega}$$

Damit lässt sich die Koppelimpedanz berechnen.

$$X = X_m + X_v + G_p \left(R_v\, X_m + R_m\, X_v\right)$$
$$= 500\,\Omega + 3000\,\Omega + 0{,}134 \cdot 10^{-3}\,(100 \cdot 500 + 100 \cdot 3000)\,\Omega = 3547\,\Omega$$

$$\underline{Z} = R + \mathrm{j}\,X = \mathrm{j}\,X = \mathrm{j}\,3547\,\Omega$$

$$\frac{I_m}{U} = \frac{1}{Z} = 0{,}282\text{ mS}$$

Ein maßstäbliches Zeigerbild lässt sich nur schlecht zeichnen. Das in Bild 2.9b dargestellte ist nur prinzipiell gültig.

Aufgabe 2.3

Wir wenden uns zunächst der Induktivitätsmessbrücke in Bild 2.12d zu. Die Abgleichbedingung lautet

$$\frac{\underline{Z}_1}{R_2} = \frac{R_3}{\underline{Z}_4}$$

$$\underline{Z}_1 = R_1 + \mathrm{j}\,\omega\,L_1 = R_2\,R_3\,\underline{Y}_4 = R_2\,R_3\left(G_4 + \mathrm{j}\,\omega\,C_4\right)$$

$$R_X = R_1 = R_2\,\frac{R_3}{R_4}$$

$$L_X = L_1 = R_2\,R_3\,C_4$$

Nun kommt die Kapazitätsmessbrücke in Bild 2.12e an die Reihe.

$$\frac{\underline{Z}_1}{\underline{Z}_2} = \frac{R_3}{R_4}$$

$$\underline{Y}_1 = G_1 + \mathrm{j}\,\omega\,C_1 = \frac{R_4}{R_3}\,\underline{Y}_2 = \frac{R_4}{R_3}\left(G_2 + \mathrm{j}\,\omega\,C_2\right)$$

$$R_X = \frac{1}{G_1} = R_2\,\frac{R_3}{R_4}$$

$$C_X = C_1 = C_2\,\frac{R_4}{R_3}$$

$$\tan\delta_X = \frac{G_X}{\omega\,C_X} = \frac{1}{\omega\,C_2\,R_2}$$

Schließlich behandeln wir die Scheringmessbrücke (Bild 2.12f).

$$\frac{\underline{Z}_1}{R_2} = \frac{\underline{Z}_3}{\underline{Z}_4}$$

$$\underline{Y}_1 = G_1 + \mathrm{j}\,\omega\,C_1 = \frac{1}{R_2}\frac{\underline{Y}_3}{\underline{Y}_4} = \frac{1}{R_2}\frac{\mathrm{j}\,\omega\,C_3}{G_4 + \mathrm{j}\,\omega\,C_4}$$

$$= \frac{1}{R_2}\frac{\omega^2\,C_3\,C_4 + \mathrm{j}\,G_4\,\omega\,C_3}{G_4^2 + (\omega\,C_4)^2}$$

$$\tan\delta_\mathrm{X} = \frac{G_\mathrm{X}}{\omega\,C_\mathrm{X}} = \frac{G_1}{\omega\,C_1} = \frac{\omega^2\,C_3\,C_4}{G_4\,\omega\,C_3} = R_4\,\omega\,C_4$$

$$\omega\,C_1 = \frac{1}{R_2}\frac{G_4\,\omega\,C_3}{G_4^2 + (\omega\,C_4)^2} = \frac{R_4}{R_2}\frac{\omega\,C_3}{1 + (\omega\,C_4\,R_4)^2}$$

$$C_\mathrm{X} = C_1 = C_3\,\frac{\frac{R_4}{R_2}}{1 + \tan^2\delta_\mathrm{X}}$$

$$R_\mathrm{X} = \frac{1}{G_1} = R_2\,\frac{G_4^2 + (\omega\,C_4)^2}{\omega^2\,C_3\,C_4} = \frac{R_2}{R_4}\,\frac{1 + \tan^2\delta_\mathrm{X}}{\omega\,C_3\cdot R_4\cdot\omega\,C_4} = \frac{1}{\omega\,C_\mathrm{X}\cdot\tan\delta_\mathrm{X}}$$

Aufgabe 3.1

Diese Aufgabe stellt eine Herausforderung dar. Haben Sie sie angenommen? Zunächst berechnen wir einige Grunddaten.

$$L = \frac{X_\mathrm{L}}{\omega_{50}} = \frac{2}{314}\,\mathrm{H} = 0{,}00637\,\mathrm{H}$$

$$X_{\mathrm{L}100} = \omega_{100}\cdot L = 2\cdot X_\mathrm{L} = 4\,\Omega$$

$$X_{\mathrm{C}100} = X_{\mathrm{L}100} = 4\,\Omega$$

$$C = \frac{1}{X\,\omega\cdot 100} = \frac{1\,\mathrm{F}}{4\cdot 2\,\pi\cdot 100} = 400\,\mu\mathrm{F}$$

Die Zahlenwerte für einige Frequenzen sind in **Tabelle A3.1** zusammengestellt.

f [Hz]	X_L [Ω]	X_C [Ω]	X [Ω]	Z [Ω]	φ [°]	Y [S]	φ_Y [°]
0	0	∞	–∞	–∞	–90	0	90
25	1	16	–15	15,03	–86	0,07	86
50	2	8	–6	6,08	–81	0,16	81
75	3	5,33	–2,67	2,85	–69	0,35	69
85	3,4	4,71	–1,31	1,65	–53	0,61	52
90	3,6	4,44	–0,84	1,31	–40	0,77	40
95	3,8	4,21	–0,41	1,08	–22	0,93	22
100	4	4	0	1	0	1	0
105	4,2	3,81	0,39	1,07	21	0,93	–21
110	4,4	3,64	0,76	1,26	37	0,80	–37
125	5	3,2	1,8	2,06	61	0,49	–61
150	6	2,67	3,33	3,48	73	0,29	–73
200	8	2	6	6,08	81	0,16	–81
300	12	1,33	10,67	10,72	85	0,09	–85
∞	∞	0	∞	∞	90	0	–90

Tabelle A3.1 Serienschwingkreis

Dabei ist die Reaktanz für induktives Verhalten positiv.

$$X = X_L - X_C$$

Die Funktionen sind in Bild 3.2 dargestellt.

Aufgabe 3.2

Zunächst berechnen wir die Kenngrößen des Schwingkreises.

$$\omega_0 = \frac{1}{\sqrt{L\,C}} = \frac{\mathrm{s}^{-1}}{\sqrt{6{,}37 \cdot 10^{-3} \cdot 400 \cdot 10^{-6}}} = 628\,\mathrm{s}^{-1}$$

$$R_0 = \sqrt{\frac{L}{C}} = \sqrt{\frac{6{,}37 \cdot 10^{-3}}{400 \cdot 10^{-6}}}\ \Omega = 4\ \Omega$$

Die Reaktanzen X_C und X_L bei Kennfrequenz und der Kennwiderstand R_0 sind gleich groß.

$f_0 = 100\text{ Hz} \qquad T = 10\text{ ms}$

$$\delta = \frac{R}{2\,L} = \frac{0{,}1\text{ s}^{-1}}{2 \cdot 0{,}00637} = 7{,}85\text{ s}^{-1}$$

$$\tau = \frac{1}{\delta} = 127\text{ ms}$$

$$\vartheta = \frac{\delta}{\omega_0} = \frac{7{,}85}{628} = 0{,}0125$$

$$d = 2\,\vartheta = 0{,}025$$

$$\omega_\text{d} = \omega_0\,\sqrt{1-\vartheta^2} = 628\text{ s}^{-1}\,\sqrt{1-0{,}0125^2} = 627{,}9\text{ s}^{-1}$$

$$A = U_\text{Ca} = 5\text{ V}$$

$$B = \frac{\delta}{\omega_0}\,U_\text{Ca} = \frac{7{,}85}{627{,}9}\,5\text{ V} = 0{,}0625\text{ V}$$

$$I_1 = \omega_0\,C\,U_\text{Ca} = 628\text{ s}^{-1} \cdot 400 \cdot 10^{-6}\text{ F} \cdot 5\text{ V} = 1{,}26\text{ A}$$

Der Verlauf von Strom und Spannung ist in **Bild A3.2** dargestellt.

Es fehlt noch das logarithmische Dekrement. Gl. (3.26) liefert

$$\Lambda = 2\,\pi\,\vartheta = 0{,}079$$

Dies müsste sich auch aus den Zeitfunktionen ableiten lassen. Hierzu wird die Spannung u_C zu zwei Zeitpunkten, in denen sie Maximalwerte annimmt, berechnet. Mit $t = 0$ beginnend, ist dies alle 10 ms der Fall.

Wir wählen $t = 10$ ms und $t = 20$ ms.

$t = 10\text{ ms}$

$$u_\text{C1} = 5\text{ V} \cdot \text{e}^{-7{,}85 \cdot 0{,}01}\,\cos\left(627{,}9 \cdot 0{,}01\right) = 4{,}62\text{ V} \cdot \cos 359{,}8° = 4{,}62\text{ V}$$

$t = 20\text{ ms} \qquad u_\text{C2} = 4{,}27\text{ V}$

$$\Lambda = \frac{u_\text{C1} - u_\text{C2}}{\frac{u_\text{C1} + u_\text{C2}}{2}} = 0{,}077$$

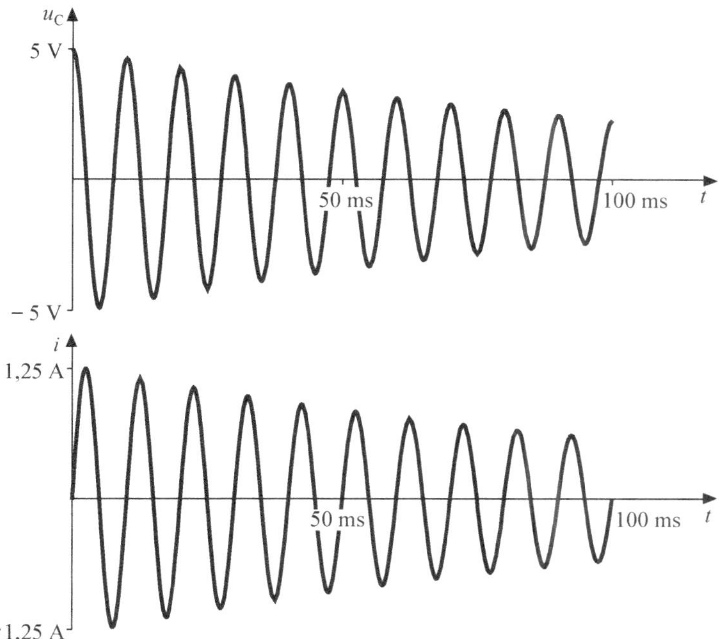

Bild A3.2 Kurzschluss eines Serienschwingkreises mit geladenem Kondensator

Aufgabe 3.3

Kennfrequenzen:

$$\omega_0 = \frac{1}{\sqrt{L\,C}} = \frac{1\,\mathrm{s}^{-1}}{\sqrt{10^{-3} \cdot 10^{-6}}} = 31{,}6 \cdot 10^3\ \mathrm{s}^{-1}$$

$$f_0 = \frac{\omega_0}{2\,\pi} = 5\ \mathrm{kHz}$$

Dämpfung:

$$\delta = \frac{1}{2\,R\,C} = \frac{1\,\mathrm{s}^{-1}}{2 \cdot 10^3 \cdot 10^{-6}} = 500\ \mathrm{s}^{-1}$$

$$\tau = \frac{1}{\delta} = 2\ \text{ms}$$

$$\vartheta = \frac{\delta}{\omega_0} = \frac{500}{31{,}6 \cdot 10^3} = 0{,}016$$

Eigenfrequenz:

$$\omega_\text{d} = \omega_0 \sqrt{1 - \vartheta^2} = \omega_0 \sqrt{1 - 0{,}016^2} = 0{,}9999\, \omega_0 \approx \omega_0$$

$$f_\text{d} \approx f_0$$

Kennwiderstand:

$$R_0 = \sqrt{\frac{L}{C}} = \sqrt{\frac{10^{-3}}{10^{-6}}}\ \Omega = 31{,}6\ \Omega$$

Die Lösung der Differentialgleichung lautet:

$$i_\text{L} = \text{e}^{-\delta t} \left(A \cos \omega_\text{d} t + B \sin \omega_\text{d} t \right)$$

$$u = L \cdot \frac{\text{d} i_\text{L}}{\text{d} t} = -L\, \delta\, \text{e}^{-\delta t} \left(A \cos \omega_\text{d} t + B \sin \omega_\text{d} t \right)$$
$$+ L\, \omega_\text{d}\, \text{e}^{-\delta t} \left(-A \sin \omega_\text{d} t + B \cos \omega_\text{d} t \right)$$

Für den Anfangspunkt $t = 0$ ergibt sich

$$i_\text{L} = I_\text{La} = A = 1\ \text{A}$$

$$u = U_\text{a} = 0 = -L\, \delta\, A + L\, \omega_\text{d}\, B$$

$$B = \frac{\delta}{\omega_\text{d}} A \approx 0$$

$$i_\text{L} = I_\text{La}\, \text{e}^{-\delta t} \cos \omega_\text{d} t \approx I_\text{La}\, \text{e}^{-\delta t} \cos \omega_0 t$$

$$u = L \frac{\text{d} i_\text{L}}{\text{d} t} = L\, I_\text{La}\, \text{e}^{-\delta t} \left(-\delta \cos \omega_\text{d} t - \omega_\text{d} \sin \omega_\text{d} t \right)$$
$$\approx -L \omega_\text{d}\, I_\text{La}\, \text{e}^{-\delta t} \sin \omega_\text{d} t \approx -\omega_0\, L\, I_\text{La}\, \text{e}^{-\delta t} \sin \omega_0 t = -R_0\, I_\text{La}\, \text{e}^{-\delta t} \sin \omega_0 t$$

$$i_R = G\,u = -\frac{R_0}{R}\,I_{La}\,e^{-\delta t}\,\sin\omega_0 t = -0{,}0316\,I_{La}\,e^{-\delta t}\,\sin\omega_0 t$$

$$i_C = C\,\frac{du}{dt} = -R_0\,C\,I_{La}\left(-\delta\,e^{-\delta t}\,\sin\omega_0 t + \omega_0\,e^{-\delta t}\,\cos\omega_0 t\right)$$
$$\approx -R_0\,\omega_0\,C\,I_{La}\,e^{-\delta t}\,\cos\omega_0 t = -I_{La}\,e^{-\delta t}\,\cos\omega_0 t = -i_L$$

Hier müsste sich eigentlich für die Summe der drei Ströme null ergeben. Aber die Näherungsrechnung führt zu dem Ergebnis, dass die Ströme in Spule und Kondensator gleich groß und entgegengesetzt sind. Es bleibt somit der Strom im Widerstand übrig, der aber viel kleiner ist als die beiden anderen.

$$\hat{i}_L = \hat{i}_C = I_{La}$$

$$\hat{i}_R = \frac{R_0}{R}\,I_{La} \ll I_{La}$$

Dies alles hätten Sie auch allein gekonnt. Nun wird es etwas komplizierter. Wir kommen zur Leistung und zur Energie.

$$p_L = u\,i_L = -R_0\,I_{La}^2\,e^{-2\,\delta t}\,\sin\omega_0 t\,\cos\omega_0 t$$
$$= -\frac{1}{2}\,R_0\,I_{La}^2\,e^{-2\,\delta t}\,\sin 2\,\omega_0 t$$

$$p_C = u\,i_C = \frac{1}{2}\,R_0\,I_{La}^2\,e^{-2\,\delta t}\,\sin 2\,\omega_0 t = -p_L$$

$$p_R = u\,i_R = \frac{R_0^2}{R}\,I_{La}^2\,e^{-2\,\delta t}\,\sin\omega_0 t\;\sin\omega_0 t$$
$$= \frac{1}{2}\,\frac{R_0^2}{R}\,I_{La}^2\,e^{-2\,\delta t} - \frac{1}{2}\,\frac{R_0^2}{R}\,I_{La}^2\,e^{-2\,\delta t}\,\cos 2\,\omega_0 t$$

$$\frac{1}{2}\,R_0\,I_{La}^2 = \frac{1}{2}\cdot 31{,}6\,\Omega\cdot 1\,\mathrm{A}^2 = 15{,}8\,\mathrm{VA}$$

$$\frac{1}{2}\,\frac{R_0^2}{R}\,I_{La}^2 = \frac{1}{2}\cdot\frac{31{,}6^2}{10^3}\,\Omega\cdot 1\,\mathrm{A}^2 = 0{,}5\,\mathrm{W}$$

Die Leistung von 15,8 VA wird ständig zwischen Kondensator und Spule hin- und hergeschoben. Die Leistung von 0,5 W wird aus dem Kreis entzogen, sodass die pendelnde Leistung abnimmt.

Wenn Sie bis hierher gekommen sind, sind Sie gut. Den Rest mache ich allein.

Die Integration der Leistung liefert die Energie. Dabei vernachlässigen wir den exponentiellen Anteil.

$$w_L = \int p_L \mathrm{d}t = -\frac{1}{2} R_0 \, I_{La}^2 \int \sin 2\,\omega_0 t \,\mathrm{d}t + K$$

$$= -\frac{1}{2} \omega_0 \, L \, I_{La}^2 \, \frac{-1}{2\,\omega_0} \cos 2\,\omega_0 t + K$$

$$= \frac{1}{2} \cdot \frac{1}{2} \, L \, I_{La}^2 \cos 2\,\omega_0 t + K = \frac{1}{2} W_{La} \cos \omega_0 t + K$$

Dabei ist W_{La} die Energie, die beim Beginn des Ausgleichvorgangs ($t = 0$) in der Spule gespeichert war.
Zur Bestimmung der Integrationskonstante setzen wir

$t = 0$ s:

$$w_L = W_{La} = \frac{1}{2} W_{La} + K$$

$$K = \frac{1}{2} W_{La}$$

$$w_L = W_{La} \cdot \frac{1}{2} \left(1 + \cos 2\,\omega_0 t\right)$$

Analog hierzu ergibt sich die Energie in der Kapazität.

$$w_C = -\frac{1}{2} W_{La} \cos 2\,\omega_0 t + K$$

$t = 0$ s: $\quad w_C = W_{Ca} = 0$ W $\quad K = \frac{1}{2} W_{La}$

$$w_C = W_{La} \cdot \frac{1}{2} \left(1 - \cos 2\,\omega_0 t\right)$$

Fassen wir die in Kondensatoren und Spule gemeinsam gespeicherte Energie zusammen, so gilt für jeden Augenblick

$$w_L + w_C = W_{La}$$

Bei der Leistung im Widerstand ist es etwas problematisch. Sie besteht aus einem exponentiell abklingenden Anteil, den wir berücksichtigen, und einem Cosinusanteil, dessen Exponentialfunktion wir vernachlässigen.

$$w_{\mathrm{R}} = \int p_{\mathrm{R}}\, \mathrm{d}t = \int \frac{1}{2} \frac{R_0^2}{R} I_{\mathrm{La}}^2\, \mathrm{e}^{-2\,\delta t}\, \mathrm{d}t - \int \frac{1}{2} \frac{R_0^2}{R} I_{\mathrm{La}}^2 \cos 2\,\omega_0 t\, \mathrm{d}t + K$$

$$= \frac{1}{2} \frac{R_0^2}{R} I_{\mathrm{La}}^2 \frac{1}{-2\,\delta} \mathrm{e}^{-2\,\delta t} - \frac{1}{2} \frac{R_0^2}{R} I_{\mathrm{La}}^2 \frac{1}{2\,\omega_0} \sin 2\,\omega_0 t + K$$

$$= -\frac{1}{2} \frac{\frac{L}{C}}{R} I_{\mathrm{La}}^2\, R\, C\, \mathrm{e}^{-2\,\delta t} - \frac{1}{4} \frac{R_0 \sqrt{\frac{L}{C}}}{R} I_{\mathrm{La}}^2 \sqrt{L\,C} \sin 2\,\omega_0 t + K$$

$$= -\frac{1}{2} L\, I_{\mathrm{La}}^2\, \mathrm{e}^{-2\,\delta t} - \frac{1}{4} \frac{R_0}{R} L\, I_{\mathrm{La}}^2 \sin 2\,\omega_0 t + K$$

$$= -\, W_{\mathrm{La}}\, \mathrm{e}^{-2\,\delta t} - \frac{1}{2} \frac{R_0}{R} W_{\mathrm{La}} \sin 2\,\omega_0 t + K$$

$t = 0$ s: $\qquad w_{\mathrm{R}} = 0$ W $\qquad K = \frac{1}{2} W_{\mathrm{La}}$

$$w_{\mathrm{R}} = W_{\mathrm{La}} \left(1 - \mathrm{e}^{-2\,\delta t}\right) - \frac{1}{2} \frac{R_0}{R} W_{\mathrm{La}} \sin 2\,\omega_0 t$$

Dieses Ergebnis ist zu diskutieren. Der periodische Anteil ist klein ($R_0 \ll R$). Dies war zu erwarten. Er klingt nicht ab. Dies ist auch verständlich, weil bei der Integration der exponentielle Anteil vernachlässigt wurde.

Für $t \to \infty$ erhalten wir

$$w_{\mathrm{R}\infty} = W_{\mathrm{La}}$$

Die gesamte Energie W_{La} wird im Widerstand in Wärme umgesetzt.

Wenn Sie Lust haben, gehen Sie die nächste Aufgabe durch. Sie ist anspruchsvoll, zeigt aber die exakten Ergebnisse.

Jetzt will ich noch die Energie berechnen, die die Drosselspule während der ersten Halbperiode abgibt.

Die Periodendauer beträgt

$$T = \frac{1}{2\,f_0} = \frac{2\,\pi}{2\,\omega_0}$$

$$w_L\left(t=\frac{T}{2}\right)=W_{La}\cdot\frac{1}{2}\left(1+\cos 2\,\omega_0\,\frac{T}{2}\right)$$
$$=W_{La}\cdot\frac{1}{2}(1+\cos\pi)=0\text{ W}$$

In der Zeit $T/2$, d. h. einer Halbperiode der Schwingung, verliert die Spule ihre gesamte Energie, und der Kondensator nimmt sie vollständig auf.

Aufgabe 3.4

Die Kenngrößen des Schwingkreises werden aus der vorherigen Aufgabe übernommen. Außerdem stelle ich die Gleichungen, die im Folgenden verwendet werden, zusammen.

$R=1\text{ k}\Omega$ $\quad L=1\text{ mH}$ $\quad C=1\,\mu\text{F}$ $\quad I_a=I_{La}=1\text{ A}$

$\omega_0=31{,}6\cdot 10^3\text{ s}^{-1}$ $\quad f_0=5\text{ kHz}$

$\omega_d=0{,}9999\,\omega_0\approx\omega_0$ $\quad R_0=31{,}6\,\Omega$ $\quad \delta=500\text{ s}^{-1}$

$\omega_d^2=\omega_0^2-\delta^2$ $\quad \delta=\dfrac{1}{2\,RC}$ $\quad \vartheta=\dfrac{\delta}{\omega_0}$

Für den Spulenstrom hatten wir bereits den exakten Verlauf bestimmt.

$$i_L=I_{La}\,e^{-\delta t}\left[\cos\omega_d t+\frac{\delta}{\omega_d}\sin\omega_d t\right]\approx I_{La}\,e^{-\delta t}\cos\omega_d t$$

$$\hat{i}=I_{La}\sqrt{1+\left(\frac{\delta}{\omega_d}\right)^2}=\frac{\omega_0}{\omega_d}I_{La}=1{,}0001\,I_{La}\approx I_{La}=1\text{ A}$$

$$u=L\frac{di_L}{dt}=L\,I_{La}\,e^{-\delta t}\left[-\delta\cos\omega_d t-\frac{\delta^2}{\omega_d}\sin\omega_d t-\omega_d\sin\omega_d t+\delta\cos\omega_d t\right]$$
$$=-\hat{u}\,e^{-\delta t}\sin\omega_d t$$

$$\hat{u}=L\,I_{La}\left(\frac{\delta^2}{\omega_d}+\omega_d\right)=L\frac{\omega_0^2}{\omega_d}I_{La}\approx\omega_0\,L\,I_{La}=R_0\,I_{La}=31{,}6\text{ V}$$

$$i_R=\frac{1}{R}u=-\hat{i}\,e^{-\delta t}\sin\omega_d t$$

$$\hat{i} = \frac{1}{R}\,\hat{u} = \frac{L}{R}\,\frac{\omega_0^2}{\omega_\mathrm{d}}\,I_\mathrm{La} = \frac{1}{R\,C}\,\frac{1}{\omega_\mathrm{d}}\,I_\mathrm{La} = \frac{2\,\delta}{\omega_\mathrm{d}}\,I_\mathrm{La}$$

$$= \frac{2 \cdot 500}{31{,}6 \cdot 10^3}\ \mathrm{A} = 0{,}0316\ \mathrm{A}$$

$$i_\mathrm{C} = C \cdot \frac{\mathrm{d}u}{\mathrm{d}t} = -C\,\hat{u}\,\mathrm{e}^{-\delta t}\left[-\delta \sin \omega_\mathrm{d} t + \omega_\mathrm{d} \cos \omega_\mathrm{d} t\right]$$

$$= -C\,L\,\frac{\omega_0^2}{\omega_\mathrm{d}}\,I_\mathrm{La} \cdot \omega_\mathrm{d}\ \mathrm{e}^{-\delta t}\left[\cos \omega_\mathrm{d} t - \frac{\delta}{\omega_\mathrm{d}} \sin \omega_\mathrm{d} t\right]$$

$$= -I_\mathrm{La}\ \mathrm{e}^{-\delta t}\left[\cos \omega_\mathrm{d} t - \frac{\delta}{\omega_\mathrm{d}} \sin \omega_\mathrm{d} t\right]$$

Wir kontrollieren nun die Summe

$$i = i_\mathrm{L} + i_\mathrm{R} + i_\mathrm{C} = I_\mathrm{La}\ \mathrm{e}^{-\delta t}\left[\cos \omega_\mathrm{d} t + \frac{\delta}{\omega_\mathrm{d}} \sin \omega_\mathrm{d} t - \frac{2\,\delta}{\omega_\mathrm{d}} \sin \omega_\mathrm{d} t\right]$$

$$+ I_\mathrm{La}\ \mathrm{e}^{-\delta t}\left[-\cos \omega_\mathrm{d} t + \frac{\delta}{\omega_\mathrm{d}} \sin \omega_\mathrm{d} t\right] = 0$$

Jetzt bestimmen wir die Leistung und den Energieumsatz in den drei Elementen. Hierzu verwenden wir zwei Integrationsformeln.

$$\int \mathrm{e}^{ax} \sin(bx)\,\mathrm{d}x = \frac{\mathrm{e}^{ax}}{a^2 + b^2}\left(a \sin bx - b \cos bx\right) + K$$

$$\int \mathrm{e}^{ax} \cos(bx)\,\mathrm{d}x = \frac{\mathrm{e}^{ax}}{a^2 + b^2}\left(a \cos bx + b \sin bx\right) + K$$

Für die Spule ergibt sich

$$p_\mathrm{L} = u\,i_\mathrm{L} = -L\,\frac{\omega_0^2}{\omega_\mathrm{d}}\,I_\mathrm{La}^2\ \mathrm{e}^{-2\,\delta t}\left[\sin \omega_\mathrm{d} t \cos \omega_\mathrm{d} t + \frac{\delta}{\omega_\mathrm{d}} \sin^2 \omega_\mathrm{d} t\right]$$

Die Energie, die anfänglich in der Spule gespeichert ist, beträgt

$$W_\mathrm{La} = \frac{1}{2}\,L\,I_\mathrm{La}^2$$

$$p_\mathrm{L} = -2\, W_\mathrm{La} \frac{\omega_0^2}{\omega_\mathrm{d}} \mathrm{e}^{-2\,\delta t} \frac{1}{2} \left[\sin 2\,\omega_\mathrm{d} t + \frac{\delta}{\omega_\mathrm{d}} - \frac{\delta}{\omega_\mathrm{d}} \cos 2\,\omega_\mathrm{d} t \right]$$

$$\begin{aligned} w_\mathrm{L} = \int p_\mathrm{L}\, \mathrm{d}t = -W_\mathrm{La} \frac{\omega_0^2}{\omega_\mathrm{d}} \mathrm{e}^{-2\,\delta t} \cdot \left[\frac{\delta}{\omega_\mathrm{d}} \cdot \frac{1}{-2\,\delta} \right] \\ -W_\mathrm{La} \frac{\omega_0^2}{\omega_\mathrm{d}} \mathrm{e}^{-2\,\delta t} \left[\frac{1}{4\left(\delta^2 + \omega_\mathrm{d}^2\right)} \left(-2\,\delta \sin 2\,\omega_\mathrm{d} t - 2\,\omega_\mathrm{d} \cos 2\,\omega_\mathrm{d} t\right) \right] \\ -W_\mathrm{La} \frac{\omega_0^2}{\omega_\mathrm{d}} \mathrm{e}^{-2\,\delta t} \left[-\frac{\delta}{\omega_d} \frac{1}{4\left(\delta^2 + \omega_\mathrm{d}^2\right)} \left(-2\,\delta \cos 2\,\omega_\mathrm{d} t + 2\,\omega_\mathrm{d} \sin \omega_\mathrm{d} t\right) \right] \end{aligned}$$

$$\begin{aligned} w_\mathrm{L} = -\frac{1}{2} W_\mathrm{La} \frac{\omega_0^2}{\omega_\mathrm{d}} \mathrm{e}^{-2\,\delta t} \left[-\frac{1}{\omega_\mathrm{d}} + \frac{1}{\omega_0^2} \left(-\delta \sin 2\,\omega_\mathrm{d} t - \omega_\mathrm{d} \cos 2\,\omega_\mathrm{d} t\right) \right] \\ -\frac{1}{2} W_\mathrm{La} \frac{\omega_0^2}{\omega_\mathrm{d}} \mathrm{e}^{-2\,\delta t} \left[\frac{\delta^2}{\omega_\mathrm{d}\, \omega_0^2} \cos 2\,\omega_\mathrm{d} t - \frac{\delta}{\omega_0^2} \sin 2\,\omega_\mathrm{d} t \right] \end{aligned}$$

$$\begin{aligned} w_\mathrm{L} &= \frac{1}{2} W_\mathrm{La} \frac{\omega_0^2}{\omega_\mathrm{d}^2} \mathrm{e}^{-2\,\delta t} \left[1 + \frac{2\,\delta\, \omega_\mathrm{d}}{\omega_0^2} \sin 2\,\omega_\mathrm{d} t + \frac{\omega_\mathrm{d}^2 - \delta^2}{\omega_0^2} \cos 2\,\omega_\mathrm{d} t \right] \\ &\approx \frac{1}{2} W_\mathrm{La}\, \mathrm{e}^{-2\,\delta t} \left[1 + \cos 2\,\omega_\mathrm{d} t \right] \end{aligned}$$

Die Integrationskonstante habe ich weggelassen, weil sie null ist. Dies muss ich noch nachweisen. Für $t = 0$ muss sich $w_\mathrm{L} = W_\mathrm{La}$ ergeben.

$$\begin{aligned} w_\mathrm{L}\,(t = 0) &= \frac{1}{2} W_\mathrm{La} \frac{\omega_0^2}{\omega_\mathrm{d}^2} \left[1 + \frac{\omega_\mathrm{d}^2 - \delta^2}{\omega_0^2} \right] \\ &= \frac{1}{2} W_\mathrm{La} \frac{1}{\omega_\mathrm{d}^2} \left[\omega_0^2 + \omega_\mathrm{d}^2 - \delta^2 \right] = W_\mathrm{La} \end{aligned}$$

Nun wenden wir uns der Kapazität zu.

$$p_{\mathrm{C}} = u\, i_{\mathrm{C}} = L \frac{\omega_0^2}{\omega_{\mathrm{d}}} I_{\mathrm{La}}^2 \, \mathrm{e}^{-2\,\delta t} \left[\sin \omega_{\mathrm{d}} t \cos \omega_{\mathrm{d}} t - \frac{\delta}{\omega_{\mathrm{d}}} \sin^2 \omega_{\mathrm{d}} t \right]$$

$$= W_{\mathrm{La}} \frac{\omega_0^2}{\omega_{\mathrm{d}}} \mathrm{e}^{-2\,\delta t} \left[\sin 2\,\omega_{\mathrm{d}} t - \frac{\delta}{\omega_{\mathrm{d}}} + \frac{\delta}{\omega_{\mathrm{d}}} \cos 2\,\omega_{\mathrm{d}} t \right]$$

$$w_{\mathrm{C}} = \int p_{\mathrm{C}} \,\mathrm{d}t$$

$$w_{\mathrm{C}} = W_{\mathrm{La}} \frac{\omega_0^2}{\omega_{\mathrm{d}}} \mathrm{e}^{-2\,\delta t} \left[\frac{1}{2\,\omega_{\mathrm{d}}} + \frac{1}{2\,\omega_0^2} \left(-\delta \sin 2\,\omega_{\mathrm{d}} t - \omega_{\mathrm{d}} \cos 2\,\omega_{\mathrm{d}} t \right) \right]$$

$$+ W_{\mathrm{La}} \frac{\omega_0^2}{\omega_{\mathrm{d}}} \mathrm{e}^{-2\,\delta t} \left[\frac{\delta}{\omega_{\mathrm{d}}} \frac{1}{2\,\omega_0^2} \left(-\delta \cos 2\,\omega_{\mathrm{d}} t + \omega_{\mathrm{d}} \sin 2\,\omega_{\mathrm{d}} t \right) \right]$$

$$= \frac{1}{2} W_{\mathrm{La}} \frac{\omega_0^2}{\omega_{\mathrm{d}}^2} \mathrm{e}^{-2\,\delta t} \left[1 - \frac{1}{\omega_0^2} \left(\omega_{\mathrm{d}}^2 + \delta^2 \right) \cos 2\,\omega_{\mathrm{d}} t \right]$$

$$= \frac{1}{2} W_{\mathrm{La}} \frac{\omega_0^2}{\omega_{\mathrm{d}}^2} \mathrm{e}^{-2\,\delta t} \left[1 - \cos 2\,\omega_{\mathrm{d}} t \right]$$

$$\approx \frac{1}{2} W_{\mathrm{La}} \, \mathrm{e}^{-2\,\delta t} \left[1 - \cos 2\,\omega_{\mathrm{d}} t \right]$$

Für $t = 0$ s ergibt sich $w_{\mathrm{C}} = 0$ W. Damit ist die Integrationskonstante hier ebenfalls null.

Damit folgt für die im Widerstand umgesetzte Energie

$$p_{\mathrm{R}} = u\, i_{\mathrm{R}} = -L \frac{\omega_0^2}{\omega_{\mathrm{d}}} I_{\mathrm{La}} \left(-\frac{2\,\delta}{\omega_{\mathrm{d}}} I_{\mathrm{La}} \right) \mathrm{e}^{-2\,\delta t} \sin^2 \omega_{\mathrm{d}} t$$

$$= W_{\mathrm{La}} \frac{\omega_0^2}{\omega_{\mathrm{d}}^2} 2\,\delta \, \mathrm{e}^{-2\,\delta t} \left[1 - \cos 2\,\omega_{\mathrm{d}} t \right]$$

$$w_R = \int p_R \, dt$$

$$= W_{La} \frac{\omega_0^2}{\omega_d^2} \; 2\,\delta \, e^{-2\,\delta t} \left[\frac{1}{-2\,\delta} - \frac{1}{2\,\omega_0^2} \left(-\,\delta \cos 2\,\omega_d t + \omega_d \sin 2\,\omega_d t \right) \right]$$

$$= W_{La} \frac{\omega_0^2}{\omega_d^2} \; e^{-2\,\delta t} \left[-1 + \frac{1}{\omega_0^2} \left(\delta^2 \cos 2\,\omega_d t - \delta\,\omega_d \sin 2\,\omega_d t \right) \right] + K$$

Für $t = 0$ wird die Integrationskonstante bestimmt.

$$0 = W_{La} \frac{\omega_0}{\omega_d^2} \left[-1 + \frac{\delta^2}{\omega_0^2} \right] + K$$

$$K = W_{La}$$

$$w_R = W_{La} - W_{La} \frac{\omega_0^2}{\omega_d^2} \; e^{-2\,\delta t} \left[1 - \frac{\delta^2}{\omega_0^2} \cos 2\,\omega_d t + \frac{\delta\,\omega_d}{\omega_0^2} \sin 2\,\omega_d t \right]$$

Für $t = 0$ s ergibt sich $w_R = 0$ W, und für $t \to \infty$ s erhalten wir

$$w_R = W_{La}$$

Dies bedeutet, dass die gesamte Energie, die ursprünglich in der Spule gespeichert war, in dem Widerstand in Wärme umgesetzt wird. Die Integrationskonstanten für die Energie in Spule und Kondensator müssen null sein, weil sonst für $t \to \infty$ ein Energieanteil in den Speichern erhalten bliebe.

Nun addieren wir die drei Energieanteile in den drei Bauelementen und hoffen!

$$w = w_L + w_C + w_R$$

$$= \frac{1}{2} W_{La} \frac{\omega_0^2}{\omega_d^2} \; e^{-2\,\delta t} \left[1 + \frac{2\,\delta\,\omega_d}{\omega_0^2} \sin 2\,\omega_d t + \frac{\omega_d^2 - \delta^2}{\omega_0^2} \cos 2\,\omega_d t \right]$$

$$+ \frac{1}{2} W_{La} \frac{\omega_0^2}{\omega_d^2} \; e^{-2\,\delta t} \left[1 - \cos 2\,\omega_d t \right]$$

$$+\frac{1}{2} W_{La} \frac{\omega_0^2}{\omega_d^2} e^{-2\delta t} \left[-2+\frac{2\delta^2}{\omega_0^2}\cos 2\omega_d t-\frac{2\delta\omega_d}{\omega_0^2}\sin 2\omega_d t\right]+W_{La}$$

$$=\frac{1}{2} W_{La} \frac{\omega_0^2}{\omega_d^2} e^{-2\delta t}\,.$$

$$\cdot\left[\left(\frac{2\delta\omega_d}{\omega_0^2}-\frac{2\delta\omega_d}{\omega_0^2}\right)\sin 2\omega_d t+\left(\frac{\omega_d^2-\delta^2}{\omega_0^2}-1+\frac{2\delta^2}{\omega_0^2}\right)\cos 2\omega_d t\right]+W_{La}$$

$$w = W_{La}$$

Die Energie ist demnach konstant. Dies ist zu erwarten, denn der Energieverlust in den Speichern L und C wird im Widerstand R als Wärme abgegeben.

Aufgabe 4.1

Die Schaltung in Bild 4.1 ist durch folgende Gleichungen beschrieben.

$$u_{17} = R_1\, i_1 \qquad u_{75} = L_1 \frac{\mathrm{d}i_1}{\mathrm{d}t}$$

$$u_{26} = -R_2\, i_1$$

$$i_4 = C_2 \frac{\mathrm{d}u_{58}}{\mathrm{d}t} \qquad u_{83} = R_3\, i_4$$

$$i_5 = C_1 \frac{\mathrm{d}u_3}{\mathrm{d}t}$$

$$u_{46} = R_5\, i_6$$

$$u_2 = L_2 \frac{\mathrm{d}i_3}{\mathrm{d}t} \qquad u_2 = R_4\, i_2$$

Damit sind die Zusammenhänge zwischen Strom und Spannung in jedem Zweig der Schaltung beschrieben. Es fehlt die mathematische Formulierung der Verknüpfung zwischen den Bauelementen. Teilweise ist sie im Aufbau der Gleichung bereits enthalten. Beispielsweise habe ich davon Gebrauch gemacht, dass derselbe Strom i_1 die Bauelemente R_1, L_1 und R_2 durchfließt. Es fehlen Verknüpfungen in den Knoten, in denen mehr als zwei Bauelemente angeschlossen sind.

$$0 = i_1 - i_5 - i_4$$

$$0 = i_4 - i_2 - i_3$$

$$0 = i_3 + i_2 - i_6$$

$$0 = i_6 + i_5 - i_1$$

Aufgabe 4.2

Es bietet sich an, die Gleichungen, die in Aufgabe 4.1 bereits aufgestellt wurden, direkt in den Frequenzbereich zu übertragen.

$$\underline{U}_{17} = R_1\,\underline{I}_1 \qquad \underline{U}_{75} = \mathrm{j}\omega\,L_1\,\underline{I}_1$$

$$\underline{U}_{26} = -R_2\,\underline{I}_1$$

$$\underline{I}_4 = \mathrm{j}\omega\,C_2\,\underline{U}_{58} \qquad \underline{U}_{83} = R_3\,\underline{I}_4$$

$$\underline{I}_5 = \mathrm{j}\omega\,C_1\,\underline{U}_3$$

$$\underline{U}_{46} = R_5\,\underline{I}_6$$

$$\underline{U}_2 = \mathrm{j}\omega\,L_2\,\underline{I}_3 \qquad \underline{U}_2 = R_4\,\underline{I}_2$$

$$0 = \underline{I}_1 - \underline{I}_5 - \underline{I}_4$$

$$0 = \underline{I}_4 - \underline{I}_2 - \underline{I}_3$$

$$0 = \underline{I}_3 + \underline{I}_2 - \underline{I}_6$$

$$0 = \underline{I}_6 + \underline{I}_5 - \underline{I}_1$$

Aufgabe 4.3

Die Schaltung wird in **Bild A4.3a** dargestellt. Die Impedanz $\underline{Z}_1$ der Parallelschaltungen R_1 und L_1 ist direkt zu bestimmen. Es handelt sich um einen Halbkreis, der entsprechend Bild 4.5d in der oberen Halbebene liegt (**Bild A4.3b**). Die Impedanz der Parallelschaltung wird zu dem Widerstand R_2 in Reihe geschaltet. So entsteht die Impedanz $\underline{Z}$ des gesamten Zweipols in **Bild A4.3c**.

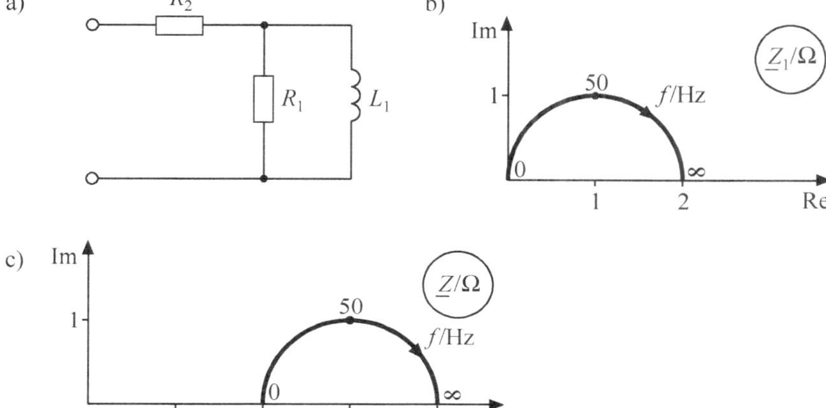

Bild A4.3 Reihen-Parallelschaltung
a) Stromkreis
b) Ortskurve des Parallelkreises
c) Ortskurve des Gesamtkreises

Aufgabe 4.4

Zur numerischen Berechnung bilden wir Teilimpedanzen.

$$\underline{Y}_2 = \frac{1}{R + \mathrm{j}\,\omega\,L_2} + \mathrm{j}\,\omega\,C$$

$$= \frac{R}{R^2 + (\omega\,L_2)^2} + \mathrm{j}\left[\frac{-\omega\,L_2}{R^2 + (\omega\,L_2)^2} + \omega\,C\right]$$

$$\underline{Z}_2 = \frac{1}{\underline{Y}_2}$$

$$\underline{Z} = \mathrm{j}\,\omega\,L_1 + \underline{Z}_2$$

Damit lässt sich für jede Frequenz die Impedanz $\underline{Z}$ bestimmen.

Um die interessanten Frequenzen zu erkennen, werden der Kennwiderstand und die Kennfrequenz des Parallelschwingkreises errechnet.

$$Z_0 = \sqrt{\frac{L_2}{C}} = \sqrt{\frac{10^{-3}}{10^{-5}}}\ \Omega = 10\ \Omega$$

$$\omega_0 = \frac{1}{\sqrt{L_2\ C}} = 10^4\ \text{s}^{-1}$$

Bei dieser Frequenz ergibt sich die Impedanz $\underline{Z}$ wie folgt.

$$\underline{Y}_2 = \frac{5\ \text{S}}{5^2 + 10^2} + \text{j}\left[\frac{-10}{5^2 + 10^2} + 0{,}1\right]\text{S} = (0{,}04 + \text{j}\,0{,}02)\ \text{S}$$

$$\underline{Z}_2 = (20 - \text{j}\,10)\ \Omega$$

$$\underline{Z} = \left(20 - \text{j}\,10 + \text{j}\,10^4 \cdot 0{,}002\right)\Omega = (20 + \text{j}\,10)\ \Omega$$

Für niedrige Frequenzen erhalten wir ($\omega \to 0$)

$$\begin{aligned}\underline{Y}_2 &= \frac{1}{R} + \text{j}\left[-\frac{\omega L_2}{R^2} + \omega C\right]\\ &= \frac{1}{R} + \text{j}\,\omega\left[C - \frac{L_2}{R^2}\right]\\ &= 0{,}2\ \text{S} + \text{j}\,\omega\left[10^{-5} - \frac{10^{-3}}{25}\right]\text{Ss}\\ &= 0{,}2\ \text{S} - \text{j}\,\omega\, 3 \cdot 10^{-5}\ \text{Ss}\end{aligned}$$

$$\underline{Z}_2 = \frac{0{,}2\ \Omega}{0{,}2^2 + 0} + \text{j}\,\omega\,\frac{3 \cdot 10^{-5}}{0{,}2^2}\ \Omega\text{s} = \left(5 + \text{j}\omega \cdot 75 \cdot 10^{-5}\ \text{s}\right)\Omega$$

$$\underline{Z} = 5\ \Omega + \text{j}\,\omega\left[75 \cdot 10^{-5} + 2 \cdot 10^{-3}\right]\Omega\text{s} = \left(5 + \text{j}\,\omega\, 275 \cdot 10^{-5}\ \text{s}\right)\Omega$$

Für große Frequenzen erhalten wir ($\omega \to \infty$).

$$\underline{Y}_2 \approx \text{j}\,\omega C$$

$$\underline{Z}_2 = -\text{j}\frac{1}{\omega C}$$

$$\underline{Z} = \text{j}\,\omega L - \text{j}\frac{1}{\omega C} \approx \text{j}\,\omega L$$

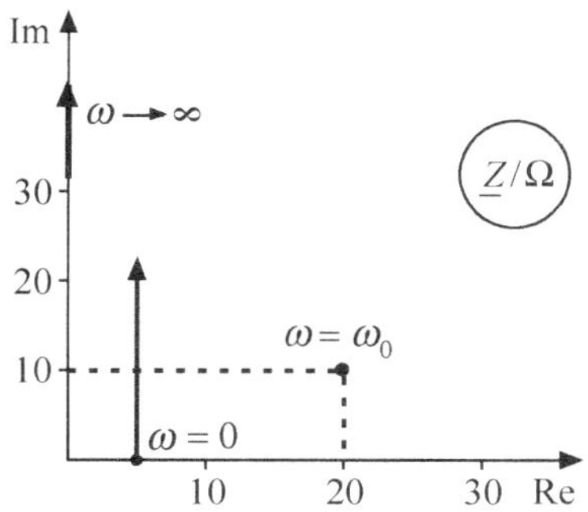

Bild A4.4 Asymptoten der Ortskurve

Damit sind zwei Asymptoten für die Ortskurve gefunden, die in **Bild A4.4** eingezeichnet sind.

Die interessanten Punkte liegen in der Umgebung der Kennfrequenz, sodass der Frequenzbereich $f = (0{,}1\ ...\ 10)\, f_0$ für die Darstellung der Ortskurve ausreicht. Sie ist in Bild 4.8b dargestellt.

Aufgabe 5.1

$$U_2' = 5{,}5 \cdot 11{,}55\ \text{kV} = 63{,}525\ \text{kV}$$

$$\underline{I}'_2 = \frac{(693 - \text{j}\,519)\ \text{kV}}{5{,}5\ \Omega} = (126{,}00 - \text{j}\,94{,}364)\ \text{A}$$

$$\underline{U}_\text{h} = U_2' + \underline{Z}'_{\sigma 2}\ \underline{I}'_2 = 63\,525\ \text{V} + (1 + \text{j}\,24{,}2)(126{,}00 - \text{j}\,94{,}364)\ \text{V}$$
$$= (65\,935 + \text{j}\,2955)\ \text{V}$$

$$\underline{I}_\text{h} = \left(\frac{1}{R_\text{Fe}} - \text{j}\,\frac{1}{X_\text{h}}\right) U_\text{h}$$

$$\underline{I}_\text{h} = \left(\frac{1}{200} - \text{j}\,\frac{1}{4{,}84}\right)(65{,}935 + \text{j}\,2{,}955)\ \text{A} = (0{,}94 - \text{j}\,13{,}61)\ \text{A}$$

$$\underline{I}_1 = \underline{I}'_2 + \underline{I}_\text{h} = (126{,}94 - \text{j}\,107{,}97)\ \text{A}$$

$$\underline{U}_1 = \underline{U}_\text{h} + \underline{Z}_{\sigma 1}\ \underline{I}_1 = \left[65\,935 + \text{j}\,2955 + (1 + \text{j}\,24{,}2)(126{,}94 - \text{j}\,107{,}97)\right]\ \text{V}$$
$$= (68\,675 + \text{j}\,5919)\ \text{V}$$

$$\underline{S}_1 = \underline{U}_1\ \underline{I}_1^* = (68{,}675 + \mathrm{j}\,5{,}919)\ \mathrm{kV}\ (126{,}94 + \mathrm{j}\,107{,}97)\ \mathrm{A}$$
$$= (8078{,}5 + \mathrm{j}\,8166{,}2)\ \mathrm{kVAr}$$

$$\Delta P = (8078{,}5 - 8004{,}2)\ \mathrm{kW} = 74{,}3\ \mathrm{kW}$$

$$\Delta Q = (8166{,}2 - 5994{,}5)\ \mathrm{kVAr} = 2171{,}7\ \mathrm{kVAr}$$

Nun folgt die Leistungsbilanz als Kontrolle.

$$P_{\mathrm{R2}} = R_2'\ I_2'^2 = 24{,}78\ \mathrm{kW}$$

$$Q_{\sigma 2} = X_{\sigma 2}'\ I_2'^2 = 599{,}69\ \mathrm{kVAr}$$

$$P_{\mathrm{R1}} = R_1\ I_1^2 = 27{,}77\ \mathrm{kW}$$

$$Q_{\sigma 1} = X_{\sigma 1}\ I_1^2 = 672{,}07\ \mathrm{kVAr}$$

$$P_{\mathrm{Fe}} = \frac{1}{R_{\mathrm{Fe}}} \cdot U_{\mathrm{h}}^2 = 21{,}78\ \mathrm{kW}$$

$$Q_{\mathrm{h}} = \frac{1}{X_{\mathrm{h}}} \cdot U_{\mathrm{h}}^2 = 900{,}03\ \mathrm{kVAr}$$

$$\sum P = 74{,}3\ \mathrm{kW} \qquad (\Delta P = 74{,}3\ \mathrm{kW})$$
$$\sum Q = 2171{,}8\ \mathrm{kVAr} \qquad (\Delta Q = 2171{,}8\ \mathrm{kVAr})$$

Aufgabe 5.2

Wir übernehmen von der vorherigen Aufgabe

$$\ddot{u} = 5{,}5 \qquad U_2' = 63{,}525\ \mathrm{kV}$$

$$I_2' = (126{,}00 - \mathrm{j}\,94{,}364)\ \mathrm{A}$$

$$X_\sigma = X_{\sigma 1} + X_{\sigma 1}' = 2 \cdot 24{,}2\ \Omega = 48{,}4\ \Omega$$

$$R = R_1 + R_1' = 2 \cdot 1\ \Omega = 2\ \Omega$$

$$X_{\mathrm{h}} = 4840\ \Omega$$

$$\underline{U}_1 = U_2' + (R + \mathrm{j}\,X_\sigma)\ \underline{I}_2'$$
$$= \left[63\,525 + (2 + \mathrm{j}\,48{,}4)(126{,}00 - \mathrm{j}\,94{,}364)\right]\ \mathrm{V}$$
$$= (68\,344 + \mathrm{j}\,5910)\ \mathrm{V}$$

Ohne Widerstand *R* ergibt sich

$$\underline{U}_1 = (68\,092 + \mathrm{j}\,6098)\ \mathrm{V}$$

Für die Schaltung in Bild 5.6a gilt

$$\underline{I}_1 = \underline{I}'_2$$

Bei der Schaltung in Bild 5.6c erhalten wir die gleiche Spannung und einen etwas größeren Strom.

$$\begin{aligned}\underline{I}_1 &= \underline{I}'_2 + \frac{1}{\mathrm{j}\,X_\mathrm{h}}\underline{U}_1 \\ &= \left[126{,}00 - \mathrm{j}\,94{,}364 + \frac{1}{\mathrm{j}\,4840}(68\,344 + \mathrm{j}\,5910)\right]\mathrm{A} \\ &= (127{,}22 - \mathrm{j}\,108{,}48)\ \mathrm{A}\end{aligned}$$

Nun bestimmen wir den arithmetischen Spannungsfall.

Verlustbehafteter Transformator: (Bild 5.5a; Aufgabe 5.1)

Dies ist das genaueste Modell.

$$\Delta U = U_1 - U'_2 = \sqrt{68{,}675^2 + 5{,}919^2}\ \mathrm{kV} - 63{,}525\ \mathrm{kV} = 5{,}405\ \mathrm{kV}$$

Verlustfreier Transformator: (T-Schaltung, Bild 5.4b; Beispiel 5.1)

$$\Delta U = \sqrt{68{,}422^2 + 6{,}113^2}\ \mathrm{kV} - 63{,}525\ \mathrm{kV} = 5{,}170\ \mathrm{kV}$$

Vereinfachter Transformator: (Bild 5.6a und Bild 5.6c; Aufgabe 5.2)

$$\Delta U = \sqrt{68{,}344^2 + 5{,}910^2}\ \mathrm{kV} - 63{,}525\ \mathrm{kV} = 5{,}074\ \mathrm{kV}$$

Vereinfachter Transformator ohne Ohm'schen Widerstand: (Bild 5.6a und Bild 5.6c; Aufgabe 5.2)

$$\Delta U = U_1 - U'_2 = \sqrt{68{,}092^2 + 6{,}098^2}\ \mathrm{kV} - 63{,}525\ \mathrm{kV} = 4{,}84\ \mathrm{kV}$$

Aufgabe 5.3

Die Aufgabe läuft auf eine Stern-Dreieck-Umwandlung hinaus. Die hierzu nötigen Gleichungen wurden in Band 1 abgeleitet. Das haben Sie vielleicht schon vergessen. Sie sollten die Aufgabe lösen, um den Zusammenhang zu wiederholen. Wir gehen nun so vor, als ob uns die Gleichungen zur Stern-Dreieck-Umwandlung nicht bekannt wären.

Um drei Elemente zu bestimmen, brauchen wir drei Gleichungen. Diese stellen wir für drei Fälle auf. Zur Vereinfachung rechnen wir mit reellen Größen. In Wirklichkeit sind Z und R Impedanzen.

$U_2 = 0$:

$$\frac{U_1}{I_1} = Z_a + \frac{1}{\frac{1}{Z} + \frac{1}{Z_b}} = \frac{1}{\frac{1}{R_a} + \frac{1}{R}}$$

$U_1 = 0$:

$$\frac{U_2}{I_2} = Z_b + \frac{1}{\frac{1}{Z} + \frac{1}{Z_a}} = \frac{1}{\frac{1}{R_b} + \frac{1}{R}}$$

$I_2 = 0$:

$$\frac{U_2}{U_1} = \frac{Z}{Z_a + Z} = \frac{R_b}{R + R_b}$$

Es sind selbstverständlich auch andere Gleichungsansätze möglich. Wir müssen nur darauf achten, dass die Gleichungen voneinander unabhängig sind.

Aus den beiden letzten Gleichungen eliminieren wir R_b und beginnen mit der Gleichung für $U_1 = 0$.

$$\frac{1}{R_b} + \frac{1}{R} = \frac{\frac{1}{Z} + \frac{1}{Z_a}}{\frac{Z_b}{Z} + \frac{Z_b}{Z_a} + 1} = \frac{Z_a + Z}{Z_a\, Z_b + Z_b\, Z + Z_a\, Z} = \frac{Z_a + Z}{Z_0^2}$$

$$Z_0^2 = Z_a\, Z_b + Z_b\, Z + Z_a\, Z$$

Z_0^2 ist lediglich eine Abkürzung. Die Gleichung für $I_2 = 0$ liefert

$$\frac{Z_a}{Z} + 1 = \frac{R}{R_b} + 1$$

$$\frac{Z_a}{Z\,R} = \frac{1}{R_b} = \frac{Z_a + Z}{Z_0^2} - \frac{1}{R}$$

$$\left(\frac{Z_a}{Z} + 1\right)\frac{1}{R} = \frac{Z_a + Z}{Z_0^2}$$

$$\frac{1}{R} = \frac{Z_a + Z}{Z_0^2}\,\frac{Z}{Z_a + Z} = \frac{Z}{Z_0^2}$$

$$R = \frac{Z_0^2}{Z}$$

$$R_b = \frac{R\,Z}{Z_a} = \frac{Z_0^2}{Z_a}$$

Nun wird die erste Gleichung für $U_2 = 0$ ins Spiel gebracht.

$$\frac{1}{R_a} + \frac{1}{R} = \frac{Z_b + Z}{Z_0^2}$$

$$\frac{1}{R_a} = \frac{Z_b + Z}{Z_0^2} - \frac{Z}{Z_0^2} = \frac{Z_b}{Z_0^2}$$

$$R_a = \frac{Z_0^2}{Z_b}$$

Diese Gleichung ist selbstverständlich dual zu der für R_b.

Es sind nun Zahlen einzusetzen.

$$Z_0^2 = Z_a\,Z_b + Z_a\,Z + Z_b\,Z = (1\cdot 2 + 1\cdot 5 + 2\cdot 5)\,\Omega^2 = 17\,\Omega^2$$

$$R_a = \frac{Z_0^2}{Z_b} = \frac{17}{2}\,\Omega = 8{,}5\,\Omega$$

$$R_b = \frac{Z_0^2}{Z_a} = \frac{17}{1}\,\Omega = 17\,\Omega$$

$$R = \frac{Z_0^2}{Z} = \frac{17}{5}\,\Omega = 3{,}4\,\Omega$$

Diese Aufgabe war zwar trivial, aber aufwändig. Haben Sie Vertrauen in Ihre Lösung?

„Vertrauen ist gut aber Kontrolle ist besser!“ hat Lenin gesagt. Am Anfang der Lösung waren drei Verhältnisse angegeben. In diese Gleichungen setzen wir nun Zahlen ein. Zunächst für **Bild 5.8a**. Dabei lassen wir die Einheiten weg.

$U_1 / I_1 = Z_a + 1 / (1/Z_b + 1/Z) = 1 + 1 / (1/2 + 1/5) = 2{,}42$

$U_2 / I_2 = Z_b + 1 / (1/Z_a + 1/Z) = 1 + 1 / (1/1 + 1/5) = 2{,}83$

$U_1 / U_2 = Z /(Z_a + Z) = 5 / (1+5) = 0{,}83$

Jetzt machen wir das Gleiche für **Bild 5.8b**.

$U_1 / I_1 = 1 / (1/R_a + 1/R) = 1 / (1/8{,}5 + 1/3{,}4) = 2{,}42$

$U_2 / I2 = 1 / (1/R_b + 1/R) = 1 / (1/17 + 1/3{,}4) = 2{,}83$

$U_1 / U_2 = R_b /(R_b + 1/R) = 17 / (1/17 + 1/3{,}4) = 0{,}83$

Nun haben Sie es geschafft.

Aufgabe 6.1

Sie haben es gemerkt: Wir wühlen in der Vergangenheit (Band 3, Abschnitte 3.3, 5.4 und 6.10). Die Ersatzschaltung der Leitungsanordnung ist **Bild A6.1** dargestellt.

Eindringtiefe:

$$\delta = \delta_E = 658\ \text{m} \sqrt{\frac{\rho/\Omega\text{m}}{f/\text{Hz}}} = 658\ \text{m} \sqrt{\frac{200}{16{,}67}} = 2280\ \text{m}$$

Leiter-Erd-Induktivität:

$$r = \sqrt{\frac{A}{\pi}} = \sqrt{\frac{185}{\pi}}\ \text{mm} = 7{,}7\ \text{mm}$$

$$L_1 = L_2 = \frac{\mu\, l}{2\,\pi}\left(\ln\frac{\delta}{r} + \frac{1}{4}\right) = \frac{4\,\pi \cdot 10^{-4} \cdot 100\ \text{H}}{2\,\pi}\left(\ln\frac{2280}{0{,}0077} + \frac{1}{4}\right)$$

$$= 0{,}02\ \text{H} \cdot (12{,}6 + 0{,}25) = 0{,}26\ \text{H}$$

$$X_1 = X_2 = \omega\, L_1 = 2\,\pi\,\text{s}^{-1} \cdot 16{,}7 \cdot 0{,}26\ \text{H} = 26{,}9\ \Omega$$

Leiter-Leiter-Kopplung:

$$M = \frac{\mu\, l}{2\,\pi} \ln \frac{\delta}{a} = 0{,}02\ \text{H} \cdot \ln \frac{2280}{3{,}3} = 0{,}131\ \text{H}$$

Koppelimpedanz:

$$X_{\text{M}} = \omega\, M = 2\,\pi\ \text{s}^{-1}\ 16{,}7 \cdot 0{,}131\ \text{H} = 13{,}7\ \Omega$$

$$R = \frac{l}{\gamma\, A} = \frac{100 \cdot 10^3}{32 \cdot 185}\ \Omega = 16{,}9\ \Omega$$

Damit sind alle Werte für die Ersatzschaltung berechnet. Wir sehen bei dieser Aufgabe, dass sich nicht mit der zusammengefassten Impedanz in Bild 6.2a arbeiten lässt.

Die Spannung U wird in die reelle Achse gelegt.

$$\underline{U} = U = 100\ \text{kV}$$

$$\underline{I} = \frac{\underline{S}^*}{U} = \frac{50\,(0{,}8 - \text{j}\,0{,}6)\ \text{MVA}}{100\ \text{kV}} = (0{,}4 - \text{j}\,0{,}3)\ \text{kA}$$

$$\underline{I}_1 = -\underline{I}_2 = \underline{I}$$

$$\underline{U}_2 = -(R + \text{j}\,X_2)\,\underline{I}_2 - \text{j}\,X_{\text{M}}\,\underline{I}_1 = \left[R + \text{j}\,(X_2 - X_{\text{M}})\right]\underline{I}$$

$$\begin{aligned}\underline{U}_2 &= \left[16{,}9 + \text{j}\,(26{,}9 - 13{,}7)\right]\left[0{,}4 - \text{j}\,0{,}3\right]\text{kV} \\ &= \left[16{,}9 + \text{j}\,13{,}2\right]\left[0{,}4 - \text{j}\,0{,}3\right]\text{kV} = (10{,}7 + \text{j}\,0{,}2)\ \text{kV}\end{aligned}$$

$$\underline{U}_1 = U + \underline{U}_2 = (100 + 10{,}7 + \text{j}\,0{,}2)\ \text{kV} = (110{,}7 + \text{j}\,0{,}2)\ \text{kV}$$

$$\begin{aligned}\underline{U}_{\text{LN}} &= \underline{U}_1 + (R + \text{j}\,X_1)\,\underline{I}_1 + \text{j}\,X_{\text{M}}\,\underline{I}_2 \\ &= \underline{U}_1 + \left[R + \text{j}\,(X_1 - X_{\text{M}})\right]\underline{I} \\ &= \left[110{,}7 + \text{j}\,0{,}2 + (16{,}9 + \text{j}\,13{,}2)\,(0{,}4 - \text{j}\,0{,}3)\right]\text{kV} \\ &= \left[110{,}7 + \text{j}\,0{,}2 + 10{,}7 + \text{j}\,0{,}2\right]\text{kV} = (121{,}4 + \text{j}\,0{,}4)\ \text{kV}\end{aligned}$$

$$U_{\text{LN}} = 121{,}4\ \text{kV}$$

$$\Delta U = U_{\text{LN}} - U = 21{,}4\ \text{kV} \mathrel{\hat{=}} 21{,}4\ \%$$

Sie wundern sich, dass in die Spannung U_2 die Eindringtiefe δ des Erdstroms eingeht, obwohl überhaupt kein Strom durch das Erdreich fließt. Da hilft nur eines: In die Gleichung für $\underline{U}_2$ werden die Induktivitäten eingesetzt.

$$\underline{U}_2 = \left[R + \mathrm{j}\left(X_2 - X_\mathrm{M}\right)\right]\underline{I} = \left[R + \mathrm{j}\,\omega\left(L_2 - M\right)\right]\underline{I}$$

$$= \left[R + \mathrm{j}\,\omega\,\frac{\mu\,l}{2\,\pi}\left[\ln\frac{\delta}{r} + \frac{1}{4} - \ln\frac{\delta}{a}\right]\right]\underline{I}$$

$$= \left[R + \mathrm{j}\omega\,\frac{\mu\,l}{2\,\pi}\left(\ln\frac{a}{r} + \frac{1}{4}\right)\right]\underline{I}$$

$$= \left[16{,}9 + \mathrm{j}\,2\,\pi\cdot 16{,}7\cdot 0{,}02\left(\ln\frac{3{,}3}{0{,}0077} + \frac{1}{4}\right)\right](0{,}4 - \mathrm{j}\,0{,}3)\ \mathrm{kV}$$

$$= (16{,}9 + \mathrm{j}\,13{,}2)\,(0{,}4 - \mathrm{j}\,0{,}3)\ \mathrm{kV} = (10{,}7 + \mathrm{j}\,0{,}2)\ \mathrm{kV}$$

Die Eindringtiefe hat sich herausgekürzt.

Die Aufgabe wurde mit der Ersatzschaltung in Bild A6.1 errechnet. Mit der Ersatzschaltung in Bild 6.1a darf man arbeiten, wenn ein Zusammenhang zwischen den Leiter-Leiter-Spannungen U und U_LN zu berechnen ist.

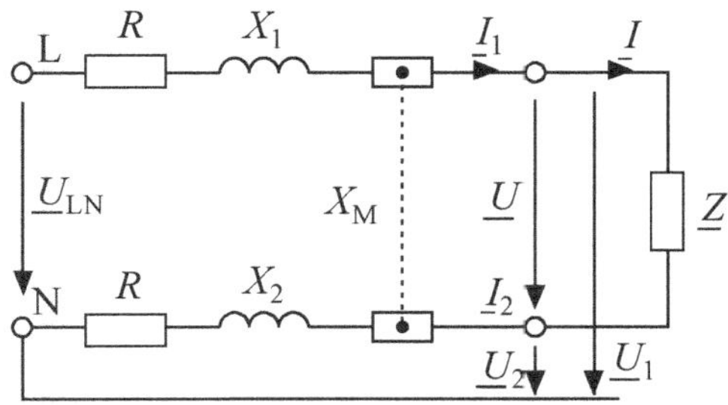

Bild A6.1 Ersatzschaltung eines geerdeten Zweiphasenwechselstromnetzes

Aufgabe 6.2

Die beiden Leiter (**Bild A6.2a**) haben eine Koppelkapazität C_K und jeweils eine Erdkapazität C_E, wie in **Bild A6.2b** dargestellt. Die Koppelkapazität ist die Kapazität zwischen den beiden Leitern. Der Erdeinfluss wird dabei nicht berücksichtigt. Aus Band 2 (Gl. (8.9)) ergibt sich

$$C_K = \frac{2\,\pi\,\varepsilon\,l}{\ln\left(\frac{a}{r}\right)^2} = \frac{2\,\pi\cdot 100\cdot 10^3}{36\,\pi\cdot 10^9}\,\text{F}\,\frac{1}{\ln\left(\frac{3{,}3}{0{,}0077}\right)^2}$$

$$= 5{,}55\cdot 10^{-6}\ \text{F}\cdot\frac{1}{12{,}1} = 0{,}46\cdot 10^{-6}\ \text{F}$$

Für die Erdkapazität müssen wir etwas mehr Aufwand treiben. Zu den Leitern 1′ und 2′ werden Spiegelleiter 1′ und 2′ angeordnet (Bild A6.2a). Wir fassen die Leiter und deren Spiegelleiter jeweils zu einem Leiter zusammen und bestimmen deren Kapazität.

$$r_{\text{ers}} = \sqrt{a\cdot r} = \sqrt{3{,}3\cdot 0{,}0077}\ \text{m} = 0{,}16\ \text{m}$$

$$C_1 = \frac{2\,\pi\,\varepsilon\,l}{\ln\left(\frac{2\,h}{r_{\text{ers}}}\right)^2} = 5{,}55\cdot 10^{-6}\ \text{F}\cdot\frac{1}{\ln\left(\frac{2\cdot 10}{0{,}16}\right)^2} = 0{,}57\cdot 10^{-6}\ \text{F}$$

Dies ist die Kapazität der beiden Leiter gegenüber ihrem Spiegelleiter. Die Kapazität eines Leiters gegenüber seinem Spiegelleiter ist nur halb so groß. Die Kapazität C_E eines Leiters gegen Erde ist aber doppelt so groß wie die zwischen Leiter und Spiegelleiter. Es gilt demnach

$$C_E = 2\cdot\frac{1}{2}\,C_1 = C_1 = 0{,}57\cdot 10^{-6}\ \text{F}$$

Damit sind die Kapazitäten der Ersatzschaltung in Bild A6.2b gefunden. Die verwendeten Gleichungen sind nicht exakt. Sie gelten nur, wenn die Aufhängehöhe groß gegenüber dem Leiterabstand ist ($2\,h \gg a$).

Um den Erdschlussstrom zu berechnen, zeichnen wir die Ersatzschaltung nach Bild A6.2b zusammen mit der Spannungsquelle in **Bild A6.2c** um. Die im Neutralleiter N eingeschleifte verlustbehaftete Spule sei zunächst nicht vorhanden. R_D, X_D werden später betrachtet. Die Kapazität C_E zwischen Leiter 2 und Erde ist kurzgeschlossen und wird deshalb nicht wirksam. Die Kapazität C_K zwischen den Leitern 1 und 2 verursacht einen Strom, der nicht über die Erdschlussstelle führt und deshalb nicht betrachtet wird. So erhalten wir die einfache Schaltung in **Bild A6.2d**. Für den Fall, dass der Neutralpunkt nicht geerdet ist ($X_D = \infty$), ergibt sich der Erdschlussstrom.

$$\underline{I}_E = \underline{I}_C = \text{j}\,\omega\,C_E\,\underline{U}$$

$$I_E = 2\,\pi\cdot 16{,}7\cdot 0{,}57\cdot 10^{-6}\cdot 100\cdot 10^3\ \text{A} = 5{,}9\ \text{A}$$

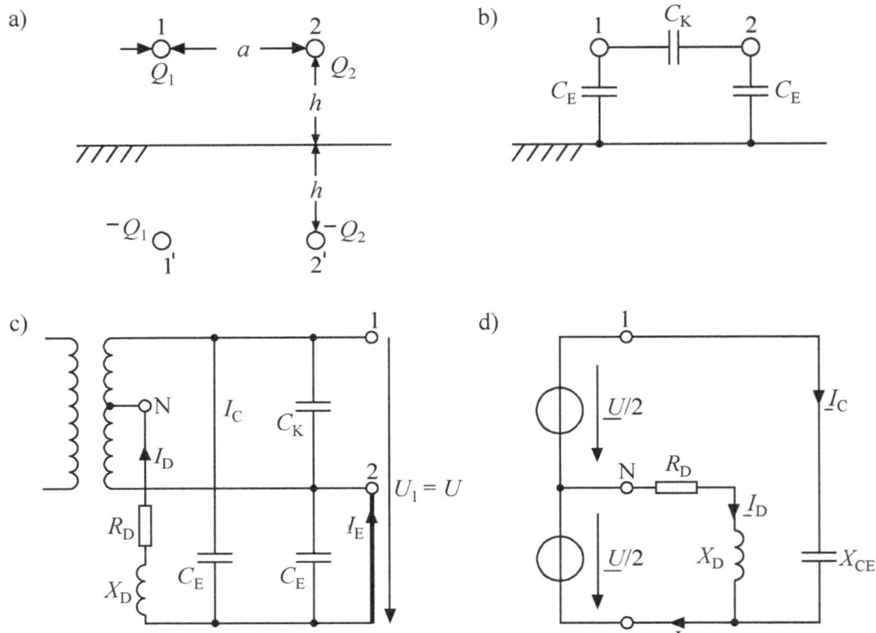

Bild A6.2 Leitung mit Erdschlusslöschung
a) Leiteranordnung
b) Kapazitätsersatzschaltung
c) Erdschluss
d) Ersatzschaltung für Erdschluss

Mit der Erdschlussspule erhalten wir den Strom über Erde zu

$$\underline{I}_\mathrm{E} = \underline{I}_\mathrm{D} + \underline{I}_\mathrm{C} = \frac{1}{R_\mathrm{D} + \mathrm{j}\,X_\mathrm{D}}\,\frac{\underline{U}}{2} + \mathrm{j}\,\omega\,C_\mathrm{E}\,\underline{U}$$

$$= \left[\frac{1}{2\left(R_\mathrm{D} + \mathrm{j}\,X_\mathrm{D}\right)} + \mathrm{j}\,\omega\,C_\mathrm{E}\right]\underline{U}$$

$$\frac{\underline{I}_\mathrm{E}}{\underline{U}} = \frac{1}{2}\,\frac{R_\mathrm{D}}{R_\mathrm{D}^2 + X_\mathrm{D}^2} + \mathrm{j}\left[\omega\,C_\mathrm{E} - \frac{1}{2}\,\frac{X_\mathrm{D}}{R_\mathrm{D}^2 + X_\mathrm{D}^2}\right]$$

Der Strom ist am kleinsten, wenn die eckige Klammer null wird. Dies ist zwar nicht ganz korrekt, weil X_D auch in dem Ohm'schen Anteil auftritt. Aber dieser Einfluss ist gering.

$$\omega C_E = \frac{1}{2} \frac{X_D}{R_D^2 + X_D^2} \approx \frac{1}{2 X_D}$$

$$X_D = \frac{1}{2 \omega C_E} = \frac{1\,\Omega}{2 \cdot 2\,\pi \cdot 16{,}7 \cdot 0{,}57 \cdot 10^{-6}} = 8400\,\Omega$$

Für den Reststrom über die Fehlerstelle erhalten wir dann

$$\frac{I_E}{U} = \frac{1}{2} \frac{R_D}{R_D^2 + X_D^2} \approx \frac{1}{2} \frac{R_D}{X_D^2} = \frac{1}{2} \frac{\frac{X_D}{Q}}{X_D^2} = \frac{1}{2\,Q\,X_D}$$

$$I_E = \frac{1}{2\,Q\,X_D} \cdot U = \frac{100\text{ A}}{2 \cdot 10 \cdot 8{,}4} = 0{,}59\text{ A}$$

Damit sehen wir den Sinn der Kompensationsspule. Der Strom über die Fehlerstelle wird sehr klein und kann von selbst verlöschen.

Aufgabe 6.3

Für die Sternschaltung gilt

$$\underline{U}_1 = 100\text{ V}$$

$$\underline{U}_2 = 100\text{ V e}^{-\text{j}\,120°} = (-50 - \text{j}\,87)\text{ V}$$

$$\underline{U}_3 = 100\text{ V e}^{\text{j}\,120°} = (-50 + \text{j}\,87)\text{ V}$$

$$\underline{I}_1 = \frac{1}{\underline{Z}} \underline{U}_1 = \frac{1}{1+\text{j}} 100\text{ A} = \frac{1-\text{j}}{2} 100\text{ A} = (50 - \text{j}\,50)\text{ A} = 71\text{ A e}^{-\text{j}\,45°}$$

$$\underline{I}_2 = \frac{1-\text{j}}{2}(-50 - \text{j}\,87)\text{ A} = (-69 - \text{j}\,19)\text{ A}$$
$$= 71\text{ A e}^{-\text{j}\,165°} = 71\text{ A e}^{-\text{j}\,45°}\text{ e}^{-\text{j}\,120°}$$

$$\underline{I}_3 = \frac{1-\text{j}}{2}(-50 + \text{j}\,87)\text{ A} = (19 + \text{j}\,69)\text{ A}$$
$$= 71\text{ A e}^{\text{j}\,75°} = 71\text{ A e}^{-\text{j}\,45°}\text{ e}^{\text{j}\,120°}$$

$$\underline{S}_1 = \underline{U}_1\, \underline{I}_1^* = 100\,(50 + \mathrm{j}\,50)\ \mathrm{VA} = (5 + \mathrm{j}\,5)\ \mathrm{kVA}$$

$$\underline{S}_2 = (-50 - \mathrm{j}\,87)(-69 + \mathrm{j}\,19)\ \mathrm{VA} = (5{,}1 + \mathrm{j}\,5{,}1)\ \mathrm{kVA} = \underline{S}_1$$

$$\underline{S}_3 = (-50 + \mathrm{j}\,87)(19 - \mathrm{j}\,69)\ \mathrm{VA} = (5{,}1 + \mathrm{j}\,5{,}1)\ \mathrm{kVA} = \underline{S}_1$$

$$\underline{S} = 3\,\underline{S}_1 = (15 + \mathrm{j}\,15)\ \mathrm{kVA}$$

Wenn nur die Leistung zu bestimmen ist, geht es einfacher.

$$\underline{S} = 3\,\underline{Y}^*\,U^2 = 3\,\frac{1}{\underline{Z}^*}\,U^2 = \frac{3}{1-\mathrm{j}}\,100^2\ \mathrm{VA} = \frac{3\,(1+\mathrm{j})}{2}\,10\ \mathrm{kVA}$$

$$= (15 + \mathrm{j}\,15)\ \mathrm{kVA} = 21\ \mathrm{kVA}\ \mathrm{e}^{\mathrm{j}\,45^\circ}$$

In **Bild A6.3a** sind die Zeiger dargestellt.
Für die Dreieckschaltung erhalten wir

$$\underline{U}_{12} = \underline{U}_1 - \underline{U}_2 = 100\ \mathrm{V} - (-50 - \mathrm{j}\,87)\ \mathrm{V} = (150 + \mathrm{j}\,87)\ \mathrm{V} = 173\ \mathrm{V}\cdot\mathrm{e}^{\mathrm{j}\,30^\circ}$$

$$\underline{U}_{23} = \underline{U}_2 - \underline{U}_3 = (-50 - \mathrm{j}\,87)\ \mathrm{V} - (-50 + \mathrm{j}\,87)\ \mathrm{V} = -\mathrm{j}\,174\ \mathrm{V}$$
$$= 174\ \mathrm{V}\cdot\mathrm{e}^{-\mathrm{j}\,90^\circ} = 174\ \mathrm{V}\cdot\mathrm{e}^{\mathrm{j}\,30^\circ}\cdot\mathrm{e}^{-\mathrm{j}\,120^\circ} = \underline{a}^2\,\underline{U}_{12}$$

$$\underline{U}_{31} = \underline{U}_3 - \underline{U}_1 = (-50 + \mathrm{j}\,87)\ \mathrm{V} - 100\ \mathrm{V} = (-150 + \mathrm{j}\,87)\ \mathrm{V}$$
$$= 173\ \mathrm{V}\cdot\mathrm{e}^{-\mathrm{j}\,150^\circ} = 173\ \mathrm{V}\cdot\mathrm{e}^{\mathrm{j}\,30^\circ}\cdot\mathrm{e}^{\mathrm{j}\,120^\circ} = \underline{a}\,\underline{U}_{12}$$

$$\underline{I}_{12} = \underline{Y}\,\underline{U}_{12} = \frac{1-\mathrm{j}}{2}(150 + \mathrm{j}\,87)\ \mathrm{A} = (119 - \mathrm{j}\,32)\ \mathrm{A}$$
$$= 123\ \mathrm{A}\cdot\mathrm{e}^{-\mathrm{j}\,15^\circ} = 123\ \mathrm{A}\cdot\mathrm{e}^{-\mathrm{j}\,45^\circ}\cdot\mathrm{e}^{\mathrm{j}\,30^\circ}$$

$$\underline{I}_{23} = \frac{1-\mathrm{j}}{2}(-\mathrm{j}\,174)\ \mathrm{A} = (-87 - \mathrm{j}\,87)\ \mathrm{A}$$
$$= 123\ \mathrm{A}\cdot\mathrm{e}^{-\mathrm{j}\,135^\circ} = 123\ \mathrm{A}\cdot\mathrm{e}^{-\mathrm{j}\,15^\circ}\cdot\mathrm{e}^{-\mathrm{j}\,120^\circ}$$

$$\underline{I}_{31} = \frac{1-\mathrm{j}}{2}(-150 + \mathrm{j}\,87)\ \mathrm{A} = (-32 + \mathrm{j}\,119)\ \mathrm{A}$$
$$= 123\ \mathrm{A}\cdot\mathrm{e}^{\mathrm{j}\,105^\circ} = 123\ \mathrm{A}\cdot\mathrm{e}^{-\mathrm{j}\,15^\circ}\cdot\mathrm{e}^{\mathrm{j}\,120^\circ}$$

Für die Dreieckschaltung gelten die Zeigerdiagramme in **Bild A6.3b**.

$$\underline{I}_1 = \underline{I}_{12} - \underline{I}_{31} = (119 - \mathrm{j}\,32)\,\mathrm{A} - (-32 + \mathrm{j}\,119)\,\mathrm{A}$$
$$= (151 - \mathrm{j}\,151)\,\mathrm{A} = 3\,(50 - \mathrm{j}\,50)\,\mathrm{A}$$

$$\underline{I}_2 = -\underline{I}_{12} + \underline{I}_{23} = -(119 - \mathrm{j}\,32)\,\mathrm{A} + (-87 - \mathrm{j}\,87)\,\mathrm{A}$$
$$= (-206 - \mathrm{j}\,55)\,\mathrm{A} = 3\,(-69 - \mathrm{j}\,19)\,\mathrm{A}$$

$$\underline{I}_3 = \underline{I}_{31} - \underline{I}_{23} = (-32 + \mathrm{j}\,119)\,\mathrm{A} - (-87 - \mathrm{j}\,87)\,\mathrm{A}$$
$$= (55 + \mathrm{j}\,206)\,\mathrm{A} = 3\,(19 + \mathrm{j}\,69)\,\mathrm{A}$$

$$\underline{S}_{12} = \underline{U}_{12}\,\underline{I}_{12}^* = (150 + \mathrm{j}\,87)(119 + \mathrm{j}\,32)\,\mathrm{VA}$$
$$= (15{,}1 + \mathrm{j}\,15{,}1)\,\mathrm{kVA} = 21\,\mathrm{kVA} \cdot \mathrm{e}^{\mathrm{j}\,45^\circ}$$

$$\underline{S}_{23} = \underline{S}_{31} = \underline{S}_{12}$$

$$\underline{S} = 3\,\underline{S}_{12} = (45 + \mathrm{j}\,45)\,\mathrm{kVA} = 64\,\mathrm{kVA} \cdot \mathrm{e}^{\mathrm{j}\,45^\circ}$$

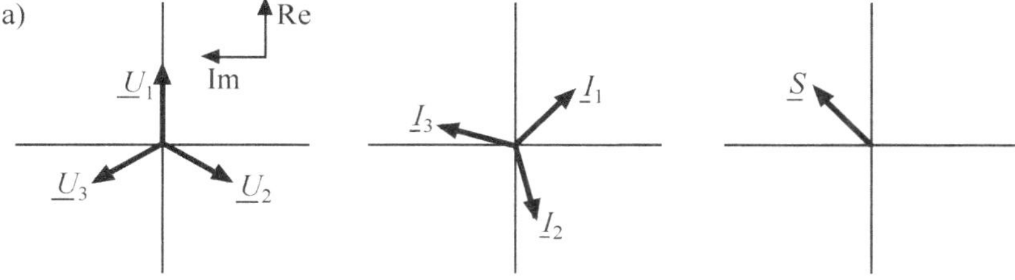

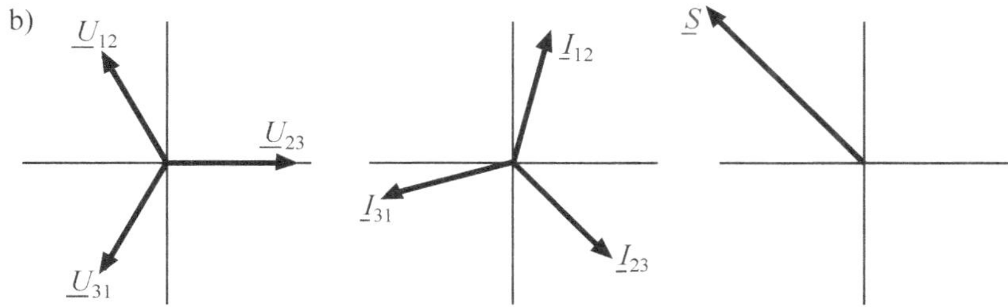

Bild A6.3 Zeigerbilder für symmetrische Last
a) Sternschaltung
b) Dreieckschaltung

Damit Sie die Zusammenhänge der Winkel erkennen, habe ich die Lösung ausführlich angegeben. Es ist Ihnen sicher auch aufgefallen, dass bei der

Bestimmung des Winkels über den arctan eine Unsicherheit besteht. Es muss teilweise der Winkel 180° hinzuaddiert werden. Ob dies notwendig ist, können Sie aus den Vorzeichen des Real- und Imaginärteils erkennen.

Aufgabe 6.4

Zunächst berechnen wir die Systemgrößen.

Transformator:

$$X_{\mathrm{Tr}} = u_{\mathrm{k}} \cdot X_{\mathrm{b}} = u_{\mathrm{k}} \frac{U_{\mathrm{r}}^2}{S_{\mathrm{r}}} = 0{,}12 \frac{6^2}{5}\,\Omega = 0{,}864\,\Omega$$

$$\ddot{u} = 110\ \mathrm{kV}/6\ \mathrm{kV}$$

Kabel:

$$R_{\mathrm{L}} = \frac{l}{\gamma A} = \frac{1\ \mathrm{km}}{56\ \mathrm{Sm/mm^2} \cdot 120\ \mathrm{m}^2} = 0{,}149\,\Omega$$

$$X_{\mathrm{L}} = X' \cdot l = 0{,}09\,\Omega/\mathrm{km} \cdot 1\ \mathrm{km} = 0{,}09\,\Omega$$

Motor im Bemessungsbetrieb:

$$P_{\mathrm{zu}} = \frac{P_{\mathrm{r}}}{\eta_{\mathrm{r}}} = \frac{2}{0{,}9}\ \mathrm{MW} = 2{,}22\ \mathrm{MW}$$

$$S_{\mathrm{r}} = \frac{P_{\mathrm{zu}}}{\cos\varphi_{\mathrm{r}}} = \frac{2{,}22}{0{,}9}\ \mathrm{MW} = 2{,}47\ \mathrm{MVA}$$

$$I_{\mathrm{r}} = \frac{S_{\mathrm{r}}}{\sqrt{3}\,U_{\mathrm{r}}} = \frac{2{,}47\ \mathrm{kA}}{\sqrt{3} \cdot 6} = 238\ \mathrm{A}$$

Motor im Anlauf (Stillstand):

$$I_{\mathrm{anl}} = 4\,I_{\mathrm{r}} = 950\ \mathrm{A}$$

$$X_{\sigma} = X_{\mathrm{anl}} = \frac{U_{\mathrm{r}}}{\sqrt{3}\,I_{\mathrm{anl}}} = \frac{6 \cdot 10^3}{\sqrt{3} \cdot 950}\,\Omega = 3{,}65\,\Omega$$

Zustandsgrößen im Bemessungsbetrieb:

Die Ersatzschaltung ist in **Bild A6.4a** dargestellt. Den Motorstrom I_{M} legen wir in die reelle Achse. Die Spannungen sind die Leiter-Leiter-Werte (verkettete Spannungen).

$$I_M = I_r = 238\ \text{A}$$

$$\underline{U}_M = \sqrt{3}\ \underline{Z}_M \cdot I_M = \frac{\sqrt{3}\ \underline{S}_M}{3\ I_M^2}\ I_M = \frac{\underline{S}_M}{\sqrt{3}\ I_M} = \frac{\underline{S}_r}{\sqrt{3}\ I_r}$$

$$= \frac{P_{zu} + \text{j}\ Q_{zu}}{\sqrt{3}\ I_r} = \frac{2{,}22 + \text{j}\sqrt{2{,}47^2 - 2{,}22^2}}{\sqrt{3} \cdot 0{,}238}\ \text{kV} = \frac{2{,}22 + \text{j}\ 1{,}08}{0{,}412}\ \text{kV}$$

$$= (5{,}39 + \text{j}\ 2{,}62)\ \text{kV} = 6\ \text{kV} \cdot \text{e}^{\text{j}\ 26°}$$

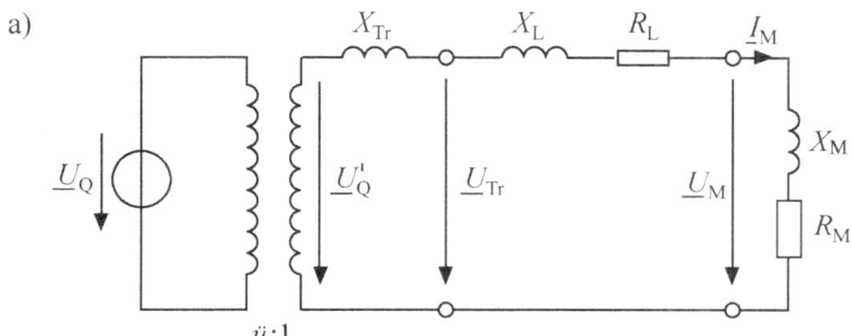

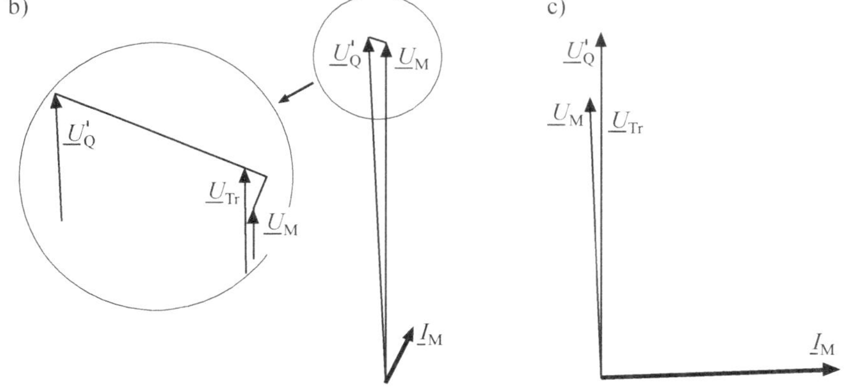

Bild A6.4 Motoreinspannung
a) Schaltbild
b) Bemessungsbetrieb
c) Anlauf

Die Spannung war vorgegeben, der Winkel ist neu.

$$\underline{U}_{\text{Tr}} = \underline{U}_{\text{M}} + \sqrt{3}\,\underline{Z}_{\text{L}}\,I_{\text{M}} = (5{,}39 + \text{j}\,2{,}62)\,\text{kV} + \sqrt{3}\,(0{,}149 + \text{j}\,0{,}09) \cdot 0{,}238\,\text{kV}$$
$$= (5{,}45 + \text{j}\,2{,}65)\,\text{kV} = 6{,}06\,\text{kV} \cdot \text{e}^{\text{j}\,26°}$$

$$\underline{U}'_{\text{Q}} = \underline{U}_{\text{Tr}} + \sqrt{3}\,\text{j}\,X_{\text{Tr}}\,I_{\text{M}} = (5{,}45 + \text{j}\,2{,}65)\,\text{kV} + \sqrt{3}\,\text{j}\,0{,}864 \cdot 0{,}238\,\text{kV}$$
$$= (5{,}45 + \text{j}\,3{,}01)\,\text{kV} = 6{,}22\,\text{kV} \cdot \text{e}^{\text{j}\,29°}$$

$$\underline{U}_{\text{Q}} = ü\,\underline{U}'_{\text{Q}} = \frac{110}{6} \cdot 6{,}22\,\text{kV} \cdot \text{e}^{\text{j}\,29°} = 114\,\text{kV} \cdot \text{e}^{\text{j}\,29°}$$

$$\Delta u_{\text{L}} = \frac{U_{\text{Tr}} - U_{\text{M}}}{U_{\text{n}}} = \frac{6{,}06 - 6}{6} = 0{,}01 \mathrel{\hat{=}} 1\,\%$$

$$\Delta u_{\text{Tr}} = \frac{U'_{\text{Q}} - U_{\text{Tr}}}{U_{\text{n}}} = \frac{6{,}22 - 6{,}06}{6} = 0{,}027 \mathrel{\hat{=}} 2{,}7\,\%$$

$$\Delta u = \frac{U'_{\text{Q}} - U_{\text{M}}}{U_{\text{n}}} = \frac{6{,}22 - 6}{6} = 0{,}037 \mathrel{\hat{=}} 3{,}7\,\%$$
$$\Delta u \approx \Delta U_{\text{L}} + \Delta U_{\text{Tr}} = 0{,}01 + 0{,}027 = 0{,}037$$

Anmerkung:

- Üblicherweise bezieht man die Spannungsdifferenz auf die Nennspannung des Netzes.
- Werden die Spannungsfälle an den einzelnen Betriebsmitteln gemittelt, ergibt sich häufig ein etwas größerer Wert. Denselben Wert erhalten wir nur, wenn das Verhältnis *R*/*X* für alle Betriebsmittel gleich ist.

Das Zeigerdiagramm für den Bemessungsbetrieb ist in **Bild A6.4b** dargestellt. Dabei ist der Ursprung unterdrückt.

Zustandsgrößen Anlaufbetrieb:

Die Quellenspannung bleibt erhalten. Wir legen sie jedoch in die reelle Achse. Der Ohm'sche Anteil der Motorimpedanz wird null gesetzt ($R_{\text{M}} = 0$).

$$\underline{U}'_{\text{Q}} = U'_{\text{Q}} = 6{,}22\,\text{kV}$$

$$\underline{U}_{\mathrm{M}} = U'_{\mathrm{Q}} \frac{\mathrm{j}\,X_{\mathrm{anl}}}{\mathrm{j}\,X_{\mathrm{anl}} + R_{\mathrm{L}} + \mathrm{j}\,X_{\mathrm{L}} + \mathrm{j}\,X_{\mathrm{Tr}}}$$

$$= 6{,}22 \frac{\mathrm{j}\,3{,}65}{\mathrm{j}\,3{,}65 + 0{,}149 + \mathrm{j}\,0{,}09 + \mathrm{j}\,0{,}864}\ \mathrm{kV}$$

$$= 6{,}22 \frac{\mathrm{j}\,3{,}65}{0{,}149 + \mathrm{j}\,4{,}6}\ \mathrm{kV} = 6{,}22 \frac{\mathrm{j}\,3{,}65}{4{,}6 \cdot \mathrm{e}^{\mathrm{j}\,88^\circ}}\ \mathrm{kV}$$

$$\underline{U}_{\mathrm{M}} = 4{,}9\ \mathrm{kV} \cdot \mathrm{e}^{\mathrm{j}\,2^\circ}$$

$$\underline{U}_{\mathrm{Tr}} = U'_{\mathrm{Q}} \frac{\mathrm{j}\,X_{\mathrm{anl}} + R_{\mathrm{L}} + \mathrm{j}\,X_{\mathrm{L}}}{\mathrm{j}\,X_{\mathrm{anl}} + R_{\mathrm{L}} + \mathrm{j}\,X_{\mathrm{L}} + \mathrm{j}\,X_{\mathrm{Tr}}}$$

$$= 6{,}22 \frac{\mathrm{j}\,3{,}65 + 0{,}149 + \mathrm{j}\,0{,}09}{4{,}6 \cdot \mathrm{e}^{\mathrm{j}\,88^\circ}}\ \mathrm{kV} = 6{,}22 \frac{3{,}74 \cdot \mathrm{e}^{\mathrm{j}\,88^\circ}}{4{,}6 \cdot \mathrm{e}^{\mathrm{j}\,88^\circ}}\ \mathrm{kV}$$

$$\underline{U}_{\mathrm{Tr}} = 5{,}1\ \mathrm{kV}$$

$$\Delta u_{\mathrm{Tr}} = \frac{6{,}22 - 5{,}1}{6} = 0{,}19 \mathrel{\hat{=}} 19\ \%$$

$$\Delta u_{\mathrm{M}} = \frac{6{,}22 - 4{,}9}{6} = 0{,}22 \mathrel{\hat{=}} 22\ \%$$

In **Bild A6.4c** ist das Zeigerbild angegeben.

Anmerkung:

Der Spannungseinbruch von $\Delta u_{\mathrm{Tr}} = 19\ \%$ wirkt sich auf alle anderen Verbraucher im 6-kV-Netz aus, die an den Transformator angeschlossen sind.

Anlaufmoment:

Das Drehmoment des Motors ist quadratisch von der Spannung abhängig. Bezogen auf das Anlaufmoment bei Bemessungsbetrieb ergibt sich

$$\frac{M_{\mathrm{anl}}}{M_{\mathrm{anlr}}} = \left(\frac{U_{\mathrm{anl}}}{U_{\mathrm{r}}}\right)^2 = \left(\frac{4{,}9}{6}\right)^2 = 0{,}67$$

Diese Reduktion des Anlaufmoments kann dazu führen, dass der Motor nicht mehr hochläuft.

10 Glossar

Es werden die Begriffe aus dem vorliegenden Band 4 zusammengestellt. Wichtige Begriffe aus den Bänden 1, 2 und 3 sind übernommen.

Zu den neuen Begriffen sind die Nummern der Abschnitte notiert, in denen Sie Informationen darüber finden. Bei Größen werden Formelzeichen und [Einheiten] angegeben.

Abklingzeit	τ [s], Zeit, nach der eine Exponentialfunktion auf den 1/e-ten Teil abgeklungen ist (2.2; 3.4.1)
Abklingkoeffizient	δ [s^{-1}], Faktor im Exponenten einer e-Funktion, der angibt, wie rasch ein Vorgang abklingt. Kehrwert der Abklingzeit (2.2; 3.4.1)
Admittanz	Y [S], Scheinleitwert
Admittanzmatrix	$\underline{\boldsymbol{A}}$ [S], Koeffizientenmatrix, die den Zusammenhang zwischen Strom und Spannung in einem Netzwerk beschreibt (1.7)
Ampere	[A], Einheit der Stromstärke
Amplitudengang	F, Verhältnis vom Ausgangs- zum Eingangssignal eines Systems in Abhängigkeit von der Frequenz (4.5)
Amplitudenmaß	a_{P}, logarithmierter Amplitudengang, negatives Dämpfungsmaß α_{P} (4.5)
Aron-Schaltung	Methode zum Messen der Drehstromleistung in Dreileiternetzen mit nur zwei Messwerken (6.3)
Asynchronmaschine	Drehfeldmaschine, die sich im Normalbetrieb annähernd mit der Drehzahl des Drehfelds dreht (6.4.2)
Außenleiter	Leiter im Energieversorgungsnetz, der gegenüber dem Neutralleiter Spannung führt (6.5)
aperiodischer Grenzfall	Grenzfall zwischen kriechendem und schwingendem Verhalten eines Schwingkreises (2.2)

Bandbreite	b_ω [s^{-1}]; b_f [Hz], Maß für den Durchlass- oder Sperrbereich eines Bandpasses oder einer Bandsperre; Frequenzbereich, in dem die Übertragungsfunktion um weniger als $1/\sqrt{2}$ vom Maximal- bzw. um $\sqrt{2}$ vom Minimalwert abweicht (3.1; 3.3)
Bandpass	Filter, das mittlere Frequenzen eines Signals hervorhebt (3.3)
Bandsperre	Filter, das mittlere Frequenzen eines Signals unterdrückt (3.3)
Basiseinheit	willkürlich festgelegte Einheit, z. B. m, kg, s, A.
Bemessungsspannung	U_r [V], Spannung, nach der ein Betriebsmittel bemessen und auch benannt wird (5.5)
Bemessungswert	Größe, z. B. Spannung oder Leistung, nach der ein Gerät ausgelegt ist; sie wird mit dem Index r gekennzeichnet (5.5)
Beschleunigungsmoment	M_b [Nm], mechanisches Drehmoment, das eine Masse in Rotationsbewegung versetzt (2.2.2)
Bezugswert	Größe, auf die die Betriebsgrößen eines Geräts bezogen werden. Häufig werden die Bemessungswerte als Bezugsgrößen gewählt. Bezugsgrößen sind mit dem Index b gekennzeichnet.
Blindleistung	Q [VAr], der Anteil der Scheinleistung, der nicht Wirkleistung ist
Blindleistungsmessung	Methode zur Messung der Blindleistung in Wechselstrom- und Drehstromnetzen (6.3)
Blindleitwert	B [S], Reziprokwert des Blindwiderstands
Blindwiderstand	X [Ω], Widerstand einer Drosselspule oder eines Kondensators
Blockschaltbild	Wirkungsdiagramm, das den Zusammenhang zwischen Ein- und Ausgangsgrößen herstellt (4.3)
Dämpfungsgrad	ϑ, auf die Kennkreisfrequenz ω_0 bezogene Abklingkonstante δ (2.2; 3.4.1)

Dämpfungsmoment	M_D [Nm], drehzahlabhängiges Drehmoment bei einem mechanischen System mit Drehbewegung (2.2.2)
Dielektrizitätskonstante	ε (siehe Permittivität)
Dimension	Art einer physikalischen Größe, z. B. Länge
Drehfeld	Feld in der Bohrung einer Drehfeldmaschine, in der räumlich versetzte Wicklungen mit Strömen unterschiedlicher Phasenlage angesteuert werden. Im idealen Fall ist das Drehfeld kreisförmig (6.1.4)
Drehschwinger	drehbar gelagertes Feder-Masse-System (2.2.2)
Drehstrom	Stromsystem, das in einer Drehfeldmaschine ein Drehfeld erzeugen kann und deshalb aus mindestens zwei gegeneinander phasenverschobenen Spannungen besteht. Von großer Bedeutung ist das dreiphasige symmetrische Drehstromsystem, das aus drei gleich großen, um 120° zueinander verschobenen Spannungen besteht (6.2)
Drehstrom-Transformator	Transformator mit drei Strängen je Wicklung für Drehstromnetze (6.4.1)
Drehzeiger	$\underline{a} = e^{j120°}$, komplexer Operator bei Drehstrom (6.1.6)
Dreieckschaltung	Schaltung von Lasten oder Wicklungssträngen zwischen den Außenleitern eines Dreiphasensystems (6.2)
Dreileiter-System	Wechsel- oder Drehstromsystem, das aus drei Leitern besteht (6.1.3)
Eckfrequenz	f_k [Hz], siehe Grenzfrequenz (3.1; 4.5)
Effektivwert	Wert einer periodisch schwankenden Größe, die in ihrer Wirkung einem Gleichwert entspricht (1.1)
Eigenfrequenz	f_d [Hz], Frequenz, mit der ein Schwinger schwingt (2.2)
Eigenkreisfrequenz	ω_d [s^{-1}], Kreisfrequenz, mit der ein Schwinger schwingt, $\omega_d = 2\pi f_d$ (2.2; 3.4.1)

Eigenwert	λ, Kenngröße, die das dynamische Verhalten eines Systems beschreibt (2.2)
Einheit	Bezeichnung für eine physikalische Dimension, z. B. m bei $l = 5$ m oder cm
Einheitssprung	σ, Funktion, die zum Zeitpunkt $t = 0$ von 0 auf 1 springt (3.5)
Eisenverluste	Hysterese und Wirbelstromverluste im Eisenkern einer elektrischen Maschine (5.3)
Elektrizitätszähler	Messgerät zur Messung der elektrischen Energie (2.2.4)
Energie	E, W, [J = Ws = Nm], Einwirkung einer Leistung über eine bestimmte Zeit (3.2)
Erdschlusslöschspule	Spule, die zwischen Sternpunkt eines Transformators und Erde geschaltet wird, um den kapazitiven Strom, der bei einem Erdschluss an der Fehlerstelle fließt, zu kompensieren; siehe auch Petersen-Spule (6.1.4)
Ersatznetz	Zusammenfassung von mehreren Elementen eines Netzes zu einer vereinfachten Schaltung (2.1)
Euler-Gleichung	Zusammenhang zwischen komplexen Sinus- und e-Funktionen
elektrische Energie	siehe Energie
elektrische Feldkonstante	ε_0 [As/(Vm)], Permittivität des Vakuums, $\varepsilon_0 = 8{,}8542 \cdot 10^{-2}$ s/(Ωm)
elektrische Feldstärke	E = [V/m], Stärke eines elektrischen Felds, $E = \mathrm{d}U/\mathrm{d}l$
elektrische Flussdichte	D = [As/m^2], pezifische Ladung, $D = Q/A$
elektrische Leistung	P [W], siehe Leistung
elektrische Leitfähigkeit	γ [1/(Ωm); m/(Ωmm^2)], (früher κ, auch σ), spezifischer Wert für ein Material
elektrische Spannung	U [V], siehe Spannung

elektrischer Fluss	Ψ [Vs], von einer Ladung im elektrischen Feld verursachte Wirkung
elektrischer Leitwert	γ [1/(Ωm)], siehe Leitwert
elektrischer Strom	I [A], siehe Strom
elektrischer Widerstand	R [Ω], siehe Widerstand
elektrodynamisches Messsystem	mechanische Einrichtung, in der ein stromabhängiges Magnetfeld mit einem Strom ein Drehmoment bildet. Ein solches System dient zur Leistungsmessung.
elektromagnetische Energie	W_{mag} [J], Energie, die in einem vom Strom erzeugten Magnetfeld gespeichert ist
erzwungene Schwingung	Zustand eines Systems bei Anregung mit einer periodischen, meist sinusförmigen Größe im stationären Zustand (3.5)
Farad	[F], Einheit der Kapazität
Fehlerstrom-Schutz-Schalter	Schutzgerät, das kleine Leckströme zur Erde in einem Gerät erkennt und abschaltet (6.5.3)
Ferranti-Effekt	Anhebung der Spannung am Leitungsende durch den Ladestrom (1.5)
Ferraris-Messwerk	System, in dem ein stromabhängiges Magnetfeld mit einem anderen ein Drehmoment entwickelt, das eine Scheibe dreht. Ist das zweite spannungsproportional, so entsprechen die Umdrehungen der Elektrizitätsmenge (2.2.4)
Filter	Schaltung, die in einem Signal bestimmte Frequenzanteile hervorhebt oder unterdrückt (1.4)
FI-Schutzschalter	siehe Fehlerstromschutzschalter (6.5.3)
Formelzeichen	Abkürzung für eine physikalische Größe
Frequenz	f [Hz], Anzahl der Wechsel einer periodischen Größe pro Zeit (1.1)
Frequenzgang	$\underline{F}(\omega)$, komplexes Verhältnis vom Ausgangs- zum Eingangssignal eines Systems in Abhängigkeit von der Frequenz (4.5)

freie Schwingung	Ausgleichsvorgang in einem schwingungsfähigen System nach einer sprungartigen Änderung der Eingangsgröße (3.4)
Generator	Gerät, z. B. elektrische Maschine, zur Erzeugung von elektrischer Energie durch Umwandlung aus einer anderen Energieform (Spannungsquelle); auch Erzeuger eines Signals
Gipfelfrequenz	f_g [Hz], Frequenz maximaler Verstärkung in einem Schwingkreis (Resonanzfrequenz f_r) (3.3)
Gleichrichtwert	$\lvert\bar{i}\rvert$, der Mittelwert einer periodischen Größe nach deren Gleichrichtung (1.1)
Gleichstromnetz	Netz, das mit Gleichspannung betrieben wird (6.1.1)
Grenzfrequenz	f_k [Hz], Frequenz, bei der das Verhältnis von der Ausgangs- zur Eingangsamplitude gegenüber dem Maximalwert um den Faktor $\sqrt{2}$ abgenommen hat; Eckfrequenz (3.1; 4.5)
Gütefaktor	Q, Verhältnis des Kennwiderstands eines schwingungsfähigen Reihenschwingkreises zum Dämpfungswiderstand (3.3)
Hauptfluss	Φ_h [Vs], magnetischer Fluss, der alle Wicklungen auf einem Kern durchdringt (5.2)
Hauptinduktivität	L_h [Ωs], Induktivität, die dem Hauptfluss zugeordnet ist (5.1)
Hochpass	Filter, das hochfrequente Anteile eines Signals hervorhebt (1.4)
Hummel-Schaltung	lineares Netzwerk zur Erzeugung eines Stroms, der um 90° gegenüber einer Spannung verschoben ist. Die Schaltung wird zur Blindleistungsmessung verwendet.
Impedanz	Z [Ω], Scheinwiderstand
Impedanzmessbrücke	Messbrücke zur Messung einer Impedanz (2.3)
Kapazitätsmessbrücke	Messbrücke zur Messung von Kapazitäten (2.3)

Kapp-Dreieck	Dreieck, das im Zeigerdiagramm eines Transformators die Spannungsfälle in Spulenwiderständen und Streureaktanzen in Zusammenhang bringt (5.4)
Kelvin-Messbrücke	siehe Thomson-Messbrücke (2.3)
Kennfrequenz	f_0 [Hz], Frequenz, bei der das ungedämpfte System schwingt (2.2; 3.3)
Kennkreisfrequenz	ω_0 (s^{-1}), Kreisfrequenz, mit der das ungedämpfte System schwingt, $\omega_0 = 2\,\pi\,f_0$ (2.2; 3.3)
Kennimpedanz	$R_0 = Z_0 = \sqrt{L/C}$, typische Impedanz für einen Resonanzkreis (3.3)
Kettenleiter	ein sich wiederholender Aufbau von Längs- und Querimpedanzen (1.6)
Kettenmatrix	Matrix zur Beschreibung eines Vierpols, wobei auf der Eingangsseite der Strom in den Vierpol fließt und auf der Ausgangsseite herausfließt (5.6)
Kirchhoff'sche Regeln	Die Summe der Spannungen in einem geschlossenen Kreis ist null. Die Summe der Ströme in einem Knoten ist null.
Kloss'sche Formel	Zusammenhang zwischen Drehmoment und Drehzahl bei der Asynchronmaschine (6.4.2)
Knoten	Verbindung von Zweigen (1.7)
Knotenadmittanzmatrix	$\underline{\boldsymbol{A}}$, Matrix, die den Zusammenhang zwischen Knotenströmen und -spannungen angibt, auch Admittanzmatrix (1.7)
Kondensator	Bauelement zur Speicherung elektrischer Energie in Form von Ladung
Konduktanz	G [S], Wirkleitwert
Konduktivität	γ [1/(Ωm)], siehe elektrische Leitfähigkeit
Konjunktion	Bildung des konjugierten komplexen Zahlenwerts $\underline{z} = x + \mathrm{j}y$, $\underline{z}^* = x - \mathrm{j}y$
Koppelfaktor	μ, Anteil der Spuleninduktivitäten eines Transformators an der Hauptinduktivität (5.6)

Koppelinduktivität	L_{ik}, M_{ik} [H], Wirkung eines Stroms in einer Wicklung auf eine zweite Wicklung (5.1)
Kreisfrequenz	ω [s^{-1}], Winkelgeschwindigkeit einer periodischen Größe $\omega = 2\pi f$ (1.1)
Kreuzspulinstrument	elektrodynamisches Messwerk mit zwei drehbaren Spulen. Es dient z. B. der Leistungsfaktormessung (2.2.3)
Kupferverluste	P_{Cu} [W], Verluste, die in den Wicklungswiderständen eines Geräts entstehen (5.3)
Kurzschlussspannung	U_k [V], Spannung an der einen Wicklung eines Transformators, wenn in der anderen kurzgeschlossenen Wicklung der Bemessungsstrom fließt (5.5)
komplexe Ebene	rechtwinkliges Koordinatensystem, bei dem die eine Achse, z. B. x, als reell und die andere Achse, z. B. y, als imaginär bezeichnet wird. Jede komplexe Zahl liefert einen Punkt in der komplexen Ebene.
komplexe Rechnung	Verfahren zur Berechnung der Zusammenhänge zwischen Strömen und Spannung in Wechselstromnetzwerken
komplexe Scheinleistung	$\underline{S}$ [VA], komplexe Zahl, die aus der Wirkleistung als Realteil und der Blindleistung als Imaginärteil zusammengestellt ist
komplexe Zahl	Zahl, die aus Real- und Imaginärteil besteht. Sie wird durch einen Strich unter dem Formelzeichen gekennzeichnet, z. B. $\underline{Z}$
komplexe Zeitfunktion	Zeitfunktion, die aus einem konstanten komplexen Anteil und einer zeitabhängigen e-Funktion besteht. Der Real- oder Imaginärteil ist die Sinusfunktion einer Wechselgröße
Lamellierung	Unterteilung eines Eisenkerns in Bleche zur Vermeidung von Wirbelströmen bei magnetischen Wechselfeldern

Laplace-Transformation	Operatorenrechnung, bei der eine Zeitfunktion in eine komplexe Frequenzfunktion transformiert und dort mathematisch behandelt wird. Die Rücktransformation liefert wieder eine Zeitfunktion (1.7)
Leistung	*P* [W], Wirkung einer Kraft auf eine bewegte Masse
Leistungsfaktor	$\lambda = \cos \varphi$, Verhältnis von Wirk- zu Scheinleistung (6.3)
Leistungsmesser	Instrument zur Messung von Leistung (2.2.4; 6.3)
Leiter	gut leitende Anordnung, z. B. Draht, zur Fortleitung des elektrischen Stroms
Leitfähigkeit	γ [1/(Ωm)], siehe elektrische Leitfähigkeit
Leitungsschutzschalter	Leistungsschalter, der alternativ zu Sicherungen, vorwiegend in der Gebäudeinstallation, zum Kurzschlussschutz eingesetzt wird (6.5.3)
Leitwert	*G* [S], Reziprokwert des Widerstands
L-Ersatzschaltung	Ersatzschaltung eines Transformators, die eine Längs- und Querimpedanz sowie einen idealen Übertrager enthält (5.6)
logarithmisches Dekrement	Λ, Maß für das Abklingen einer Funktion, Logarithmus des Verhältnisses zweier aufeinander folgender Maxima einer schwingenden Funktion (2.2)
Matrix	systematische Zusammenstellung von Zahlen (1.7)
Matrizengleichung	Gleichung, die den Zusammenhang zwischen mehreren bekannten und unbekannten Größen angibt (1.7)
Messbrücke	Schaltung, bestehend aus vier Widerständen oder Impedanzen, von denen zwei in Reihe und dann parallel geschaltet werden. Ist die Brücke abgeglichen, liegt im Brückenkreis keine Spannung an. Man verwendet die Brückenschaltung zur Messung von Widerständen oder Impedanzen (2.3)

Messgerät	Gerät zur Messung von Größen, z. B. Strom (Amperemeter) oder Spannung (Voltmeter) (2.2)
MHO	angelsächsische Bezeichnung für Siemens [S]
Mittelwert	$\overline{u}$, mittlerer Wert einer Funktion über eine bestimmte Zeitdauer, bei periodischen Funktionen über eine Periodendauer T (1.1)
magnetische Feldkonstante	μ_0 [Vs/(Am)], Permeabilität des Vakuums, $\mu_0 = 4\,\pi \cdot 10^{-7}$ [Vs/(Am)]
magnetische Feldstärke	H [A/m], Stärke eines magnetischen Felds,
magnetische Flussdichte	B [Vs/m^2], spezifischer Magnetfluss $B = \Phi$ /A
magnetische Spannung	V [A] bzw. V_m oder U_m, in einem magnetischen Kreis die den Fluss treibende Größe
magnetischer Fluss	Φ [Vs = Wb], Maß für das eine bestimmte Fläche durchdringende Magnetfeld
magnetischer Leitwert	$\Lambda = 1/R_m$ [Ωs = H], reziproker Wert des magnetischen Widerstands
magnetischer Widerstand	R_m [H^{-1}], analoge Größe zum elektrischen Widerstand R. Sie verknüpft die magnetische Spannung mit dem magnetischen Fluss
Netznennspannung	U_n [V], Spannung, nach der ein Netz benannt wird. Nennspannungen gibt es nur für Netze. Bei Betriebsmitteln gibt man die Bemessungsspannung U_r an (5.5)
Neutralleiter	Leiter, der gegenüber Erde im Normalbetrieb einer Anlage keine Spannung führt (6.5)
Niederspannungsnetz	elektrisches Energieversorgungsnetz zur Versorgung der Endverbraucher. Auf dem Spannungsniveau 400/230 V wird es als 4-Leiter-Netz aufgebaut. Der fünfte Leiter in der Gebäudeinstallation (PE) dient Schutzzwecken (6.5)
natürliche Leistung	P_{nat} [W], Übertragungsleistung einer Leitung, bei der die durch den Strom in der Längsinduktivität erzeugte Blindleistung gleich der durch die Spannung in den Querkapazitäten erzeugten Blindleistung ist (1.5)

Oberspannungswicklung	Wicklung eines Transformators für die höhere der beiden Spannungen, meist identisch mit der Primärwicklung (5.1)
Ohm	[Ω], Einheit des Widerstands
Ohm'sches Gesetz	Zusammenhang zwischen Spannung U, Strom I und Widerstand R; $U = R \cdot I$
Ortskurve	geometrischer Ort für alle Punkte einer komplexen Funktion in Abhängigkeit von einer Variablen, z. B. der Impedanz in Abhängigkeit von der Frequenz (4.6)
Periodendauer	T [s], Zeitabschnitt, in dem sich ein periodisches Signal wiederholt; reziproke Frequenz $T = 1/f$ (1.1)
Permeabilität	μ = [Vs/(Am)], Materialkonstante für die magnetische Leitfähigkeit
Permeabilitätszahl	μ_r, relative Permeabilität, $\mu_r = \mu/\mu_0$
Permittivität	ε = [As/(Vm)], Materialkonstante, die die elektrische Flussdichte D und die elektrische Feldstärke verknüpft, $\varepsilon = D/E$
Permittivitätszahl	ε_r, relative Permittivität, $\varepsilon_r = \varepsilon/\varepsilon_0$
Petersen-Spule	Spule im Sternpunkt der Transformatoren von Energieversorgungsnetzen zur Erdschlusslöschung durch Kompensation des kapazitiven Erdschlussstroms (6.1.2)
Phasengang	Verlauf des Phasenwinkels einer Übertragungsfunktion in Abhängigkeit von der Frequenz (4.5)
Phasenwinkel	φ, α, Verschiebungswinkel einer periodischen Funktion gegenüber einer anderen
Polzahl	$2\,p$, Anzahl der Magnetpole einer elektrischen Maschine; $p = 2$ bedeutet zwei Nord- und zwei Südpole (6.4.2)
Primärwicklung	Wicklung eines Transformators, in die die Energie hineinfließt (5.1)
periodische Funktion	Funktion, oft Zeitfunktion, die sich nach der Periodendauer T wiederholt (1.1)

physikalische Größen	qualitative und quantitative Beschreibung physikalischer Phänomene
Quellenwiderstand	R_Q [Ω], Innenwiderstand einer Spannungsquelle
Rampe	Signal mit zeitlich konstantem Anstieg
Reaktanz	X [Ω], Blindwiderstand
Reluktanzmotor	Motor mit einem Läufer, der eine magnetische Vorzugsrichtung hat und sich deshalb in einem Drehfeld synchron dreht (6.1.4)
Resistanz	R [Ω], Wirkwiderstand
Resistivität	ρ [Ωm], spezifischer Widerstand
Resonanzfrequenz	f_r [Hz], Frequenz, bei der in einem Schwingkreis die Verstärkung maximal (Gipfelfrequenz f_g) oder minimal (Talfrequenz f_t) wird (3.3)
Roebelstab	verdrillter Leiter zur Verringerung des Skineffekts bei großen Strömen
relative Frequenz	Ω, Frequenz f, bezogen auf die Kennfrequenz f_0 eines Schwingkreises (3.3)
Schaltplan	Darstellung der Verknüpfung von Bauelementen (4.1)
Schaltvorgang	Ausgleichsvorgang in einem dynamischen System, z. B. in einem R-C-Kreis, beim Zu- oder Abschalten einer Spannung oder eines Elements (3.4)
Scheinleistung	S [VA], Gesamtleistung im Wechselstromnetz
Scheinleitwert	Y [S], reziproker Wert des Scheinwiderstands
Scheinwiderstand	Z [Ω], Wechselstromwiderstand einer Schaltung aus Wirk- und Blindwiderständen
Scheitelwert	$\hat{i}$ Maximalwert einer periodischen, meist sinusförmigen Funktion (1.1)
Schering-Brücke	Messbrücke zur Messung von Kapazitäten bei Hochspannung (2.3)
Schlupf	s, Verringerung der Drehzahl einer Asynchronmaschine gegenüber der Synchrondrehzahl (6.4.2)

Schutzisolierung	konstruktive Gestaltung eines Geräts, bei dem verhindert wird, dass auch im Fehlerfall der Benutzer indirekt mit unter Spannung stehenden Teilen in Berührung kommt. Schutzisolierte Geräte haben am Anschlussstecker keinen Schutzkontakt (6.5.2)
Schutzleiter	in der Gebäudeinstallation der fünfte Leiter, der grün-gelb gefärbt ist, mit PE bezeichnet und an die leitfähigen Körper aller elektrischen Geräte angeschlossen wird (6.5)
Schwinger	mechanisches System, bestehend aus Feder und Masse, das bei Anregung schwingt (2.2.2)
Schwingkreis	elektrischer Kreis, bestehend aus Kondensator, Spule und Widerstand. Entstehen bei Schaltvorgängen Schwingungen, spricht man vom schwach gedämpften Schwingkreis (3)
Sekundärwicklung	Wicklung eines Transformators, aus dem die Energie herausfließt und Verbraucher versorgt (5.2)
Selbstinduktivität	L_i, L_{ii} [H], Wirkung eines Stroms in einer Wicklung auf diese selbst (5.1)
Shunt	Parallelwiderstand; bei der Strommessung zur Erzeugung eines kleinen proportionalen Spannungsfalls (1.3)
Sicherung	Schutzorgan zur Abschaltung von Leitungen oder Geräten bei Überlast und Kurzschlüssen (6.5.3)
SI-Einheit	Festlegung der sieben Basiseinheiten
Siemens	[S], reziproker Wert des Ohm
Skineffekt	Stromverdrängung in einem Leiter bei Wechselstrom (6.1.5)
Spaltpolmotor	Wechselstrommotor, bei dem die Pole in zwei Teile aufgespalten werden. Auf dem einen Polteil wird eine Kurzschlusswicklung aufgebracht, die ein elliptisches Drehfeld erzeugt (6.1.5)

Spannung	U [V], Größe, die einen Stromfluss verursacht
Spannungsabfall	ΔU [V], Spannung, die zwischen zwei Punkten einer Schaltung, z. B. dem Anfang und Ende einer Leitung, entsteht; geometrische Differenz zwischen den beiden Klemmenspannungen. Der Ausdruck ist verpönt. Man verwendet an seiner Stelle trotz gegensätzlicher Bedeutung gern Spannungsfall.
Spannungsfall	ΔU [V], Differenz der Spannungsbeträge am Anfang und Ende einer Leitung oder eines Transformators. Er ist die arithmetische Differenz zwischen den beiden Klemmenspannungen.
Spannungsquelle	Gerät zur Erzeugung einer Spannung, die sich bei Belastung möglichst wenig ändert
Spannungsmessung	Messung der Spannung, z. B. mit einem Voltmeter (2.2.3)
Spannungsteiler	Reihenschaltung von zwei oder mehreren Impedanzen zur Unterteilung der angelegten Spannung auf mehrere Teilspannungen (1.3)
Spitzenwert	i_p, $\hat{i}$, Maximalwert einer Funktion. Bei periodischen Funktionen verwendet man Scheitelwert (1.1)
Sprungfunktion	Zeitfunktion, die zu einem bestimmten Zeitpunkt, z. B. bei $t = 0$, von einem Wert, z. B. 0, auf einen anderen, z. B. 1, springt (3.5)
Spule	mehrere zu einer Wicklung zusammengefasste Windungen aus einem Leiter, der von einem Strom durchflossen wird (5)
Stern-Dreieck-Umwandlung	Umwandlung einer Sternschaltung in eine Dreieckschaltung durch Elimination des Sternknotens (6.2.3)
Sternpunktbehandlung	Methode, in einem elektrischen Energieversorgungsnetz die Sternpunkte der Transformatoren mit Erde zu verbinden (6.1.2)

Sternschaltung	Schaltung von drei Lasten oder Strängen im Drehstromnetz, bei der die eine Seite der drei Elemente zusammengefasst wird. Der Sternpunkt kann mit dem Neutralleiter verbunden werden oder nicht (6.2.1)
Streuinduktivität	L_σ [H], Induktivität, die dem Streufluss zugeordnet ist (5.2)
Streukoeffizient	σ, in einer Anordnung mit zwei Spulen das Maß für den Anteil des Flusses, der nicht mit beiden Spulen verkettet ist (5.6)
Streuweg	Bereich zwischen zwei Wicklungen, in denen Magnetfelder aufgebaut werden, die nicht beide Wicklungen durchdringen (5.2)
Strom	I [A], Wanderung von Ladungsträgern
Stromdichte	$J = [\mathrm{A/m^2}]$, Strom pro Flächeneinheit
Stromkreis	geschlossener, leitfähiger Kreis mit Spannungsquelle
Strommessung	Messung des Stroms, z. B. mit einem Amperemeter (2.2.3)
Stromquelle	Gerät zur Erzeugung eines Stroms, der sich bei Belastung möglichst wenig ändert
Stromteiler	Parallelschaltung von zwei oder mehreren Impedanzen zur Unterteilung eines Stroms in Teilströme (1.3)
Suszeptanz	B [S], Blindleitwert
Synchronmaschine	Drehfeldmaschine, bei der sich der Läufer synchron mit dem Drehfeld dreht. Synchronmaschinen mit meist elektrisch erzeugten Magnetpolen in Läufern werden als Generatoren verwendet (6.1.4)
spezifischer Widerstand	$\rho = [\Omega\mathrm{mm};\ \Omega\mathrm{mm^2/m}]$, spezifischer Materialwert
Talfrequenz	f_t [Hz], Frequenz minimaler Verstärkung in einem Schwingkreis (Resonanzfrequenz f_r) (3.3)

Tesla	[T = Vs/m^2], Einheit der magnetischen Flussdichte
Thomson-Brücke	Messbrücke zur Messung kleiner Widerstände (2.3)
Thyristor	Halbleiterbauelement, das eingeschaltet werden kann und dann in eine Richtung leitet
Tiefpass	Filter, das niederfrequente Anteile eines Signals hervorhebt (1.4)
Trägheitsmoment	J [kg m^2], Maß für das Drehmoment, das eine drehbar gelagerte Masse einer Winkelbeschleunigung entgegensetzt (2.2)
Transformator	Betriebsmittel zur Kopplung von Netzen mit zwei unterschiedlichen Betriebsspannungen (5)
Übersetzungsverhältnis	$ü$, Verhältnis der Windungszahlen eines Transformators (5.1)
Übertrager	Bezeichnung für einen Transformator, insbesondere in der Nachrichtentechnik (5)
Übertragungsfunktion	$\underline{F}(\omega)$, komplexes Verhältnis von Ausgangs- zu Eingangsgröße in Abhängigkeit von der Kreisfrequenz ω (4.5)
Unterspannungswicklung	Wicklung eines Transformators für die niedrigere Spannung (5.2)
Verlustfaktor	d, Maß für die Leistung, die aus einem schwingenden Schwingkreis entzogen wird (3.4.1)
Verlustwinkel	δ, Winkel zwischen dem Strom durch den Ableitwert eines Kondensators und dem um 90° verdrehten Gesamtstrom
Verstimmung	ε, Abweichung einer Frequenz f von der Kennfrequenz f_0, bezogen auf die Kennfrequenz (3.3)
Vierpol	Element, das von außen an vier Klemmen zugänglich ist, z. B. Leitung (1.2)
Visualisierung	grafische Darstellung von Zusammenhängen (4)
Volt	[V], Einheit der Spannung

Watt	[W], Einheit der Leistung
Weber	[Wb = Vs], Einheit des magnetischen Flusses
Wechselstrom	Strom mit periodischen, meist sinusförmig wechselnden Größen (6.1.2)
Wechselstrommaschine	Motor oder Generator, der mit Wechselstrom arbeitet (6.1.5)
Wechselstromnetz	Netz zur elektrischen Energieversorgung mit Wechselspannung. Ein einphasiges Wechselstromnetz besteht aus Hin- und Rückleiter, ein zweiphasiges Wechselstromnetz aus zwei Hinleitern mit um 180° verschobenen Spannungen und einem Rückleiter. Drehstromnetze gehören ebenfalls zu den Wechselstromnetzen (6.1.2)
Wechselstromwiderstand	$R_{\sim}$ [Ω], Widerstand eines Leiters, der durch die Stromverdrängung bei Wechselstrom gegenüber Gleichstrom erhöht ist
Wellenwiderstand	$\underline{Z}_{\mathrm{W}}$ [Ω], Maß für das Verhältnis zwischen Längsimpedanz $\underline{Z}_{\mathrm{v}}$ und Queradmittanz $\underline{Y}_{\mathrm{q}}$ bei einer Leitung $\underline{Z}_{\mathrm{W}} = \sqrt{\underline{Z}_{\mathrm{v}} / \underline{Y}_{\mathrm{q}}}$. Bei Wechselstrom gilt näherungsweise $Z_{\mathrm{W}} = R_{\mathrm{W}} = \sqrt{L/C}$ (1.5)
Wheatstone'sche Brücke	Widerstandsmessgerät (2.3)
Wicklung	Spule, die aus mehreren Windungen besteht; bei mehrphasigen Systemen auch die Zusammenfassung der Spulen (5)
Widerstand	R [Ω], Proportionalitätsfaktor zwischen Strom und Spannung nach dem Ohm'schen Gesetz
Windung	Schleife aus einem Leiter (siehe Spule) (5.1)
Wirbelströme	durch Wechselfelder hervorgerufene Ströme in einem Leiter (5.2)
Wirbelstromverluste	Verluste, die durch Wirbelströme in einem leitfähigen Material entstehen (5.2)
Wirkleistung	P [W], Leistung, die eine „Wirkung" hervorruft und Energie umsetzen kann; siehe auch Leistung

Wirkleistungsmessung	Messung des Wirkleistungsanteils in einem Wechselstromkreis, z. B. mit Hilfe eines elektrodynamischen Messwerks (2.2.3)
Wirkleitwert	G [S], reziproker Wert des Wirkwiderstands; siehe auch Leitwert
Wirkungsgrad	η, Verhältnis von abgegebener zu zugeführter Leistung eines Geräts
Wirkwiderstand	R [Ω], Ohm'scher Widerstand, im Allgemeinen Widerstand bei Gleichstrom, siehe auch Widerstand
Zählpfeile	Pfeile in einem Diagramm, die die Orientierung der Spannung und des Stroms angeben
Zeigerdiagramm	grafische Darstellung von Wechselstromgrößen, aus der Betrag und Phasenlage hervorgehen (4.4)
Zeigerinstrument	Anzeigeinstrument, das mechanisch eine meist elektrische Größe anzeigt (2.2.2)
Zeitfunktion	Abhängigkeit einer Größe von der Zeit (1.1)
Zweipol	Element, das von außen an zwei Klemmen zugänglich ist, z. B. ein Widerstand (1.2)

11 Bezeichnungen

11.1 Formelzeichen

In eckigen Klammern sind die Einheiten angegeben.

A	[m²]	Fläche
$\vec{A}$	$\left[\frac{\mathrm{A}}{\mathrm{m}^2}\right]$	Vektorpotential
a	[m/s²]	Beschleunigung
a	[m]	Abstand
$\underline{a}$		komplexer Drehzeiger $\underline{a} = \mathrm{e}^{\mathrm{j}120°}$
B	[S]	Blindleitwert, Suszeptanz
B	$\left[\frac{\mathrm{Vs}}{\mathrm{m}^2}\right]$	magnetische Flussdichte
b	[m]	Breite
b_ω	$[\mathrm{s}^{-1}]$	Bandbreite
b_f	[Hz]	Bandbreite $b_\mathrm{f} = b_\omega /(2\,\pi)$
C	[F]	Kapazität $\left[\mathrm{F} = \frac{\mathrm{As}}{\mathrm{V}}\right]$
c	[N/m]	Federkonstante
c	$\left[\frac{\mathrm{m}}{\mathrm{s}}\right]$	Lichtgeschwindigkeit; $c = 299\,792$ km/s
D	$\left[\frac{\mathrm{C}}{\mathrm{m}^2}\right]$	elektrische Flussdichte $\left[\frac{\mathrm{C}}{\mathrm{m}^2} = \frac{\mathrm{As}}{\mathrm{m}^2}\right]$
d	[m]	Dicke, Abstand
E	[J]	Energie (auch W) [J = Ws = Nm]
E	$\left[\frac{\mathrm{V}}{\mathrm{m}}\right]$	elektrische Feldstärke

F	[N]	Kraft $\left[N = \frac{kg\,m}{s^2}\right]$
f	[Hz]	Frequenz
f		Fehler
f_d	[Hz]	Eigenfrequenz
f_g	[Hz]	Gipfelfrequenz
f_k	[Hz]	Eckfrequenz, Grenzfrequenz
f_r	[Hz]	Resonanzfrequenz, $f_r = f_g$ bzw. f_t
f_t	[Hz]	Talfrequenz
f_0	[Hz]	Kennfrequenz
G	[S]	elektrischer Leitwert $\left[S = \Omega^{-1} = \frac{A}{V}\right]$, Wirkleitwert, Konduktanz
G	[N]	Gewichtskraft $\left[N = \frac{kg\,m}{s^2}\right]$
G'	$\left[\frac{S}{m}\right]$	Leitwert, auf die Länge bezogen
H	$\left[\frac{A}{m}\right]$	magnetische Feldstärke
h	[m]	Höhe
I	[A]	Stromstärke
I_c		Cosinusanteil eines Stroms
I_D	[A]	Dreieckstrom beim Drehstrom
I_s		Sinusanteil eines Stroms
J	$\left[\frac{A}{m^2}\right]$	Stromdichte
J	[kg m^2]	Trägheitsmoment
L	[H]	Induktivität [Ωs]
L_h	[H]	Hauptinduktivität [Ωs]
L_σ	[H]	Streuinduktivität [Ωs]

l	[m]	Länge
M_b	[Nm]	Beschleunigungsmoment
M_D	[Nm]	Dämpfungsmoment
M_{el}	[Nm]	elektrisches Moment
M_{mech}	[Nm]	mechanisches Moment
m	[kg]	Masse
N		Windungszahl
P	[W]	Leistung $\left[\mathrm{W} = \frac{\mathrm{Nm}}{\mathrm{s}}\right]$
P_{Cu}	[W]	Kupferverluste
P_{Fe}	[W]	Eisenverluste
P_{nat}	[W]	natürliche Leistung
p		Polpaarzahl; $p = 1$ bedeutet einen Nord- und einen Südpol
Q	[As]	Ladung [As = C]
Q		Gütefaktor eines Schwingkreises
Q_e	[As]	Elementarladung ($Q_e = -e = -1{,}6 \cdot 10^{-19}$ As)
q	[m²]	Querschnitt
R	[Ω]	elektrischer Widerstand, Wirkwiderstand, Resistanz
R'	$\left[\frac{\Omega}{\mathrm{m}}\right]$	Widerstand, auf die Länge bezogen; Widerstandsbelag
R_w	[Ω]	Wellenwiderstand, auch Z_w
r	[m]	Radius, Abstand
s	[m]	Strecke
T	[s]	feste Zeit, Zeitspanne, Periodendauer
t	[s]	Zeit
t		Übersetzungsverhältnis eines Transformators, auch *ü*
U	[V]	elektrische Spannung
U_j	[V]	Imaginärteil eines komplexen Spannungszeigers in der komplexen Ebene
U_m	[A]	magnetische Spannung; auch V oder V_m

U_r	[V]	Realteil eines Spannungszeigers in der komplexen Ebene
U_Y	[V]	Sternspannung beim Drehstrom
$ü$		Übersetzungsverhältnis eines Transformators, auch t
V	[A]	magnetische Spannung; auch U_m oder V_m
V	[m^3]	Volumen
v	$\left[\frac{m}{s}\right]$	Geschwindigkeit
W	[J]	Arbeit, Energie (auch E) [J = Ws = Nm]
X	[Ω]	Blindwiderstand, Reaktanz
X_C	[Ω]	Reaktanz eines Kondensators $X = -X_C$
X_L	[Ω]	Reaktanz einer Induktivität $X = X_L$
x	[m]	Koordinate
Y	[S]	Scheinleitwert, Admittanz
y	[m]	Koordinate
Z	[Ω]	Scheinwiderstand, Admittanz
Z_W	[Ω]	Wellenwiderstand, auch R_W
Z_0	[Ω]	Kennwiderstand
z	[m]	Koordinate
α	[rad]	Drehwinkel
α	[rad]	Zeigerausschlag
α_i	[rad]	Phasenverschiebung des Stroms gegenüber einem beliebigen Zeiger
α_u	[rad]	Phasenverschiebung der Spannung gegenüber einem beliebigen Zeiger
γ	$\left[\frac{A\,m}{V\,mm^2}\right]$	spezifische Leitfähigkeit, auch κ oder $\sigma\left[\frac{1}{\Omega\,m}; \frac{m}{\Omega\,mm^2}\right]$
δ	[m]	Dicke, Abstand
δ	[m]	Luftspalt

δ	[m]	Eindringtiefe
δ	[s^{-1}]	Abklingkoeffizient
ε		kleine Zahl, $\varepsilon \ll 1$
ε	$\left[\frac{F}{m}\right]$	Permittivität (früher Dielektrizitätskonstante) $\left[\frac{F}{m} = \frac{As}{Vm}\right]$
ε		Verstimmung der Frequenz
ε_r		Permittivitätszahl, relative Permittivität
ε_0	$\left[\frac{F}{m}\right]$	elektrische Feldkonstante, Permittivität des Vakuums $\left[\frac{F}{m} = \frac{As}{Vm}\right]$ $\varepsilon_0 = 8{,}8542 \cdot 10^{-12}\ F/m \approx \frac{1}{36\,\pi} \cdot 10^{-9}\ \frac{As}{Vm}$
η		Wirkungsgrad
θ	[A]	elektrische Durchflutung ($\theta = V_m$)
ϑ	[K, °C]	Temperatur
ϑ		Dämpfungsgrad
Λ		logarithmisches Dekrement
Λ	[Ωs]	magnetischer Leitwert (Ωs = H)
λ	[s^{-1}]	Eigenwert
λ		Leistungsfaktor $\lambda = \cos\varphi$
μ	$\left[\frac{\Omega s}{m}\right]$	Permeabilität
μ		Koppelkoeffizient
μ_0	$\left[\frac{\Omega s}{m}\right]$	magnetische Feldkonstante, Permeabilität des Vakuums $\mu_0 = 4\,\pi \cdot 10^{-7}\,\Omega \frac{Vs}{Am}$
μ_n	$\left[\frac{m^2}{Vs}\right]$	Beweglichkeit der negativen Ladungsträger
μ_p	$\left[\frac{m^2}{Vs}\right]$	Beweglichkeit der positiven Ladungsträger

μ_r		relative Permeabilität
ρ	$\left[\frac{\text{Vm}}{\text{A}}\right]$	spezifischer Widerstand, Resistivität
σ		Einheitssprungfunktion $t < 0 : \sigma = 0$; t Š 1 $\sigma = 1$
σ		Streukoeffizient
τ	[s]	Zeitkonstante, Abklingzeit
Φ	[Vs]	magnetischer Fluss
φ	[V]	elektrisches Potential
φ		Phasenwinkel; Winkel zwischen zwei periodisch wechselnden Größen, z. B. Strom oder Spannung
ω	$[\text{s}^{-1}]$	Kreisfrequenz, $\omega = 2\,\pi f$
ω_d	$[\text{s}^{-1}]$	Eigenkreisfrequenz
ω_g	$[\text{s}^{-1}]$	Gipfelkreisfrequenz
ω_r	$[\text{s}^{-1}]$	Resonanzkreisfrequenz $\omega_\text{r} = \omega_\text{g}$ bzw. ω_t
ω_t	$[\text{s}^{-1}]$	Talkreisfrequenz
ω_0	$[\text{s}^{-1}]$	Kennkreisfrequenz
Ω		relative Frequenz

11.2 Indizes

h	Hauptweg
i	Zählvariable
i	Innenwiderstand
j	Zählvariable
K	Knoten
k	Kurzschluss
k	Zählvariable
L	Leitung
L	Last, auch V
n	Zähler

P	parallel
p	Spitzenwert
Q	Spannungsquelle
r	Resonanz
S	Serie
U	Strang einer Drehstrommaschine
V	Verbraucher, auch L
V	Strang einer Drehstrommaschine
v	Verluste
W	Strang einer Drehstrommaschine
α	Wicklung einer Maschine
β	Wicklung einer Maschine, die senkrecht zu der Wicklung α angeordnet ist
σ	Streuung

11.3 Schreibweise

U	großer Buchstabe: feste Zahl
u	kleiner Buchstabe: Zeitfunktion oder eine auf einen Bezugswert bezogene Zahl
$\boldsymbol{A}$	fetter Buchstabe: Matrix, auch Spaltenmatrix bzw. Vektor Die Elemente einer Matrix $\boldsymbol{A}$ werden durch kleine Buchstaben gekennzeichnet (a_{ij}) Spaltenmatrizen werden nach der Norm mit kleinen Buchstaben geschrieben, z. B. $\boldsymbol{x}$
$\vec{E}$	Pfeil über dem Buchstaben: Vektor
$\underline{U}$	unterstrichener Buchstabe: Zeiger einer Größe; komplexe Zahl
U	Effektivwert
$\hat{u}$	Scheitelwert, Amplitude einer Schwingung, auch $\hat{U}$
$\overline{u}$	Mittelwert
$\lvert u \rvert$	Betrag
$\lvert \overline{u} \rvert$	Gleichrichtwert
$\underline{a}^*$	konjugiert komplexer Wert von $\underline{a}$ ($\underline{a}^* = \underline{a}^2$)

Stichwortverzeichnis

I

K

L

M

N

O

P

R